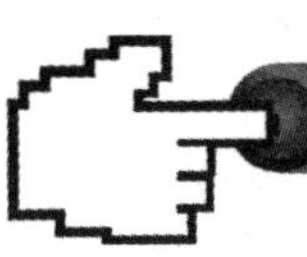

全国职业教育改革发展示范学校建设规划教材（机械类）

车工技能训练

CHEGONG JINENG XUNLIAN

主　编　苏和堂　陶发岭
副主编　赵玉霞　朱国平　解　云
参　编　苏和堂　陶发岭　赵玉霞
　　　　朱国平　解　云　梁京燕
　　　　胡晓红　钱发新　邢　波

时代出版传媒股份有限公司
安徽科学技术出版社

图书在版编目(CIP)数据

车工技能训练/苏和堂，陶发岭主编. —合肥：安徽科学技术出版社，2015.2
（全国职业教育改革发展示范学校建设规划教材. 机械类）
ISBN 978-7-5337-6489-0

Ⅰ.①车… Ⅱ.①苏…②陶… Ⅲ.①车削-中等专业学校-教材 Ⅳ.①TG510.6

中国版本图书馆CIP数据核字(2014)第263750号

车工技能训练 主编 苏和堂 陶发岭

出 版 人：黄和平 选题策划：王菁虹 责任编辑：王菁虹
责任校对：沙 莹 责任印制：李伦洲 封面设计：王 艳
出版发行：时代出版传媒股份有限公司 http://www.press-mart.com
安徽科学技术出版社 http://www.ahstp.net
（合肥市政务文化新区翡翠路1118号出版传媒广场，邮编：230071）
电话：(0551)63533323
印 制：合肥创新印务有限公司 电话：(0551)65152158
（如发现印装质量问题，影响阅读，请与印刷厂商联系调换）

开本：787×1092 1/16 印张：18.25 字数：420千
版次：2015年2月第1版 2015年2月第1次印刷

ISBN 978-7-5337-6489-0 定价：39.00元

前　言

《车工技能训练》一书是根据国家职业技能鉴定标准，结合职业教育的实际情况编写的，供高、中等职业技术院校机械类专业使用。本书遵循实用、实效的原则，采用模块式、项目化的教学方法，突出技能训练，使学生在技能训练中掌握并达到本专业（工种）技能要求。全书共分十四个模块，详尽地介绍了车削加工所涉及的基本理论和操作方法，其主要内容有车削的基本知识，工艺系统（车床、刀具、夹具、量具等），外圆柱面，内圆柱面，外圆锥面，螺纹等型面的车削加工和表面修光以及较复杂零件的车削方法。本书可作为高、中等职业技术院校车工专业培训教材，同时也可作为在职技术工人和工程技术人员的专业培训教材。

《车工技能训练》由安徽滁州职业技术学院苏和堂、陶发岭主编。具体分工如下：安徽滁州职业技术学院苏和堂、陶发岭分别编写了模块二、模块十一、模块十四；安徽滁州职业技术学院赵玉霞编写了模块一、模块十；安徽滁州职业技术学院朱国平、梁京燕编写了模块四、模块六、模块九、模块十二；安徽建工技师学院钱发新编写了模块五；安徽能源技术学校胡晓红编写了模块八；合肥职业技术学院解云编写了模块三、模块十三；安徽淮南经济技术学校邢波编写了模块七。

《车工技能训练》不仅涉及新技术、新设备和新工艺等内容，还介绍了许多典型的实训课题。实训课题有初级、中级、高级及技师等内容，其难易程度逐步增加，以便在教学中可以根据实际情况对学生进行选择性训练。

目录

模块一　车削加工基础

一、教学要求

(1)了解车工工种内容。

(2)了解车工实习场地设备及工、夹、量具和图样的合理放置。

(3)了解文明生产和安全操作技术知识。

二、相关知识

(一)车工的主要任务

(1)培养学生全面牢固地掌握本工种的基本操作技能。

(2)会做本工种中级技术等级工件的工作,学会一定的先进工艺操作,能熟练地使用、调整本工种的主要设备,独立进行一级保养。

(3)正确使用工、夹、量具和刀具,具有安全生产知识和文明生产的习惯。

(4)养成良好的职业道德;要在生产实习教学过程中注意发展学生的智能;还应该逐步创造条件,争取完成一至两个相近工种的基本操作技能训练。

(二)车工的工种内容

在机械制造厂里有各种各样的金属切削机床,如车床、铣床、刨床、磨床、钻床、镗床、拉床、齿轮加工机床等,其中车床最为广泛。操作车床的工人称为车工,是机械加工的主要工种之一。

车床一般是利用工件的旋转运动和刀具的进给运动来切削工件,常用来加工零件上的回转表面。其基本的工作内容是车削外圆,车端面,切槽,切断,钻中心孔,钻孔,镗孔,铰孔,车削各种螺纹,车削内、外圆锥体,车削特形面,滚花以及盘绕弹簧等,如图 1-1 所示。

(三)文明生产和安全操作知识

(1)文明生产。文明生产是工厂管理的一项十分重要的内容,它直接影响产品质量的好坏,影响设备和工、夹、量具的使用寿命,影响操作工人技能的发挥。所以作为职业院校的学生——工厂后备工人,从开始学习基本技能操作时,就要重视培养文明生产的良好习惯。因此,要求操作者在操作时必须做到如下几点。

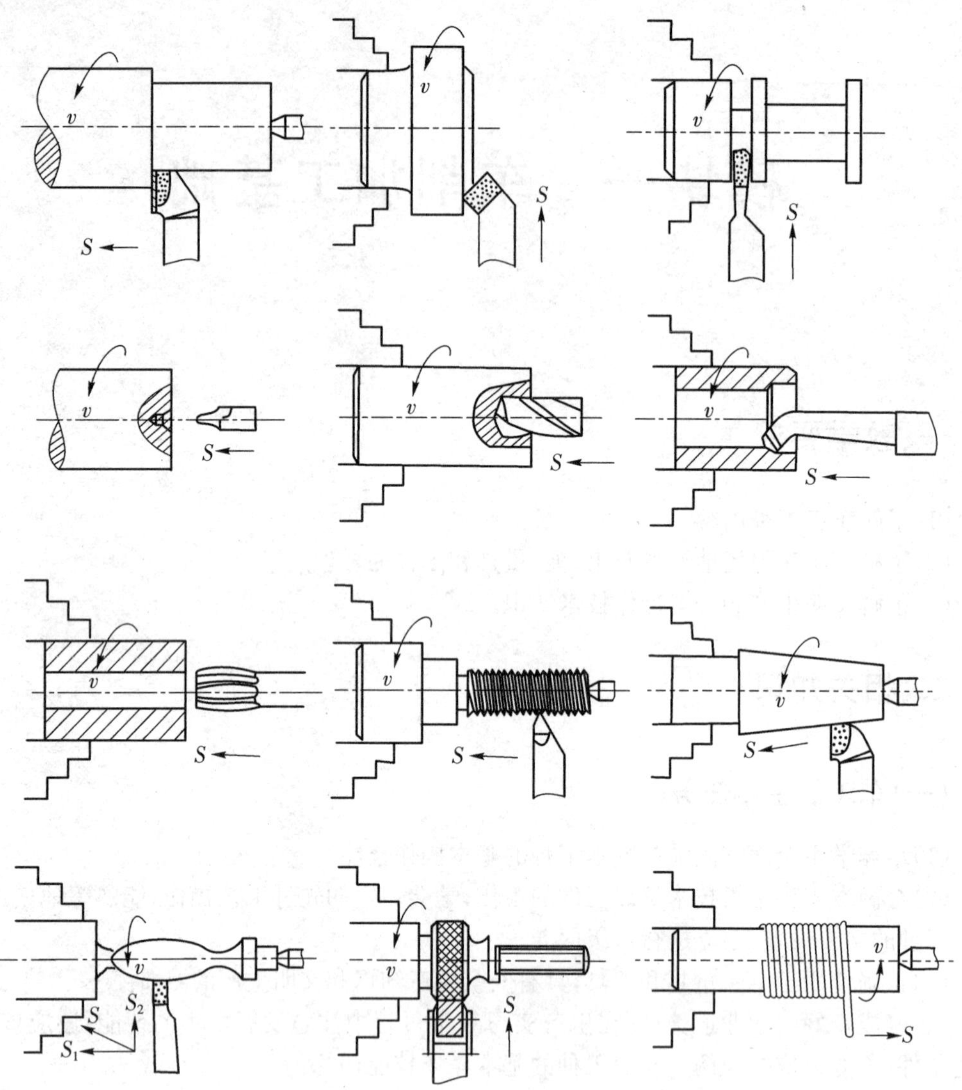

图 1-1 车床的基本工作内容

①开动车床前，应检查车床各部分机构是否完好，各转动手柄、变速手柄位置是否正确，以防开动车床时突然撞击而损坏机床。启动后，应使主轴低速空转 1～2 分钟，使润滑油散布到各需要之处(冬天更为重要)，等车床运转正常后才能工作。

②工作中需要变速时，必须先停车。变换走刀箱手柄位置要在低速时进行。使用电器开关的车床不准用正、反车作紧急停车，以免损坏齿轮。

③不允许在卡盘上及床身导轨敲击或校直工件，床面上不准放置工具或工件。

④装夹较重的工件时，应该用木板保护床面，下班时如工件不卸下，应用千斤顶支撑。

⑤车刀磨损后，要及时刃磨，用磨钝的车刀继续切削，会增加车床负荷，甚至损坏机床。

⑥车削铸铁、气割下料的工件，导轨上润滑油要擦去，工件上的型砂杂质应清除干净，以免磨坏床面导轨。

⑦使用冷却液时，要在车床导轨上涂上润滑油。冷却泵中的冷却液应定期调换。

⑧下班前，应清除车床上及车床周围的切屑及冷却液，擦净后按规定在加油部位加上润

滑油。

⑨下班后将大拖板摇至床尾一端，各转动手柄放置到空挡位置，关闭电源。

⑩每件工具应放在固定位置，不可随便乱放。应当根据工具自身的用途来使用。例如不能用扳手代替榔头、用钢尺代替旋凿（起子）等。

⑪爱护量具，经常保持清洁，用后擦净、涂油，放入盒内并及时归还工具室。

（2）操作者应当注意工、夹、量具和图样放置合理。

①工作时所使用的工、夹、量具以及工件，应尽量靠近和集中在操作者的周围。布置物件时，右手拿的放在右手，左手拿的放在左手；常用的放得近些，不常用的放得远些。物件放置应有固定的位置，使用后要放回原处。

②工具箱的布置要分类，并保持清洁、整齐。要求小心使用的物体放置稳妥，重的东西放下面，轻的东西放上面。

③图样、操作卡片应放在便于阅读的部位，并注意保持清洁和完整。

④毛坯、半成品和成品应分开，并按次序整齐排列，以便安放或拿取。

⑤工作位置周围应经常保持整齐清洁。

（3）安全操作知识。

①穿工作服，带套袖。女同志应戴安全帽，头发或辫子要塞入帽内。

②戴防护眼镜，注意头部与工件不能靠得太近。

模块二　车床操纵、刀具刃磨、校正和测量练习

课题一　三爪卡盘零部件的装拆练习

一、实习教学要求

(1)了解三爪卡盘的规格、结构及其作用。

(2)掌握三爪卡盘零部件的装拆。

(3)能根据装夹需要,更换正、反卡爪。

(4)能在主轴上装拆三爪卡盘和懂得装卸时的安全知识。

二、相关工艺知识

三爪卡盘是车床上的常用夹具,它的结构和形状见图 2-1。当卡盘扳手插入小锥齿轮的方孔中转动时,就带动大锥齿轮旋转。大锥齿轮背面是平面螺纹,平面螺纹又和卡爪的端面螺纹啮合,因此就能带动三个卡爪同时作向心或离心移动。

(1)三爪卡盘的规格。常用的三爪卡盘规格有:

公制:150　200　250　(mm)

英制:6　8　10　(英寸)

(2)三爪卡盘的装拆步骤。

①拆三爪卡盘零部件的步骤和方法。

a)松去定位螺钉,取出三个小锥齿轮;

b)松去三个紧固螺钉,取出防尘盖板和带有平面螺纹的大锥齿轮。

②装三个卡爪的方法。装卡爪时,用卡盘扳手的方榫插入小锥齿轮的方孔中旋转,带动大锥齿轮的平面螺纹转动。当平面螺纹的螺扣转到将要接近壳体槽时,将卡爪中的一个卡爪装入壳体槽内。其余两个卡爪的装法与此相同。

(3)卡盘在主轴上装卸练习。

①装卡盘时,首先将连接部分擦净、加油,确保卡盘安装的准确性。

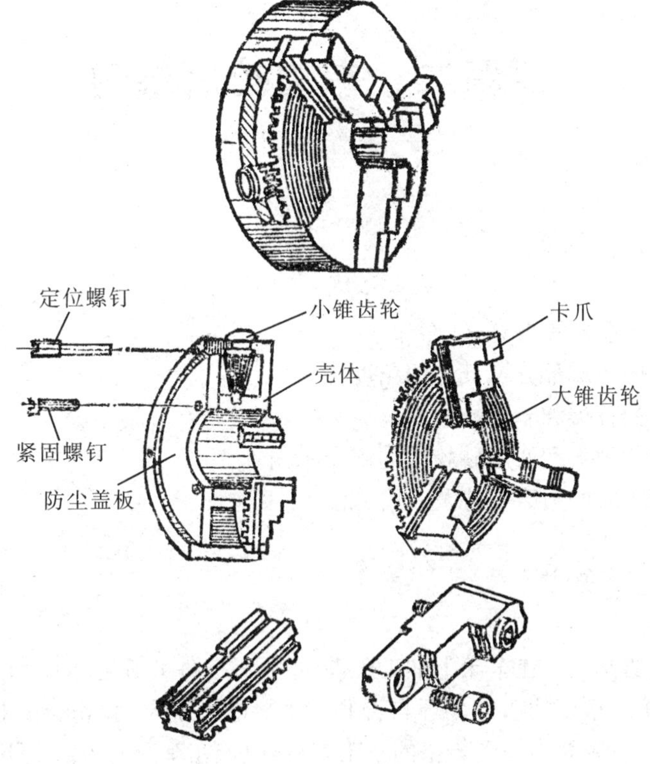

图 2－1　三爪卡盘的结构

②卡盘旋上主轴后，应使卡盘法兰的端面和主轴端面贴紧。

③卸卡盘时，在操作者对面的卡爪与导轨面之间放一硬木块或软金属棒，高度见图 2－2。然后将卡爪转至水平位置，慢速倒车撞击。当卡盘松动后，必须立即停车，然后用双手把卡盘旋下。

(4)三爪卡盘优缺点。三爪卡盘能自动定心，装拆工件方便，效率高。缺点是紧固力小，工件装夹范围受一定限制。

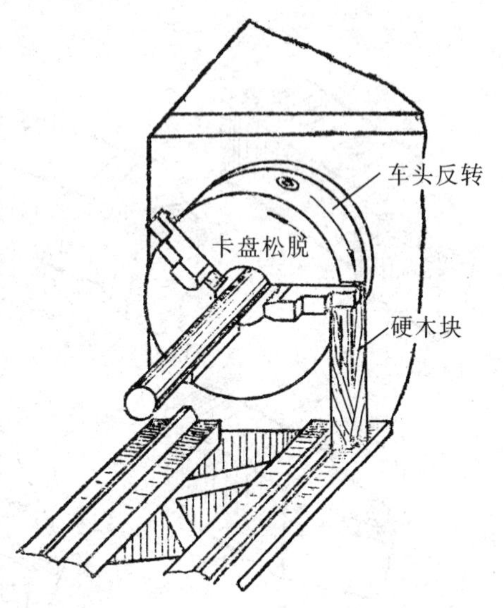

图 2－2　卸卡盘的方法

三、注意事项

(1)在主轴上装卸卡盘时，应在主轴孔内塞铁棒，并垫好床面护板，防止砸坏床面。

(2)安装三个卡爪时，应按逆时针方向顺序进行，并防止平面螺纹的螺扣转过头。

(3)装卡盘时，不准开动车床，以防危险。

课题二 车刀刃磨练习

一、实习教学要求

(1)懂得车刀刃磨的重要意义。
(2)了解车刀的组成部分及其几何角度。
(3)了解车刀的种类和车刀的材料。
(4)了解砂轮的种类和使用砂轮机的安全知识。
(5)初步掌握车刀的刃磨姿势及刃磨方法。

二、相关工艺知识

(1)车刀刃磨的作用。在车床上加工工件,主要靠工件的旋转运动和刀具的进给运动来完成切削。因此车刀角度的选择合理与否和刃磨要求正确与否,都会直接影响工件的加工质量和切削效率。所以要当一个合格的车工,首先应该在车刀的刃磨上下苦功。

(2)车刀的种类、材料及其组成部分。

①车刀的种类。加工不同形状的工件,需采用不同形状的车刀,见图 2-3。

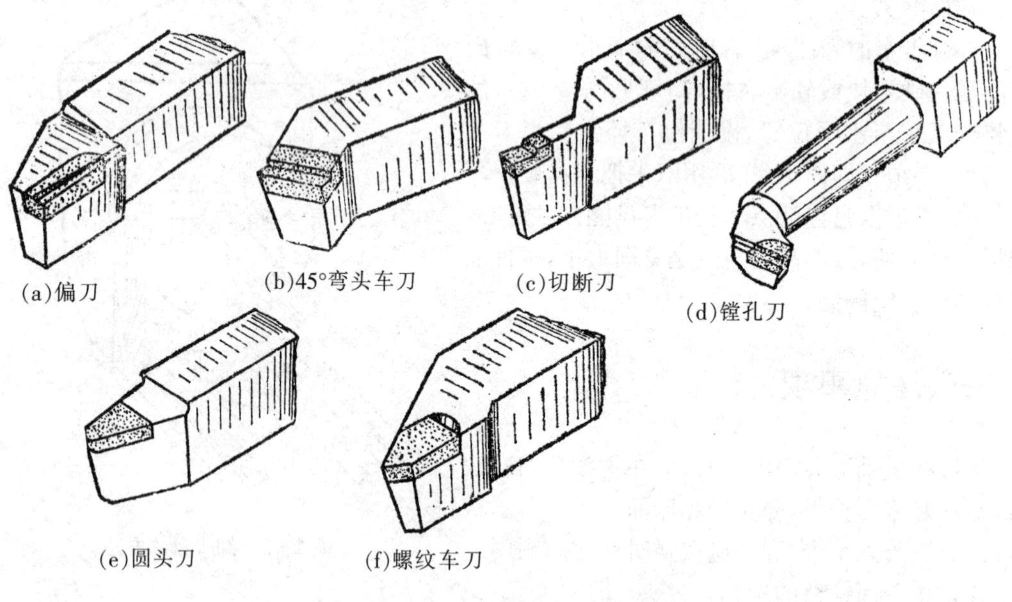

(a)偏刀 (b)45°弯头车刀 (c)切断刀 (d)镗孔刀 (e)圆头刀 (f)螺纹车刀

图 2-3 常用车刀

a)车外圆、端面、阶台用的偏刀,见图 2-3(a)。

b)车外圆、端面用的弯头车刀,见图 2-3(b)。

c)切槽和切断用的切断刀,见图 2-3(c)。

d)镗削工件内孔用的镗孔刀,见图 2-3(d)。

e)车圆槽、球面、圆角用的圆头刀,见图 2-3(e)。

f)车螺纹用的螺纹车刀,见图 2-3(f)。

②车刀的材料(刀头部分)。常用的车刀材料,一般有高速钢和硬质合金两类。

a)高速钢又名锋钢或白钢,牌号为 W18Cr4V。它的特点是制造简便,刃磨锋利,韧性好,能承受较大的冲击力。但由于不耐高温,因此不适宜高速切削。

b)硬质合金分钨钴类和钨钴钛类。钨钴类的代号为 YG,适宜于车削铸铁。钨钴钛类其代号为 YT,适宜于车削钢件。它们的特点是能耐高温,耐磨性好,适宜于高速车削;缺点是脆性大,怕冲击。但这一缺陷可以通过选择合理的切削角度来弥补,所以它们是目前使用最广泛的一种刀具材料。

③车刀的组成部分。车刀由刀头和刀杆组成。刀头用来切削,刀杆用于在刀架上装夹。车刀的刀头由以下几部分组成,见图 2-4。

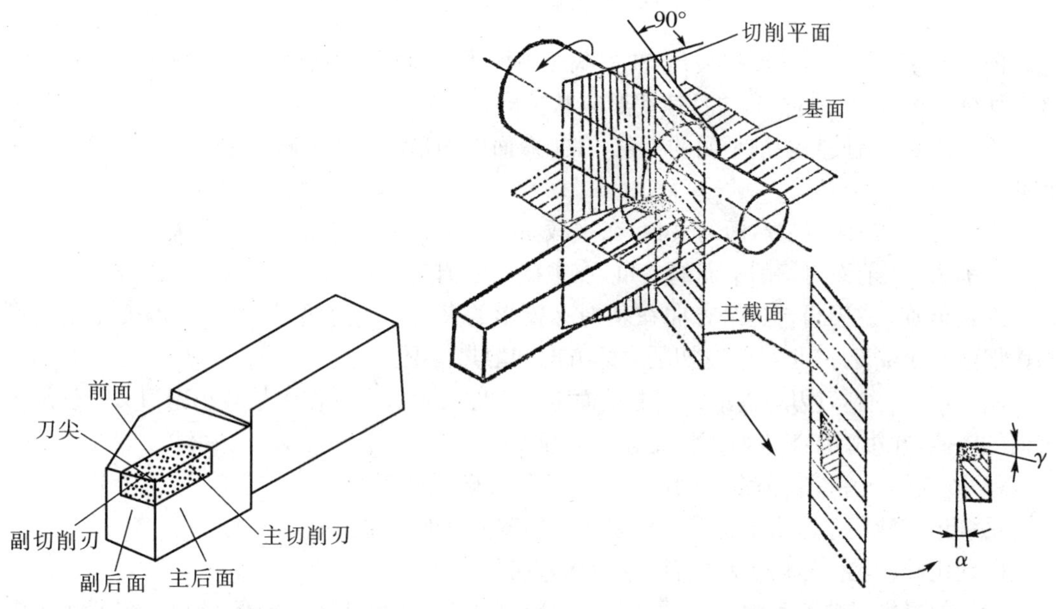

图 2-4　车刀切削部分的组成　　**图 2-5　车刀几何角度的辅助平面**

前　　面　切削沿着它流出的那个面。

主 后 面　与加工表面相对的面。

副 后 面　与已加工表面相对的面。

主切削刃　前面与主后面相交的线。

副切削刃　前面与副后面相交的线。

刀　　尖　主刀刃与副刀刃的交点。

④车刀切削部分的主要角度。

a)确定车刀几何角度的辅助平面见图 2-5。

切削平面　通过主切削刃上一点,并与工件加工表面相切的平面。

基　　面　通过主切削刃上一点,并垂直于切削速度方向的一个平面,它与切削平面互相垂直。

主 截 面　垂直于主切削刃在基面上的投影所作的截面。

副 截 面　垂直于副切削刃在基面上的投影所作的截面。

b)车刀切削部分的主要角度，见图 2-6。

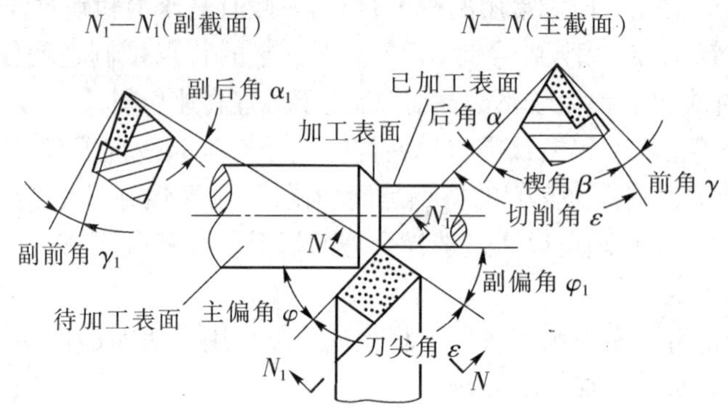

图 2-6　车刀切削部分的主要角度

前　角 γ　前面与基面的夹角，在主截面中测量。前角的主要作用是使车刀刃口锋利，减少切削变形，使切削省力，并且使切屑容易排出。

后　角 α　后面与切削平面的夹角，在主截面中测量。它用来减少主后面与工件加工表面的摩擦。

楔　角 β　前面与主后面的夹角，在主截面中测量。它与前角和后角的大小有关。

切削角 δ　前面与切削平面的夹角，在主截面中测量。

主偏角 ψ　主刀刃与进给方向在基面上投影的夹角。当进给量不变时，改变主偏角可以使切削变薄或变厚，也可改变切削力的方向和散热情况。

副偏角 ψ_1　副刀刃与进给方向在基面上投影的夹角。它的作用是减小副刀刃与已加工表面的摩擦，并影响加工表面粗糙度和刀头强度。

(3)砂轮的选用。目前常用的砂轮有氧化铝和碳化硅两类。

①氧化铝砂轮。适用于高速钢和碳素工具钢刀具的刃磨。

②碳化硅砂轮。适用于硬质合金车刀的刃磨。

砂轮的粗细以粒度表示，一般可分为 36 粒、60 粒、80 粒和 120 粒等级别。粒度愈多则表示组成砂轮的磨料愈细，反之则愈粗。粗磨车刀应选粗砂轮，精磨车刀应选细砂轮。

(4)车刀的刃磨。现以刀尖角为 80°的外圆车刀为例介绍如下。

①粗磨。

a)磨主后面，同时磨出主偏角及主后角，见图 2-7(a)。

b)磨副后面，同时磨出副偏角及副后角，见图 2-7(b)。

c)磨前面，同时磨出前角，见图 2-7(c)。

②精磨。

a)修磨前面。

b)修磨主后面和副后面。

c)修磨刀尖圆弧，见图 2-7(d)。

③车刀刃磨的姿势及方法。

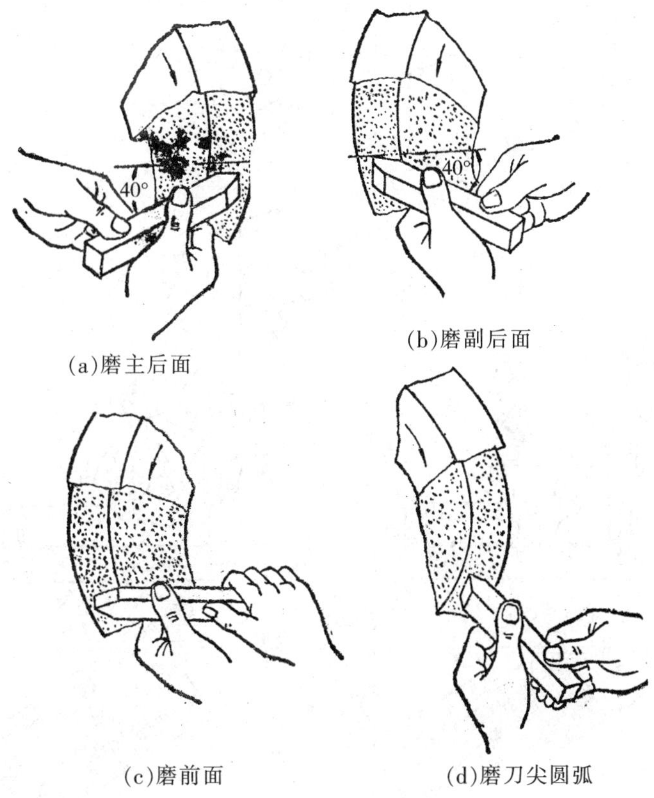

(a)磨主后面

(b)磨副后面

(c)磨前面

(d)磨刀尖圆弧

图 2-7　车刀的刃磨

a)人站立在砂轮侧面，以防砂轮碎裂时，碎片飞出伤人。

b)两手握刀的距离放开，两肘夹紧腰部，这样可以减小磨刀时的抖动。

c)磨刀时，车刀应放在砂轮的水平中心，刀尖略微上翘 3°～8°。车刀接触砂轮后应作左右方向水平线移动。当车刀离开砂轮时，刀尖需向上抬起，以防磨好的刀刃被砂轮碰伤。

d)磨主后面时，刀杆尾部向左偏过一个主偏角的角度，见图 2-7(a)；磨副后面时，刀杆尾部向右偏过一个副偏角的角度，见图 2-7(b)。

e)修磨刀尖圆弧时，通常以左手握车刀前端为支点，用右手转动车刀尾部，见图 3-7(d)。

(5)检查车刀角度的方法。

①目测法。观察车刀角度是否合乎切削要求，刀刃是否锋利，表面是否有裂痕和其他不符合切削要求的缺陷。

②量角器和样板测量法。对于角度要求高的车刀，可用此法检查，见图 2-8。

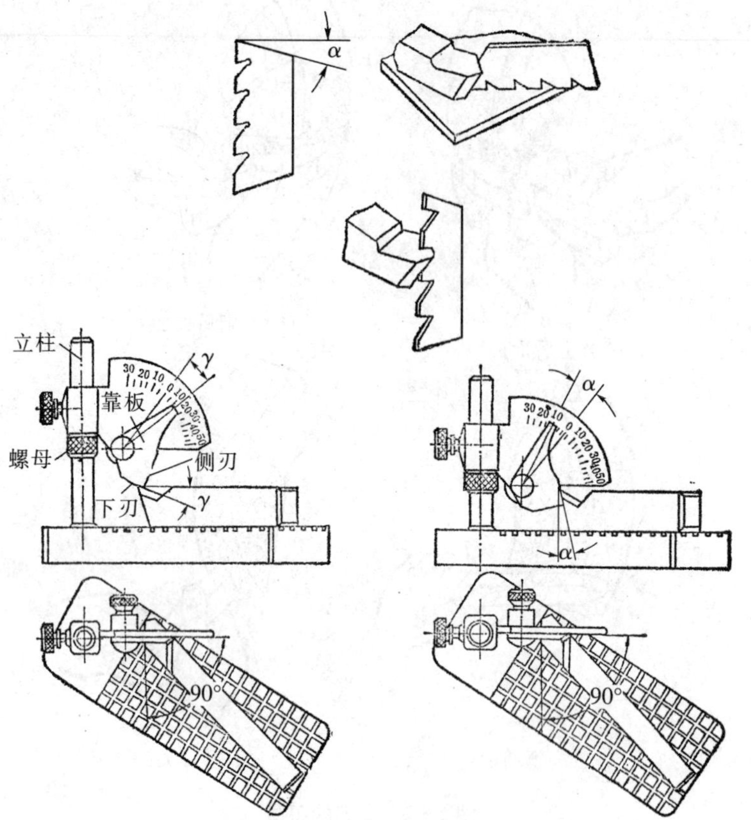

图 2-8　用样板和量角器测量车刀的角度

三、外圆车刀的刃磨练习(见图 2-9)

刃磨步骤

(1)粗磨主后面和副后面。

(2)粗、精磨前面。

(3)精磨主、副后面。

(4)刀尖磨出圆弧。

四、注意事项

(1)车刀刃磨时,不能用力过大,以防打滑伤手。

(2)车刀高低必须控制在砂轮水平中心,刀尖略向上翘,否则会出现副后角或后角过大等弊端。

(3)车刀刃磨时应作水平的左右移动,以免砂轮表面出现凹坑。

(4)在平形砂轮上磨刀时,应避免在砂轮侧面上磨。

(5)砂轮磨削表面须经常修整,使砂轮没有明显的跳动。对平形砂轮一般可用砂轮刀在砂轮上来回修整,见图 2-10。

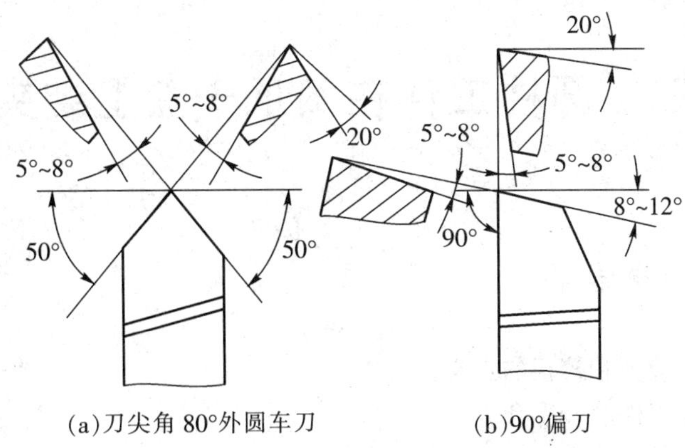

(a)刀尖角 80°外圆车刀　　(b)90°偏刀

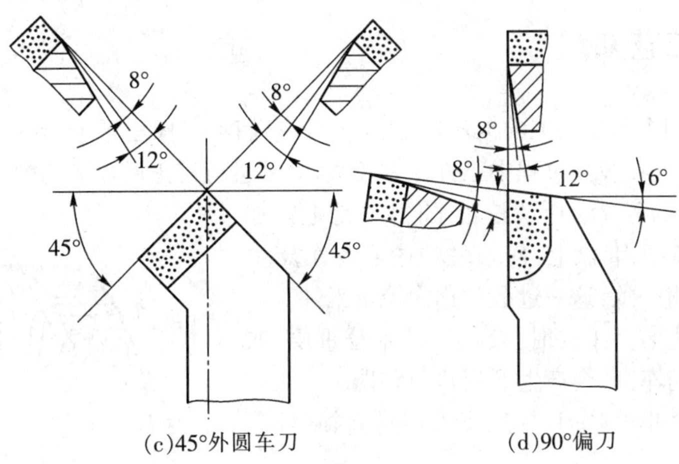

(c)45°外圆车刀　　(d)90°偏刀

图 2-9　外圆车刀刃磨练习

(6)磨刀时要求戴防护镜。

(7)刃磨硬质合金车刀时，不可把刀头部分放入水中冷却，以防刀片突然冷却而破碎。刃磨高速钢车刀时，应随时用水冷却，以防车刀过热退火，降低硬度。

(8)在磨刀前，要对砂轮机的防护设施进行检查。如检查防护罩壳是否齐全；有托架的砂轮，其托架与砂轮之间的间隙是否恰当等。

(9)重新安装砂轮后，要进行检查，经试装后才可使用。

(10)刃磨结束后，应随手关闭砂轮机电源。

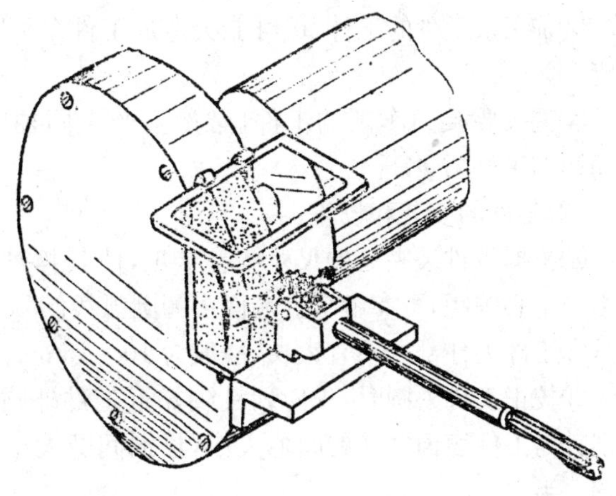

图 2-10　用砂轮刀修整砂轮

(11)如受砂轮机数量限制，建议学生的刃磨练习可以与卡钳的测量练习同时交叉进行。

(12)本课题的重点是掌握车刀刃磨的姿势和刃磨方法，其他相关内容只作一般介绍。

课题三　圆柱工件在四爪卡盘上装夹和校正

一、实习教学要求

(1)懂得工件装夹和校正的意义。

(2)掌握校正工件的步骤和方法。

(3)通过工件校正练习,要求 A、B 两点的跳动量都在 0.03 mm 左右。

二、相关工艺知识

四爪卡盘有四个各不相关的卡爪,见图 2-11,它们不能像三爪卡盘的卡爪那样同时一起作径向移动,因此在装夹过程中工件偏差较大,必须进行校正后才能切削。

(1)校正工件的意义。所谓校正工件,就是把被加工的工件安装在四爪卡盘上,使工件的中心与车床主轴的旋转中心取得一致,这一过程就称为校正工件。

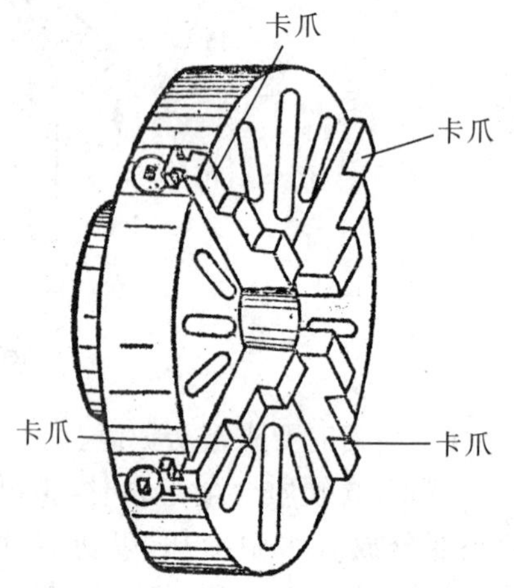

图 2-11　四爪卡盘

在四爪卡盘上装夹工件时,校正工件十分重要,如果校正不好就进行车削,会产生下列几种弊端。

①车削时工件单面吃刀,导致车刀容易磨损,且车床产生振动。

②余量相同的工件,会增加车削次数,浪费有效的工时。

③加工余量少的工件,很可能会造成工件车不圆而报废。

④调头要接刀车削的工件,必然会产生同轴度误差而影响工件质量。

(2)工件的安装和校正。

①根据工件装夹处的尺寸调整卡爪,使其相对两爪的距离稍大于工件直径。卡爪位置是否与中心等距,可参考卡盘端面多圈圆弧线。

②工件夹住部分不宜太长,一般为 10～15 mm。

③校正工件外圆时,先使划针尖靠近工件外圆表面,见图2-12(a)。用手转动卡盘,观察划针与工件表面之间的间隙大小,根据间隙大小,调整相对卡爪位置,其调整量为间隙差值的一半。

④校正工件端面时,先使划针尖靠近工件端面边缘处,见图 2-12(b),用手转动卡盘,观察划针与工件表面之间的间隙,可用铜锤或铜棒敲正,调整量等于间隙差值。

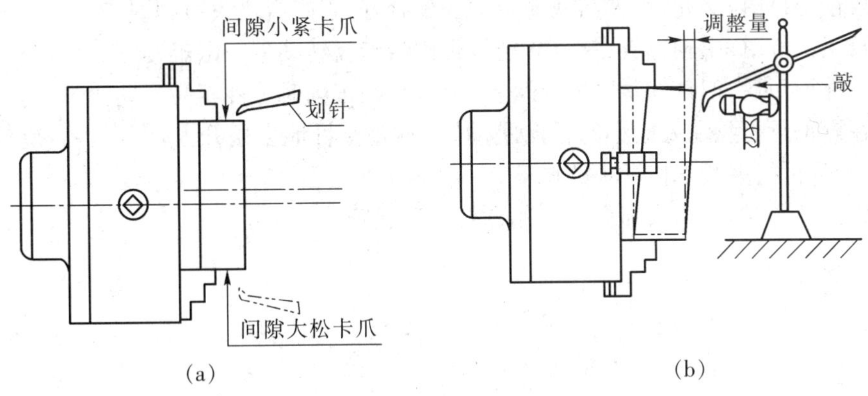

图 2-12　校正工件示意图

三、工件的校正训练(见图 2-13)

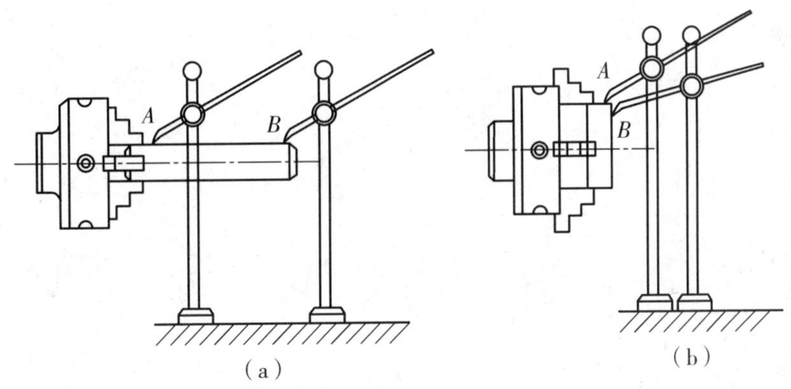

图 2-13　工件的校正训练

操作步骤

(1)轴类零件的校正方法,见图 2-13(a)。轴类零件通常校外圆 A 和 B 两点。其方法是先校 A 点外圆,后校 B 点外圆。校正 A 点外圆时,应调整卡爪;校正 B 点外圆时,用铜棒敲击。

(2)盘类零件的校正方法,见图 2-13(b)。盘类零件通常既要校正外圆,又要校正端面(即 A 点和 B 点)。校正 A 点外圆时,用移动卡爪调整;校正 B 点端面时,用铜棒敲击。

上述两类圆柱零件的两点处校正方法,都应经过几次反复调整,直到工件旋转一周,在 A、B 两点处针尖与工件表面距离均等时为止。

四、注意事项

(1)为了防止工件被夹毛,装夹时应垫铜皮。

(2)在工件与导轨面之间垫防护木块,以防工件跌落,损坏床面。

(3)校正工件时,不能同时松开两只卡爪,以防工件掉下。

(4)校正工件时,灯光、针尖与视线角度要配合好,否则会增大目测误差。

(5)校正工件时,主轴应放在空挡位置,否则给卡盘转动带来困难。

(6)工件校正后,四爪的紧固力要基本一致,否则车削时工件容易走动。

(7)在校正近卡盘端处极小的径向跳动时,不要盲目地去松开卡爪,可将离旋转中心较远的那个卡爪再行夹紧来作微小的调整。

(8)校正工件时要耐心、细致,不可急躁,并注意安全。

模块三　车削外圆、端面、阶台和钻中心孔

课题一　手动走刀车削外圆和端面

一、实习教学要求

(1)合理安排工作位置,注意操作姿势。

(2)用手动走刀均匀地移动大拖板、中拖板、小拖板,按图样要求车削工作。

(3)用卡钳在钢尺上取尺寸测量外圆,用钢尺测量长度,并检查端面凹凸是否达到图样精度要求。

(4)掌握试切、试测的方法车削外圆。

(5)遵守操作规程,养成文明生产、安全生产的良好习惯。

二、相关工艺知识

外圆、端面是构成各种机器零件形状的基本表面,车外圆、端面是车削加工中最常见的切削方式之一。将工件安装在卡盘上作旋转运动,刀具夹持在刀架上作纵向运动,这样就能车出外圆;若刀具作横向移动,就能车出端面。车外圆、端面是车削工作的基础,这是车工必须熟练掌握的。

(1)45°外圆车刀的安装和应用。45°外圆车刀有两个刀尖,前端一个刀尖通常用于车削工件外圆,左侧另一个刀尖通常用于车削端面。主、副刀刃,在需要时可用作左右倒角,见图 3-1。

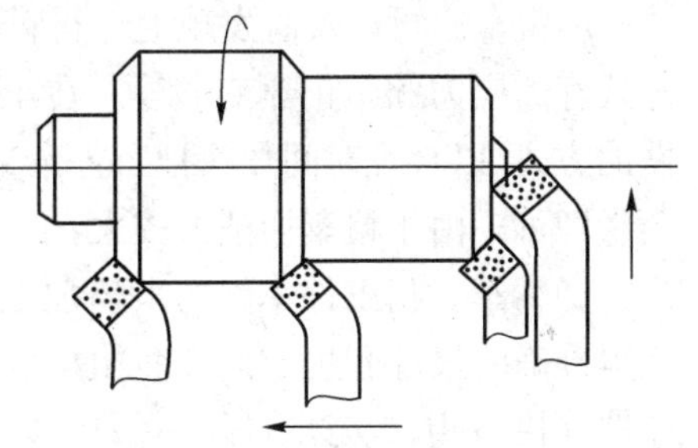

图 3-1　45°外圆车刀的使用

车刀安装时,左侧的刀尖必须严格对准工件旋转中心,否则在车削端面至中心时会留有凸头或造成刀尖碎裂,见图 3-2。刀尖伸出的长度为刀杆厚度的 1～1.5 倍。伸出过长,刚性变差,车削时容易引起振动。

(2)铸件毛坯的装夹和校正。要选择铸件毛坯平

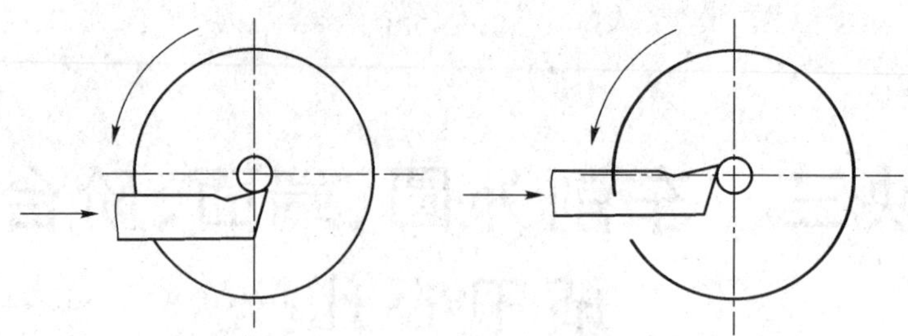

图 3-2　车刀安装应对准中心

直表面进行装夹，以确保接触良好、装夹牢靠。校正外圆时一般要求不高，只要保证能车至图样尺寸，以及未加工面余量均匀即可。如发现毛坯工件截面呈扁形，应以直径小的相对两点为基准进行校正。

(3)切削用量的选择和粗、精车概念。切削用量是指切削过程中的切削速度、走刀量和吃刀深度，见图 3-3。切削用量能否合理选用，对于车削效果和质量有着密切的关系。

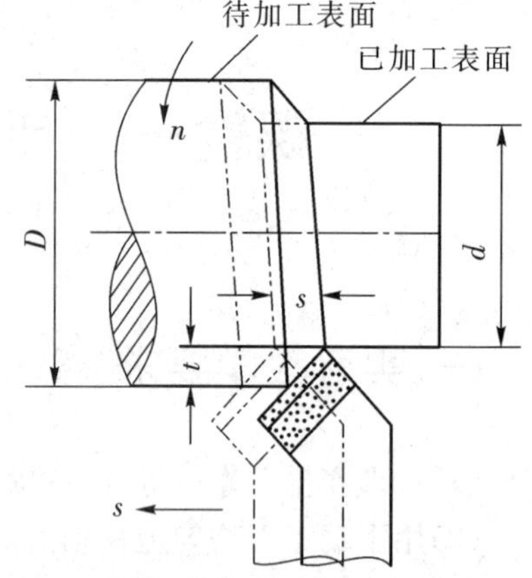

图 3-3　吃刀深度和走刀量

①切削速度 v。切削速度是指主运动的线速度。也可以理解为在一分钟内车刀切削刃围绕工件所走过的路程。计算公式为：

$$v=\pi Dn/1000(\mathrm{m/min})$$

式中：D ——工件待加工表面的直径，单位为 mm；

n ——车床主轴每分钟转数；

π ——圆周率。

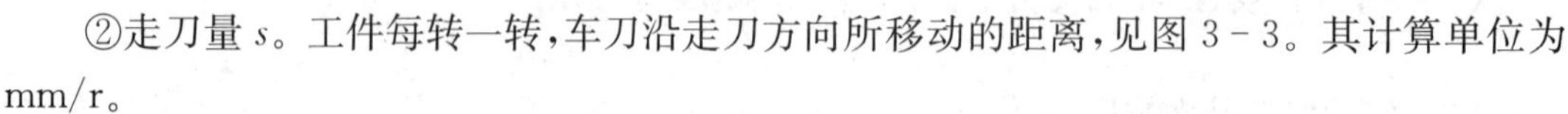

②走刀量 s。工件每转一转，车刀沿走刀方向所移动的距离，见图 3-3。其计算单位为 mm/r。

③吃刀深度 t。工件的待加工表面和已加工表面之间的垂直距离(图 3-3)。

计算公式为：

$$t=D-d/2(\mathrm{mm})$$

式中：D ——工件待加工表面的直径，单位为 mm；

d——工件已加工表面的直径，单位为 mm。

④粗、精车概念。车削工件，一般分为粗车和精车。

a)粗车。可以及时发现毛坯材料内部的缺陷，如夹渣、砂眼、裂纹等；能消除毛坯工件内部残存的应力和防止热变形等。在车床动力条件许可时，通常采用吃刀深、走刀量大、转速慢的方式，以合理时间尽快把工件余量车掉。对切削表面没有严格要求，只需留一定的精车余量即可。由于粗车切削力较大，工件装夹必须牢靠。

b)精车。指工件车削的末道加工。精车完毕的工件，必须符合技术要求。为了使工件获得准确的尺寸和规定的表面粗糙度，操作者在精车时，通常把车刀修磨得锋利些，车床转速选得快一些，走刀量选得小一些，以此来确保工件的加工质量。

(4)手动走刀车削外圆、端面和倒角。

①车端面的方法。开动车床，工件旋转，移动小拖板或大拖板控制吃刀深度，然后锁紧大拖板。摇动中拖板作横向走刀，由工件外向中心或由工件中心向外车削，见图 3 - 4。

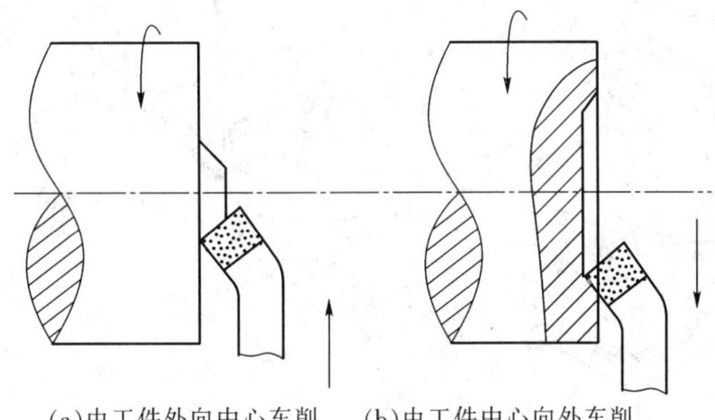

(a)由工件外向中心车削　(b)由工件中心向外车削

图 3 - 4　横向车端面

②车外圆的方法。

a)移动大拖板至工件右端，用中拖板控制吃刀深度，摇小拖板或大拖板作纵向移动车削外圆，见图 3 - 5。一次走刀车削完毕，横向退出车刀，再纵向移动拖板至工件右端进行第二次、第三次走刀车削，直至符合图纸要求为止。

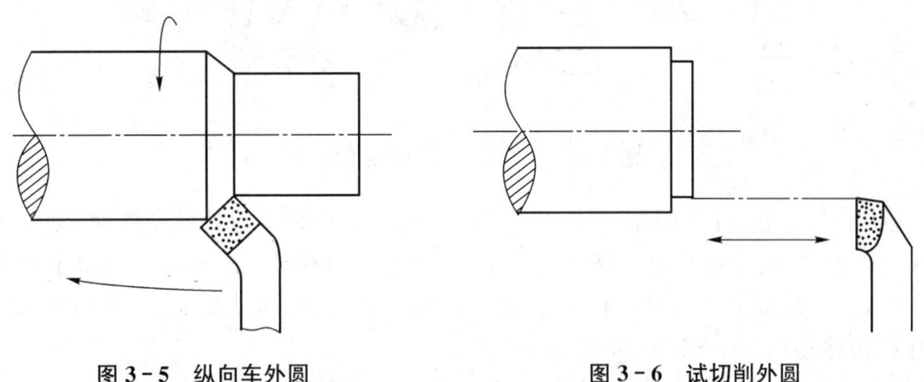

图 3 - 5　纵向车外圆　　**图 3 - 6　试切削外圆**

b)在车削外圆时，通常要进行试切削和试测量。试切的目的是为了防止工件因被车小而报废。具体方法是：根据工件直径余量的二分之一作横向吃刀，在纵向移动至 2 mm 左右时，纵向快速退出车刀(横向不动)，然后停车测量，见图 3 - 6。这时如发现尺寸已符合要求，就可切削；如尺寸还大，可以按上述方法继续进行试切削和试测量。

c)为了确保外圆的车削长度，通常先采用刻线痕法，见图 3 - 7，后采用测量法进行。即在车削前根据需要的长度，用钢尺、样板卡钳及刀尖在工件表面上刻一条线痕，然后根据线痕进行车削。当车削完毕时，再用钢尺或其他量具复测。

③倒角。当端面、外圆车削完毕，然后移动刀架，使车刀的刀刃与工件的外圆成 45°夹角(45°外圆刀已和外圆成 45°夹角)，再移动拖板至工件外圆和端面相交处进行倒角。所谓 1×45°或 2×45°是指倒角在外圆方向上的长度为 1 mm 或 2 mm。

(5)刻度盘的计算和应用。在车削工件时，为了正确和迅速地掌握吃刀深度，通常利用中拖板或小拖板上的刻度盘进行操纵，见图 3 - 8(a)。

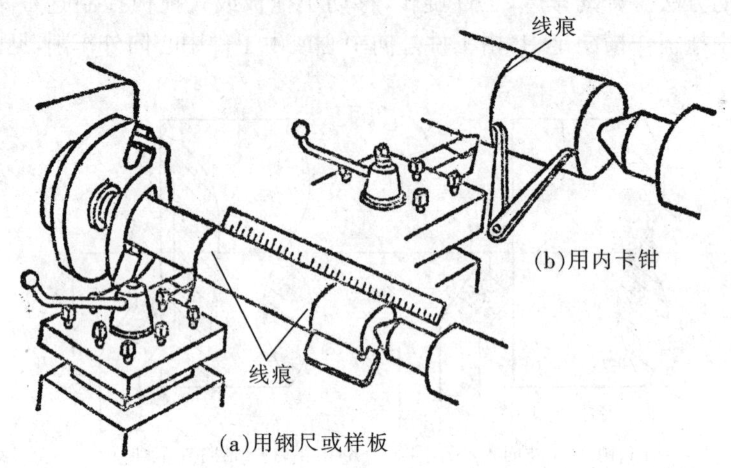

图 3-7　刻线痕法确定车削长度

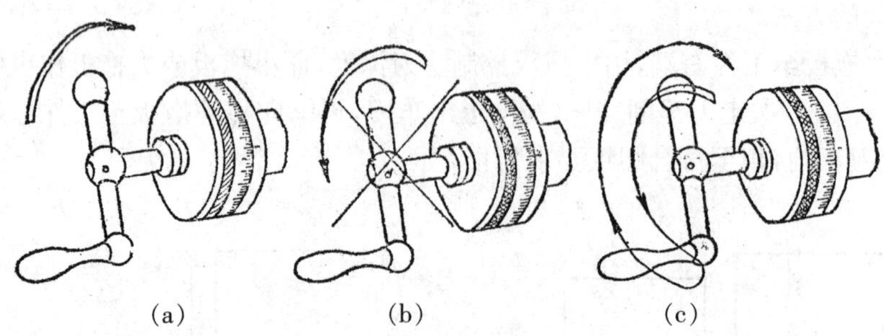

图 3-8　消除刻度盘空行程的方法

中拖板的刻度盘装在中拖板丝杆上。当中拖板摇手柄带动丝杆转一圈时，刻度盘也转了一圈。这时固定在中拖板上的螺母就带动中拖板、车刀移动一个螺距。如果中拖板丝杆螺距为 5 mm，刻度盘分 100 格，当手柄摇动一周时，中拖板就移动 5 mm。当刻度盘转过一格时，中拖板移动量为 5÷100＝0.05(mm)。

使用刻度盘时，由于螺杆和螺母之间配合往往存在间隙，因此会产生空行程[即刻度盘转动而拖板并未移动，见图 3-8(a)]。所以使用时要慢慢地把刻线转到所需要的格数，见图 3-8(b)。必须注意，中拖板刻度盘的切入量是工件余量尺寸的二分之一。

三、车外圆、车端面技能训练(图 3-9、图 3-10、图 3-11)

(1)试切训练，见图 3-9。

加工步骤

①备料φ90×100。

②用四爪卡盘夹住工件外圆 20 mm 左右，并校正夹紧。

③粗车端面及外圆φ87×60(留精车余量)。

④精车外圆φ(87±0.6)×60，并倒角 1×45°。

⑤调头夹住外圆(φ87 一端)20 mm 左右，并校正夹紧。

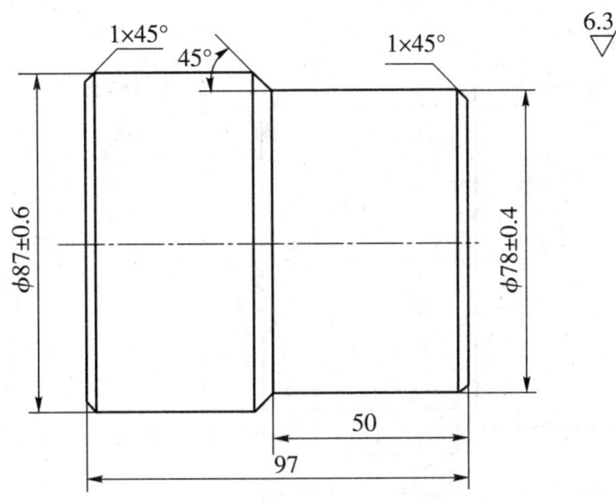

图 3-9　试切训练

⑥粗车端面和外圆(外圆和总长均留精车余量)。

⑦精车端面和外圆ϕ(78±0.4)×50,并倒角 1×45°。

⑧检查质量合格后,取下工件。

(2)车外圆训练,见图 3-10。

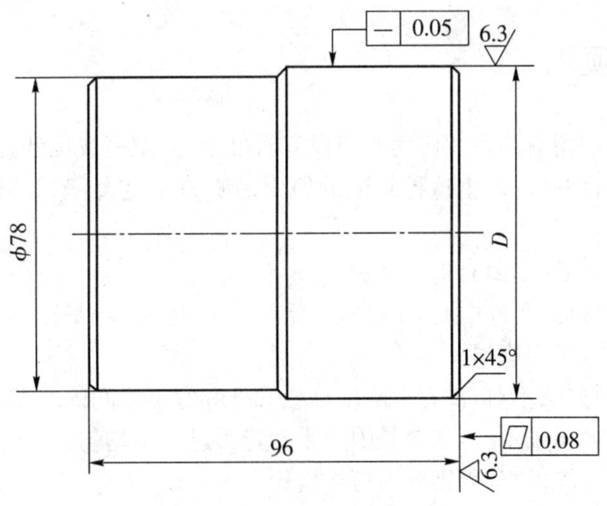

图 3-10　车外圆

加工步骤(材料来源自试切训练)

①用四爪卡盘夹住ϕ78 外圆 20 mm 左右,并校正夹紧。

②粗、精车端面和外圆,尺寸达到要求,并按表中规定的次数进行练习。

③倒角 1×45°。

④检查质量合格后,取下工件。

(3)车外圆端面训练,见图 3-11。

加工步骤(材料来源自车外圆)

①用四爪卡盘夹住外圆 20 mm 左右,并校正夹紧。

②粗、精车端面和外圆 D 至尺寸ϕ78±0.15,并倒角 1×45°。

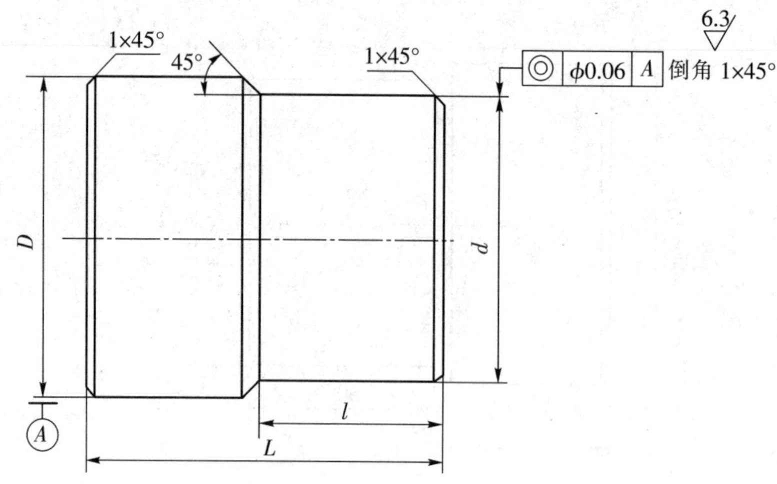

图 3-11　车外圆端面

③调头夹住外圆校正，粗、精车端面及外圆，使外圆及长度达到尺寸要求（即 $d=\phi 76\pm 0.15$、$L=94$ mm、$l=45$ mm），并倒角 1×45°。

④检查质量合格后，取下工件。

⑤其余各次，车削步骤同上。

四、注意事项

(1)工件端面中心留有凸台。因为车刀没有对准中心，偏高或偏低。

(2)端面不平，有凹凸。产生这种缺陷的原因是吃刀量过大，车刀磨损，拖板移动，刀架和车刀紧固力不足。

(3)车外圆产生锥度，原因有如下几种。

①用小拖板手动进给车外圆时，小拖板导轨与主轴中心线不平行。

②在切削过程中，车刀磨损。

③中拖板吃刀时方法不对，没有消除中拖板螺杆和螺母之间的间隙。

(4)车削表面痕迹粗细不一，主要是因为手动走刀进给不均匀。

(5)变换转速时应先停车，否则容易打坏齿轮。

(6)切削时先开动车床后吃刀；切削完毕时先退刀后停车，否则车刀容易损坏。

(7)车削铸铁毛坯时，由于表面氧化皮较硬，要求尽可能一刀车掉，否则车刀容易磨损。

(8)用手动走刀车削时，应把有关走刀手柄放在空挡位置。

(9)调头装夹工件时，最好垫铜皮校正，以防夹坏工件。

(10)车削前应检查拖板位置是否正确、工件装夹是否牢靠、卡盘扳手柄是否取下。

课题二　自动走刀车削外圆和端面，并调头接刀

一、实习教学要求

(1)练习自动走刀车削外圆和端面的方法。
(2)练习用外卡钳在实物上取尺寸测量工件外圆。
(3)会用划针盘校正工件并不断巩固和提高。
(4)掌握调整自动走刀手柄位置的方法。
(5)练习接刀车削外圆和控制两端面平行度的方法。

二、相关工艺知识

工件来料长度余量较少或一次安装不能完成切削的光轴，通常采用调头安装再用接刀法车削。调头接刀车削的工件，一般表面有接刀痕迹，有损质量和美观。在加工条件许可的情况下，一般不采用此法。但由于校正工件是车工的基本功，因此必须认真学习。

自动走刀与手动走刀相比有很多优点，如操作者省力、走刀均匀、加工后工件表面粗糙度小等。但自动走刀是机械传动，操作者对车床手柄位置必须相当熟练，否则在紧急情况下容易损坏工件。使用自动走刀车削工件的过程如下。

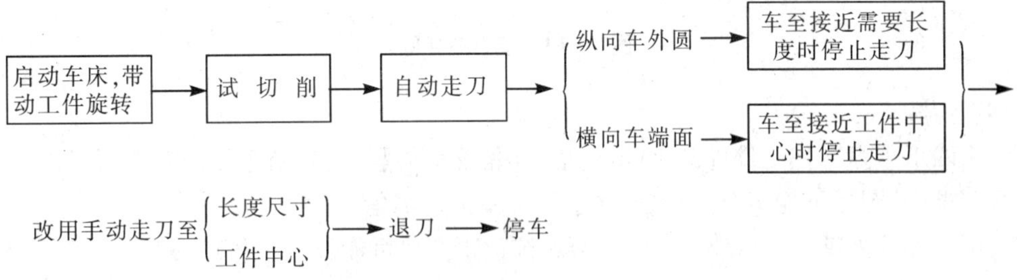

(1)接刀工件的安装、校正和车削方法。每当接刀工件安装时，校正必须从严要求，否则会造成表面接刀偏差，直接影响工件的接刀质量。为了保证接刀质量，通常要求在车削工件的一头时，车长一些，调头装夹时两点间的校正距离应大一些，见图 3－12。

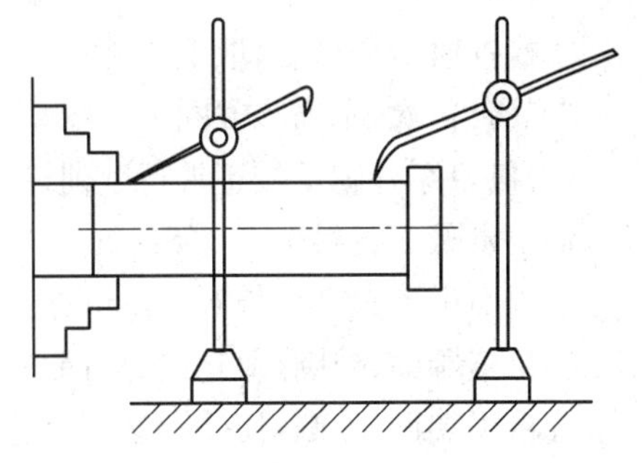

图 3－12　工件调头校正

在工件的一头精车最后一刀时，在车刀与工件阶台的适当距离处停刀，以防车刀碰到阶台后突然增加切削量，产生扎刀现象。在调头精车时，车刀要锋利，最后一刀的精车余量要少，否则工件容易产生凹痕。

(2)卡钳在实物上取尺寸对比测量工件。在实物上取尺寸测量工件的目的,是为了提高使用卡钳测量的技能。这种测量的方法是先从尺寸符合要求的实物上取尺寸,然后与被加工的工件外圆作对比测量。这种测量方法,比在钢尺上取尺寸测量工件要精确得多,一般能感觉出 0.02 mm 左右的尺寸变化。

(3)控制工件两端平行度的方法。校正工件两端平行度的方法是以工件先车削的一端外圆端面为基准,用划针盘校正(校两端外圆或一端外圆及阶台平面)。校正的正确性,可在车削过程中用卡钳或外径千分尺进行检查。如发现偏差,应从工件最薄处用铜棒轻轻敲击,逐次校正。

三、接刀车外圆及校正平行度训练(图 3-13、图 3-14)

(1)接刀车外圆训练。

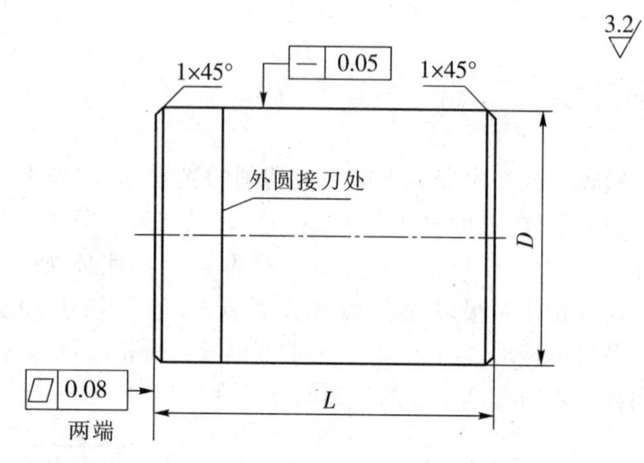

图 3-13　接刀车外圆

加工步骤

①用四爪卡盘夹住工件外圆 10 mm 左右,并校正夹紧。粗、精车端面及外圆,使外圆尺寸符合要求(外圆尽可能车至卡爪处,便于调头校正),倒角 1×45°。

②调头夹住外圆 10 mm 左右(外圆两点校正距离尽可能放大一些)。

③粗、精车端面,使总长达到尺寸要求;粗、精车外圆至接刀处,使外圆尺寸符合要求,并倒角 1×45°。

④检查质量合格后,取下工件。

⑤其余各次,车削步骤同上。

(2)接刀车外圆及校正平行度训练。

加工步骤　备料ϕ100×85

①用四爪卡盘夹住外圆 10 mm 左右,并校正夹紧。

②粗车端面、外圆(氧化皮尽可能一刀车去),留精车余量。

③粗车端面、外圆,使外圆达到尺寸要求,并倒角 1×45°。

④调头,夹住外圆校正。粗、精车端面及外圆,使总长及外圆的尺寸符合要求。注意控制平行度。

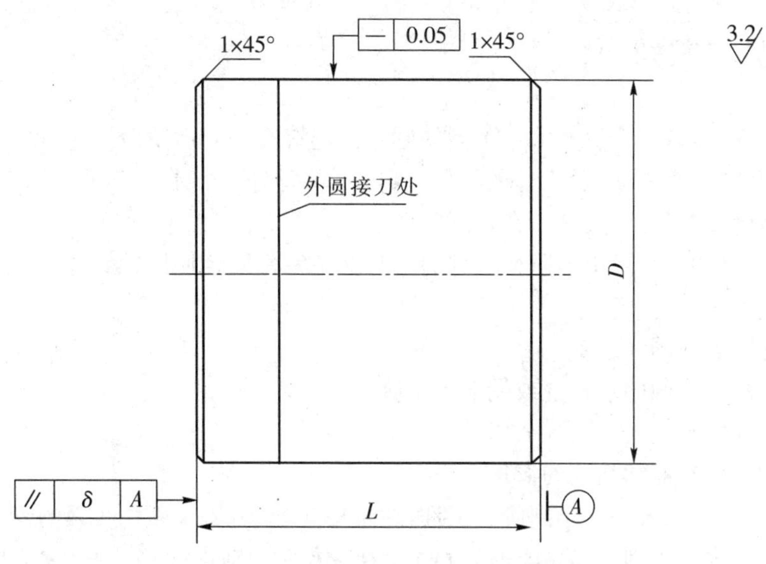

图 3－14　接刀车外圆及校正平行度

⑤倒角 1×45°，检查质量合格后，取下工件。

⑥其余各次，车削步骤同上。

四、注意事项

(1)初学使用自动走刀车削，注意力要特别集中，防止碰撞。

(2)粗车切削力较大，工件易移动，在精车接刀前最好对外圆进行一次复校。对于最后一刀的接刀，最好用反走刀切削(由车头向尾架方向进刀)。

(3)车削大直径工件时，端面容易产生凹凸，应随时用钢尺检查。

(4)在使用卡钳测量较大的工件直径时，注意两脚连线与轴心线垂直，其滑动的松紧程度更需注意。

(5)注意卡钳要轻放，防止卡钳的两脚间发生相对移动，造成差错。

(6)为了保证工件质量，调头装夹时要求垫铜皮。

(7)用卡钳在实物上取尺寸与工件作对比测量时，应反复测量，感觉松紧程度的差异。

课题三　车削阶台工件

一、实习教学要求

(1)掌握车削阶台工件的方法。

(2)巩固用划针盘校正工件外圆和反平面的方法。

(3)游标卡尺的识读和使用。

二、相关工艺知识

在同一工件上，有几个直径大小不同的圆柱体连接在一起像阶台一样，就叫它为阶台工件。俗称阶台为“肩胛”。阶台工件的车削，实际上就是外圆和端面车削的组合。故在车削时，必须兼顾外圆的尺寸精度和阶台长度的要求。

(1)阶台工件的技术要求。阶台工件通常与其他零件结合使用，因此它的技术要求一般有以下几点。

①各挡外圆之间的同轴度。

②外圆和阶台端面的垂直度或端面径向圆跳动。

③阶台端面的平面度。

④外圆和阶台端面相交处的清角。

(2)车刀的选择和安装。车削阶台工件，通常使用90°外圆偏刀。车刀的安装应根据粗、精车和余量的多少来区别。如粗车时余量多，为了增加切削深度，减少刀尖的压力，车刀安装取主偏角可以小于90°(一般为85°～90°)。精车时，为了保证阶台端面和轴心线垂直，应取主偏角大于90°(一般为93°左右)。

(3)车削阶台工件的方法。车削阶台工件，一般分为粗、精车进行。粗车时的阶台长度除第一挡阶台长度略短些外(留精车余量)，其余各挡可车至长度。

精车阶台工件时，通常在自动走刀精车外圆至近阶台处时，以手动进给代替自动进给。当车到端面时，然后变纵向走刀为横向走刀，移动中拖板由里向外慢慢精车阶台端面，以确保阶台对轴线的垂直度。

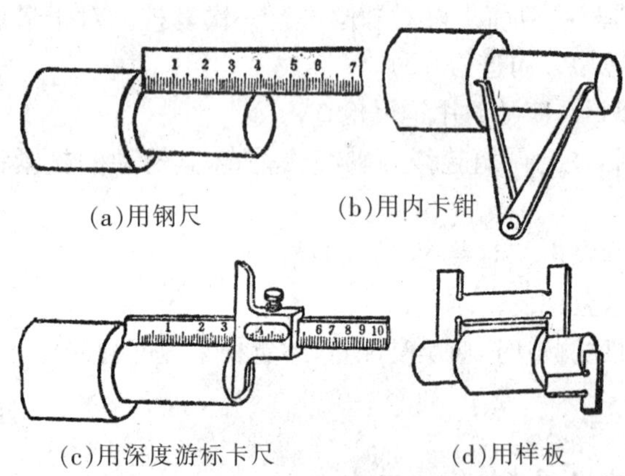

(a)用钢尺 (b)用内卡钳

(c)用深度游标卡尺 (d)用样板

图3-15 测量阶台长度

(4)阶台长度的测量和控制方法。车削前根据阶台长度先用刀尖在工件表面刻线，然后按线条进行粗车。当粗车完毕时，阶台长度已基本符合要求。在精车外圆的同时，一起把阶台长度车准。其测量方法，通常用钢尺、卡钳检查。如精车要求较高时，可用样板、深度游标卡尺、卡板测量，见图3-15。

(5)工件的调头校正和车削。根据习惯的校正方法，应先校卡爪处工件外圆，后校阶台处平面，这样反复多次校正后才能进行车削。当粗车完毕时，最好再进行一次复检，以防粗车时工件走动。

(6)游标卡尺的构造、识读和使用方法。例如，精度0.02 mm(1/50)的游标卡尺，是由主尺和副尺组成的，见图3-16(a)，主尺每小格为1 mm，副尺49 mm内有50格，每格为49/50＝0.98(mm)。主尺和副尺的一格之差为1－0.98＝0.02(mm)。

识读游标卡尺时，应先读出副尺“0”线左面的主尺整数的毫米数，再看副尺和主尺哪一条线对齐，在副尺上读出小数毫米，然后相加。如图3-16(b)，其读数为：50＋0.48＝50.48(mm)。

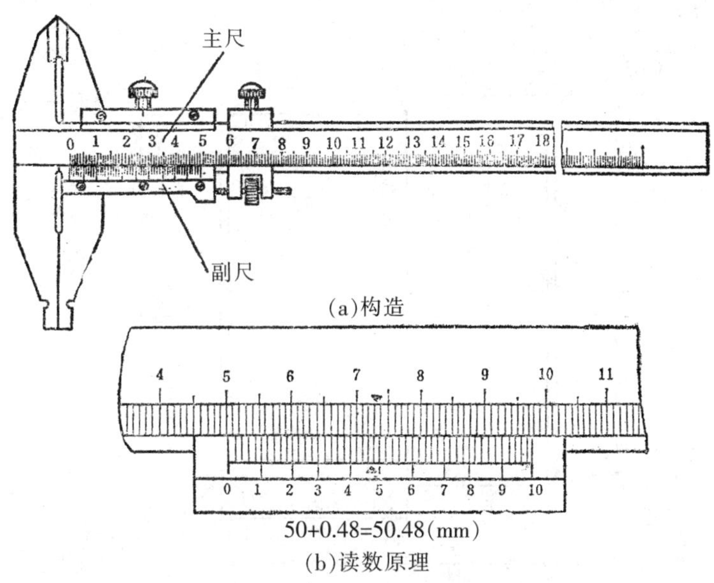

图 3-16　游标卡尺

游标卡尺的测量范围较广，可以测量工件外径、孔径、长度、深度以及沟槽宽度等。测量工件的姿势和方法见图 3-17。

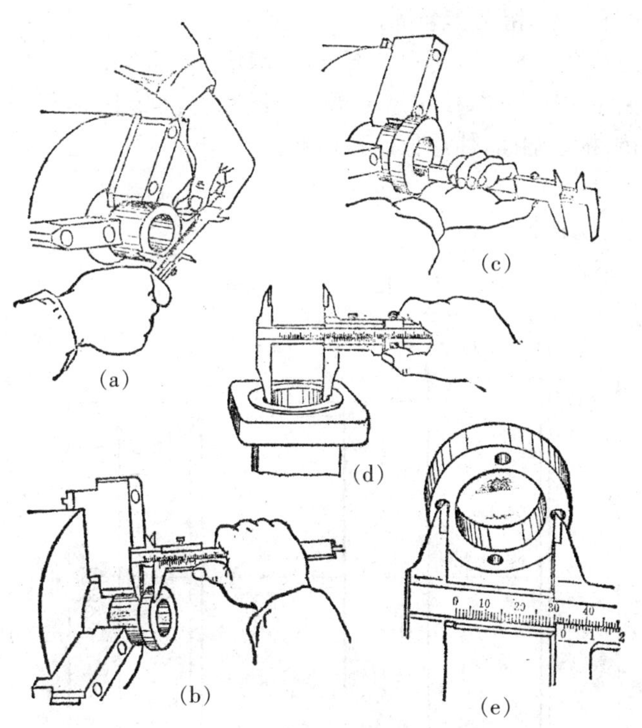

图 3-17　游标卡尺的使用方法

三、车阶台训练(图 3-18、图 3-19、图 3-20)

(1)车阶台及校正平行度训练。

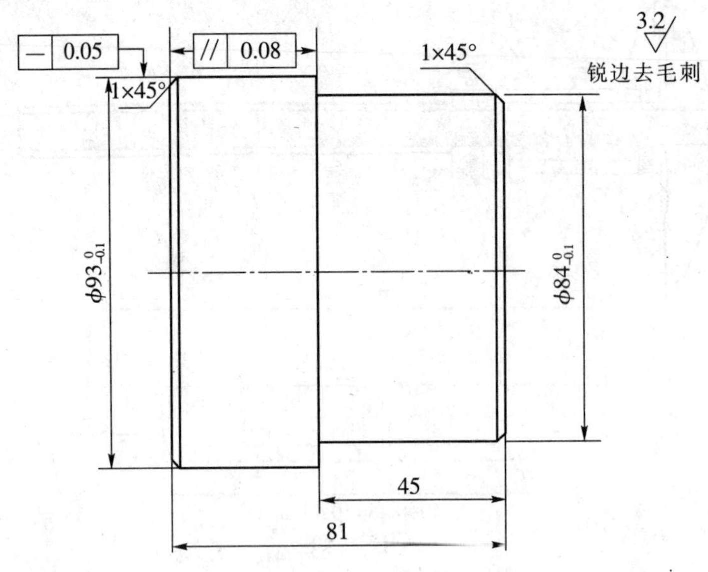

图 3－18　车阶台及校正平行度

加工步骤

①用四爪卡盘夹住工件外圆 15 mm 左右，并校正夹紧。

②粗车外圆$\phi 93$和$\phi 84$，留精车余量。

③精车端面、外圆$\phi 84_{-0.1}^{\ 0}\times 45$至尺寸要求，并倒角 $1\times 45°$。

④调头垫铜皮夹住$\phi 84$外圆，校正近卡爪处外圆和阶台反平面，粗、精车外圆至尺寸要求，并控制平行度；粗、精车端面，使总长达到要求。

⑤倒角 $1\times 45°$。

⑥检查质量合格后，取下工件。

(2)车多阶台外圆训练。

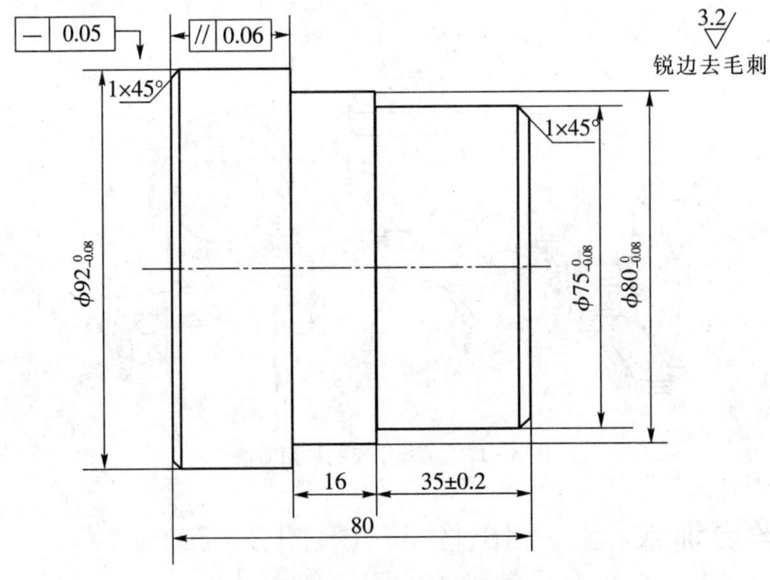

图 3－19　车多阶台外圆

加工步骤

①用四爪卡盘夹住工件外圆 15 mm 左右，并校正夹紧。

②粗车$\phi 75\times 35$、$\phi 80\times 16$ 和$\phi 92$ 的外圆（留精车余量）。

③精车端面、外圆$\phi 75_{-0.08}^{\ 0}\times 35$、$\phi 80_{-0.08}^{\ 0}\times 16$ 至尺寸要求，并倒角 $1\times 45°$。

④调头夹住$\phi 75$ 外圆，校正近卡爪处外圆及反平面，粗、精车外圆$\phi 92_{-0.08}^{\ 0}$ 至尺寸要求，并控制平行度；粗、精车端面，使总长达到尺寸要求。

⑤倒角 $1\times 45°$。

⑥检查质量合格后，取下工件。

（3）车双向阶台训练。

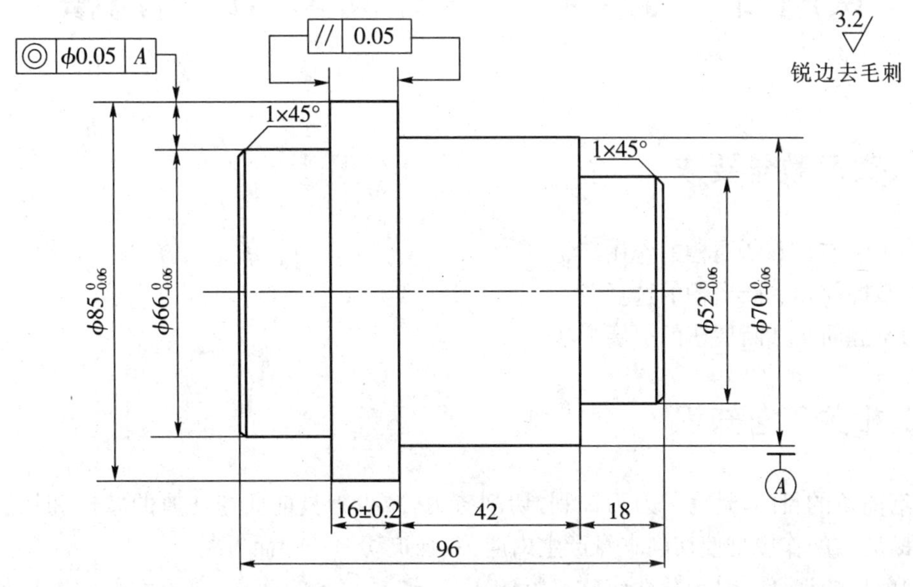

图 3－20　车双向阶台

加工步骤

①用四爪卡盘夹住外圆 15 mm 左右，并校正夹紧。

②粗、精车端面、外圆$\phi 52_{-0.06}^{\ 0}\times 18$、$\phi 70_{-0.06}^{\ 0}\times 42$ 及$\phi 85_{-0.06}^{\ 0}$至尺寸要求，并倒角 $1\times 45°$。

③调头夹住$\phi 70$ 外圆 15 mm 左右，校正近卡爪处外圆及反平面。

④粗、精车总长至 96 mm，及$\phi 66_{-0.06}^{\ 0}$外圆，并控制阶台长 16 mm±0.2 mm 和平行度。

⑤倒角 $1\times 45°$。

⑥检查质量合格后，取下工件。

四、注意事项

（1）阶台端面和外圆相交处要清角，防止产生凹坑和出现小阶台。

（2）阶台端面不平直（出现凹凸），其原因可能是车刀没有从里到外横向切削或安装时车刀主偏角小于 90°，其次与刀架、车刀、拖板等走动有关。

（3）多阶台工件的长度应从图样基面起测量，以防累计误差增大。

（4）外圆和端面相交处有较大的圆弧，原因是车刀刀尖圆弧较大或车刀磨损。

(5)使用游标卡尺时，应检查主尺和副尺上的零线是否对齐，卡脚之间有无间隙。

(6)使用游标卡尺测量工件时，两脚之间的卡紧程度要适当，不能太松或太紧，一般与工件轻轻接触即可。用微调螺钉使卡脚接近工件时，特别要注意不能卡得太紧。

(7)使用游标卡尺测量时，卡脚应和测量面贴平，以防卡脚歪斜，产生测量误差。

(8)车未停妥，不准使用游标卡尺测量工件。

(9)从工件上取下游标卡尺时，应把紧固螺钉拧紧，以防取出时副尺移动，影响读数的正确性。

课题四　刃磨 45°、90°外圆车刀的断屑槽

一、实习教学要求

(1)了解前角和断屑槽的作用。

(2)掌握前角和断屑槽的选择。

(3)掌握前角和断屑槽的刃磨方法。

二、相关工艺知识

刃磨前角的目的，是为了刀刃锋利，切削省力，减少刀具前面与切屑的摩擦和切屑的变形。而断屑槽的作用是使切削本身产生内应力，强迫切屑变形而折断。

(1)前角的选择。对于塑性或软材料的工件，选择较大的前角；对于脆性或硬材料的工件，可取较小的前角。

粗车时，切削深度和进给量大，为了保证刀具有足够的强度，应取较小的前角。

精车时，切削深度和进给量小，切屑细小，为了保证工件表面光洁，应取较大的前角。

高速钢车刀耐冲击，可取较大的前角；硬质合金(脆性)怕冲击，应取较小的前角。但有时为了增加硬质合金车刀耐冲击的强度，可采用刃磨倒棱或负前角。

(2)断屑槽对切削的影响。在车削塑性材料时，解决断屑是一个突出的问题。如果切屑连绵不断，成带状缠绕在工件或车刀上，将会影响切削，易损坏车刀，易拉毛工件表面，还容易产生事故。所以必须根据切削用量、工件材料和切削要求，在前面上磨出尺寸、形状不同的断屑槽，以达到断屑的目的。

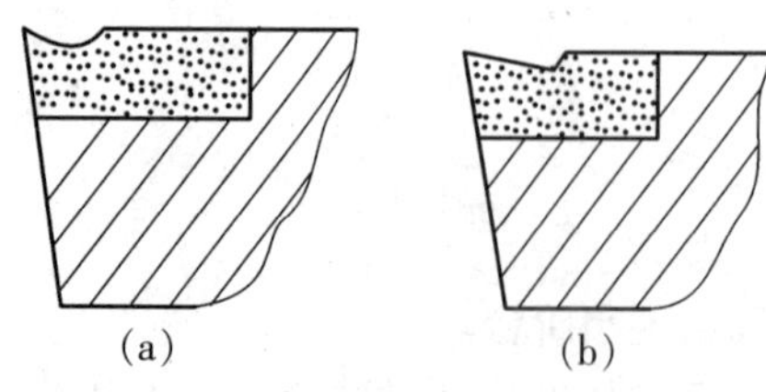

图 3－21　断屑槽的两种形式

(3)断屑槽的种类及其几何参数。断屑槽通常有圆弧形[图 3－21(a)]和阶台形[图 3－21(b)]两种。圆弧形断屑槽一般前角较大，适宜于车削较软的塑性材料。阶台形断屑槽一般前角较小，适宜于粗加工以及较硬的材料。

断屑槽的宽、窄对切削的影响如下。

①断屑槽过宽，一般会造成切屑自由流窜，不受断屑槽的控制，因而不能折断切屑。只有再加大进给量时，才可能断屑。

②断屑槽过窄，一般会使切屑挤扎在断屑槽里相互撞击，虽然能折断切屑，但容易划伤工件表面。只有减小进给量，才可能达到断屑。

上述情况说明，断屑槽的宽、窄不仅与材料性质有关，而且对吃刀深度、走刀量亦有明显影响。

(4)断屑槽的刃磨方法。刃磨圆弧形断屑槽时，必须先把砂轮的外圆与平面的交角处修整成相应的圆弧；刃磨阶台形断屑槽时，砂轮的交角必须作相应的修整。

刃磨时刀头向上，车刀前面应与砂轮外圆成一夹角，这一夹角在车刀上就构成了一个前角。刃磨时的起点位置，应离主刀刃 2～3 mm。以 90°外圆车刀为例，左手大拇指和食指握刀头上部，右手握下部，车刀前面接触砂轮的左侧，并沿刀杆方向上下缓慢移动进行刃磨。刃磨姿势及方法见图 3－22。

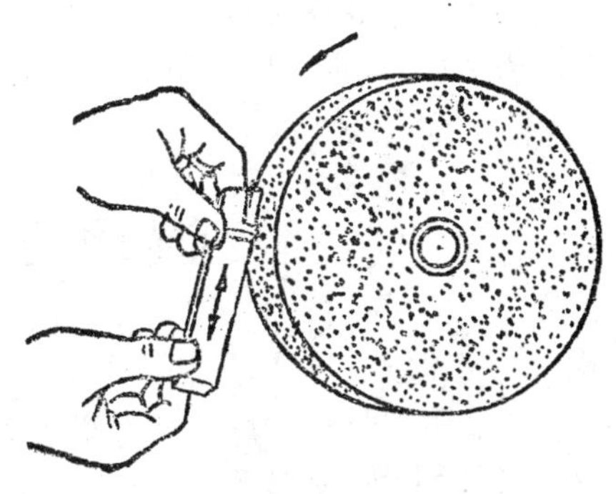

图 3－22　磨断屑槽的方法

三、45°、90°外圆车刀磨断屑槽刃磨训练(图 3－23)

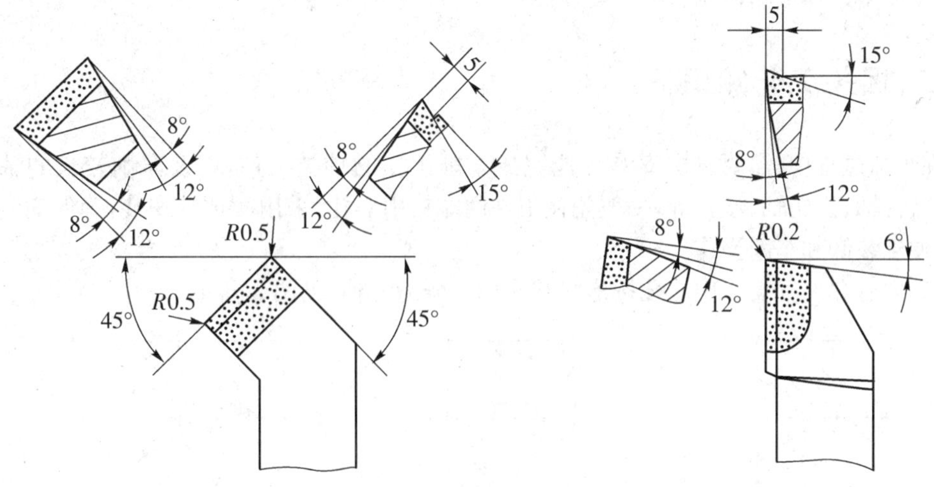

图 3－23　45°、90°外圆车刀磨断屑槽刃磨

刃磨步骤

①粗磨主后面和副后面。

②粗、精磨前面。

③粗、精磨前角和断屑槽。

④精磨主后面和副后面。

⑤修磨刀尖。

四、注意事项

(1)刃磨断屑槽时,应先用旧刀练习。
(2)断屑槽的宽度要磨均匀,防止将沟槽磨斜、过深或过浅。
(3)要防止将前角磨坍。
(4)由于车刀和砂轮接触时容易打滑,必须注意安全。
(5)刃磨后,要正确地使用油石修整刀刃。

课题五　钻 中 心 孔

一、实习教学要求

(1)了解中心孔的种类、规格及其作用。
(2)了解尾座结构和掌握校正尾座中心的方法。
(3)掌握中心孔的装夹及其钻削方法。
(4)了解中心孔的折断原因和预防方法。
(5)懂得冷却液的使用。

二、相关工艺知识

在车削过程中,需要多次安装才能完成车削工作的轴类工件,以及车削较长的轴类工件,如阶台轴、齿轮轴、丝杆等,一般先在工件两端钻中心孔,采用两顶针安装,确保安装定心准确,便于装卸和车削操作。

(1)中心孔的种类。中心孔按形状和作用可分为三种,见图 3-24。

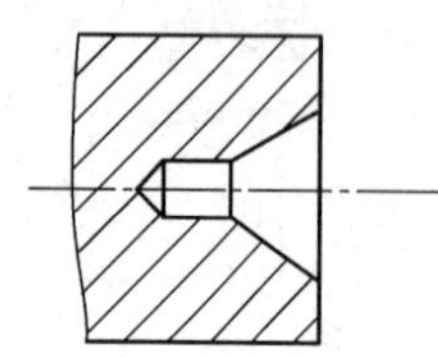
A型——不带护锥的中心孔

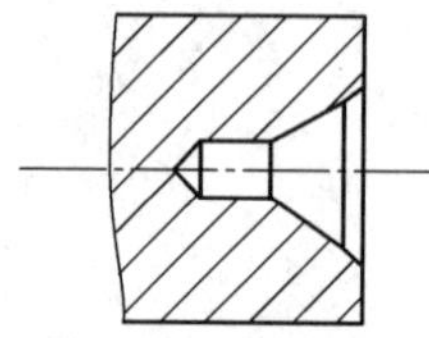
B型——带护锥的中心孔

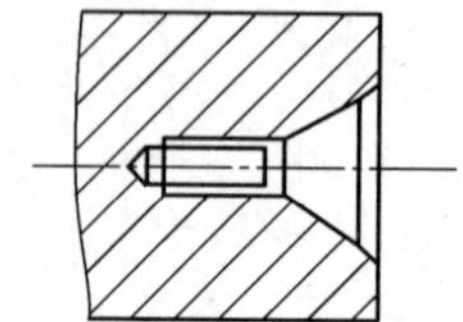
C型——带护锥和带内螺纹的中心孔

图 3-24　中心孔的三种形式

(2)各类中心孔的作用。A 型中心孔由圆柱部分和圆锥部分组成,圆锥孔为 60°,一般适用于不需多次安装或不保留中心孔的零件。

B 型中心孔是在 A 型中心孔的端部多一个 120°圆锥孔,目的是保护 60°锥孔,不使其敲毛碰伤。一般适用于多次装夹的零件。

C 型中心孔外端形似 B 型中心孔，里端有一个比圆柱孔还要小的内螺纹，用于工件之间的紧固连接。

这三种中心孔的圆柱部分作用是：储存润滑油和保护顶针尖，使顶针与锥孔 60°配合贴切。圆柱部分的直径，也就是选取中心钻的公称尺寸。

中心孔圆柱部分的直径用 d 表示，而 d 的选择需根据工件质量、直径来定，见表 3－1。

表 3－1　中心孔的尺寸　　单位：mm

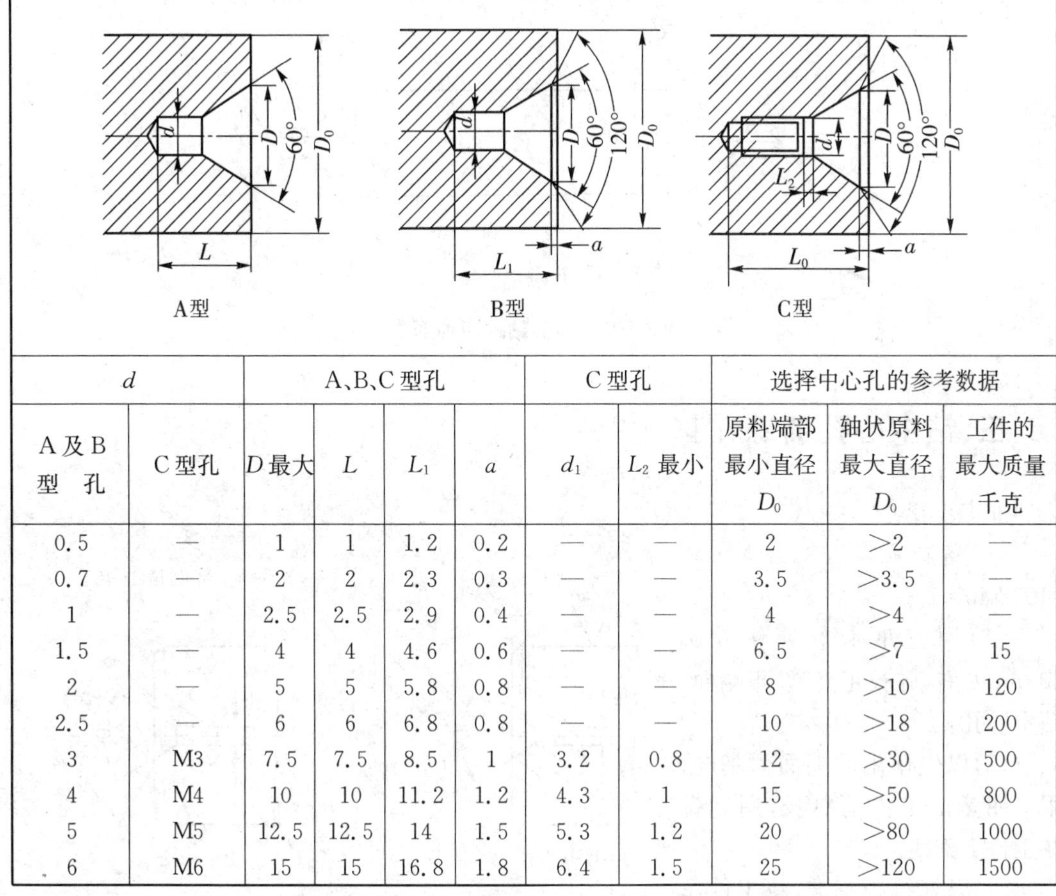

d		A、B、C 型孔				C 型孔		选择中心孔的参考数据		
A 及 B 型　孔	C 型孔	D 最大	L	L_1	a	d_1	L_2 最小	原料端部最小直径 D_0	轴状原料最大直径 D_0	工件的最大质量千克
0.5	—	1	1	1.2	0.2	—	—	2	>2	—
0.7	—	2	2	2.3	0.3	—	—	3.5	>3.5	—
1	—	2.5	2.5	2.9	0.4	—	—	4	>4	—
1.5	—	4	4	4.6	0.6	—	—	6.5	>7	15
2	—	5	5	5.8	0.8	—	—	8	>10	120
2.5	—	6	6	6.8	0.8	—	—	10	>18	200
3	M3	7.5	7.5	8.5	1	3.2	0.8	12	>30	500
4	M4	10	10	11.2	1.2	4.3	1	15	>50	800
5	M5	12.5	12.5	14	1.5	5.3	1.2	20	>80	1000
6	M6	15	15	16.8	1.8	6.4	1.5	25	>120	1500

(3)中心钻。中心孔常用中心钻钻出，常用的中心钻有 A 型和 B 型两种，见图 3－25。制造中心钻的材料一般为高速钢。

(4)钻中心孔的方法。

①中心钻在钻夹头上装夹。按逆时针方向旋转钻夹头的外套，使钻夹头的三爪张开，把中心钻插入，然后用钻夹头扳手以顺时针方向转动钻头外套，把中心钻夹紧。

②钻夹头在尾座锥孔中安装。先擦清钻夹头柄部和尾座锥孔，然后用轴向力把钻夹头装紧。

③校正尾座中心。工件安装在卡盘上开车转动，移动尾座，使中心钻接近工件端面，观察中心钻钻头是否与工件旋转中心一致，并校正，然后紧固尾座。

④转速的选择和钻削。由于中心孔直径小，钻削时应取较高的转速，进给量应小而均匀。当中心钻钻入工件时，加冷却润滑液，促使其钻削顺利、光洁。钻毕时应稍停留中心钻，然后退出，使中心孔光、圆、正确。

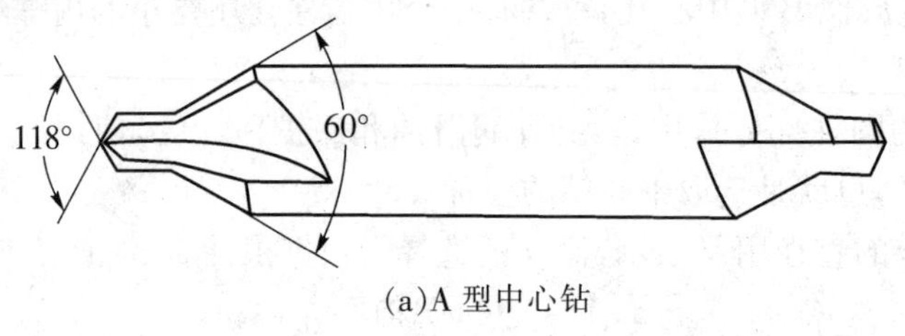

(a)A 型中心钻

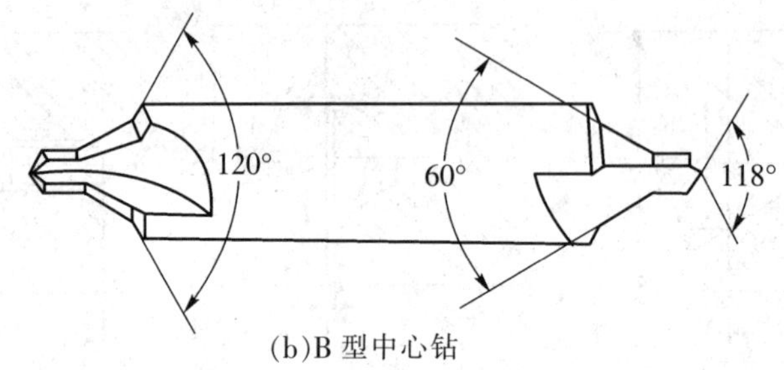

(b)B 型中心钻

图 3－25　中心钻的两种形式

三、钻中心孔训练(图 3－26)

加工步骤

(1)备料 ϕ40×332、ϕ40×240、ϕ40×270。

(2)用三爪卡盘夹住外圆 20 mm左右,并校正夹紧,车端面,钻中心孔。

(3)以先车出的端面为基准,用卡钳量出工件的总长,用划针在工件上刻线。

(4)以划线为基准,将工件车至总长尺寸,并钻中心孔。

其余 6.3
全部倒角 1×45°

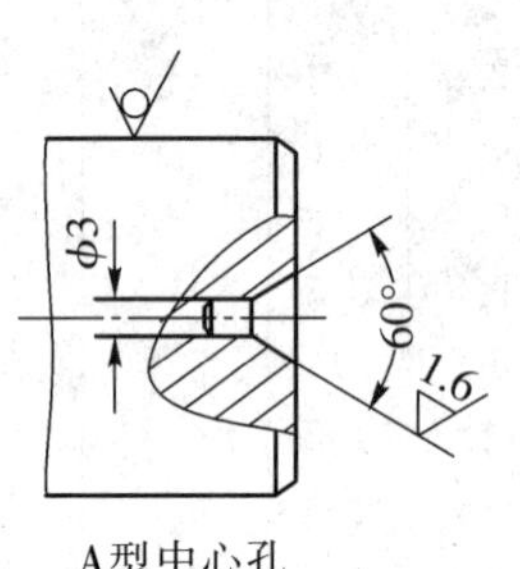

A型中心孔

φ2.5　1.6　60°　120°

B型中心孔

图 3－26　钻中心孔

四、注意事项

(1)中心钻折断的原因。

①工件端面留有小凸头,使中心钻发生偏斜。

②中心钻未对准工件的中心。

③移动尾座不小心时撞断。

④转速太低,进给量太大。

⑤铁屑阻塞,中心钻磨损。

(2)中心孔钻偏或钻得不圆。

①工件弯曲未校正,使中心孔与外圆产生偏差。

②紧固力不足，工件移动，造成中心孔不圆。其次工件太长，旋转时在离心力的作用下，造成中心孔不圆。

(3)中心孔钻得太深，顶针不能与锥孔接触，影响加工质量。

(4)车削端面时，车刀没有对准工件旋转中心，使刀尖碎裂。

(5)中心钻圆柱部分修磨后变短，造成顶尖跟中心孔底部相碰，从而影响质量。

(6)中心孔直径应按工件直径和质量选用，见表 3－1。

课题六　在两顶针上车削轴类零件

一、实习教学要求

(1)了解顶针的种类、作用及其优缺点。

(2)掌握转动小拖板、车削前顶针的方法。

(3)了解鸡心夹头、对分夹头的使用知识。

(4)掌握在两顶针上加工轴类零件的方法。

(5)会识读和使用外径千分尺。

二、相关工艺知识

在两顶针上车削工件的优点是定位正确可靠，安装方便，车削的各挡外圆之间同轴度好。因此它是车工广泛采用的方法之一。

(1)顶针。顶针的作用是定中心、承受工件的质量和切削时的切削力。顶针分前顶针和后顶针两类。

①前顶针。前顶针随同工件一起旋转，与中心孔无相对运动，因而不产生摩擦。前顶针的类型有两种。一种是插入主轴锥孔内的前顶针[图 3－27(a)]。这种顶针安装牢靠，适宜

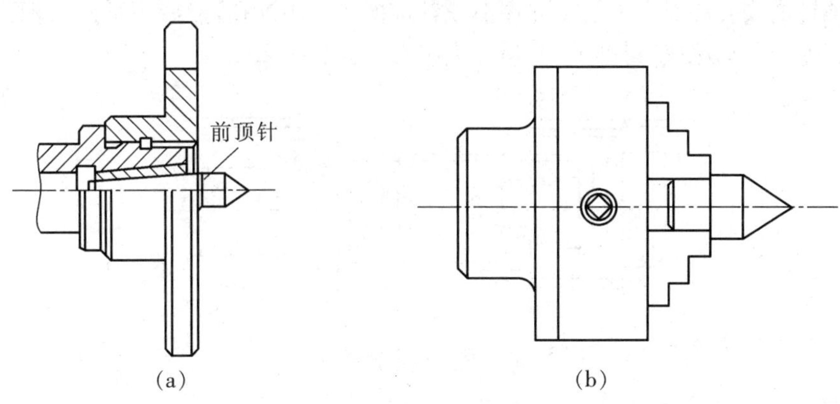

图 3－27　前顶针

于批量生产。另一类是夹在卡盘上的前顶针[图 3－27(b)]。用一段钢料，车一个阶台与卡爪端面贴平夹紧，一端车 60°作顶针即可。优点是制造安装方便，定心准确；缺点是顶针硬度不够，容易磨损，车削过程中容易抖动，只适用于小批量生产。

②后顶针。插入尾座套筒锥孔中的顶针叫后顶针。后顶针又分死顶针[图 3－28(a)、(b)]和活顶针[图 3－28(c)]两种。

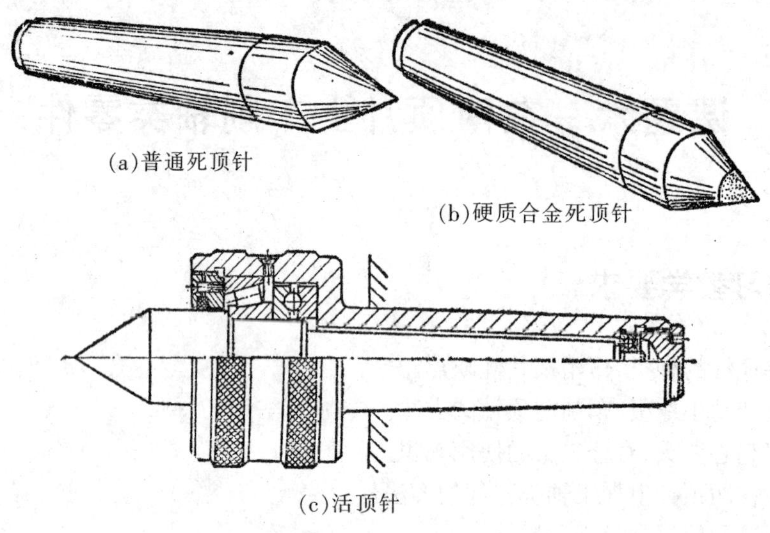
(a)普通死顶针

(b)硬质合金死顶针

(c)活顶针

图 3－28　后顶针

a)死顶针。在切削中，死顶针的优点是：定心正确、刚性好、切削时不易产生振动，缺点是中心孔与工件要产生滑动摩擦，易发生高热，常会把中心孔或顶针烧坏。一般适用于低速精切削。目前死顶针都用硬质合金制造，见图 3－28(b)。这种顶针能在高速旋转下不易损坏，但摩擦产生高热的情况仍然存在，会使工件发生热变形。

b)活顶针。为了避免后顶针与工件之间摩擦，目前大都采用活顶针支顶[图 3－28(c)]，以活顶针内部的滚动摩擦代替顶针与工件中心孔的滑动摩擦。这样既能承受高速，又可消除滑动摩擦产生的热量，是目前比较理想的顶针。缺点是定心精度和刚性稍差。

(2)工件的安装和车削。

①后顶针的安装和对准中心。先擦清顶针锥柄和尾座锥孔，然后用轴向力把顶针装紧。接着向车头方向移动尾座，对准前、后顶针尖中心，见图 3－29。

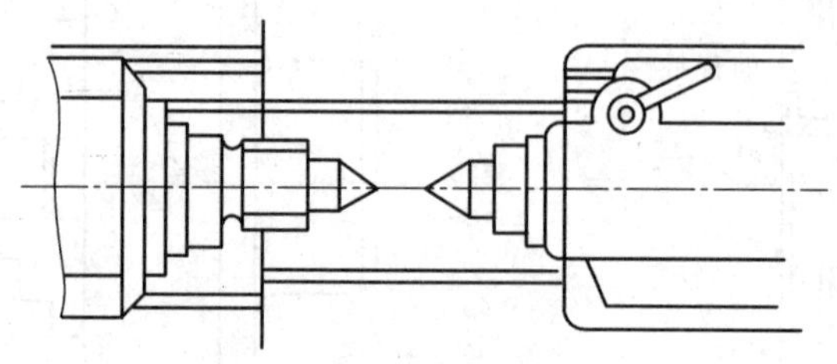

图 3－29　尾座与主轴对准中心

②根据工件长度，调整尾座距离，并紧固。

③用对分夹头[图 3－30(a)]或鸡心夹头[图 3－30(b)]夹紧工件一端，拨杆伸向端部[图

3－30(c)]。因两顶针对工件只起定心和支撑作用，必须通过对分夹头或鸡心夹头的拨杆来带动工件旋转。

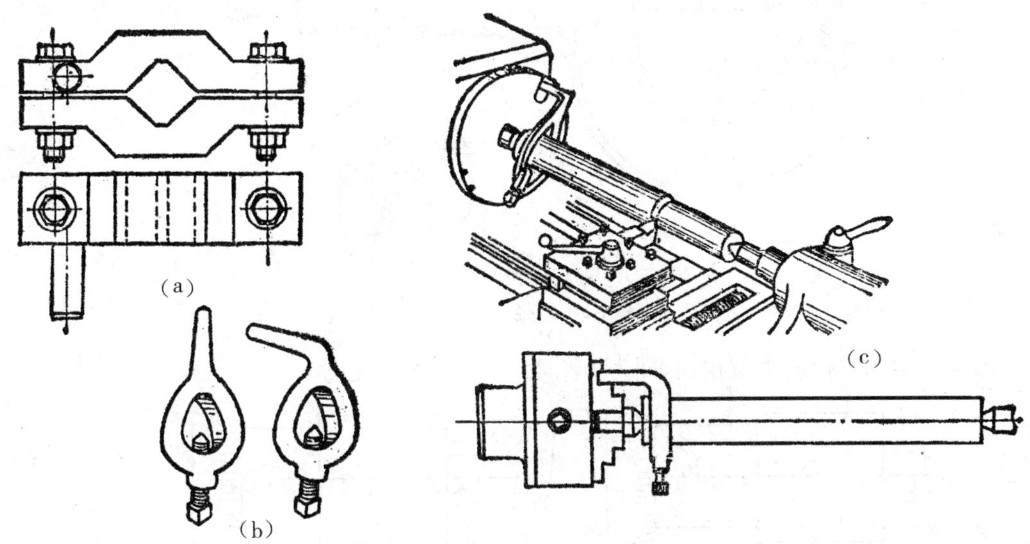

图3－30　用鸡心夹头装夹工件

④将夹有对分夹头的一端中心孔放置在前顶针上，另一端中心孔用后顶针支顶，松紧程度以没有轴向窜动为宜。如果后顶针用死顶针支顶，应加润滑油，然后将尾座套筒的紧固螺钉压紧。

⑤粗车外圆、测量并逐步校正外圆锥度。

工件安装完毕，粗车外圆，并测量两端直径，以两端直径差的二分之一(对光轴)调整尾座的横向偏移量。如工件右端直径大，左端直径小，尾座应向操作者方向移动；如工件右端直径小，左端直径大，尾座的移动方向则相反。

为了节省校正工件的时间，往往先将工件中间车凹，见图3－31(外径不能小于图纸要求)。然后车削两端外圆，并检验外圆是否有锥度。

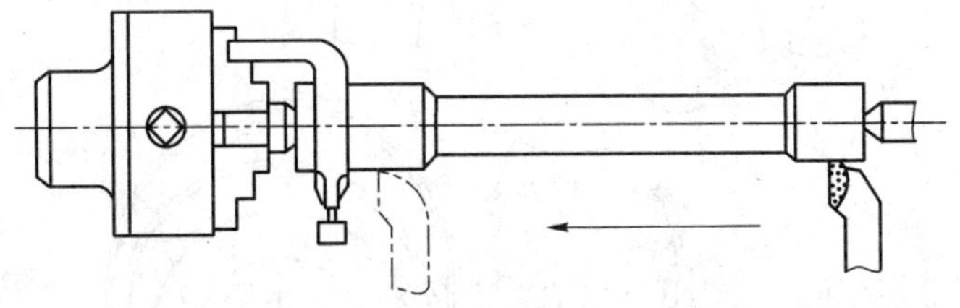

图3－31　车两端外圆、校正尾座中心

(3)外径千分尺的识读和使用。外径千分尺又名分厘卡，是常用的精密量具，它的精度为0.01 mm。规格分0～25、25～50、50～75、75～100……每隔25 mm为一挡。

外径千分尺由尺架、测量杆、测力装置和锁紧装置等组成。它的外形和结构见图3－32。

①外径千分尺的识读。

a)先读出活动微分套管斜面边缘处露出的固定套管刻线的整数毫米或半毫米数。

b)再读出活动微分套管上的刻线与固定套管上的基准线的对准值，即小数部分。

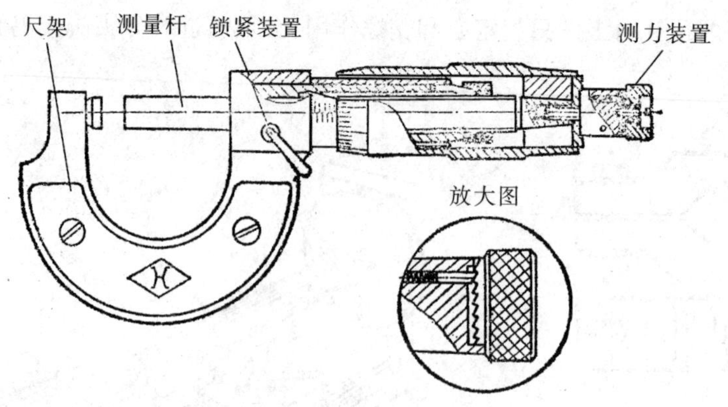

图 3-32 外径千分尺的结构

c)将上述的整数和小数相加，即为被测量工件的读数，见图 3-33。

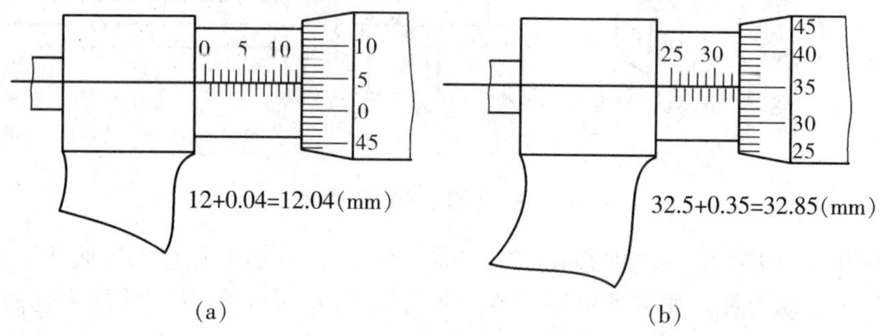

图 3-33 外径千分尺的识读

②外径千分尺的使用。在车床上测量工件时，左手握外径千分尺的弓架，右手转动测力装置，见图 3-34，使千分尺的两个测量头通过工件中心，读出测量时的最小尺寸值即可。

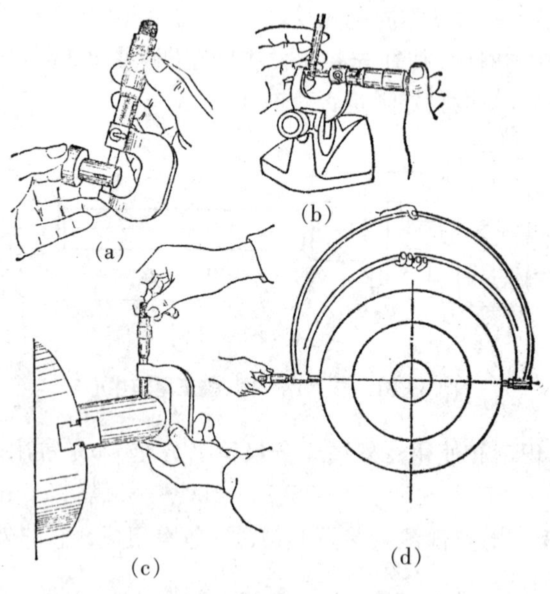

图 3-34 外径千分尺的测量方法

三、在两顶尖上车工件训练(图 3－35、图 3－36)

(1)在两顶尖上车光轴。

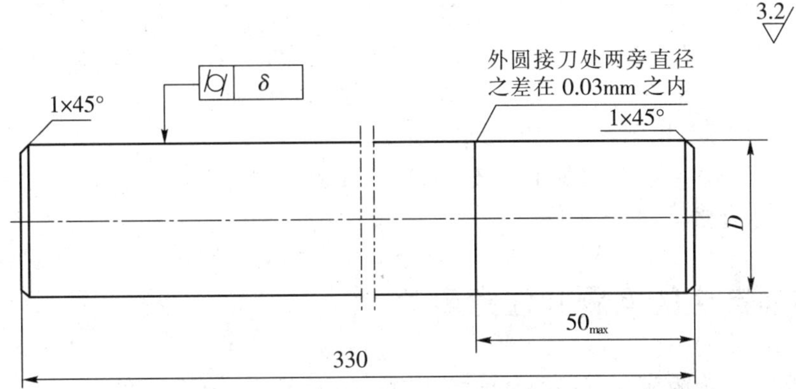

图 3－35　在两顶尖上车光轴

加工步骤

①车端面及总长至尺寸要求，钻两头中心孔(已钻好)，卸下工件。

②逆时针方向转动小拖板 30°，装前顶针。

③装后顶针，并和前顶尖对准。

④根据工件长度，调整尾座距离，并紧固。

⑤在两顶针上安装工件，并把尾座套筒锁紧。

⑥粗车外圆 $\phi 38 \times 280$(留精车余量，并把工件产生的锥度校正过来)。

⑦精车外圆 $\phi 38_{-0.05}^{\ 0} \times 280$ 至图纸要求，并倒角 1×45°。

⑧工件调头安装，方法同上，粗、精车外圆 $\phi 38_{-0.08}^{\ 0}$ 至图纸要求，并注意外圆接刀痕迹，倒角 1×45°。

⑨检测质量合格后，取下工件。

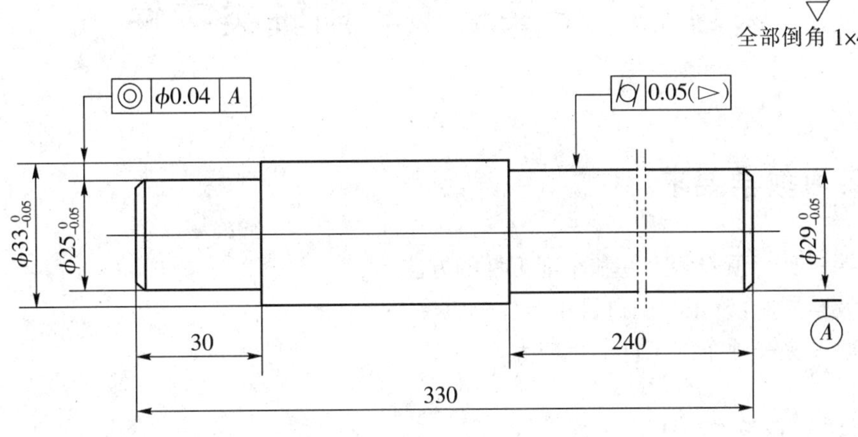

图 3－36　在两顶尖上车双向阶台轴

⑩按上述方法完成第(2)次序号操作。

(2)在两顶尖上车双向阶台轴训练。

在两顶尖上车双向阶台轴训练。

加工步骤

①车两端面，使工件总长为 330 mm，钻中心孔(已完成)。

②在两顶针上安装工件。

③粗车$\phi 29\times 240$ 及$\phi 33\times 60$(留精车余量并把工件产生的锥度校正过来)。

④精车$\phi 29_{-0.05}^{\ 0}\times 240$ 及$\phi 33_{-0.05}^{\ 0}\times 60$ 至尺寸要求，并倒角 $1\times 45°$。

⑤工件调头安装，粗车$\phi 25\times 30$，留精车余量。

⑥精车$\phi 25_{-0.05}^{\ 0}\times 30$(并控制中间阶台长度 60 mm)，倒角 $1\times 45°$。

⑦检查质量合格后，取下工件。

四、容易产生的问题和注意事项

(1)切削前，大拖板应左右移动全行程，观察大拖板有无碰撞现象。

(2)注意防止对分夹头的拨杆与卡盘平面碰撞而破坏顶针的定心作用。

(3)防止死顶针支顶太紧，工件易发热、膨胀、变形。

(4)顶针支顶太松，切削时工件易振动，造成工件的外圆不圆，从而影响同轴度。

(5)随时注意前顶针是否松动，以防工件不同轴。

(6)工件在顶针上安装时，应保持中心孔的清洁和防止敲毛碰伤。

(7)在切削过程中，要随时注意两顶针的松紧程度，及时加以调整。

(8)切削时为了增加工件的刚性，在条件许可时，尾架套筒不宜伸出过长。

(9)鸡心夹头或对分夹头必须牢靠地支撑住工件，以防切削时移动、打滑，损坏车刀。

(10)车削阶台轴时，阶台处要清角，不要出现小阶台及凹坑。

(11)注意安全，防止对分夹头或鸡心夹头勾衣伤人；要及时使用专用铁屑勾清除掉没有碎断的长铁屑。

课题七　一夹一顶车削轴类零件

一、实习教学要求

(1)掌握一夹一顶安装工件和车削工件的方法。

(2)会调整尾座，校正车削过程中产生的锥度。

(3)了解一夹一顶车削工件的优缺点。

二、相关工艺知识

用两顶针安装车削轴类零件的优点虽然很多，但刚性较差，对粗大笨重工件，安装时稳定性不够，切削用量不能提高。因此通常选用一夹一顶的安装方法，见图 3－37。它的定位是一端外圆表面和另一端的中心孔。为了防止工件轴向窜动，通常在卡盘内装一个轴向限位支承，见图 3－37(a)，或在工件的被夹部位车一个 10～20 mm 长度的阶台，作为轴向限位支承，见图 3－37(b)，这种装夹方法比较安全、可靠，能承受较大的轴向切削力，因此它是车工常用的装夹方法。但这种方法的缺点是，对于有相互位置精度要求的工件，调头车削时，校正比较困难。

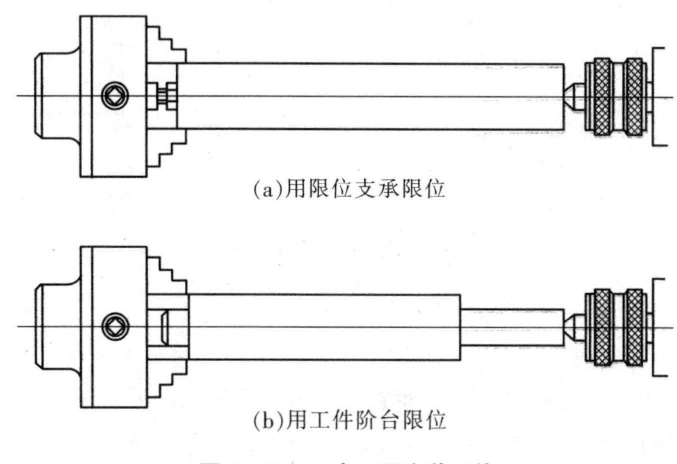

(a)用限位支承限位

(b)用工件阶台限位

图 3－37　一夹一顶安装工件

三、一夹一顶车削工件训练(图 3－38、图 3－39)

(1)一夹一顶车光轴训练。

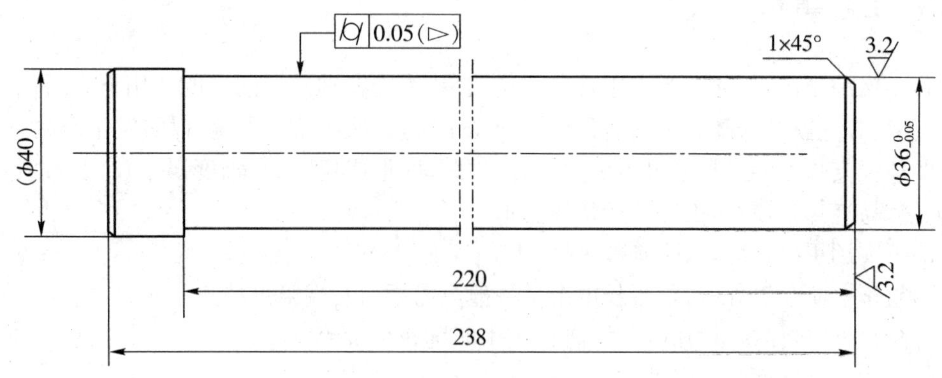

图 3－38　一夹一顶车光轴

加工步骤

①车端面和钻中心孔(已完成)。

②同三爪卡盘夹住毛坯一端的外圆 10 mm 左右，用顶针支顶毛坯的另一端。

③粗车外圆 ϕ36×220(留精车余量并校正锥度)。

④精车外圆 $\phi 36_{-0.05}^{\ 0}$×220 至尺寸要求，并倒角 1×45°。

⑤检测质量合格后，取下工件。

(2)一夹一顶车削多阶台轴。

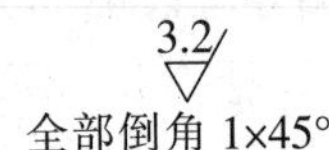

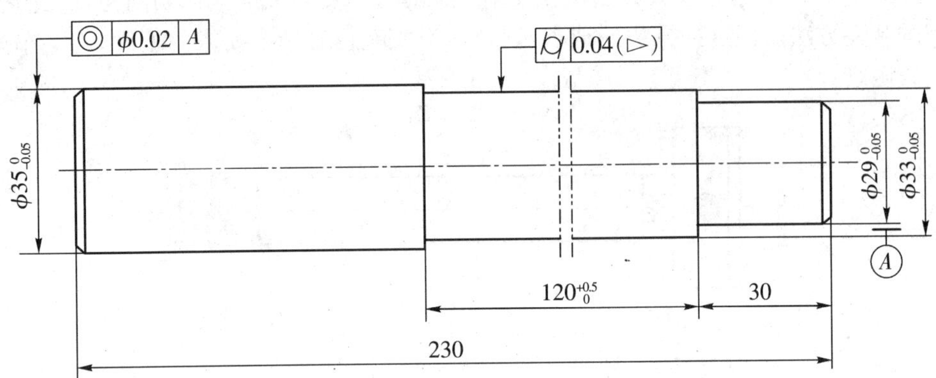

图 3-39　一夹一顶车削多阶台轴

加工步骤(材料来源 3—13)

①一端用三爪卡盘夹住外圆 6 mm 左右,另一端用顶针支顶。

②粗车外圆ϕ29×30 和ϕ33×120 以及ϕ35×80(留精车余量并校正锥度)。

③精车各挡外圆至尺寸要求($\phi 29_{-0.05}^{\ 0}$×30 和$\phi 33_{-0.05}^{\ 0}$×120 以及$\phi 35_{-0.05}^{\ 0}$×80),并倒角 1×45°。

④调头夹住$\phi 35_{-0.05}^{\ 0}$的外圆,车准总长 230 mm,并倒角 1×45°。

⑤检测质量合格后,取下工件。

四、注意事项

(1)一夹一顶车削,通常要求用轴向限位支承,否则在轴向切削力的作用下,工件容易产生轴向移动。这就要求随时注意后顶针的松动情况,并及时给予调整,以防发生事故。

(2)顶针支顶不能过松或过紧。过松,工件跳动,形成扁圆,同轴度误差较大;过紧,易产生摩擦热,易烧坏死顶针,工件要产生热变形。

(3)不准用手拉切削,以防割破手指。

(4)粗车多阶台工件时,阶台长度余量一般只需要留右端第一挡。

(5)阶台处,应保持垂直并清角,防止产生凹坑和小阶台。

(6)注意工件锥度的方向性。

模块四　切断和车外沟槽

课题一　切断刀和切槽刀的刃磨

一、实习教学要求

(1)了解切断刀和切槽刀的种类和用途。

(2)了解切断刀和切槽刀的组成部分及其角度要求。

(3)掌握切断刀和切槽刀的刃磨方法。

(4)了解切断刀和切槽刀的角度检查。

二、相关工艺知识

直形切槽刀和切断刀的几何形状基本相似,刃磨方法也基本相同,只是刀头部分的宽度和长度有些区别。有时也通用。

切断与切槽是车工的基本操作技能之一,能否掌握好,关键在于刀具的刃磨。因为切断刀和切槽刀的刃磨要比刃磨外圆车刀的难度大得多。

(1)高速钢切断刀和切槽刀的几何角度,见图 4-1。

前角 $\gamma=5°\sim20°$,主后角 $\alpha=6°\sim8°$,两个副后角 $\alpha_1=1°\sim3°$,主偏角 $\phi=90°$,两个主偏角 $\phi_1=1°\sim1.5°$。

(2)切断刀和切槽刀的长度和宽度的选择。

①切断刀刀尖宽度的经验计算公式是:

$$\alpha\approx0.5-0.6\sqrt{D} \tag{4.1}$$

式中:α——主刀刃宽度,单位 mm;

D——被切断工件的直径,单位 mm。

②刀头部分的长度 L

a)切断实心材料时,$L=1/2D+(2\sim3)$mm。

b)切断空心材料时,L 等于被切工件壁厚$+(2\sim3)$mm。

c)切槽刀的长度 L 为槽深$+(2\sim3)$mm,宽度根据需要进行刃磨。

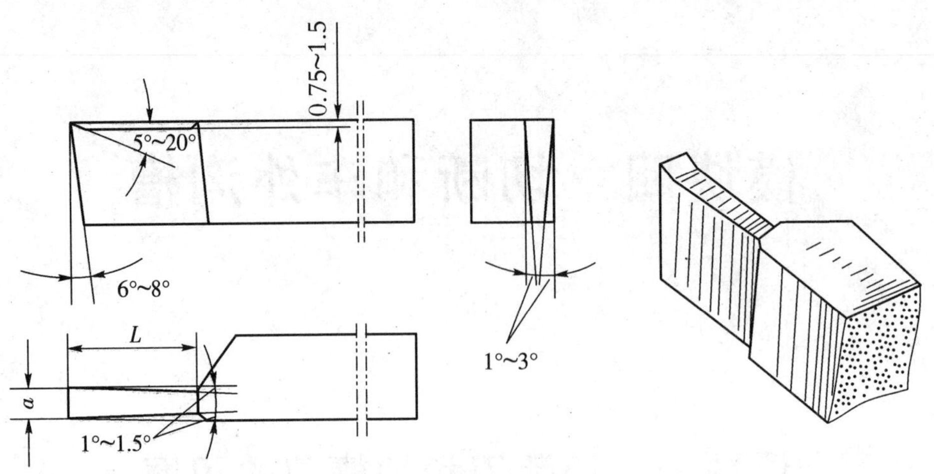

图 4-1　高速钢切断刀

(3)切断刀和切槽刀的刃磨方法。

刃磨左侧副后面:两手握刀,车刀前面向上,见图 4-2(a);同时磨出左侧副后角和副偏角。

刃磨右侧副后面:两手握刀,车刀前面向上,见图 4-2(b);同时磨出右侧副后角和副偏角。

刃磨主后面见图 4-2(c),同时磨出主后角。

刃磨前面,车刀前面对着砂轮磨削表面,见图 4-2(d)。

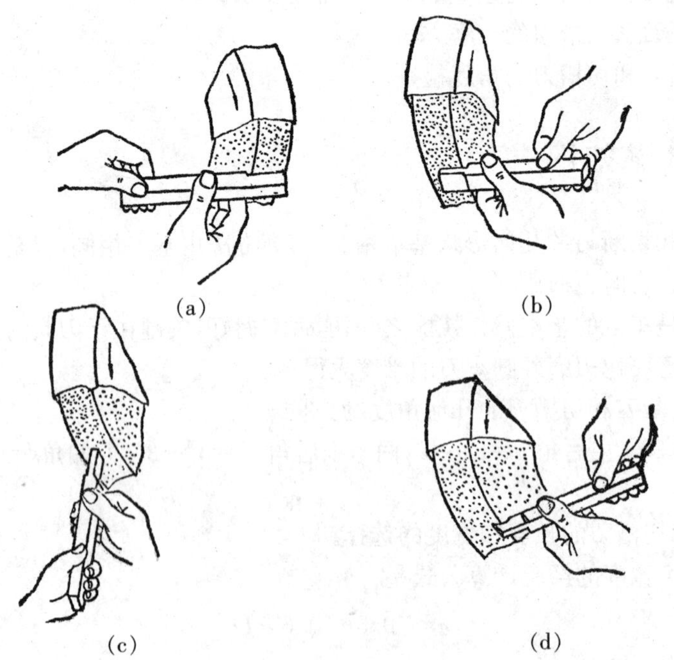

图 4-2　切断刀的刃磨步骤和方法

三、切断刀刃磨训练(图 4-3)

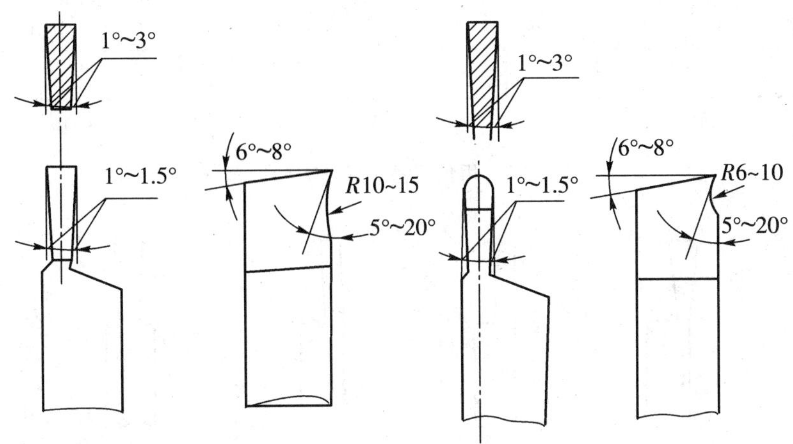

图 4-3　切断刀的刃磨训练

刃磨步骤

(1)粗磨前面和两侧副后面以及主后面,使刀头基本成形。

(2)精磨前面和前角。

(3)精磨副后面和主后面。

(4)修磨刀尖。

四、注意事项

(1)切断刀的卷屑槽不宜磨得太深,一般为 0.75～1.5 mm,见图 4-4(a)。卷屑槽刃磨太深,其刀头强度差,容易切断,见图 4-4(b)。更不能把前面磨低或磨成阶台形,见图 4-4(c)。这种刀切削不顺利,排屑困难,切削负荷大增,刀头容易折断。

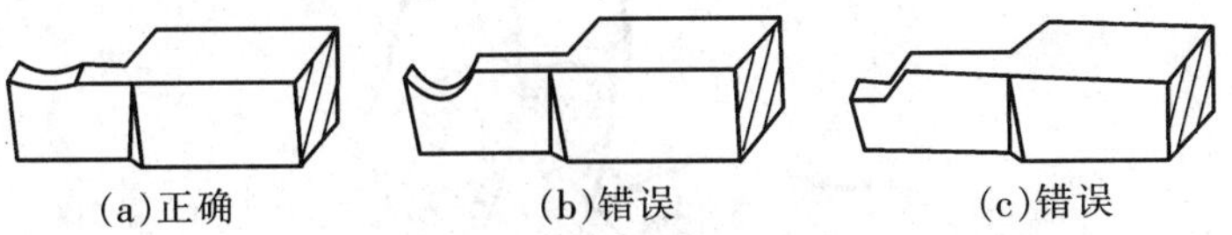

图 4-4　前角的正确与错误示意图

(2)刃磨切断刀和切槽刀的两侧副后角时,应以车刀的底面为基准,用钢尺或角尺检查,见图 4-5(a)。图 4-5(b)为副后角一侧有负值,切断时要与工件侧面摩擦。图 4-5(c)两侧副后角的角度太大,刀头强度差,切削时容易切断。

(3)刃磨切断刀和切槽刀副偏角时,要防止产生下列情况:图 4-6(a)副偏角太大,刀头强度差,容易折断;图 4-6(b)副偏角负值,不能用直进法切割;图 4-6(c)副刀刃刃磨得不平直,不能用直进法切割;如图 4-6(d)车刀左侧磨去太多,不能切割有高阶台的工件。

(4)高速钢车刀刃磨时,应随时冷却,以防退火。硬质合金刀刃磨时不能在水中冷却,以防刀片碎裂。

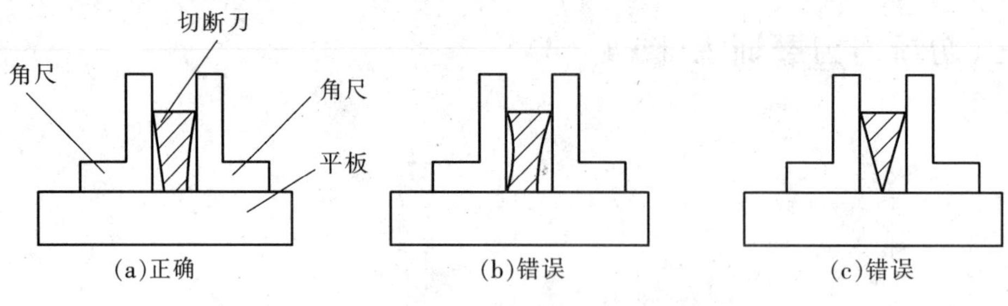

图 4-5　用角尺检查切断刀副后角

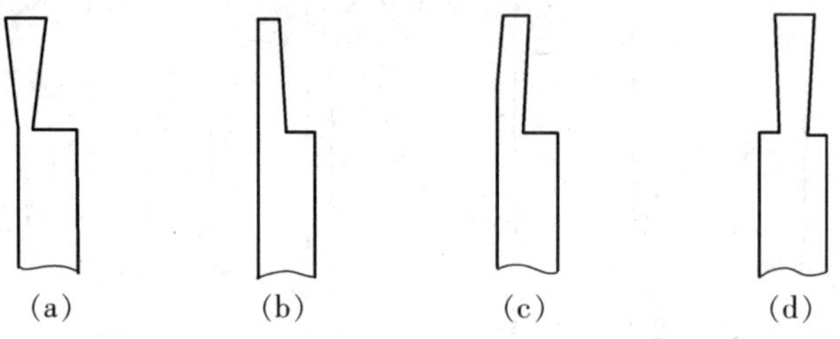

图 4-6　切断刀副偏角的几种错误磨法

(5)硬质合金车刀刃磨时,不能用力过猛,以防刀片烧结处产生高热脱焊,使刀片脱落。

(6)刃磨切断刀和切槽刀时,通常左侧副后面磨出即可,刀宽的余量应放在车刀右侧磨去。

(7)主刀刃与两侧副刀刃之间应对称和平直。

(8)在刃磨切断刀的副刀刃时,刀头与砂轮表面的接触点应放在砂轮的边缘处,轻轻移动,仔细观察和修整副刀刃的直线度。

(9)建议先用旧刀练习,经教师检查符合要求后,再刃磨正式车刀。

(10)圆头车刀的刃磨和直形切槽刀基本相同,只是在刃磨主刀刃圆弧时有区别。其刃磨圆头的方法是:以左手握车刀前端为支点,用右手转动车刀尾部,见图 4-7。

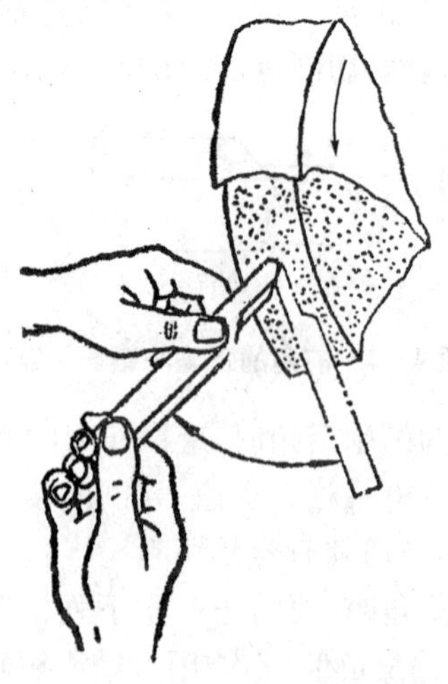

图 4-7　圆头车刀刃磨示意图

课题二　车矩形槽和圆弧形槽

一、实习教学要求

(1)了解沟槽的种类和用途。

(2)掌握矩形槽和圆弧形槽的车削方法和测量方法。

(3)了解车削沟槽时可能产生的问题和预防方法。

二、相关工艺知识

在工件上切成各种形状的槽子,叫做切沟槽。外圆和端面上的沟槽叫外沟槽,内孔的沟槽叫内沟槽。

(1)沟槽的种类和作用。沟槽的形状和种类较多,常用的外圆沟槽有矩形槽、圆弧形槽、梯形槽等(图 4-8)。矩形槽的作用通常是使所装配的零件有正确的轴向位置,在磨削、车螺纹插齿等加工过程中便于退刀。

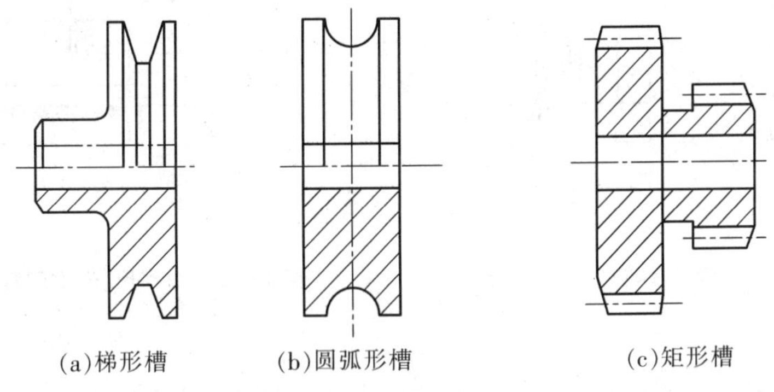

图 4-8　常见的外圆沟槽

(2)切槽刀的安装。切槽刀安装得是否正确,对切槽的质量有直接影响。如矩形切槽刀的安装,要求垂直于工件轴心线,见图 4-9,否则切出的槽壁不会平直。

(3)切槽方法。

①车削精度不高的和宽度较窄的沟槽,可以用刀宽等于槽宽的切槽刀,采用一次直进法车出;车精度要求较高的沟槽,一般采用二次直进法车出。即第一次切槽时,槽壁两侧留精车余量,第二次用等宽刀修整。

②车削较宽的沟槽,可以采用多次直进法切割(图 4-10)。并在槽壁两侧留一定的精车余量,然后根据槽深、槽宽进行精车。

③车削较小的圆弧形槽,一般用成形刀一次车出;较大的圆弧形槽,可用双手联动车削,用样板检查修整。

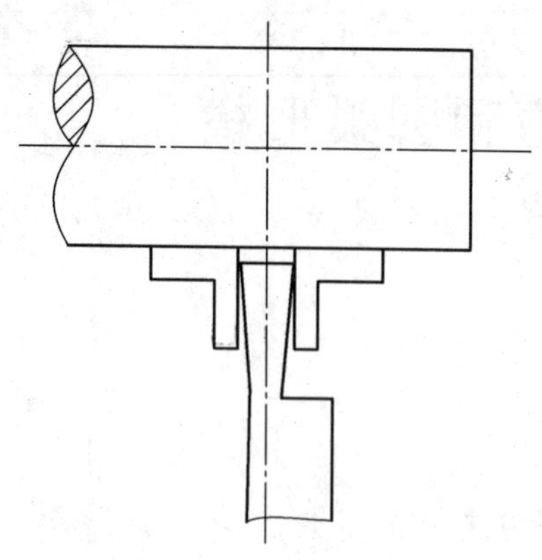

图 4-9　用角尺检查切断刀副偏角

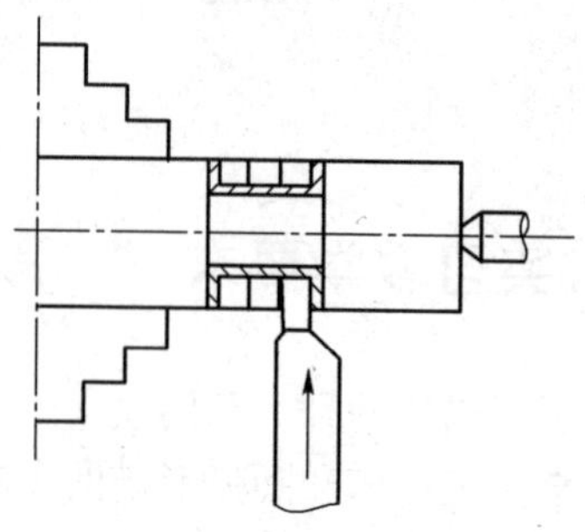

图 4-10　车较宽外沟槽的方法

④车削较小的梯形槽，一般用成形刀一次完成；较大的梯形槽，通常先切割直槽，然后用梯形刀直进法或左右切削法完成(图 4-11)。

(4)沟槽的检查和测量。精度要求低的沟槽，一般采用钢尺和卡钳测量(图 4-12)。精度要求较高的沟槽，可用外径千分尺、样板、游标卡尺等检查测量(图 4-13)。

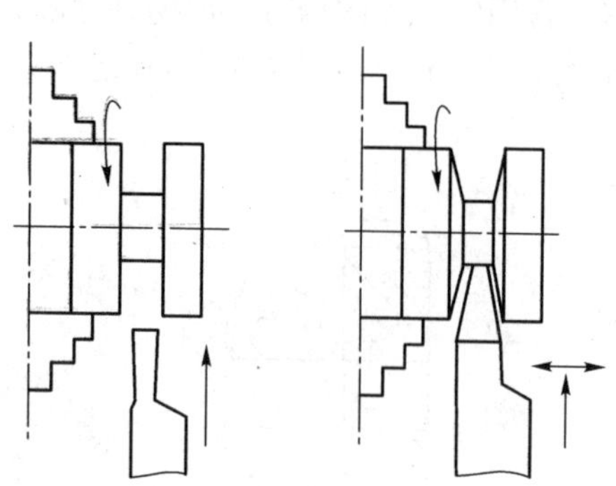

图 4-11　切较宽梯形槽的方法

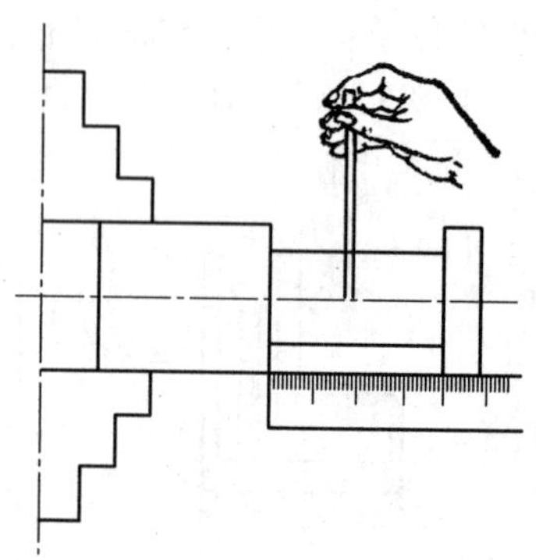

图 4-12　用钢尺、卡钳测量沟槽

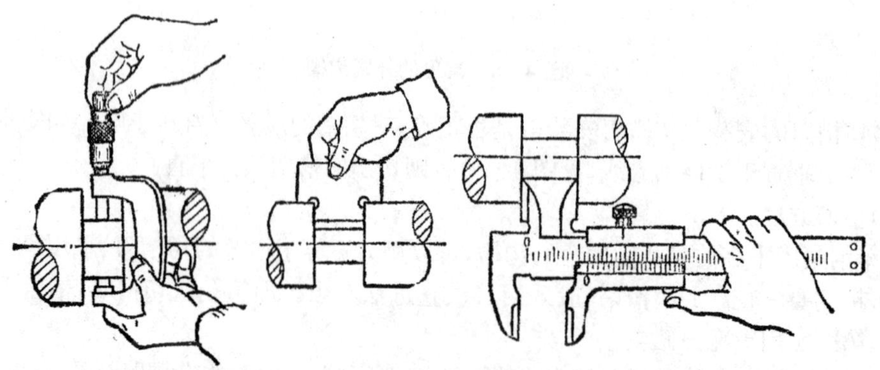

(a)用外径千分尺测量沟槽直径　　(b)用样板、游标卡尺测量沟槽宽度

图 4-13　测量较高精度沟槽的几种方法

三、车削矩形槽及圆弧形槽训练(图 4 - 14)

练 4—2

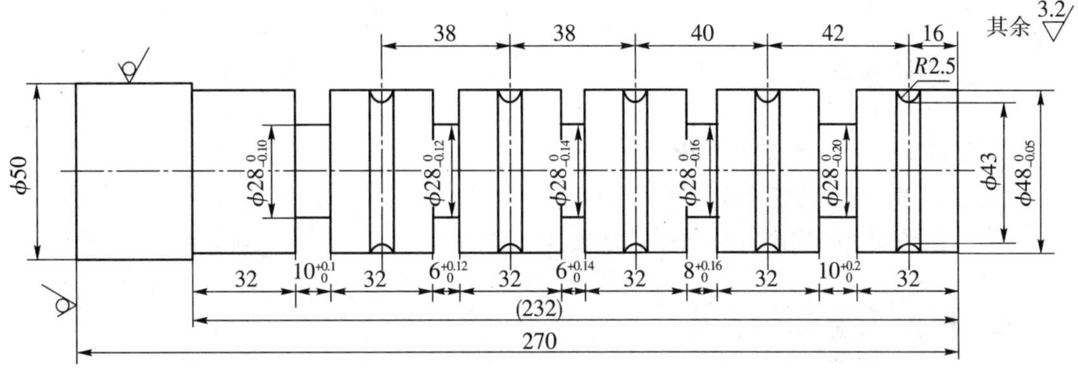

图 4 - 14　车削矩形槽及圆弧形槽

加工步骤

(1)车端面,钻中心孔(已完成)。

(2)一端用三爪卡盘夹住毛坯外圆 10 mm 左右,另一端用顶针支持。

(3)粗车外圆 $\phi 48\times 232$(留精车余量,并校正锥度)。

(4)精车外圆 $\phi 48_{-0.05}^{0}\times 232$ 至尺寸要求。

(5)从右到左逐条粗、精割各挡矩形槽至尺寸要求。

(6)割圆弧形槽(5 条)。

(7)检查质量合格后,取下工件。

四、注意事项

(1)切槽刀主刀刃和轴心线不平行,出现沟槽的槽底一侧直径大,另一侧直径小的竹节形。

(2)要防止槽底与槽壁相交处出现圆角;槽底尺寸中间小,靠近槽壁两侧直径大。

(3)槽壁与轴心线不垂直。槽宽出现外口大,内槽狭窄的喇叭形,造成这种缺陷的主要原因是:①由于刀刃磨钝让刀。②车刀刃磨角度不正。③车刀安装不垂直。

(4)槽宽与槽底产生小阶台,主要原因是接刀不好所造成。

(5)用借刀法割沟槽时,注意各挡槽距的控制。

(6)要正确使用游标卡尺、样板、塞规测量沟槽。

(7)要合理选择转速和进给量。

(8)要正确使用冷却液。

课题三　切 平 面 槽

一、实习教学要求

(1)了解平面槽的种类和作用。

(2)了解切平面槽车刀的几何角度和刃磨要求。

(3)掌握平面槽的切削方法和测量方法。

二、相关工艺知识

(1)平面槽的种类较多,一般有矩形槽[图 4-15(a)]、圆弧形槽[图 4-15(b)]、燕尾形槽[图 4-15(c)]、T 形槽[图 4-15(d)]等。

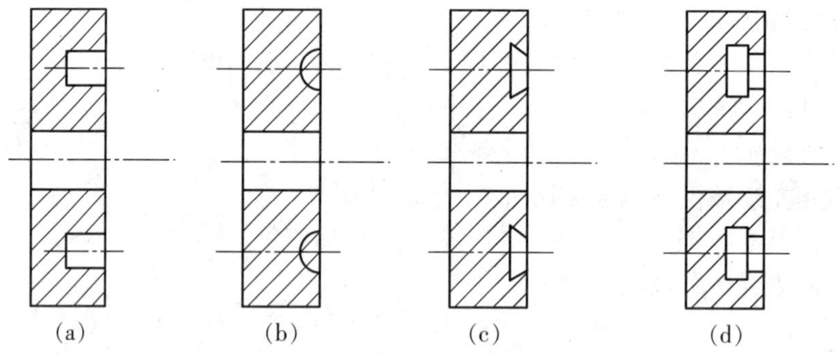

图 4-15　常见的平面槽

矩形槽和圆弧形槽,一般用于减轻工件质量,减少工件接触面,或用作油槽。T 形槽、燕尾形槽通常穿有螺钉作连接工件之用。如车床中拖板的 T 形槽、磨床砂轮连接盘上的燕尾形槽等。

(2)平面切槽刀的刃磨和安装。在平面上切槽时,切槽刀左侧一个刀尖相当于在车削内孔。另一个右侧刀尖,相当于车削外圆,见图 4-16。为了防止车刀副后面与槽壁相碰,切槽刀的左侧副后面必须按平面槽的圆弧大小,刃磨成圆弧形,并带有一定的后角,这样才能切割。

平面切槽刀的安装,除刀刃与工件中心等高外,切槽刀的中心线还必须与轴心线平行安装。

(3)平面槽的切割和测量。

①在平面上切割矩形槽。

a)控制切割刀位置的方法,在平面上切槽前,通常应先测量工件外径,得出实际尺寸,然后减去沟槽外圈直径尺寸,除以 2,就是切槽刀外侧与工件外径之间的距离 L,见图 4-17。

如工件直径 D 为 60 mm,d 为 50 mm,求刀头外侧与工件外径之间的距离:

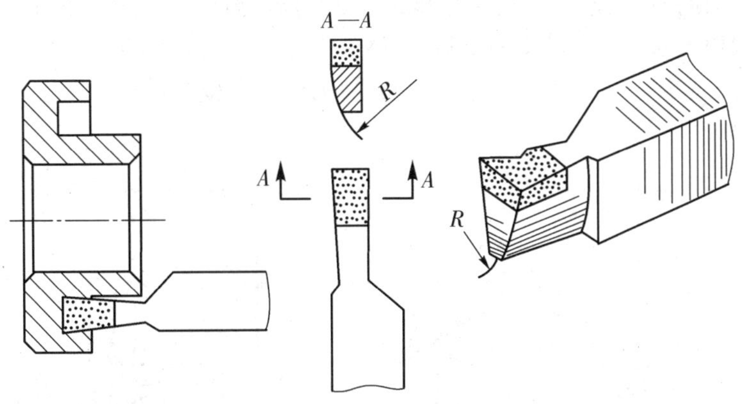

图 4－16　平面切槽刀的几何形状

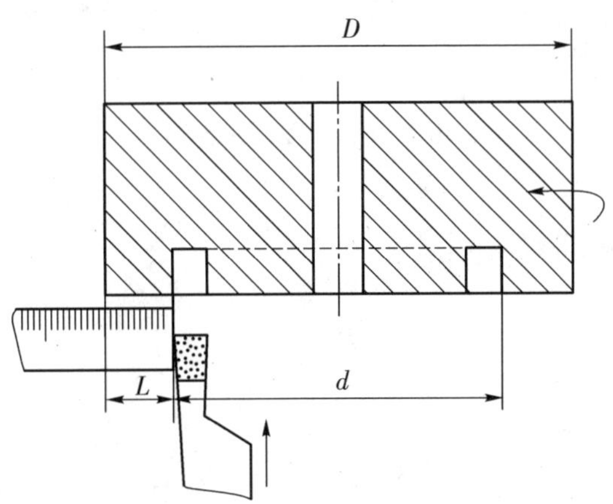

图 4－17　壁厚控制示意图

$$L=(D-d)/2=(60-50)/2=5(\text{mm}) \tag{4.2}$$

b)切矩形槽的方法。在平面上切割精度不高，宽度较小、较浅的沟槽时，通常采用等宽刀直进法一次车出；如果沟槽精度较高，通常采用先粗切(在槽壁两侧留一定的精车余量)，后精切的方法进行。

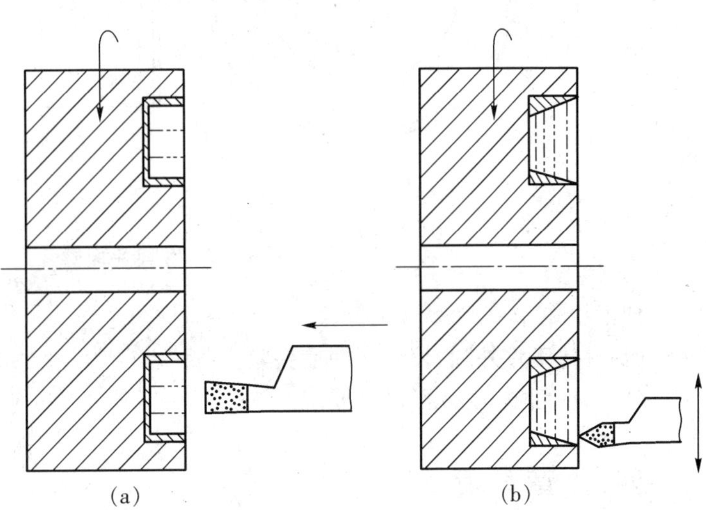

图 4－18　平面切宽槽的方法

切槽较宽的平面沟槽，可采用多次直进法切割，见图 4－18(a)，然后精切至尺寸要求。如果平面沟槽宽度更大，一般采用圆头刀或尖头刀横向进刀切削，见图 4－18(b)，然后用切槽刀或正、反偏刀精车沟槽至尺寸要求。

②平面槽的检查和测量。精度要求低的平面沟槽，沟槽的宽度一般采用卡钳测量[图4-19(a)]。沟槽内圈直径用外卡钳测量，沟槽外圈直径用内卡钳测量。

精度要求较高的平面沟槽，沟槽的宽度可采用样板、卡板和游标卡尺等检查测量[图4-19(b)]。

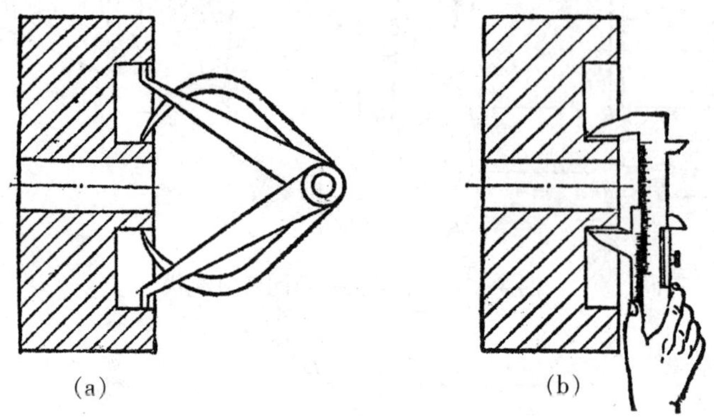

图 4-19　平面槽的测量

三、切削平面槽训练(图 4-20)

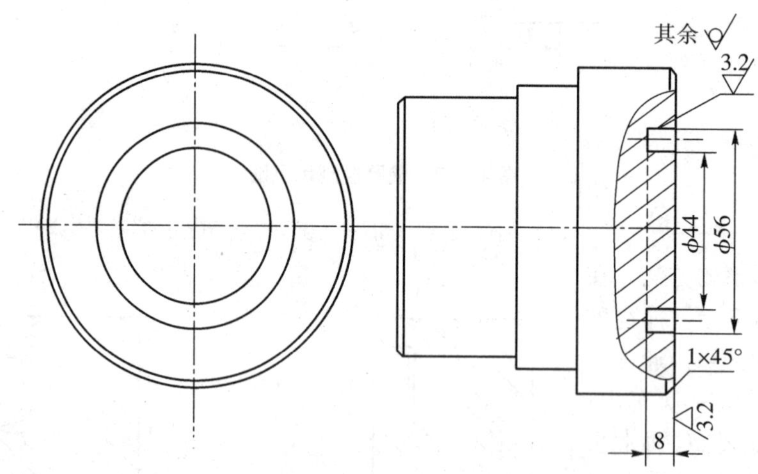

图 4-20　切削平面槽

加工步骤

(1)夹住工件外圆，校正端面后夹紧。

(2)切平面槽 6×8 至尺寸要求。

四、注意事项

(1)切槽刀左侧副后面应磨成圆弧形，以防与槽壁相碰。

(2)注意槽侧、槽底要平直、清角、光洁。

(3)要学会用借刀法控制沟槽尺寸。

(4)要学会使用内、外卡钳间接测量槽宽的方法。

(5)在相似车削的条件下，切平面槽比切外圆槽容易产生振动。必要时可采用反切法切割。

课题四 切 断

一、实习教学要求

(1)掌握直进法和左右借刀法切断工件。

(2)巩固切断刀的刃磨和修正方法。

(3)对于不同材料的工件，能选用不同的切削角度进行切割，并要求切割面平直、光洁。

二、相关工艺知识

在车床上把较长的棒料切割成短料或将车削完毕的工件，从原材料上切下来，这样的加工方法叫切断。

(1)切断刀的种类。

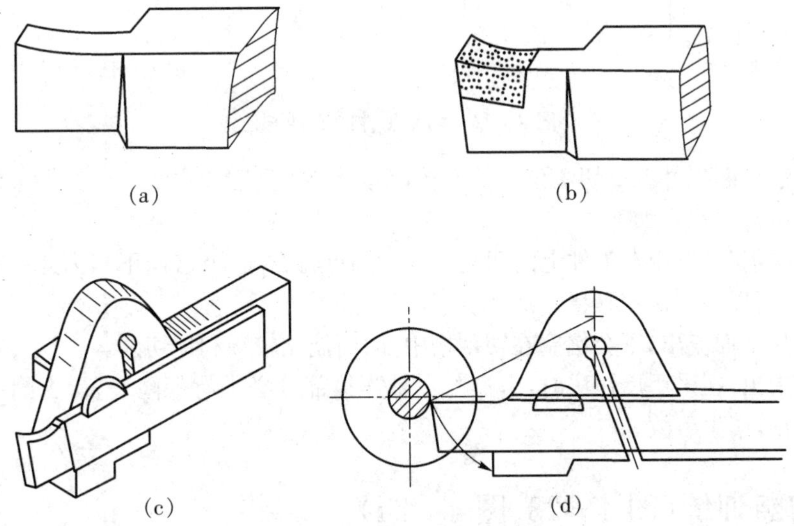

图 4-21 切断刀

高速钢切断刀见图 4-21(a)，刀头与刀杆是同一材料锻造而成，每当切断刀损坏后，可以经过锻打再使用。因此比较经济，是目前使用较为广泛的一种。

硬质合金切断刀见图 4-21(b)，刀头是焊接的，适宜高速切削。

弹性切断刀见图 4-21(c)。为了节省高速钢，切断刀被做成片状，再装夹在弹簧刀杆内。这种切断刀既节省材料，又富有弹性，当吃刀太多时，刀头会自动让出一些，这样就不至于产生“扎刀”而折断刀头。

(2)切断刀的安装。切断刀安装是否正确，对切断工作能否顺利进行、切断后工件的平面是否平直有直接关系，所以对切断刀的安装要求较严。

①切断实心工件时，切断刀的刀尖必须严格对准工件旋转中心，切断刀的中心线要垂直于工件轴心线。

②为了增强切断刀的刚性，刀杆不能伸出太长，以防振动。

(3)切断方法。

①用直进法切断工件。所谓直进法，就是指垂直于工件轴线方向进刀切断[图 4－22(a)]。这种方法效率高，但对机床、切断刀的刃磨、安装都有较高的要求，否则容易造成刀头折断。

②用左右借刀法切断工件。在切削系统(工件、刀具、机床)刚性不足的情况下，可采用左、右借刀法切断工件[图 4－22(b)]。这种方法是指切断刀在轴线方向左右反复地移动，随之在两侧径向进给，直至工件切断。

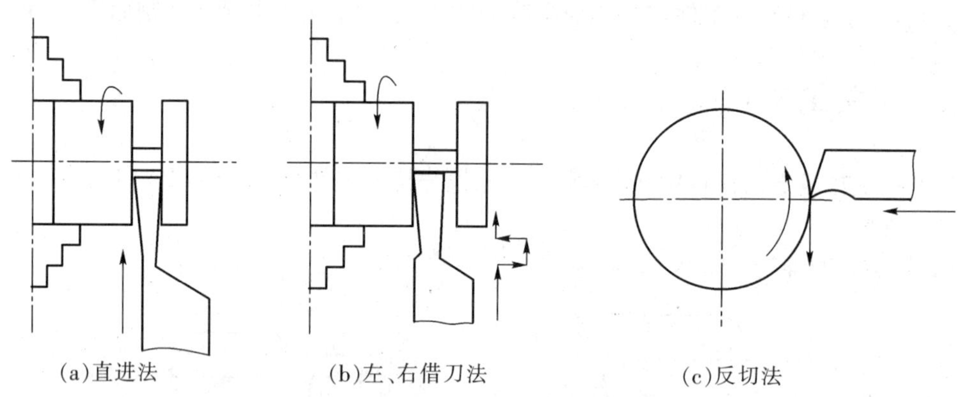

(a)直进法　(b)左、右借刀法　(c)反切法

图 4－22　切断工件的三种方法

③反切法切断工件。反切法是工件反转，车刀反装，见图 4－22(c)。这种方法用于切断较大直径的工件。优点如下。

a)反转切削时，作用在工件上的切削力与主轴重力方向一致(向下)，因此主轴不容易产生上下跳动，所以切割比较平稳。

b)切屑从下面流出，不会堵塞在切割槽中，因而能比较顺利地切削。

但必须指出，在采用反切法时，卡盘与主轴连接部分必须有保险装置，否则卡盘会因倒车而脱离主轴，产生事故。

三、切断训练(图 4－23、图 4－24)

训练(1)

加工步骤

①夹住外圆校正、夹紧。

②用左、右借刀法或直进法切断工件。

③练 4—23(b)共割六段。

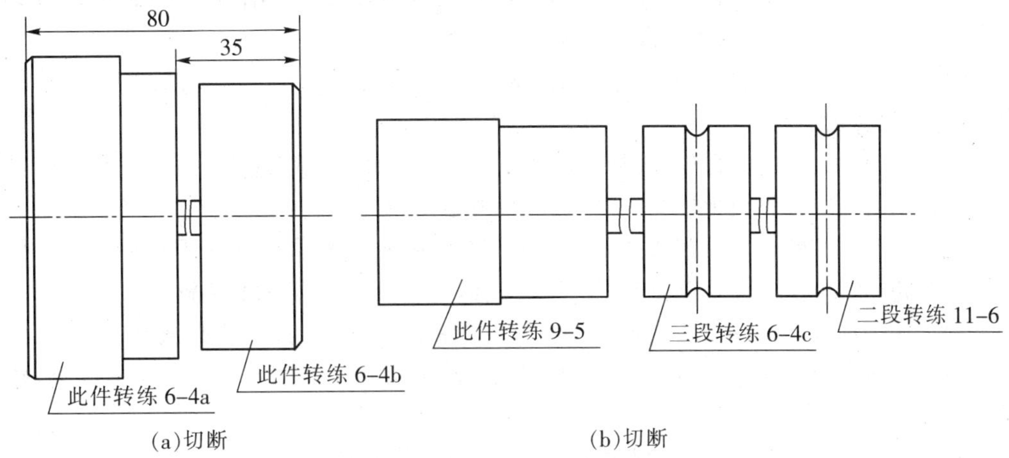

图 4-23　切断训练

训练(2)

加工步骤

①夹住外圆,车ϕ28 至尺寸要求。

②切断厚 3 mm±0.2 mm。

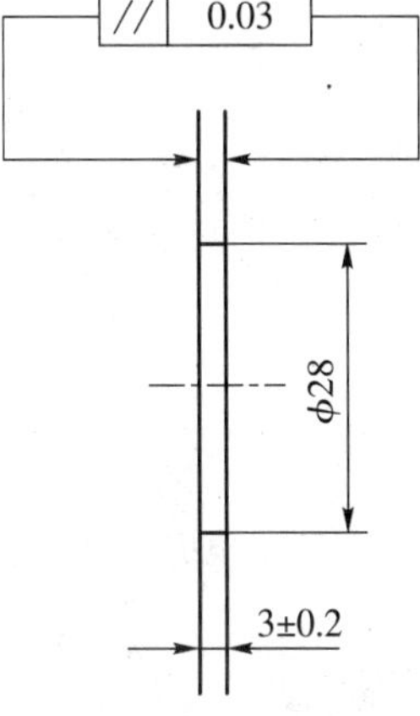

图 4-24　切割薄片

四、注意事项

(1)被切断工件的端面产生凹凸,产生这种缺陷的原因如下。

①切断刀的两个刀尖刃磨或磨损不一致,引起侧向分力,造成让刀现象,因而使工件端面产生凹凸。

②主轴轴向窜动过大。

③切断刀的主刀刃与轴心线有较大的歪斜,进刀时在侧向切削力的作用下,刀头偏斜也会使工件端面产生凹凸(图 4-25)

④车刀安装歪斜或副刀刃没有磨直等。

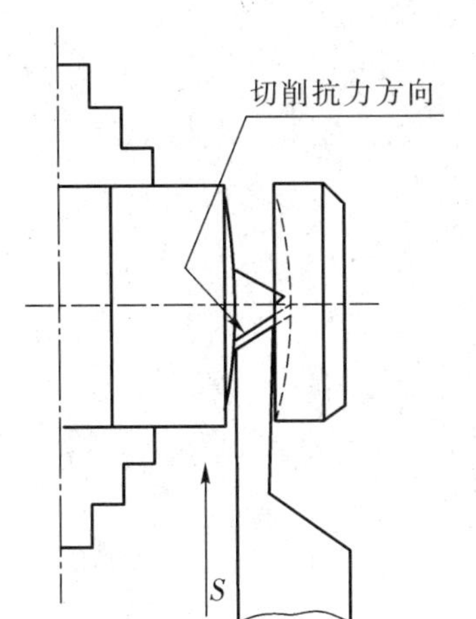

图 4-25　主刀刃歪斜对工件的影响

(2)切断时产生振动的原因如下。

①主轴和轴承之间间隙太大。

②切断的棒料太长,在离心力的作用下产生振动。

③切断刀远离工件支承点。

④工件细长,切断刀刃口太宽。

⑤切割时转速过高,进给量过小。

⑥切断刀杆伸出太长。

(3)切断刀折断的主要原因如下。

①工件装夹不牢靠,切割点远离卡盘,在切削力的作用下,工件抬起,造成刀头折断。

②切断刀排屑不良,使铁屑堵塞在槽内,造成刀头载荷增大,使得刀头折断。

③切断刀几何角度刃磨得不正确。副偏角、副后角磨得太大，削弱了刀头强度，使切断刀折断；刀头磨得歪斜，也会使切断刀折断。

④切断刀安装得跟工件轴心线不垂直，或低于工件轴心的高。

⑤走刀量过大。

⑥车刀前角太大，中拖板松动，切断时产生“扎刀”，致使切断刀折断。

(4)切割前先应调整拖板松紧，一般紧一些为宜。

(5)用高速钢切断刀切割钢件时，应浇注冷却润滑液，这样可延长车刀使用寿命。用硬质合金刀切割时，中途不准停车，如要停车，应先退出车刀，否则刀头容易碎裂。

(6)一夹一顶或两顶针安装的工件，不能直接把工件切断，以防工件折断时飞出伤人。

(7)用硬质合金切断刀切断时，主刀刃和两个副刀刃相交处的两个刀尖容易碎裂，建议采用双主刀刃切刀来切割。

(8)用左、右借刀法切断时，借刀速度应均匀，借刀距离要一致。

模块五　钻、镗、铰圆柱孔和切内沟槽

课题一　内孔镗刀的刃磨

一、实习教学要求

(1)了解镗刀的种类和几何角度。

(2)掌握镗刀的刃磨步骤及方法。

(3)能选用镗刀。

二、相关工艺知识

不论锻孔、铸孔或经过钻孔的工件，一般都很粗糙，必须经过镗削等加工后才能达到图样的精度要求。

镗内孔需用内孔镗刀，镗刀的切削部分基本上与外圆车刀相似，只是多了一个弯头而已。

(1)镗刀种类。根据刀片和刀杆的固定形式，镗刀一般分为整体式和机械夹固式两种镗刀。

①整体式镗刀。整体式镗刀一般分为高速钢和硬质合金两种。高速钢整体式镗刀，刀头、刀杆都是高速钢制成，见图 5－1。硬质合金整体式镗刀，只是在切削部分焊接上一块合金刀片，其余部分都用碳素钢制成，见图 5－2。

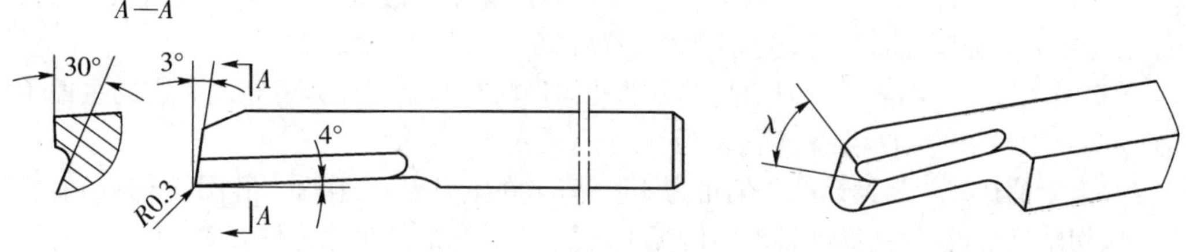

图 5－1　高速钢整体式镗刀

②机械夹固式镗刀。镗刀机械夹固式镗刀由刀杆(排)、小刀头、紧固螺钉等组成，见图

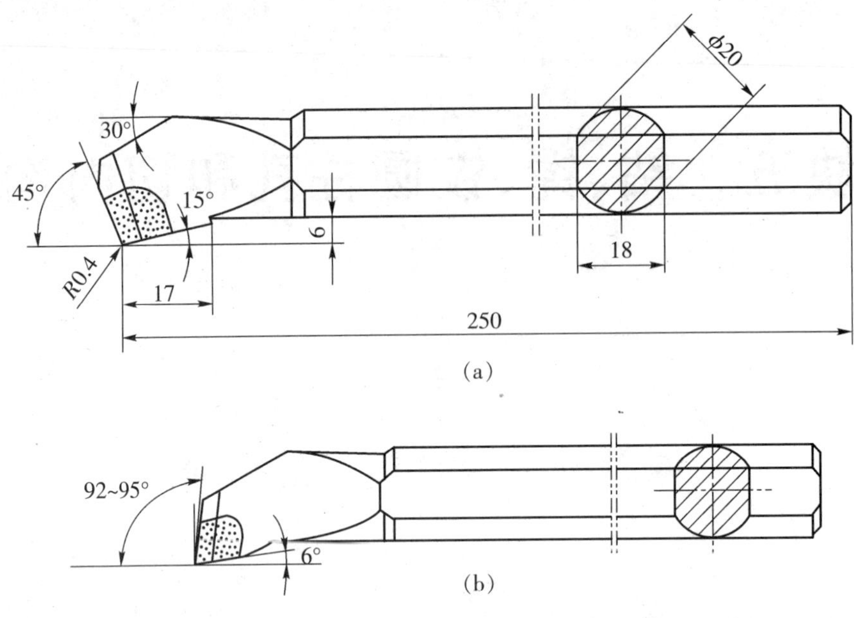

图 5-2　硬质合金整体式镗刀

5-3。其特点是能增加刀杆强度，节约刀杆材料，既可安装高速钢刀头，也可安装硬质合金刀头。使用时可根据孔径大小选择刀杆(排)，因此比较灵活方便。

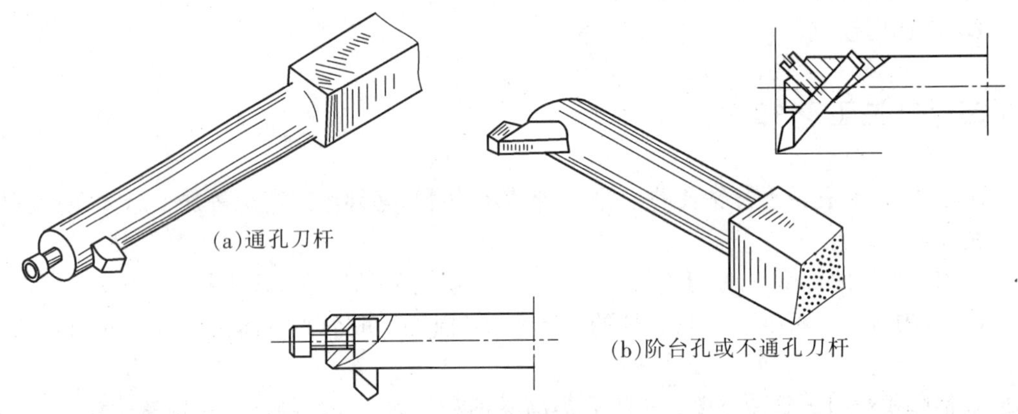

图 5-3　机械夹固式镗刀刀杆

根据镗内孔的几何形状，镗孔刀一般可分为通孔镗刀和不通孔镗刀。

①通孔镗刀。通孔镗刀的主偏角取 45°～75°，副偏角一般取 10°～45°，后角取 8°～12°。为了防止车刀后面跟孔壁摩擦，也可磨成双重后角。

②不通孔镗刀。不通孔镗刀切削部分的几何形状基本上与外偏刀相同。它的主偏角应大于 90°，一般取 93°左右，副偏角通常为 3°～6°，后角为 8°～12°。

(2)前角的选择。当镗孔的主偏角为 45°～75°，在主刀刃方向磨前角[图 5-4(a)]，使镗刀锋利、切削轻快，在切削深度较大的情况下，仍能保持它的切削稳定性。

当镗刀的主偏角大于 90°，在主刀刃方向磨前角[图 5-4(b)]，对纵向切削有利；在轴向方向磨前角[图 5-4(c)]，对横向切削有利，且精车时，内孔表面比较光洁。

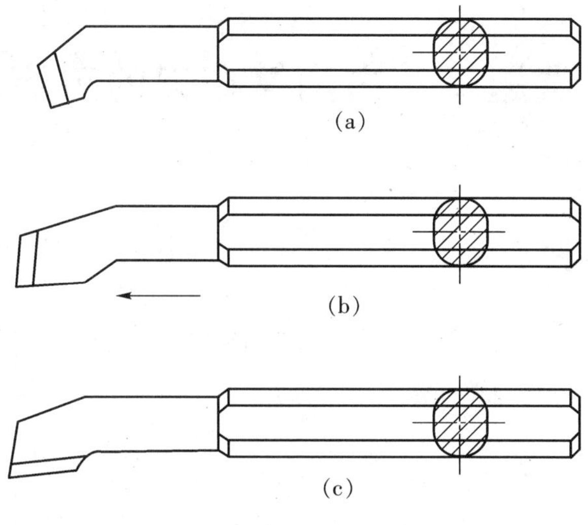

图 5－4　镗刀刃磨前角

三、镗孔刀的刃磨训练(图 5－5)

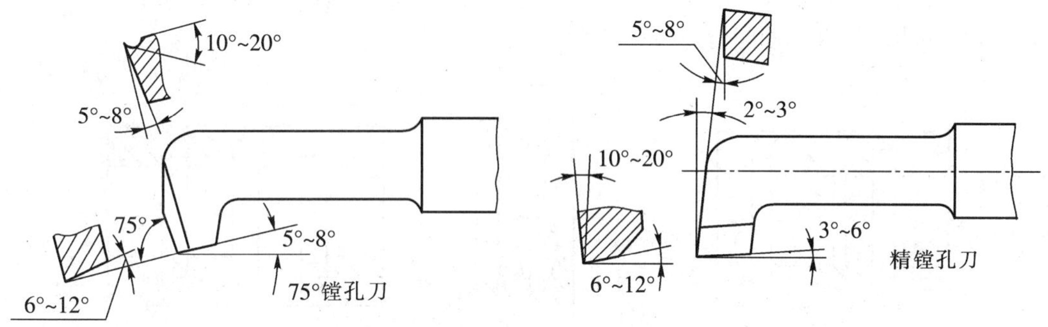

图 5－5　镗孔刀的刃磨训练

刃磨步骤

(1)粗磨前面。

(2)粗磨主后面。

(3)粗磨副后面。

(4)粗、精磨前角。

(5)精磨主后面、副后面。

(6)修磨刀尖圆弧。

四、注意事项

(1)刃磨卷屑槽前,应先修整砂轮边缘处成为小圆角。

(2)卷屑槽不能磨得太宽,以防镗孔时排屑困难。

(3)先磨练习刀。

课题二　内沟槽车刀的刃磨

一、实习教学要求

(1)了解内沟槽车刀的作用和内沟槽车刀的刃磨要求。
(2)掌握内沟槽车刀的刃磨方法。

二、相关工艺知识

(1)内沟槽的作用。
①退刀用的沟槽。如车内螺纹、插内齿、磨内孔等,见图 5-6(a)。
②密封用的沟槽。如内梯形槽内嵌入油毛毡,以防滚动轴承的润滑油脂溢出,见图 5-6(b)。
③油、气通道。用来通气、通油,见图 5-6(c)。
④定位槽。内孔中安装滚动轴承,为了不使其移位,在沟槽内安放挡圈,见图 5-6(d)。
⑤存油槽。用来储油润滑,见图 5-6(e)。

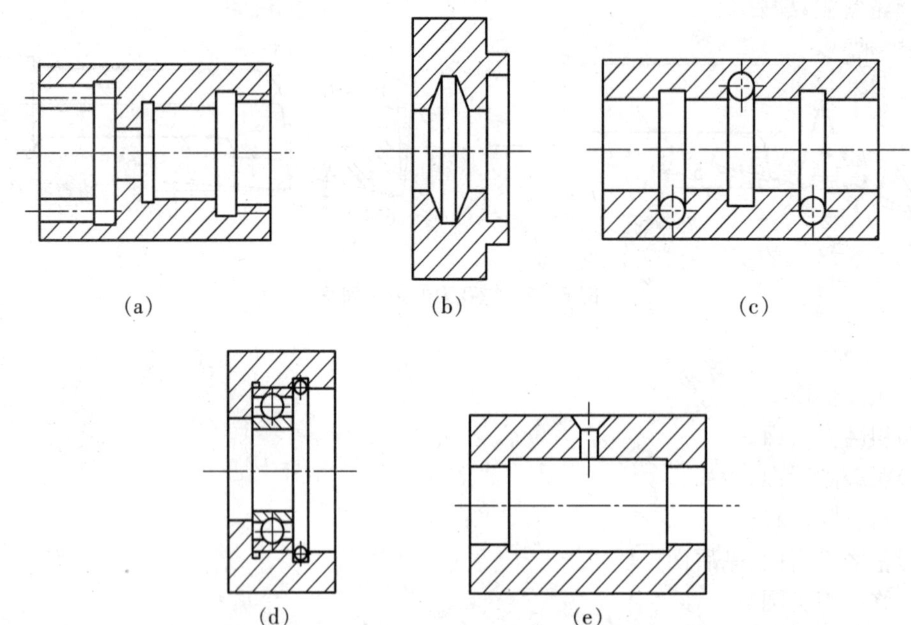

图 5-6　常见内沟槽的作用

(2)内沟槽车刀的刃磨要求。内沟槽一般与轴心线垂直,因此要求内沟槽车刀刀头和刀杆也应垂直。其刀头部分的形状和内沟槽一样,两侧副刀刃与主刀刃应对称,这样才有利于切削时的车刀安装。它的刃磨方法基本上与刃磨镗刀相同,只是几何角度不同而已。

三、内沟槽刀的刃磨训练(图5-7)

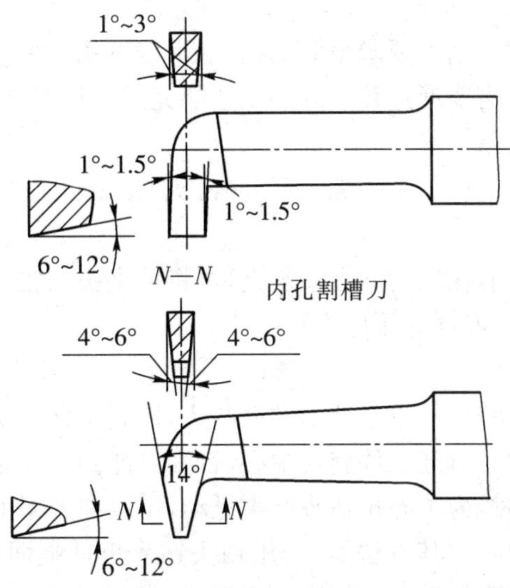

图5-7　内沟槽刀的刃磨训练

刃磨步骤

(1)粗磨主、副后面及前面,使刀头基本成形。

(2)精磨主、副后面及前面。

(3)修磨刀尖小圆弧。

四、注意事项

(1)沟槽形状的正确与否,决定于沟槽刀的刃磨。因此,要注意磨刀时,刀刃要平直,角度要正确。

(2)先磨练习刀。

课题三　钻　　孔

一、实习教学要求

(1)了解钻头的装拆方法和钻孔方法。

(2)懂得切削用量的选择和冷却液的使用。

(3)了解钻孔时容易产生废品的原因及防止方法。

(4)了解扁钻的钻孔方法。

(5)钻孔精度要求达到 IT12 级,径向跳动在 0.3 mm 之内。

二、相关工艺知识

(1)麻花钻的选用。对于精度要求不高的内孔,可以选用钻头直接钻出,不再加工;而对于精度要求较高的内孔,还需要通过镗削等加工才能完成。这时在选用钻头时,应根据下一道工序的要求,留出加工余量。

选择麻花钻的长度,一般应使钻头螺旋部分略长于孔深。钻头过长,刚性差;钻头过短,排屑困难。

(2)钻头的安装。直柄麻花钻用钻夹头装夹,再将钻夹头的锥柄插入尾座锥孔。锥柄麻花钻可直接或用莫氏锥套过渡插入尾座锥孔。

(3)钻孔方法。

①钻孔前先把工件端面车平,中心处不准有凸头,以利于钻头正确定心。

②校正尾座,使钻头中心对准工件旋转中心,否则可能会扩大钻孔直径和折断钻头。

③用细长麻花钻钻孔时,为了防止钻头产生晃动,可以在刀架上夹一挡铁,见图 5－8,支持钻头头部,帮助钻头定中心。其方法是,先用钻头钻入工件端面(少量),然后摇动中拖板移动挡铁支顶,见钻头逐渐不晃动时,继续钻削即可。但挡铁不能把钻头支过中心,否则容易折断钻头。当钻头已正确定心时,挡铁即可退出。

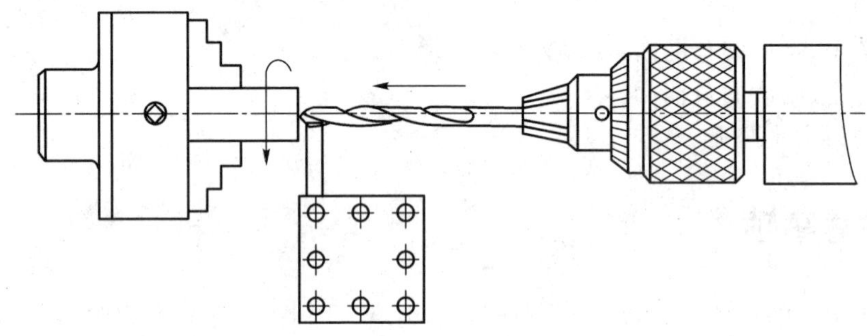

图 5－8　防止钻头晃动用挡铁支顶

④用小麻花钻钻孔时,一般先用中心钻定心,再用钻头钻孔,这样加工的孔,同轴度较好。

⑤钻孔后要铰孔的工件,由于余量较小,因此当钻头钻进 1～2 mm 后,应把钻头退出,停车测量孔径,以防因孔径扩大,没有铰削余量而报废。

三、钻孔训练(图 5－9)

刃磨步骤

(1)夹住工件外圆,校正、夹紧。

(2)在尾座套筒内安装直径 ϕ18 mm 麻花钻。

(3)钻 ϕ18 通孔。

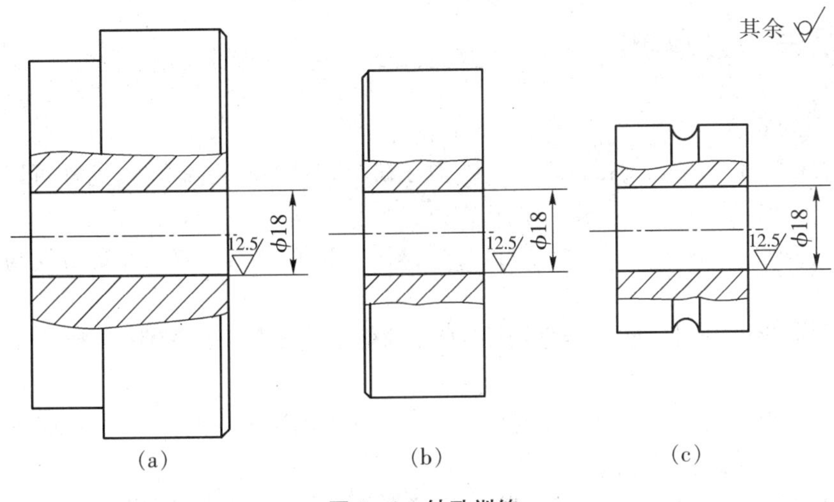

图 5-9　钻孔训练

四、注意事项

(1)起钻时进给量要小，待钻头头部进入工件后才可正常钻削。

(2)钻钢件时，应加冷却液，以防钻头发热退火。

(3)当钻头将要钻穿工件时，由于钻头横刃首先穿出，因此轴向阻力大减，所以这时进给速度必须减慢。否则钻头容易被工件卡死，造成锥柄在尾座套筒内打滑而损坏锥柄和锥孔。

(4)钻小孔或钻较深的孔时，由于切屑不易排出，必须经常退出钻头排屑，否则容易因切屑堵塞而使钻头"咬死"。

(5)钻小孔时，转速应选得高一些，否则钻削时抗力大，容易产生孔位偏斜和钻头折断。

(6)教师演示时，建议增加扁钻内容。

课题四　镗无阶台通孔

一、实习教学要求

(1)懂得镗孔刀的正确安装和粗、精镗切削用量的选择。

(2)掌握内孔的加工方法和测量方法，要求在本课题结束时达到如下要求。

①用内卡钳在实样孔上取尺寸，对比测量工件，达到图样要求。

②内卡钳在外径千分尺上取尺寸测量孔径，达到图样要求。

③用塞规测量，达到图样要求。

(3)在本分课题结束时，要求车削五刀左右将孔镗至尺寸要求(余量为 2～3 mm)。

(4)能正确使用冷却液。

二、相关工艺知识

(1)镗刀的安装。

①镗刀安装时,刀尖应对准工件中心。但在精车时可略微装高一些,这样可以避免镗刀受到切削压力下弯产生扎刀现象,而把孔镗大。

②镗刀的刀杆安装应与轴心线平行,否则镗到一定深度后,刀杆后半部分会与工件孔壁相碰。

③为了增加镗刀刚性,防止产生振动,刀杆的伸出长度尽可能短些,一般比工件被加工孔长 5～10 mm。

④为了确保镗孔安全,通常在镗孔前先把镗刀在孔内试走一遍,这样才能保证镗孔顺利进行。

(2)镗孔方法。无阶台通孔镗削基本上与车外圆相同,只是进刀和退刀方向相反。粗镗和精镗内孔时也要进行试切和试测,其试切方法与试切外圆相同。即根据径向余量的一半横向进给,当镗刀纵向切削至 2 mm 左右时纵向退出镗刀(横向不动),然后停车试测。反复进行,直至符合孔径精度要求为止。

(3)孔径测量。测量孔径尺寸,通常用内卡钳、塞规和外径千分尺与内卡钳配合测量等方法。最常用的还是内卡钳,它对粗车和试切的尺寸都能迅速地反映出来。用塞规测量,也常要用内卡钳来配合。外径千分尺和内卡钳配合使用能测量出较高精度的孔径。

①用内卡钳测量孔径。

a)内卡钳在外径千分尺上取尺寸时的松紧感觉是:当外径千分尺孔径为 $D^{+0.01}_{0}$ mm 时,内卡钳的两脚碰不到外径千分尺的测量面,当外径千分尺调整至孔径 $D^{0}_{-0.01}$ mm 时,内卡钳的两脚在外径千分尺两侧面之间感到过紧,这说明内卡钳的张开尺寸恰好为孔径 D mm。

b)内卡钳摆动距 s 的计算,其公式如下,见图 5－10。

$$s=\sqrt{8\times d\times e} \tag{5.1}$$

式中:s——内卡钳摆动距,mm;

d——内卡钳的张开尺寸,mm;

e——间隙量,mm。

例:如工件孔径为 $\phi 20^{+0.015}_{0}$ mm,试求内卡钳的张开尺寸和最大摆动距。

解:内卡钳张开尺寸 $d=20$ mm,

最大允许间隙量 $e=0.045$ mm,

最大摆动距:

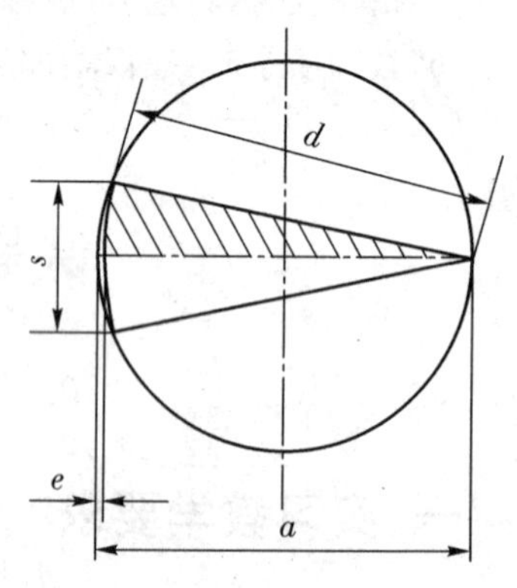

图 5－10　内卡钳摆动距

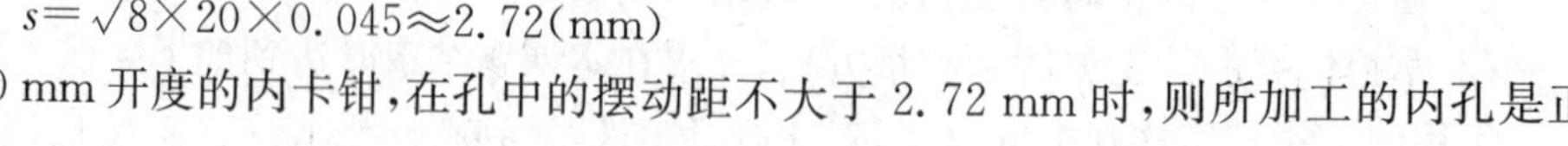

$$s=\sqrt{8\times20\times0.045}\approx2.72(\text{mm})$$

如用 20 mm 开度的内卡钳,在孔中的摆动距不大于 2.72 mm 时,则所加工的内孔是正确的。

c)内卡钳取好尺寸在测量内孔时摆动方法见图 5－11。

②用塞规测量。塞规由过端、止端和柄组成,见图 5－12。过端按孔的最小极限尺寸制成,测量时应塞入孔内。止端按孔的最大极限尺寸制成,测量时不允许插入孔内。当过端塞

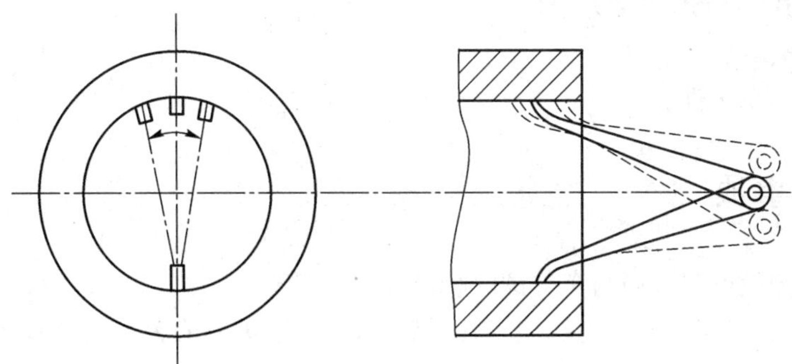

图 5-11　内卡钳的摆动方法

入孔内，而止端插不进去时，就说明此孔尺寸是在最小极限尺寸和最大极限尺寸之间，是合格的。

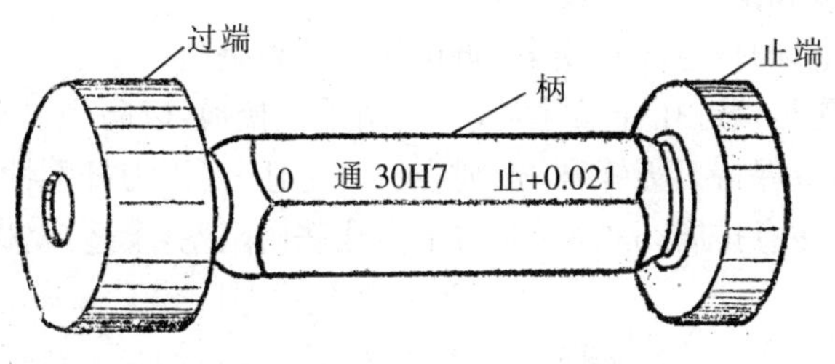

图 5-12　塞规

三、通孔车削训练(图 5-13)

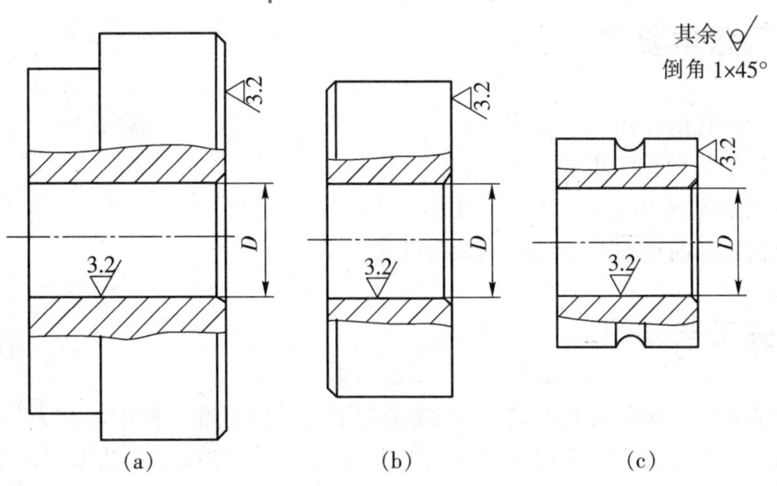

图 5-13　无阶台通孔车削训练

刃磨步骤

(1)夹住外圆校正。

(2)车端面(车出即可)。

(3)粗、精镗孔径至尺寸要求。

(4)倒角 1×45°。

(5)检查后取下工件。

四、注意事项

(1)注意中拖板退刀方向与车外圆时相反。

(2)用内卡钳测量时,两脚连线应与孔径轴心线垂直,并在自然状态下摆动,否则其摆动量不正确,会出现测量误差。

(3)用塞规测量孔径时,应保持孔壁清洁,否则会影响塞规测量。

(4)当孔径温度较高时,不能立即用塞规测量,以防工件冷却把塞规“咬死”在孔内。

(5)用塞规检查孔径时,塞规不能倾斜,以防造成“孔小”的错觉,把孔径车大;相反,在孔径小的时候,不能用塞规硬塞,更不能用力敲击。

(6)在孔内取出塞规时,应注意安全,防止与镗孔刀碰撞。

(7)镗削铸铁内孔至接近孔径尺寸时,不要用手去抚摸,以防增加车削难度。

(8)精镗内孔时,应保持刀刃锋利,否则容易产生让刀(因刀杆刚性差),把孔车成锥形。

(9)镗小孔时,应注意排屑问题,否则由于内孔铁屑阻塞,会造成镗刀严重扎刀而把内孔车废。

课题五　镗 阶 台 孔

一、实习教学要求

(1)了解阶台孔的作用和技术要求。

(2)掌握加工阶台孔的步骤和方法。

(3)能使用塞规或内径百分表测量孔径。

(4)能分析镗孔时产生废品的原因及防止方法。

二、相关工艺知识

(1)镗刀的安装。镗阶台孔时,镗刀的安装除了刀尖应对准工件中心和刀杆尽可能伸出短些外,内偏刀的主刀刃应和端面成 3°～5°的夹角,见图 5－14,以及在镗削内端面时,要求横向有足够的退刀余地。

(2)镗阶台孔的方法。

①镗削直径较小的阶台孔时,由于直接观察困难,尺寸精度不易掌握。所以通常采用先粗、精镗小孔,再粗、精镗大孔的方法进行。

②镗削大的阶台孔时,在视线不受影响的情况下,通常采用先粗车大孔和小孔,再精车

大孔和小孔的方法进行。

③镗削孔径大、小相差悬殊的阶台孔时，最好采用主偏角 85°左右的镗刀先进行粗镗，然后留余量用内偏刀精镗至尺寸。内偏刀吃刀深度不宜太深，否则刀尖容易损坏。其原因是刀尖处于刀刃的最前列，切削时，刀尖先切入工件，因此其承受力较大，再加上刀尖本身强度差，所以容易碎裂。其次由于刀杆细长，在切削力的影响下，吃刀深了，容易产生振动和扎刀。

控制镗孔长度的方法，粗车时通常采用刀杆上刻线作记号，见图 5－15(a)，或安放限位铜片，见图 5－15(b)，以及用大拖板刻度盘的刻线来控制等。精车时还需用钢尺、深度游标卡尺等量具复量车准。

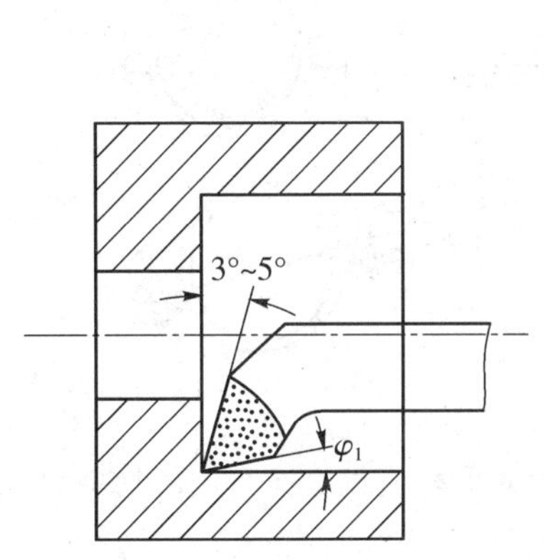

图 5－14　内偏刀的安装要求

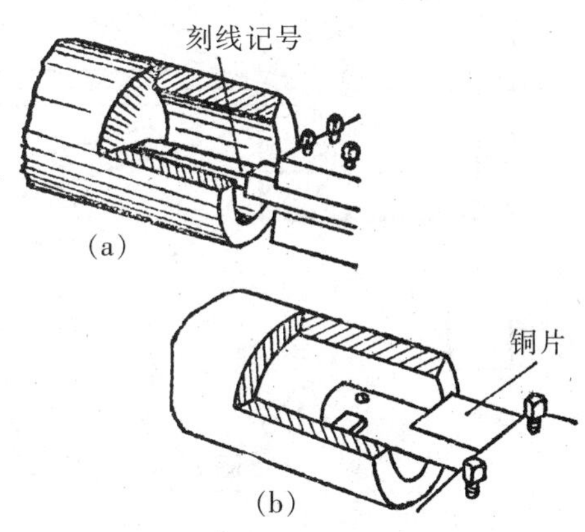

图 5－15　控制镗孔长度的方法

(3)内径百分表。

①内径百分表的结构及其作用。内径百分表的结构见图 5－16。百分表的测量头与传动杆始终接触，弹簧是控制测量力的，并经过传动杆、杠杆向外顶着活动测量头。量孔时，活动测量头被压入，使杠杆回转，通常传动杆推动百分表的量杆，使百分表指针转动。由于杠杆是等臂的，所以当活动测量头移动 1 mm 时，传动杆也相应移动1 mm，推动百分表指针转动 1 圈。固定测量头可以根据孔径大小更换。自动定心板能使活动测量头自动位于被测孔的直径位置。

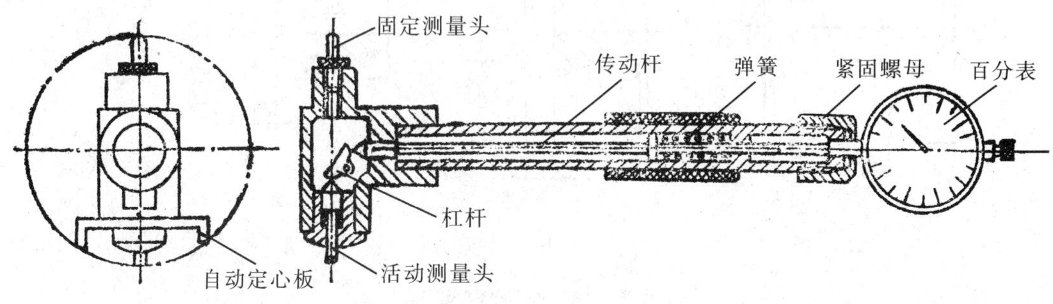

图 5－16　内径百分表的结构

②百分表和固定测量头在内径测量杆上的安装和调整。在内径测量杆上安装百分表时，百分表的测量头和传动杆的接触量一般为 0.15 mm 左右，并用紧固螺母将百分表锁紧。

安装测量杆上的固定测量头时，其伸出长度可以调节，一般比被测量的孔径大0.15 mm左右。

③内径百分表的测量方法。内径百分表是用对比法测量孔径，因此使用时应先根据被测量工件的内径直径，用外径千分尺将表对至"零"位后，方可进行测量。其测量方法见图5-17。取最小值为孔径的实际尺寸。

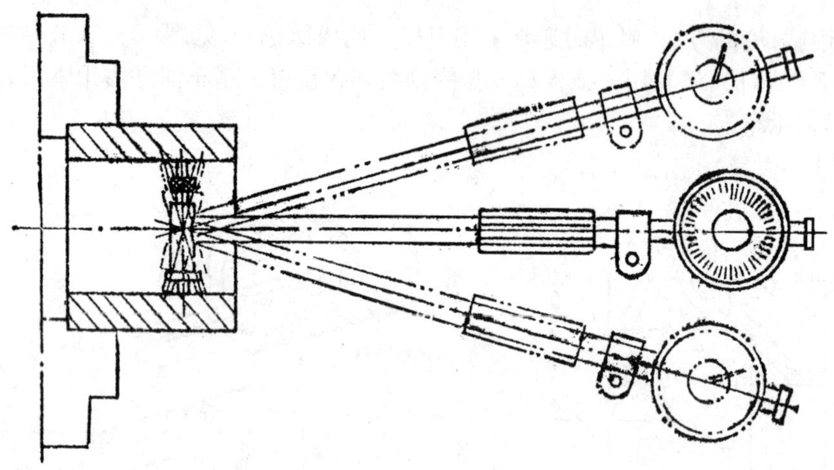

图 5-17　内径百分表的测量方法

三、车阶台孔训练(图 5-18)

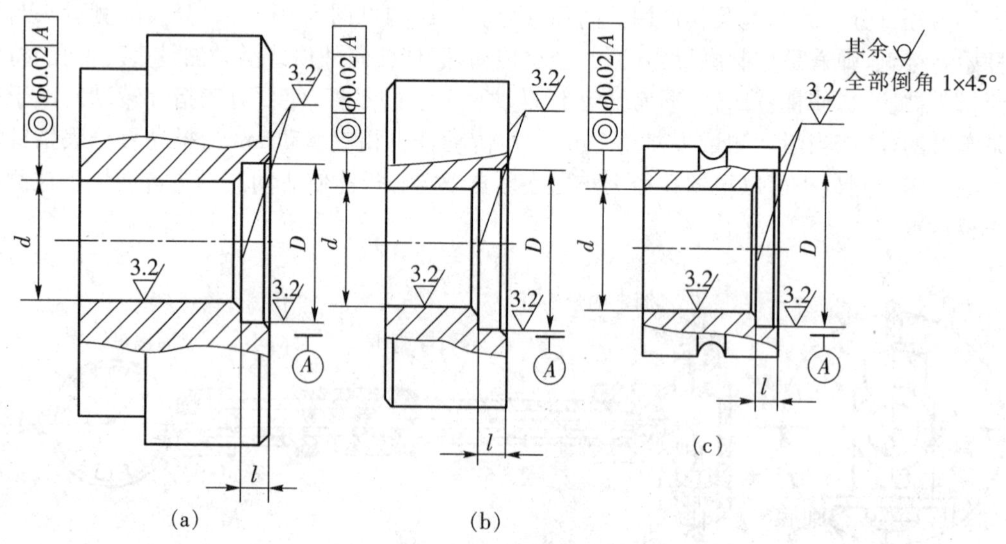

图 5-18　车阶台孔训练

加工步骤

(1)夹住外圆，校正、夹紧。

(2)车端面(车出即可)。

(3)两孔粗车成形(孔径留 0.5 mm 之内的余量,孔深基本车对)。

(4)精车小孔和大孔以及孔深至尺寸要求,并倒角 0.5×45°。

四、注意事项

(1)要求内端面平直,孔壁与内端面相交处清角,并防止凹坑和出现小阶台。

(2)孔径应防止喇叭口和出现试刀痕迹。

(3)用内径百分表测量前,应首先检查整个测量装置是否正常,如测量头有无松动,表是否灵活,指针转动是否能回到原来位置,指针对准的“零”位是否走动等。

(4)用内径百分表测量时,不能超过其弹性极限,强迫把表放入较小的内孔中,在旁侧的压力下,容易损坏机件。

(5)用内径表测量时,要注意百分表的读法。

①长指针和短指针应结合观察,以防指针多转一圈。

②短指针位置基本符合,长指针转动至“零”位线附近时,应防止“+、-”数值搞错,长指针过“零”位线则孔小;反之,则孔大。

课题六　镗平底孔和切内沟槽

一、实习教学要求

(1)了解平底孔的技术要求。

(2)掌握平底孔的车削方法。

(3)能利用中、小拖板刻度盘的刻线控制沟槽的深度和距离。

二、相关工艺知识

平底孔的技术要求:底面平整、光洁,无凸头和凹坑,其操作技能要比通孔、阶台孔镗削更难些。

(1)镗刀的选择和安装。平底孔镗刀和刀尖跟刀杆外侧的距离 a 应小于内孔半径 R,见图 5-19。否则切削时刀尖还未车至工件中心,刀杆外侧已与孔壁相碰。

平底孔镗刀切削部分的角度和安装于阶台孔镗刀相同,但刀尖的高低,必须严格地对准工件旋转中心,否则底平面就无法车平。

(2)镗削平底孔的方法。

①选择比孔径小 2 mm 左右的麻花钻进行钻孔,其钻孔深度从麻花钻顶端量起,并在麻花钻上画线做记号。

②车底平面和粗镗孔成形(留精车余量),然后再精镗内孔至图样尺寸要求。

(3)切内沟槽的方法。一般与切外沟槽方法相同,宽度较小的或要求不高的窄沟槽,用

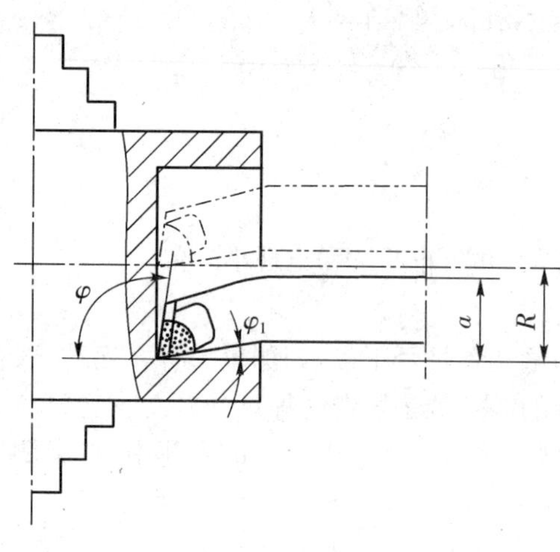

图 5－19　平底孔镗刀

刀宽等于槽宽的内沟槽刀采用一次直进法车出；精度要求较高的内沟槽，一般可采用二次直进法车出，即第一次切槽时，槽壁与槽底留少些余量，第二次用等宽刀修整。很宽的沟槽可用尖头镗刀先镗处凹槽，再用内沟槽刀把沟槽两端车成垂直面。沟槽之间的距离和深度可用大、中、小拖板的刻度盘的刻线控制。

（4）内沟槽的测量方法。测量内沟槽直径，可用弹簧内卡钳测量，见图 5－20(a)。其使用方法是先把弹簧内卡钳放进沟槽，用调节螺帽把卡钳张开的尺寸调整至适度松紧，在保证不走动调节螺帽的前提下，把卡钳收小，从内孔中取出，然后使其回复原来尺寸，再用外径千分尺测量出弹簧内卡钳张开的距离，这个尺寸就是内沟槽的直径。但用这种方法测量，比较麻烦，尺寸又不十分正确。最好采用图 5－20(b)所示的特殊弯头游标卡尺测量。测量时应注意，沟槽的直径应等于其读数值再加上卡脚尺寸。

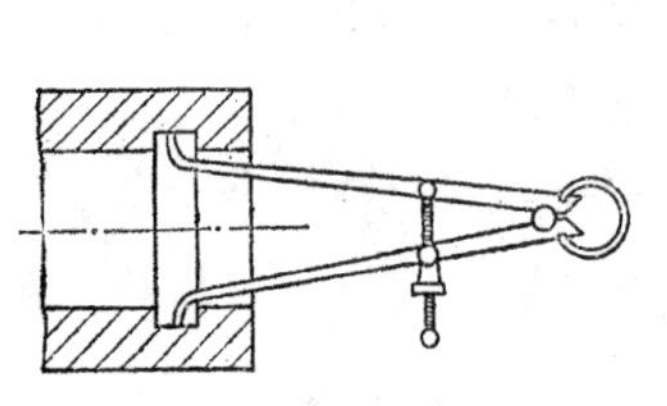

(a)用弹簧内卡钳测量内沟槽直径

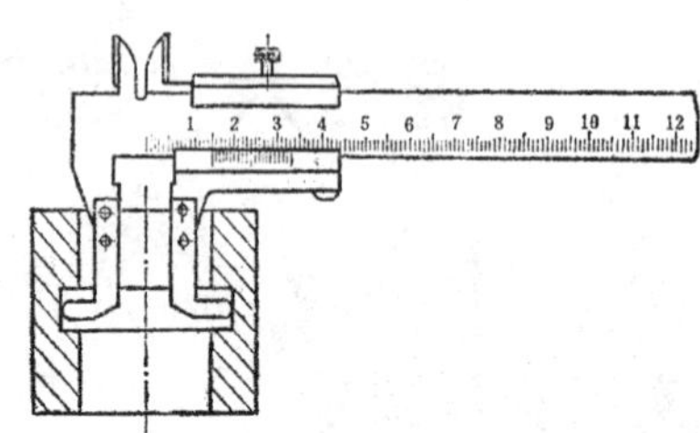

(b)用弯头游标卡尺测量内沟槽直径

图 5－20　测量内沟槽直径

测量内沟槽宽度可用游标卡尺[图 5－21(a)]和样板[图 5－21(b)]测量。

内沟槽的轴向位置，可采用钩形深度游标卡尺来测量[图 5－21(c)]。

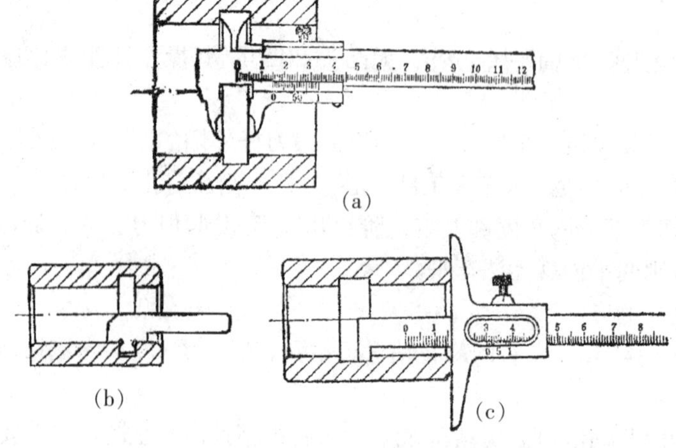

(a)

(b)

(c)

图 5－21　测量内沟槽的方法

三、镗平底孔和切内沟槽的训练（图 5 - 22）

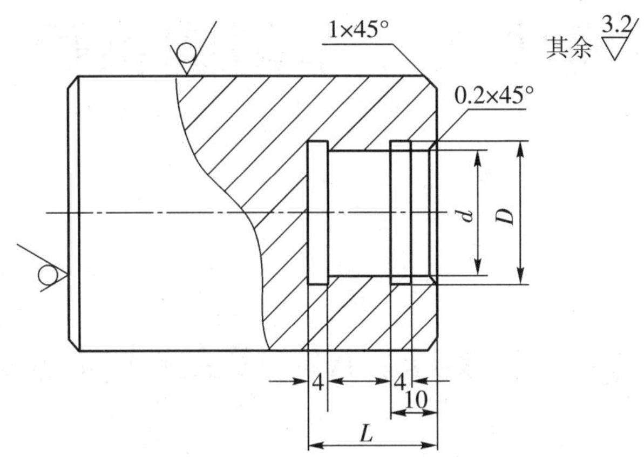

图 5 - 22　镗平底孔和切内沟槽的训练

加工步骤

(1)夹住工件外圆，校正、夹紧。

(2)粗车端面和钻孔 ϕ22×24(包括钻尖在内)。

(3)扩、镗平底孔成形。

(4)精车端面、内孔及底平面至尺寸要求。

(5)切内沟槽两条。

(6)孔口倒角 0.2×45°。

四、注意事项

(1)刀尖应严格对准工件旋转中心，否则底平面无法车平。

(2)镗刀纵向切削至接近底平面时，应停止自动走刀，用手动代替，以防碰撞。

(3)由于视线受影响，镗底平面时通过手感和听觉来判断其切削情况。

(4)用塞规检查孔径，应开排气槽，否则会影响测量。

(5)控制沟槽之间的距离时，要选定统一的测量基准。

(6)切底槽时，注意与底平面平滑连接。

(7)应利用中拖板刻度盘的读数，控制沟槽的深度和退刀的距离。

模块六　车削圆锥面

课题一　转动小拖板车削圆锥体

一、实习教学要求

(1)了解圆锥体的作用和技术要求。

(2)掌握转动小拖板车削圆锥体的方法。

(3)根据工件的锥度,会计算小拖板的旋转角度。

(4)掌握锥度检查的方法。

①使用量角器测量锥体的方法。

②使用套规检查锥体的方法,要求在用套规涂色检查时接触面积在50%以上。

二、相关工艺知识

在车削较短的圆锥体时,可以用转动小拖板的方法,也就是将小拖板转到与工件轴心线成 α 的角度,然后进行车削。

(1)转动小拖板车削圆锥体的特点。

①能车圆锥角度很大的工件。

②能车出整锥体和圆锥孔,并且操作简单。

③只能用手动进刀,难以控制表面粗糙度。

④由于小拖板行程的限制,只能加工圆锥面不长的零件。

(2)转动小拖板车削圆锥体的准备和调整。

①小拖板转动角度的计算。车床上小拖板转动的角度就是圆锥斜角 α。因此根据加工零件给定的已知条件,可用下面公式计算圆锥斜角 α。

$$\text{tg}\alpha = K/2 = (D-d)/2l \qquad (6.1)$$

式中:α——圆锥体的斜角,单位为度;

K——圆锥体的锥度;

D——圆锥体的大端直径,单位为mm;

d——圆柱体的小端直径，单位为 mm；

l——圆锥体锥形部分的长度，单位为 mm。

应用上面公式计算出 α，须查三角函数表。如果 α 较小，在 1°～3°之间，可以乘上一个常数的近似方法来计算。即

$$\alpha = 常数 \times (D-d)/L \tag{6.2}$$

小拖板转动角度(1°～13°)近似公式常数可以从表 6-1 中查得。

表 6-1　小拖板转动角度近似公式常数

$(D-d)/L$ 或 K	常　　数	备　　注
0.10～0.20	28.6°	本表适用 α 在 6°～13°之间。6°以下的常数值为 28.7°
0.20～0.29	28.5°	
0.29～0.36	28.4°	
0.36～0.40	28.3°	
0.40～0.45	28.2°	

例：5—1 已知工件大端直径 D=58 mm，总长 L=92 mm，锥度 K=1∶10，求小拖板转动角度 α。

解：$\mathrm{tg}\alpha = K/2 = 1/10 \div 2 = 1/20 = 0.05$

查三角函数表得　$\alpha = 2°52'$

用近似公式计算：α= 常数 ×$(D-d)/L$

查常数表得常数=28.7°

$$\alpha = 28.7° \times \frac{1}{10} = 2.87° \approx 2°52'$$

②转动小拖板的方法。将小拖板下面转盘上的螺母松开，把转盘转至所需要圆锥斜角 α 的刻度上，与基准零线对齐，然后固定转盘上的螺母，见图 6-1。在转动小拖板时，如果图纸上没有直接注明圆锥斜角 α，那么按已知条件先要算出圆锥斜角 α。角度如果不是整数，例如 α=5°42′，那么只能在 5.5°～6°之间估计，试切后逐步校准。

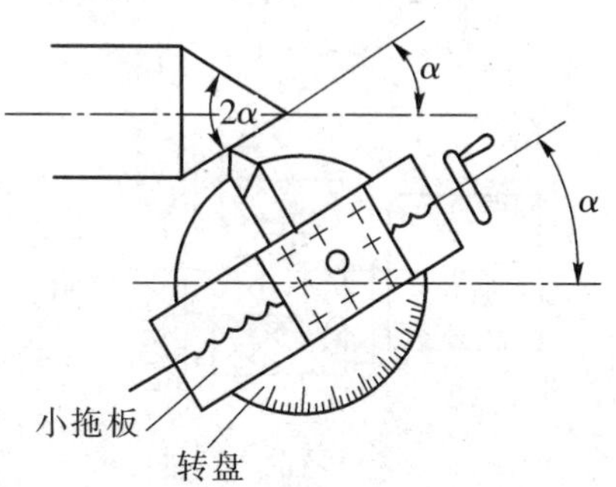

图 6-1　利用刻度转动小拖板角度

③车削前应调整好小拖板镶条的松紧。如果调得过紧，手动走刀时费力，移动不均匀，车出的锥面不光洁；如果调得过松，造成小拖板间隙过大，车出的工件母线不平直，锥面也不光洁。

④根据工件锥面长度，调整小拖板行程长度。

⑤车削正外锥体(工件大端靠主轴，小端靠尾座方向)，小拖板应逆时针方向转一个圆锥斜角。

(3)检查锥度方法。

①使用量角器检查锥度，见图 6-2。对于角度零件或精度不高的圆锥表面，可以用量角器检查。把量角器调整到要测的角度，量角器的角尺面与工件端面(通过工件中心)靠平，直尺与工件斜面接触，通过透光的大小来校准小拖板的角度。反复多次直至达到要求为止。

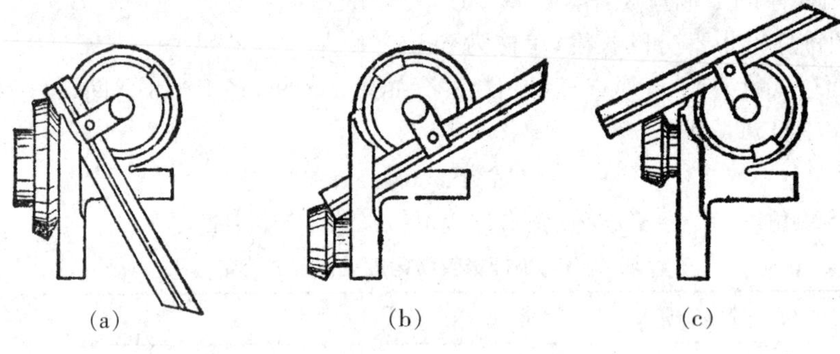

图 6-2 用量角器检查锥度

②用套规检查锥度。

a)在工件表面上，顺着母线，薄而均匀地涂上两条显示剂。

b)把套规轻轻套在工件上，转动在半圈之内。

c)取下套规观察工件锥面上的摩擦痕迹，来鉴别小拖板应转方向，并逐渐校准小拖板的角度。当要求套规与锥体接触面长度达 50%，必须经过试削和多次反复调整。所以锥体的检查在试切时就应该进行。

(4)车削锥体尺寸的控制方法。

①用卡钳和千分尺测量。测量时必须注意卡钳脚(或千分尺检量杆)和工件轴向垂直，测量位置必须在锥体的最大端或最小端处。

②用界限套规控制尺寸。当锥度已校准，而大端(或小端)尺寸还未能达到要求时，须再进刀车削。可以用以下方法来解决其尺寸深度。

a)计算法。根据套规阶台中心到工件小端的距离 a，可以用以下公式来计算吃刀深度 t，见图 6-3(a)。

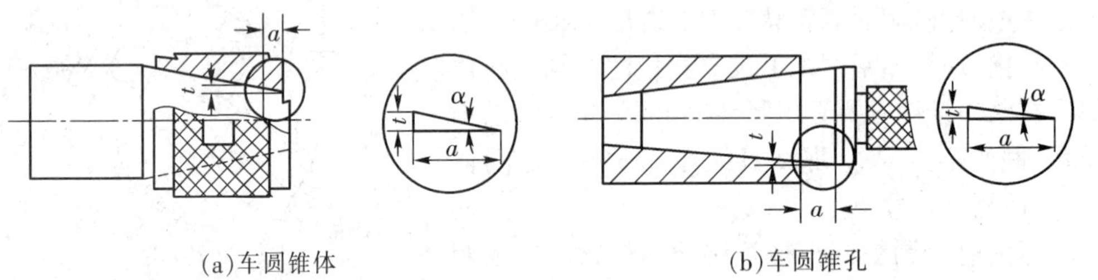

图 6-3 车削锥体控制尺寸的方法

$$t = a\text{tg}\alpha \tag{6.3}$$

或

$$t = a\frac{K}{2}$$

式中：t——当界限量规刻线或阶台中心面还离开工件端面 a 长度时的吃刀深度，单位为 mm；

α——圆锥斜角，单位为度；

K——锥度。

b)用移动大拖板法。根据量出长度 a，使车刀轻轻接触工件小端表面上，接着移动小拖板使车刀离开工件端面一个 a 的距离，然后移动大拖板使车刀同工件端面接触，这时车刀已切入一个需要的切削深度。

三、车锥体训练(图 6－4、图 6－5)

(1)手动进刀车锥体训练 1。

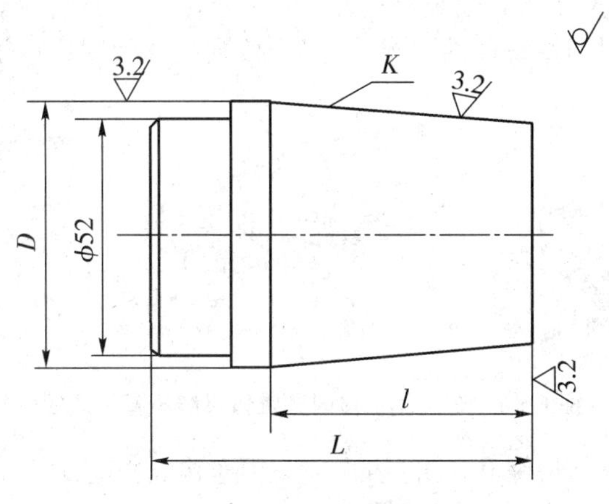

图 6－4　手动进刀车锥体

加工步骤

①夹住ϕ52 外圆,长度在 15 mm 左右。

②粗、精车端面、总长 L 及外圆 D 至尺寸要求。

③小拖板转过 α 斜角,车锥度 K。

④用量角器检查。

手动进刀车锥体训练 2。

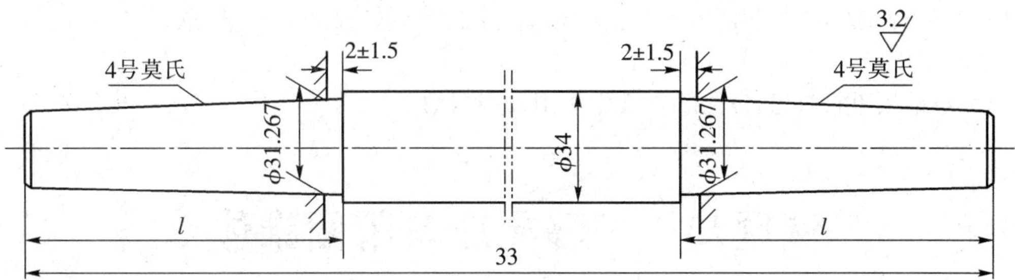

图 6－5　手动进刀车 4 号莫氏锥度

加工步骤

①夹住ϕ34 外圆,伸出长度大于 l,校正、夹紧。

②车外圆至ϕ32、长 l。

③小拖板转过 α 斜角;粗、精车圆锥体。

④去毛刺。

⑤调头用同样方法车另一端圆锥体(要求小拖板重新调整,同时第二次练习时小拖板在 5 次左右把锥度调整好)。

⑥用标准莫氏套规检查。

四、注意事项

(1)车刀必须对准工件旋转中心,避免产生双曲线(母线不直)误差,见图 6-6。可通过把车刀对准实心圆锥体零件端面中心来对刀。

(2)车削圆锥体前对圆柱直径的要求,一般应按圆锥体大端直径放余量 1 mm 左右。

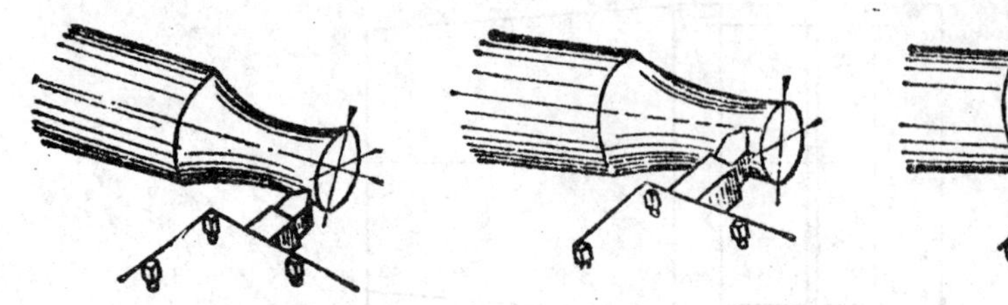

图 6-6　车削圆锥体时圆锥体母线不直的原因

(3)单刀刀刃要始终保持锋利,工件表面应一刀车出。

(4)应两手握小拖板手柄,均匀移动小拖板。

(5)用量角器检查锥度时,测量边应通过工件中心。用套规检查时,涂色要薄而均匀,转动量一般在半圈之内,多则容易造成误判。

(6)防止扳手在扳小拖板紧固螺帽时打滑而撞伤手。粗车时,吃刀量不宜过大,应先校正锥度,以防工件车小而报废。一般留精车余量 0.5 mm。

(7)检查锥度时,可先检查套规与工件的配合是否有间隙。

(8)在转动小拖板时,应稍大于圆锥斜角 α,然后逐次校准。当小拖板角度调整到相差不多时,只须把紧固螺母稍松一些,用左手大拇指放在小拖板转盘和刻度之间,消除中拖板间隙,听铜棒轻轻敲击小拖板所需校准的方向,使手指感到转盘的转动量,这样可以较快地校准锥度。

(9)小拖板不宜过松,以防工件表面车削痕迹粗细不一。

课题二　偏移尾座车削圆锥体

一、实习教学要求

(1)掌握用偏移尾座的方法加工圆锥体。

(2)掌握尾座偏移量的计算。

(3)涂色检查锥体,使接触面在 60%左右。

(4)第二次练习时,要求偏移尾座在 6 次左右把锥度校准好。

二、相关工艺知识

车削锥度小、锥形部分长的圆锥面时，可以用偏移尾座的方法。也就是将尾座横向移动一端距离 s 后，使工件旋转轴线与车床主轴轴线的交角等于工件锥体的斜角 α。此偏移量与工件的总长有关，见图 6－7。

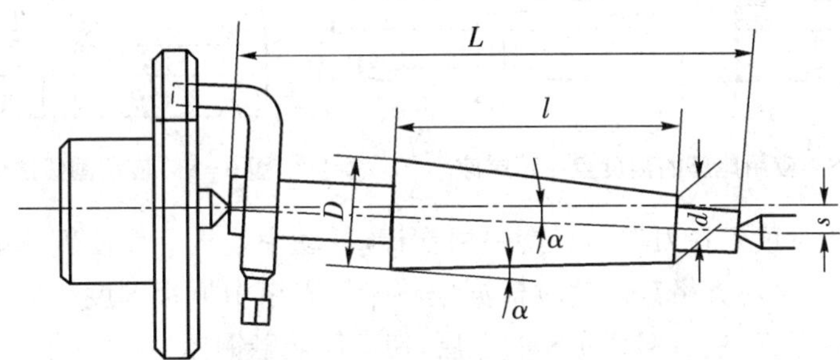

图 6－7　偏移尾座车削圆锥体

(1)用偏移尾座车削圆锥体的特点。

①适宜于加工锥度较小、锥体较长的工件(尾座偏移量一般不能大于 10 mm)。

②可以利用纵向自动进刀车削，使表面粗糙度值降低，保证质量。

③不能车圆锥孔及整锥体。

④因为顶针在中心孔内歪斜，接触不良，所以中心孔磨损不均匀。

(2)尾座偏移量的计算。

尾座偏移量可应用下列公式计算：

$$s=(D-d)/2l\times L=K/2\times L \qquad (6.4)$$

式中：s——尾座偏移量，单位为 mm；

D——大端直径，单位为 mm；

d——小端直径，单位为 mm；

l——工件圆锥部分长，单位为 mm；

L——工件的总长，单位为 mm；

K——工件的锥度。

例：已知工件为莫氏 4#，$L=330$ mm，求尾座偏移量 s。

解：查表 6.2　得 $K=1:19.254$

$$s=K/2\times L=1:19.254/2\times 330\approx 8.6(\text{mm})$$

(3)偏移尾座的方法。先把前后两顶针尖对齐(尾座上下层零线对齐)，然后根据 s 的大小，采用下面几种方法来偏移尾座的上层。

①应用尾座下层的刻度。偏移时，松开尾座紧固螺母，用螺丝刀转动尾座上层两侧的螺钉，根据刻度值移动一个距离 s，然后拧紧尾座紧固螺母，见图 6－8。

②用刻线法(无刻度尾座)。在尾座后面涂一层白粉，用划针画上 oo' 线，见图 6－9，再在尾座下层画一条 a 线，使 oa 等于 s。然后偏移尾座上层，使 o 与 a 对齐，即偏移了一个 s 的距离。

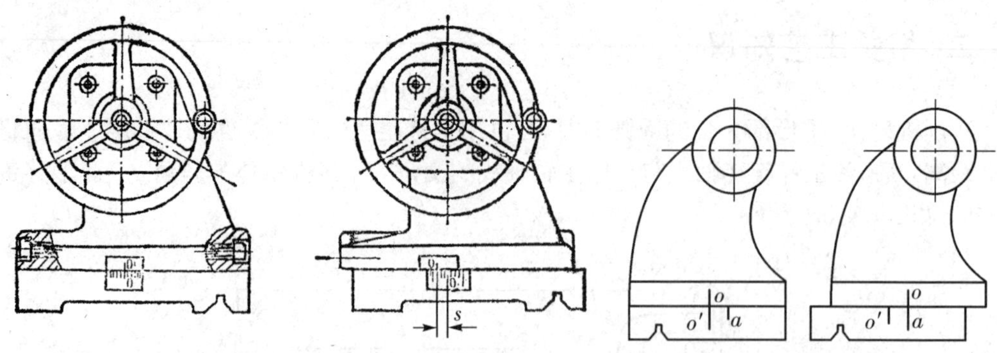

图 6-8 应用尾座的刻度盘偏移尾座　　图 6-9 应用画线法偏移尾座的方法

③应用中拖板刻度。在刀架上夹持一根铜棒，摇动中拖板手柄使铜棒端面和尾座套筒接触，记下中拖板刻度对齐格数。这时根据偏移量 s 算出中拖板刻度线应转过几格。接着按刻度格数使铜棒退出，然后偏移尾座的上层，使套筒接触铜棒为止，见图 6-10。

④应用百分表。把百分表固定在刀架上，使百分表头与尾座套筒接触，校准百分表零位，然后偏移尾座，当百分表指针转动读数至 s 值时，把尾座固定即可，见图 6-11。

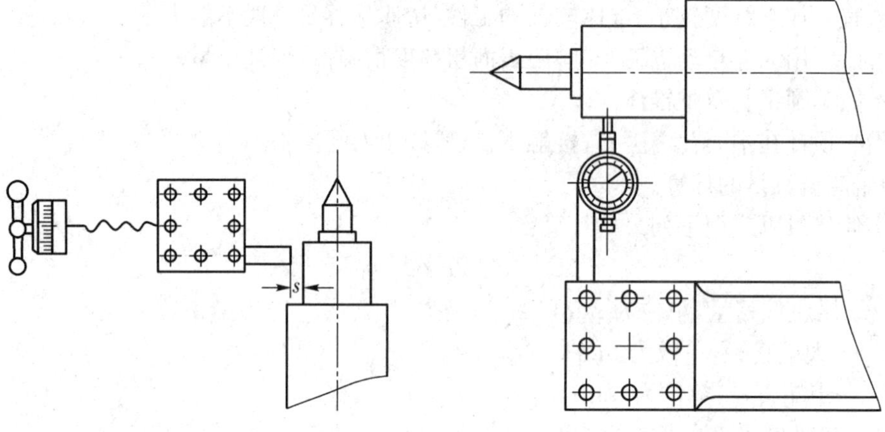

图 6-10 应用中拖板刻度偏移尾座的方法　　图 6-11 应用百分表偏移尾座的方法

⑤应用锥度量棒(或样件)。先把锥度量棒顶在两顶尖中间，在刀架上装一百分表，使表头与量棒母线接触，再偏移尾座，然后纵向移动大拖板，观察百分表在两端的读数是否一致。如果读数不一致，再偏移尾座直至两端读数一致为止。见图 6-12。

以上几种方法除了⑤外，均须经试切削后逐步校准。尾座偏移的方向，如果小端直径在尾座一边，那么尾座向操作者移动。反之，尾座则向离开操作者方向移动。

(4)工件安装。

①把两顶针间距离调整到工件总长 L。尾座套筒在尾座内伸出量，一般小于套筒总长的二分之一。

②两顶针孔内须加润滑油(黄油)。

③工件在两顶针间的松紧程度，以手不用力能拨动工件(只要没有轴向窜动)为宜。

(5)莫氏套规检查锥体。

①在工件上涂色应薄而均匀，套规转动在半圈之内，根据与工件的接触情况仔细分析，

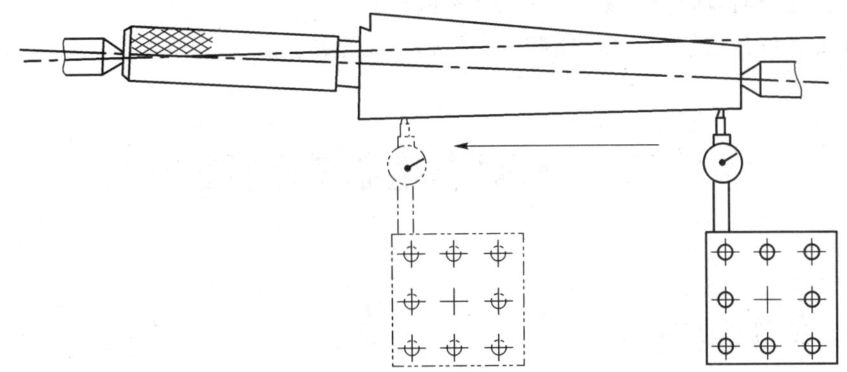

图 6－12　应用锥度量棒偏移尾座

思考尾座的偏移方向和偏移量的大小。要求套规和工件接触面在 60%左右。

②根据套规的公差界限中心与被测工件端面距离用公式 6.3 来测量吃刀深度。要特别注意精车的最后一刀，往往由于吃刀深度没有掌握好，使锥体外径被车小。

三、偏移尾座车锥体训练(图 6－13)

练 6—3

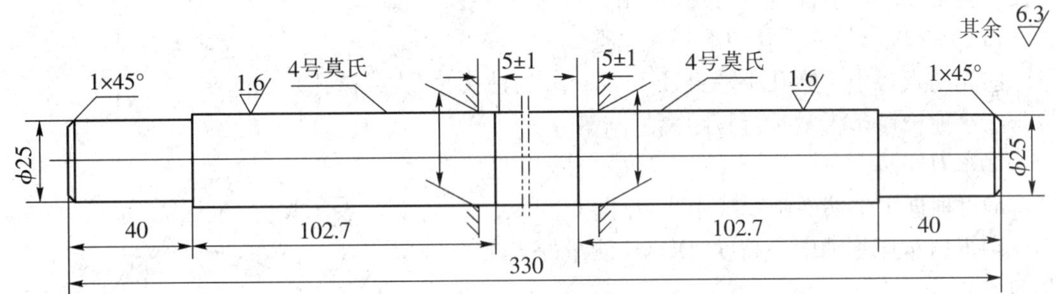

图 6－13　偏移尾座车锥体

加工步骤

(1)在两顶针上安装工件，车 $\phi 25 \times 40$，倒角 1×45°(两头)。

(2)根据偏移量偏移尾座，并紧固。

(3)粗、精车圆锥体至图样要求。

(4)调头车另一端圆锥体(尾座重新调整)。

四、注意事项

(1)车刀应对准工件中心，以防母线不直。

(2)粗车时，吃刀不宜过多，应先校准锥度，以防工件车小而报废。

(3)随时注意顶针松紧和前顶针的磨损情况，以防工件飞出伤人。

(4)套规检查时涂色应薄而均匀，转动量一般在半圈之内，多则容易造成误判。

(5)偏移尾座时,应仔细、耐心,熟练掌握偏移方向。

(6)如果工件数量较多,其长度和中心孔的深浅必须一致。

课题三　转动小拖板车削圆锥孔

一、实习教学要求

(1)掌握转动小拖板车削圆锥孔的方法。

(2)合理选择切削用量。

(3)练习车削两工件,用莫氏塞规检查第一件,要求接触面 50%,第二件要求接触面 60%。尺寸精度和表面粗糙度均应达到图样要求。

二、相关工艺知识

车削圆锥孔比圆锥体困难,因为车削工作在孔内进行,不易观察,所以要特别小心。为了便于测量,安装工件时应使锥孔大端直径的位置在外端。

(1)小拖板车削圆锥孔的准备和调整。

①先用直径小于锥孔小端直径 1～2 mm 的钻头钻孔(或镗孔)。

②小拖板镶条松紧及行程距离的调整。

③车刀安装。

a)可根据工件端面画线找中心,见图 6 - 14。

b)根据车床主轴中心高度,用钢尺测量的方法装刀。

镗刀装好后在孔内摆动大拖板至终点,检查是否碰撞。

④转动小拖板角度的方法与车外圆锥体相同,但是方向相反。应顺时针方向转过 α 角,进行车削。当塞规能塞进工件约二分之一时要开始进行检查校准。然后根据测量情况,逐步校准小拖板角度。

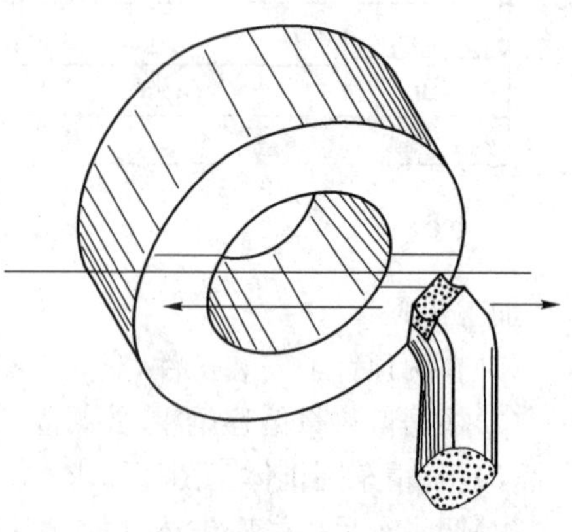

图 6 - 14　端面画线找中心的方法

(2)切削用量的选择。

①切削速度比车削外圆锥体时低 10%～20%。

②走刀要始终保持均匀,不能有停顿与快慢现象。最后一刀的切削深度一般取 0.1～0.3 mm为宜。

精车钢件时可加润滑液(切削液或机油),以降低表面粗糙度。

(3)圆锥孔的检查。

①用内卡钳测量锥孔直径(内卡钳脚要卡在锥孔的口上)。

②用锥度界限塞规涂色检查，并控制尺寸，见图 6－15。

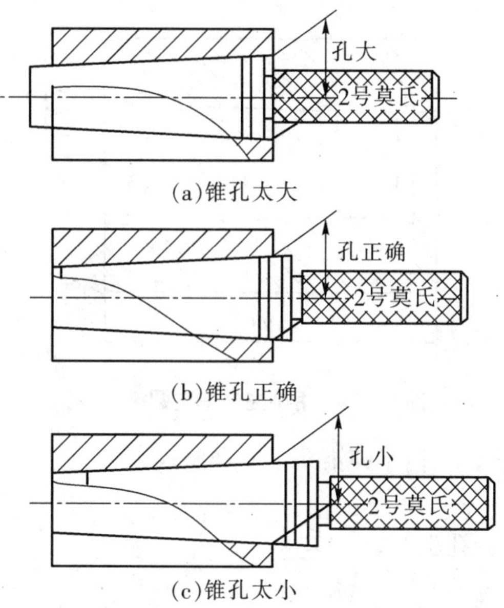

图 6－15　用塞规测量圆锥孔的几种方法

③根据塞规在孔外的长度 a 计算孔径车削余量，并用中拖板刻度进刀。

④内外锥体配套车削的方法介绍见图 6－16。

先把外椎体车正确，不要变动小拖板角度，只需把镗刀反装，使刀刃向下(主轴仍正转)，然后车削圆锥孔。

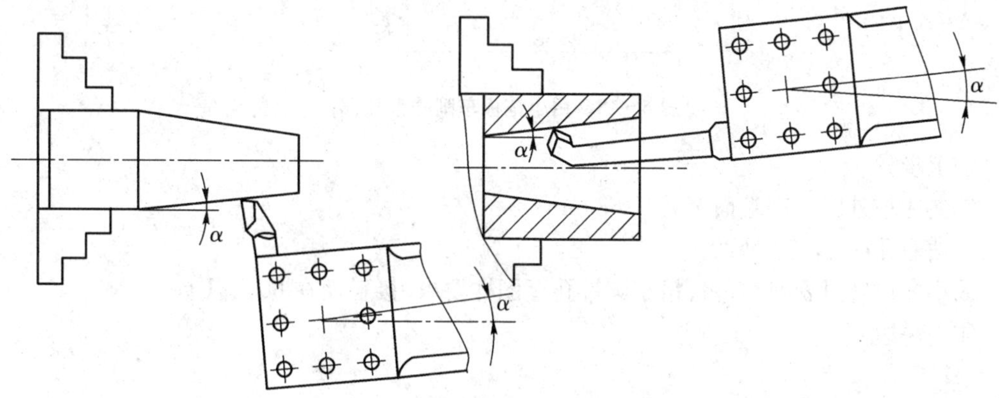

图 6－16　车削配套圆锥面的方法

三、用小拖板车削圆锥孔(图 6－17、图 6－18)

(1)用小拖板车削圆锥孔训练。

加工工艺

①夹住外圆校准。

②车端面控制总长 84 mm，钻孔、镗孔至ϕ28。

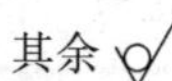

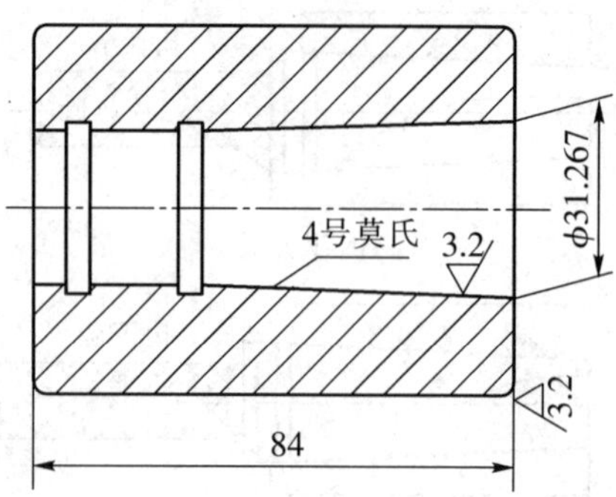

图 6-17 用小拖板车削圆锥孔(1)

③小拖板转过 α 斜角，粗、精车圆锥孔至图样要求。

④去锐边。

(2)用小拖板车削圆锥孔训练。

其余

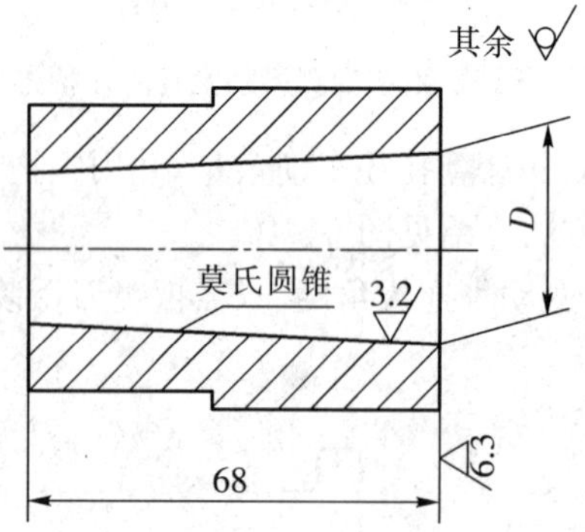

图 6-18 用小拖板车削圆锥孔(2)

加工步骤

①夹住小外圆车削端面至总长 68 mm。

②钻通孔 ϕ18，镗至 ϕ20。

③小拖板转过 α 斜角，粗、精车圆锥孔至图样要求，接触面在 60%以上。

④去锐边。

四、注意事项

(1)车刀必须对准工件中心。

(2)粗车时不宜吃刀过深，应先粗校准锥度(检查塞规与工件配合是否有间隙)。

(3)用塞规涂色检查时，必须注意内孔清洁，转动量在半圈之内。

(4)取出圆锥塞规时注意安全，不能敲击，以防工件走动。

(5)要从塞规上的界限线条来控制锥孔尺寸。

(6)在精车时可加润滑液，来降低表面粗糙度。

课题四　铰圆锥孔

一、实习教学要求

(1)掌握钻、铰圆锥孔的方法。

(2)掌握钻、镗、铰圆锥孔的方法。

(3)铰圆锥孔时切削用量的选择。

(4)铰圆锥孔,用塞规检查,达到图样要求。

二、相关工艺知识

加工直径较小的圆锥孔时,车削难以达到较高的精度和较低的粗糙度值,这时可以用锥形铰刀来加工。

(1)锥形铰刀的种类和规格(图 6-19)。

①种类。粗铰刀[图 6-19(a)]的槽比精铰刀少,刀刃上有一条螺旋分屑槽,便于排屑。精铰刀[图 6-19(b)]的直线刀齿锥度很正确,并留有很小的棱边(f=0.1~0.2 mm),以保证锥孔的质量。

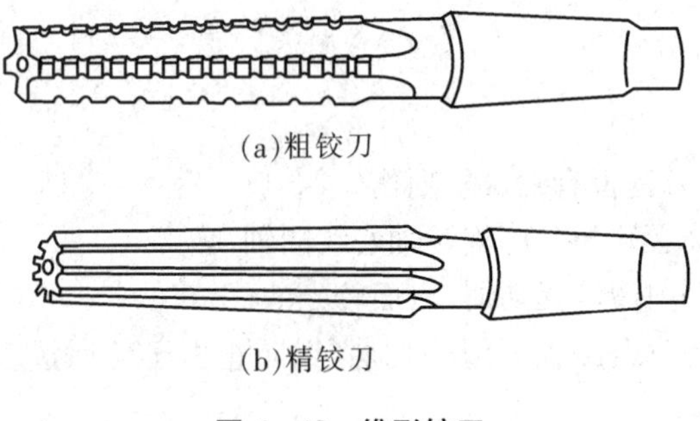

(a)粗铰刀

(b)精铰刀

图 6-19　锥形铰刀

②规格。常用的有 1∶50,1∶20,1∶5 和莫氏铰刀等规格。

(2)铰削方法。

①当锥孔的直径和锥度较大时,先用直径小于圆锥孔小端直径(1~1.5 mm)的麻花钻钻孔,再用镗孔刀镗成锥孔,留 0.1~0.2 mm 余量,再用精铰刀铰孔。

②当锥孔的直径和锥度很小时,钻孔后可直接用锥形铰刀粗铰,然后再用精铰刀修光成形。

(3)铰孔时切削用量的选择。切削速度最好在 0.1 m/s 以下,进给要均匀。进给量根据铰刀锥度的大小,如莫氏锥孔钢料进给量 s=0.15~0.30 mm/r,铸铁进给量 s=0.3~0.5 mm/r。

(4)冷却润滑液的使用。铰锥孔时,冷却润滑液必须充足,使用铰钢件用乳化液或切削油,铰合金钢或低碳钢用植物油,铰铸铁用煤油或柴油。

三、铰内锥孔训练(图 6 - 20)

铰内锥孔训练。

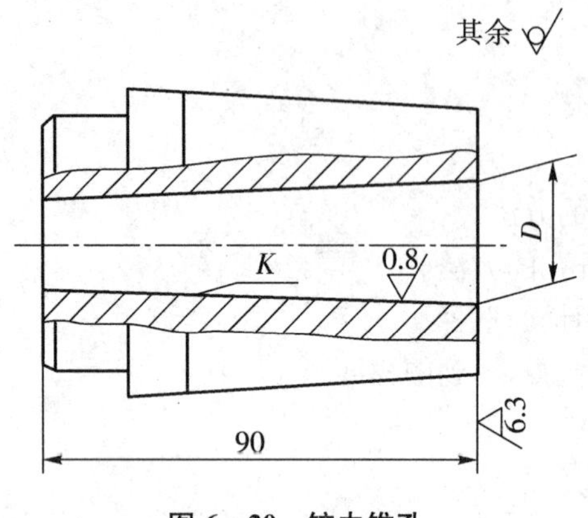

图 6 - 20　铰内锥孔

加工步骤

(1)夹住小端外圆车削面至总长 90 mm。

(2)用中心钻钻定位孔。

(3)钻通孔(钻头直径按小端尺寸留铰削余量)。

(4)粗、精铰锥孔至尺寸。

(5)第二次铰削时,先用钻头扩孔,后旋转小拖板车锥孔,再铰锥孔至尺寸。

四、注意事项

(1)铰削前,检查铰刀是否有磕、碰、划伤。

(2)铰削时铰刀轴线必须与工件旋转轴心线同轴。

(3)铰孔时要求孔径内清洁无切屑,表面较光洁。

(4)铰削过程中应随时退出铰刀清除切屑,以防止由于切屑过多,使铰刀在锥孔中被卡住,造成工件报废。

(5)在铰削时如果碰到铰刀锥柄在尾座内打滑旋转,不能用手去抓,必须立即停车,以防划伤手。

(6)铰孔时车床主轴只能顺转,不能反转,反转使刀刃崩裂。

(7)铰削时手动进刀应慢而均匀(不能忽快忽慢),并加充分的冷却润滑液。

(8)孔铰毕后,先退铰刀,后停车。

(9)铰刀用毕后清除切屑,擦洗干净,然后涂上防锈油,放在盒内。

模块七　特形面车削和表面修光

课题一　滚　　花

一、实习教学要求

(1)了解滚花的种类和作用。
(2)掌握滚花刀在工件上的挤压方法及挤压要求。
(3)能分析滚花时的乱扣原因及其防止方法。

二、相关工艺知识

某些工具和机床零件的捏手部位，为了增加摩擦力和使零件表面美观，往往在零件表面上滚出各种不同的花纹。例如车床的刻度盘、外径千分尺的微分套管以及铰、攻扳手等。这些花纹一般是在机床上用滚花刀滚压而成的。

(1)花纹的种类。滚花的花纹一般有直花纹、斜花纹和网花纹三种，见图 7-1。花纹的粗细由节距 t 来决定，滚花的标注方法及节距 t 的选择见表 7-1。

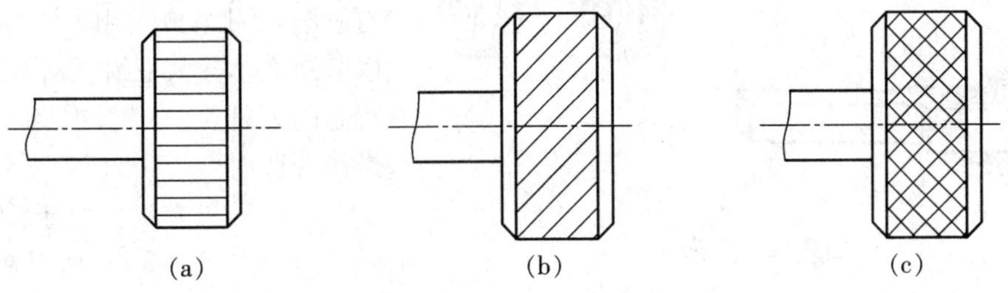

图 7-1　花纹的种类

表 7－1　滚花(JB2－59)

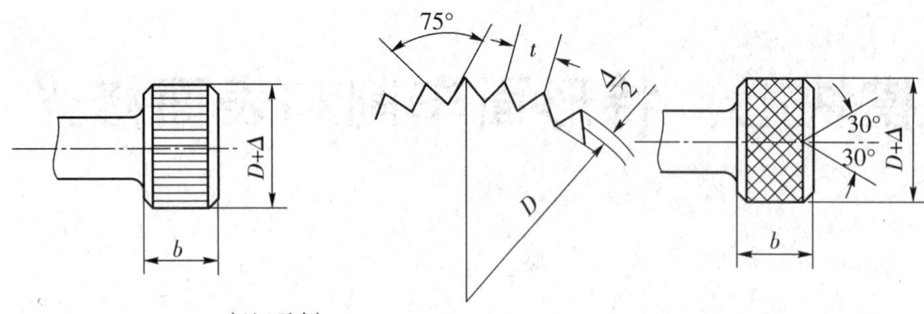

标记示例

1.节距 t=0.8 的直纹滚花的标记:直纹 0.8JB 2-59

2.节距 t=0.8 的网纹滚花的标记:网纹 0.8JB 2-59

<table>
<tr><td rowspan="7">直
纹</td><td rowspan="4">滚花前
直径 D</td><td colspan="3">适用于一切材料</td></tr>
<tr><td colspan="3">b</td></tr>
<tr><td>≤6</td><td>>6～30</td><td>>30</td></tr>
<tr><td colspan="3">滚花节距 t</td></tr>
<tr><td>≤16</td><td>0.6</td><td>0.6</td><td>0.6</td></tr>
<tr><td>>16～65</td><td>0.6</td><td>0.8</td><td>0.8</td></tr>
<tr><td>>65～100</td><td>0.8</td><td>0.8</td><td>1.2</td></tr>
</table>

<table>
<tr><td rowspan="8">网
纹</td><td rowspan="4">滚花前
直径 D</td><td colspan="3">用于黄铜、铝、纤维板</td><td colspan="3">用　于　钢</td></tr>
<tr><td colspan="6">b</td></tr>
<tr><td>≤6</td><td>>6～30</td><td>>30</td><td>≤6</td><td>>6～30</td><td>>30</td></tr>
<tr><td colspan="6">滚花节距 t</td></tr>
<tr><td>≤8</td><td rowspan="3">0.6</td><td rowspan="2">0.6</td><td rowspan="2">0.6</td><td>0.6</td><td>0.6</td><td>0.6</td></tr>
<tr><td>>8～16</td><td rowspan="3">0.8</td><td>0.8</td><td>0.8</td></tr>
<tr><td>>16～65</td><td rowspan="2">0.8</td><td>0.8</td><td rowspan="2">1.2</td><td>1.2</td></tr>
<tr><td>>65～100</td><td>0.8</td><td>1.2</td><td>1.6</td></tr>
</table>

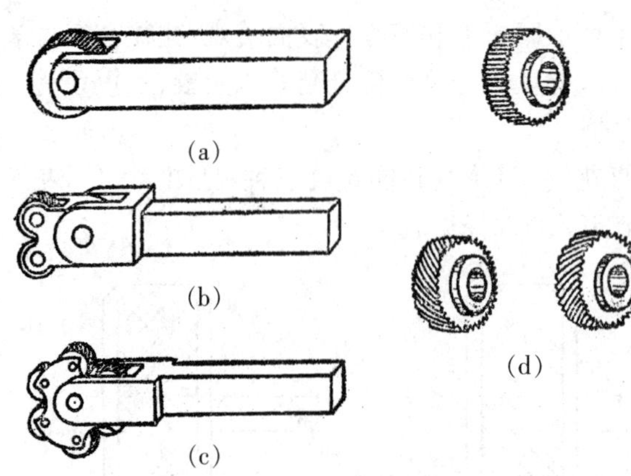

图 7－2　滚花刀

(2)滚花刀。滚花刀一般有单轮[图 7－2(a)]、双轮[图 7－2(b)]和六轮[图 7－2(c)]三种。单轮滚花刀通常是压直花纹和斜花纹。双轮滚花刀和六轮滚花刀用于滚压网花纹,它是由节距相同的一个左旋和一个右旋滚花刀组成一组。六轮滚花刀以节距大小分为三组,安装在同一个特制的刀杆上,分粗、中、细三种,供操作者选用。

(3)滚花方法。由于滚花时工件表面产生塑性变形,所以在车削滚花外圆时,应根据工件材料的性质和滚花的节距 t 的大小,将滚花部位的外圆车小(0.2～0.5)t mm。

滚花刀的安装应与工件表面平行。开始滚压时,挤压力要大,使工件圆周上一开始就形成较深的花纹,这样就不容易产生乱纹。为了减少开始时的径向压力,可用滚花刀宽度的二分之一或三分之一进行挤压,或把滚花刀尾部装得略向左偏一些,使滚花刀与工件表面产生一个很小的夹角，见图 7－3。这样滚花刀就容易切入工件表面。当停车检查花纹符合要求后，即可纵向自动走刀，这样滚压一至二次就可完成。

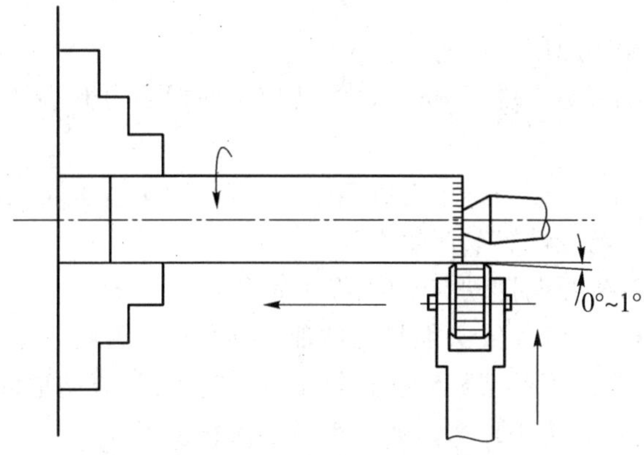

图 7－3　滚花刀的安装

滚花时，应取较慢的转速，并应浇注充分的冷却润滑液，以防滚轮发热损坏。

由于滚花时径向压力较大，所以工件装夹必须牢靠。尽管如此，滚花时出现工件走动现象仍是难免的。因此在车削带有滚花的工件时，通常采用先滚花，再校正工件，然后再精车。

三、滚花训练（图 7－4）

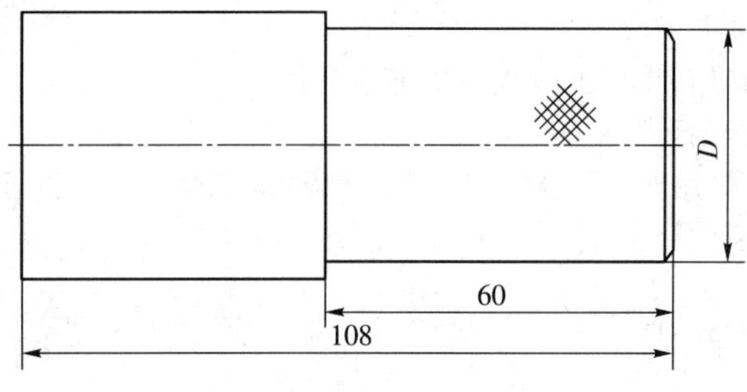

图 7－4　滚花

加工步骤

（1）夹住毛坯外圆，校正、夹紧。

（2）车端面和外圆 $D\ \phi 43\times 60$。

（3）滚斜纹。

（4）车外圆 $D\ \phi 41\times 60$。

（5）滚直纹。

（6）车外圆 $D\ \phi 40_{-0.3}^{\ 0}\times 60$。

（7）滚网纹。

四、检查产生的问题和注意事项

(1)滚花时产生乱扣的原因。

①滚花开始时,滚花刀与工件接触面太大,使单位面积压力变小,容易形成花纹微浅,出现乱扣。

②滚花刀转动不灵活,或滚刀槽中有细屑阻塞,有碍滚花刀压入工件。

③转速过高,滚花刀与工件容易产生滑动。

④滚轮间隙太大,产生径向摆动与轴向窜动等。

(2)滚直花纹时,滚花刀的齿纹必须与工件轴心线平行。否则挤压的花纹不直。

(3)在滚花过程中,不能用手或棉纱去接触工件滚花表面,以防危险。

(4)细长工件滚花时,要防止顶弯。薄壁工件要防止变形。

(5)压力过大,走刀量过慢,往往会滚出阶台形凹坑。

课题二　特形面车削和表面修光

一、实习教学要求

(1)了解圆球的作用和加工圆球时的 L 长度计算。

(2)掌握圆球的车削步骤和车削方法。

(3)根据图样要求,用外径千分尺、半径规、样板和套环等对圆球进行测量检查。

(4)掌握简单的表面修光方法。

二、相关工艺知识

在机器中,有些零件的表面的轴向剖面呈曲线形,如手柄、圆球;有些零件的表面,与其轴线垂直的断面呈非圆形,如凸轮等。具有这些特征的表面叫特形面。

(1)特形面零件的加工方法。

①用样板刀车特形面。所谓样板刀,是指刀具切削部分的形状刃磨得和工件加工部分的形状相同,这样的刀具就叫做样板刀。

样板刀可按加工要求做成各种式样,见图 7-5。其加工精度,主要靠刀具保证。由于切削时接触面较大,因此切削抗力也大,容易出现振动和工件走动。为此切削速度应取小些,工件装夹要牢靠。

②用靠模法车特形面。在车床上用靠模法车特形面的方法很多,见图 7-6。其车削原理,基本上和靠模法车圆锥的方法相似,只需事先做一个与工件形状相同的曲面靠模就行了。

③用蜗杆蜗轮车内外圆弧。利用蜗杆蜗轮车内、外圆弧的工具种类很多,但其原理基本

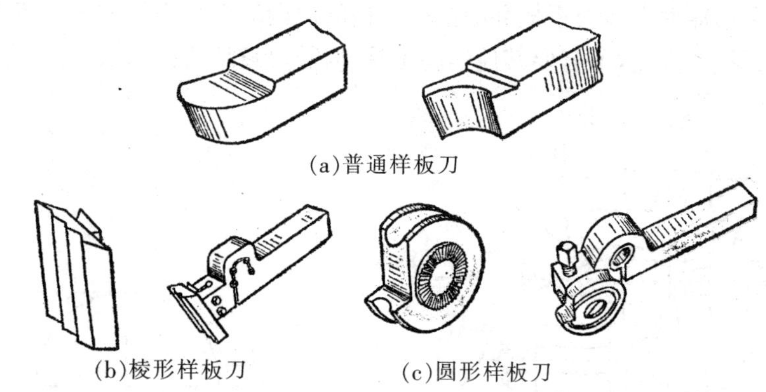

图 7－5　样板刀

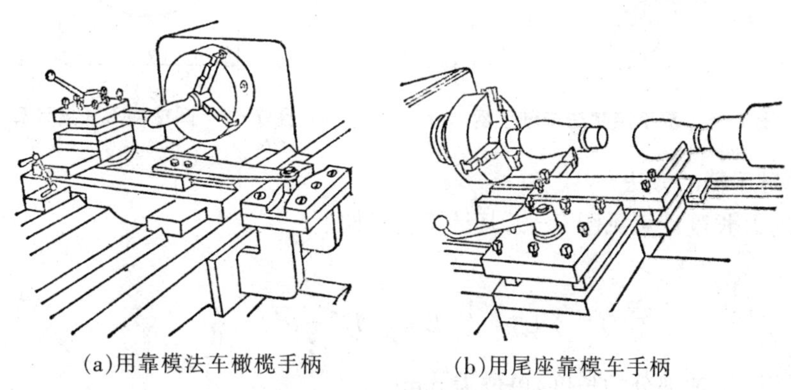

图 7－6　用靠模法车特形面

相同，现举一例如下，见图 7－7。刀头装在滑块的方孔中，滑块能在弹性刀夹中移动，并可用螺钉紧固。摇动手柄，通过蜗杆和蜗轮就能带动弹性刀夹、刀具围绕蜗轮中心旋转。为了调整刀尖圆弧半径，滑块和刀头都能移位调整。当刀尖安装调整至过蜗轮中心时，就可以车削外圆弧。

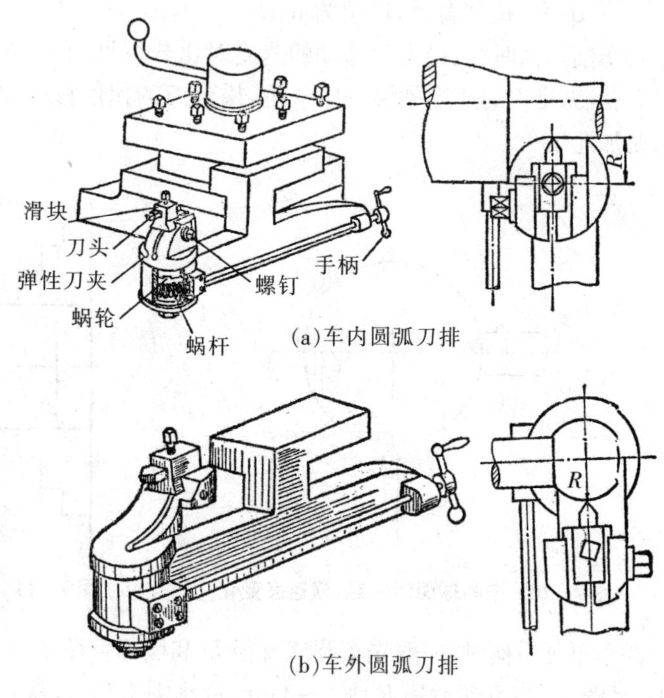

图 7－7　用蜗杆蜗轮车圆弧的工具

④双手控制法车特形面（图7－8）。在单件加工时，通常采用双手控制法车削特形面，即用双手同时摇动小拖板手柄和中拖板手柄，并通过双手协调的动作，使刀尖走过的轨迹与所要求的特形面曲线相仿，这样就能车出需要的特

形面。当然也可用摇动大拖板手柄和中拖板手柄的协调动作来进行加工。双手控制法车特形面的特点是:灵活、方便,不需要其他辅助工具,但需要较高的技术水平。

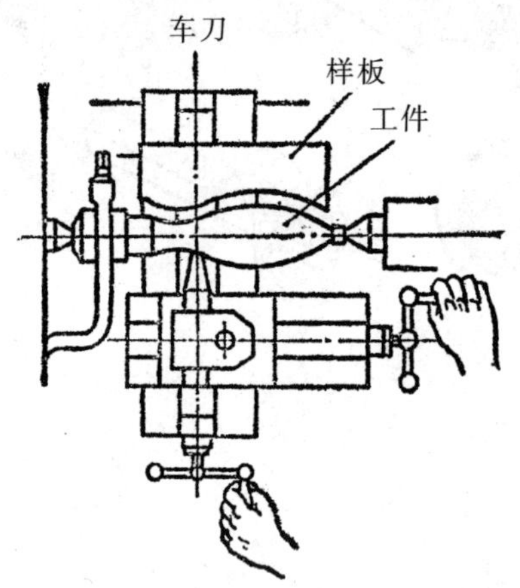

图 7-8 双手控制法车削手柄

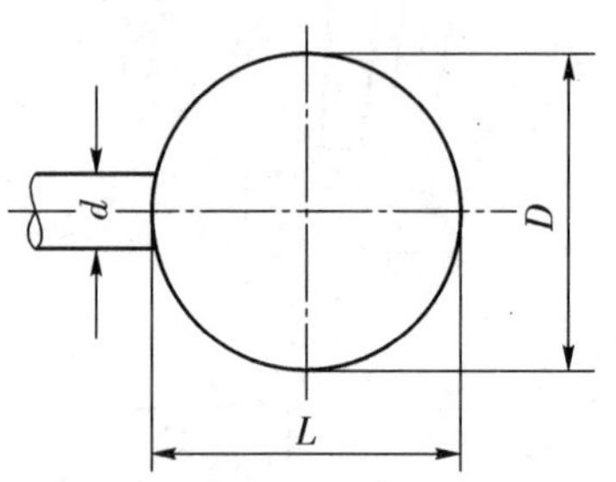

图 7-9 圆球的 L 长度计算

(2)车单球手柄的方法。

①圆球的 L 长度计算见图 7-9,其计算公式如下。

$$L=\frac{1}{2}(D+\sqrt{D^2-d^2})$$

式中:L——圆球部分的长度,单位为 mm;

D——圆球的直径,单位为 mm;

d——柄部直径,单位为 mm。

②车削球面时纵、横走刀移动的速度对比分析见图 7-10。当车刀从 a 点出发,经过 b 点至 c 点,纵走刀的速度是快→中→慢,横走刀的速度慢→中→快。即纵走刀是减速度,横走刀是加速度。

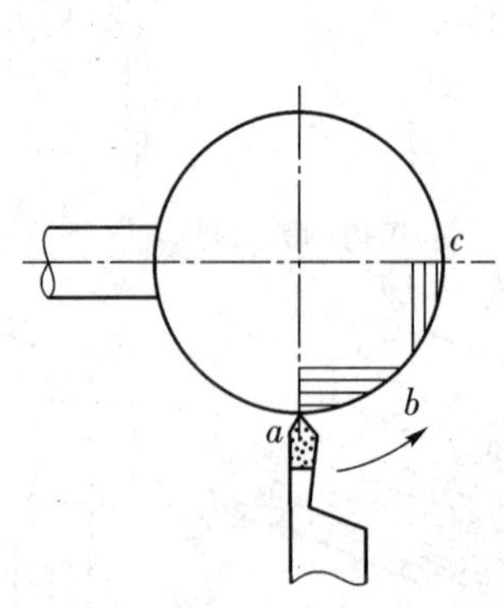

图 7-10 车削球面时的纵、横速度变化

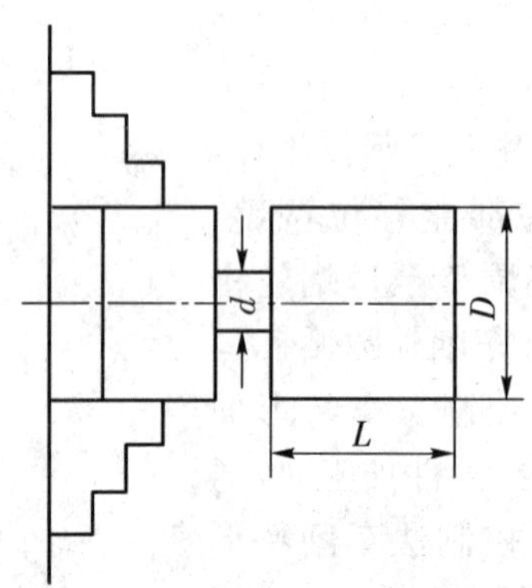

图 7-11 车单球手柄步骤(1)

③车单球手柄时,一般先车圆球直径 D 和柄部直径 d 以及 L 长度(留精车余量 0.1 mm 左右)见图 7-11。然后用 R 为 2~3 mm 的小圆头车刀,从 a 点向左、右方向(b 点和 c 点)逐步把余量车去,见图 7-12,并在 c 点处用切断刀修清角。

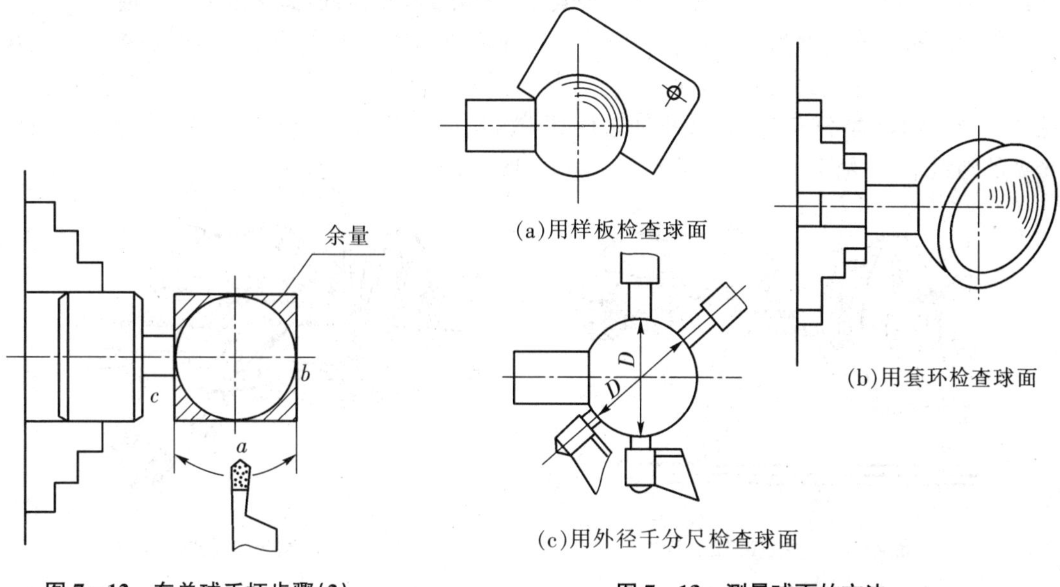

图 7-12　车单球手柄步骤(2)

图 7-13　测量球面的方法

④修整。由于手动进给车削时工件表面往往留下高低不平的痕迹。因此必须用锉刀、纱布进行表面抛光。

(3)球面的测量和检查。为了保证球面的外形正确，通常采用样板、套环、外径千分尺等进行检查。用样板检查时应对准工件中心，并观察样板与工件之间的间隙大小来修整球面，见图 7-13(a)。用套环检查时可观察其间隙透光情况并进行修整，见图 7-13(b)。用外径千分尺检查球面时应通过工件中心，并多次变换测量方向，见图 7-13(c)，使其测量精度在图样要求范围之内。

(4)表面修光。经过精车之后的工件表面，如果还不够光洁，可以用锉刀、砂布进行修整抛光。

①锉刀修光。在车床上用锉刀修光外圆时，通常选用细纹板锉和特细纹板锉(油光锉)进行。其锉削余量一般在 0.05 mm 之内，甚至于还可以更少些，这样才不易使工件锉扁。在锉削时，为了保证安全，最好用左手握柄，右手扶住锉刀前端锉削，见图 7-14，避免勾衣伤人。

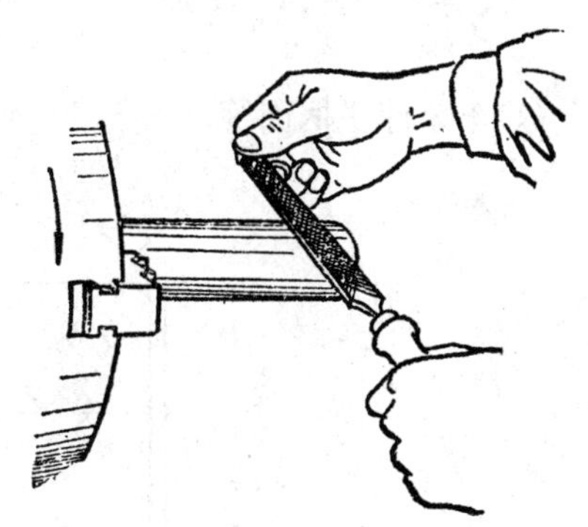

图 7-14　在车床上锉削的姿势

在车床上锉削时，推锉速度要慢(一般每分钟 40 次左右)，压力要均匀，缓慢移动前进，否则会把工件锉扁或呈节状。

锉削时最好在锉齿面上涂一层粉笔末，以防锉屑滞塞在锉齿缝中，并要经常用铜丝刷清理齿缝，这样才能锉削出较好的工件表面。

锉削时的转速要选得合理。转速太高，容易磨钝锉齿；转速太低，容易把工件锉扁。

②砂布抛光。工件经过锉削过后，其表面仍有细微痕迹，这时可用砂布抛光。

a)砂布的型号和抛光方法。在车床上抛光用的砂布，一般用金刚砂制成。常用的型号有:零零号、零号、一号、一号半和二号等。其号数越小,砂布越细,抛出来粗糙度值越低。

使用砂布抛光工件时,移动速度要均匀,转速应取高些。抛光的方法一般是将砂布垫在锉刀下面进行。这样比较安全,而且抛光的工件质量也较好。也可用手捏住砂布进行抛光,见图7-15,但这样不够安全。成批加工最好用抛光夹抛光,见图7-16。将砂布垫在木质抛光夹的圆弧中,再用手捏紧进行抛光。也可在细砂布上加机油抛光。

图7-15 用纱布抛光工件

图7-16 用抛光夹抛光工件

b)用砂布抛光内孔的方法。经过精车以后的内孔表面,如果不够光洁,或孔径偏小,可用砂布抛光或修整。方法是:选取比孔径小的木棒,一端开槽,见图7-17(a)。并把砂布撕成条状塞进槽内,以顺时针方向把砂布绕在上面,然后放进工件孔内进行抛光,见图7-17(b)。其抛光方法与外圆相同。孔径大的工件,也可用手捏住砂布抛光。小孔绝不能把砂布绕在手指上去抛光,以防发生事故。

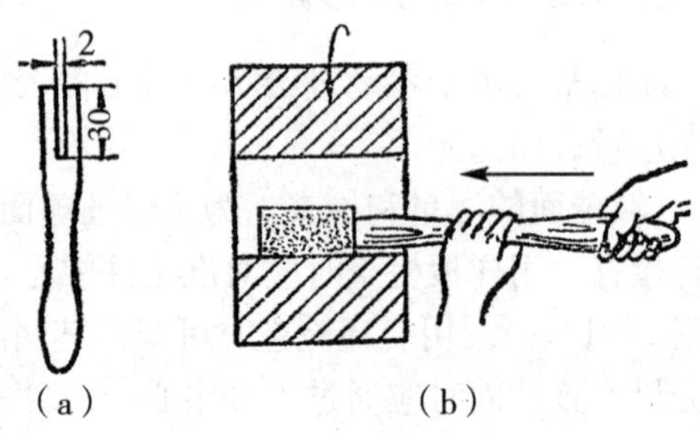

图7-17 用抛光棒抛光工件

三、车手柄训练(图7-18,图7-19,图7-20,图7-21,图7-22)

(1)车单球手柄训练。

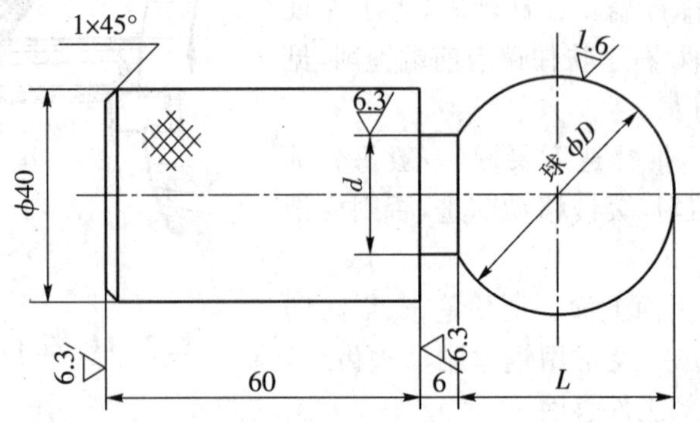

图7-18 车单球手柄

加工步骤

①夹住滚花外圆,车端面及外圆至φ45×47。

②切槽φ25×6，并保持 L 长大于 40.4 mm。

③用圆头刀粗、精车球面至尺寸要求。

④以后各项加工方法同上。

(2)车摇手柄训练。

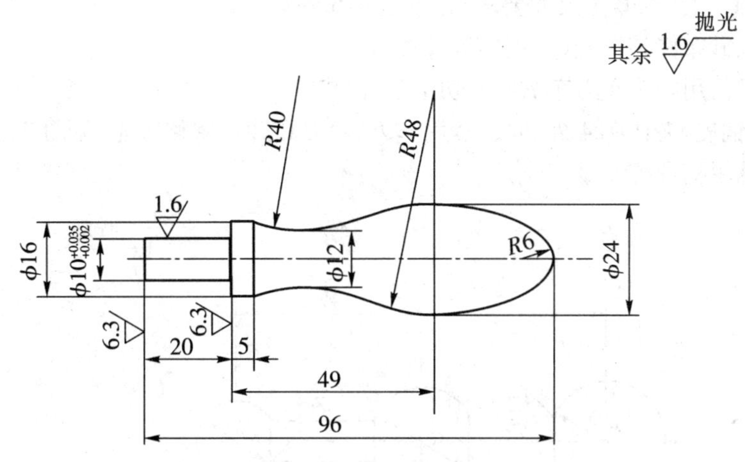

图 7 - 19　车摇手柄

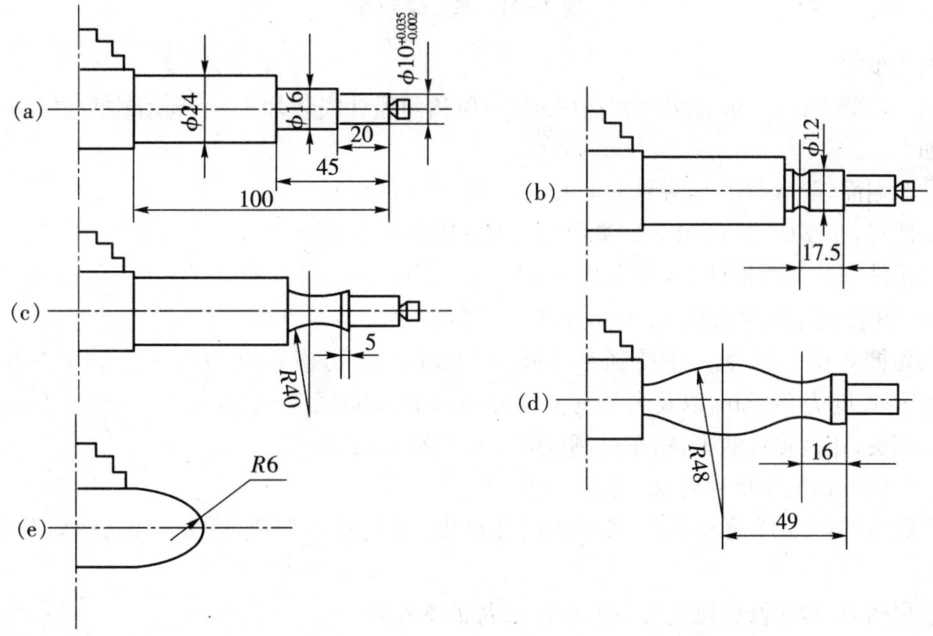

图 7 - 20　车摇手柄工步示意图

加工步骤

①夹住外圆车端面和钻中心孔(前面已钻好)。

②工件伸出长约 110 mm，一夹一顶，粗车外圆φ24×100、φ16×45、φ10×20(各留精车余量 0.1 mm 左右)，见图 7 - 20(a)。

③从φ16 外圆的端面量起，长 17.5 mm 为中心线，用小圆头车刀切割φ$12^{+0.2}_{0}$ mm 的定位槽，见图 7 - 20(b)。

④从$\phi16$外圆的端面量起，长5 mm处吃刀，向$\phi12$定位槽处移动，车$R40$圆弧面，见图7－20(c)。

⑤从$\phi16$外圆的端面量起，长49 mm处为中心线，在$\phi24$外圆上向左、右方向车$R48$圆弧面，见图7－20(d)。

⑥精车$\phi10_{+0.002}^{+0.035}\times20$至尺寸要求，并包括$\phi16$外圆。

⑦用锉刀、砂布修整抛光(专用样板检查)。

⑧松去顶针，用圆头车刀车$R6$，并切下工件。

⑨调头垫铜皮，夹住$\phi24$外圆校正，用车刀、锉刀和砂布修整抛光，见图7－20(e)。

(3)车三球手柄训练。

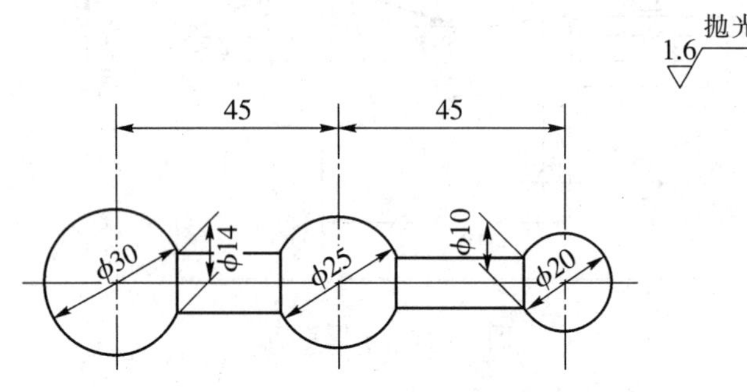

图7－21　车三球手柄

加工步骤

加工三球手柄，一般有两种方法(一夹一顶和两顶针安装加工)。现简述两顶针的加工方法如下。

①车端面、阶台$\phi8\times5$，并钻中心孔$\phi3$，见图7－22(a)。

②调头，车端面、阶台$\phi8\times5$，并控制总长115 mm，见图7－22(b)。

③工件安装在两顶针上，粗车外圆$\phi25_{0}^{+0.1}$，并控制左端大外圆长28.5 mm，续车外圆$\phi20_{0}^{+0.1}$，并控制左端阶台长72 mm，见图7－22(c)。

④切槽$\phi13\times25_{-0.5}^{0}$，并控制小外圆长为19 mm，切槽$\phi14.5\times20_{0}^{+0.5}$，并控制外圆$\phi25_{0}^{+0.1}$的长度为22 mm，以及大外圆长度为28.5 mm，见图7－22(d)。

⑤调头，用两顶针装夹，粗车外圆$\phi30_{0}^{+0.1}$，见图7－22(e)。

⑥车$\phi30$球面至尺寸要求，见图7－22(f)。

⑦调头车$\phi25$球面及$\phi20$球面至尺寸要求，并旋转小拖板1°45′车圆锥体，见图7－22(g)。

⑧用锉刀、纱布修整抛光大、中、小球面及锥体外圆。

⑨用自制夹具或垫铜皮夹住球面，车去$\phi8\times5$(小阶台二只)。并用锉刀、砂布抛光至要求，见图7－22(h)。

⑩检查。

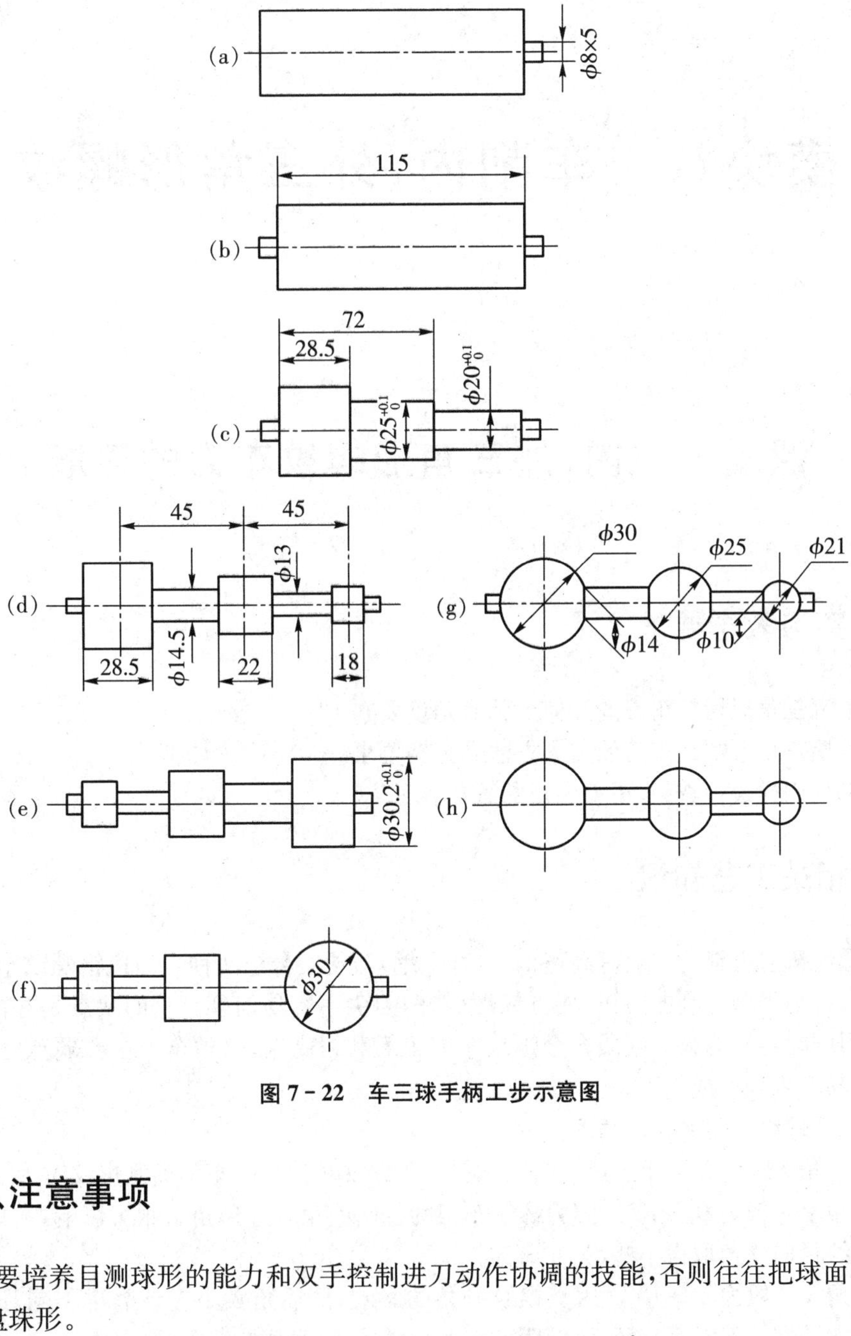

图 7 - 22　车三球手柄工步示意图

四、注意事项

(1)要培养目测球形的能力和双手控制进刀动作协调的技能，否则往往把球面车成橄榄形和算盘珠形。

(2)用锉刀锉削弧形工件时，锉刀的运动要绕弧面进行，见图 7 - 23。

(3)锉削时，为了防止锉屑流入大拖板内，影响床面精度，应垫护床板或护床纸。

(4)锉削时，最好用左手捏锉刀柄进行锉削，这样比较安全。

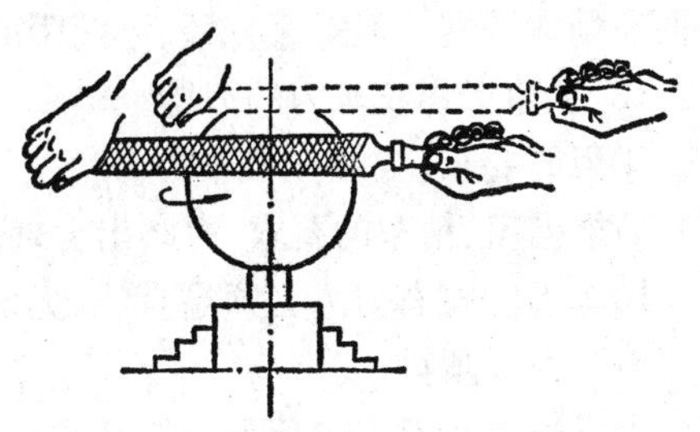

图 7 - 23　滚动锉削球面

模块八　车削内、外三角形螺纹

课题一　内、外三角形螺纹车刀的刃磨

一、实习教学要求

(1)了解三角形螺纹车刀的几何形状和角度要求。

(2)掌握三角形螺纹车刀的刃磨方法和刃磨要求。

(3)掌握用样板检查、修正刀尖角的方法。

二、相关工艺知识

(1)螺纹车刀材料。一般有高速钢(或称白钢)与硬质合金两种。高速钢螺纹车刀，刃磨比较方便，容易得到锋利的刃口，而且韧性较好，刀尖不容易崩裂。它的缺点是在高温下容易磨损，刃磨时容易退火。硬质合金螺纹车刀耐磨和耐高温，这种车刀主要弱点是韧性差，刃磨时容易产生崩裂或崩刃。

(2)三角螺纹车刀的几何角度。

①刀尖角 ε 应该等于牙形角。如果车削普通螺纹时为 60°，车削英制螺纹时为 55°。

②前角 γ 一般为 0°～15°。因为螺纹车刀的径向前角对牙形角有很大影响，所以对于精度高的螺纹径向前角取得小些，为 0°～5°。

③后角 α 一般为 5°～10°。因受螺纹升角的影响，两后角大小应该磨得不同，进刀方向一面应稍大一些。但对大直径、小螺距的三角形螺纹，这种影响可忽略不计。

(3)三角形螺纹车刀的刃磨。

①刃磨要求。

a)根据粗、精车的要求，刃磨出合理的前、后角。粗车刀前角大，后角小，精车刀则相反。

b)车刀的左右刀刃必须是直线，无崩刃。

c)刀头不倾斜。

d)内螺纹车刀刀尖角平分线必须与刀杆垂直。

e)内螺纹车刀后角应适当大些。

②刀尖角的刃磨和检查。由于刀尖角受到牙形角的限制，刀尖面积较小，因此刀尖角刃磨起来就比一般车刀困难。高速钢螺纹车刀刃磨时，磨削过热容易引起刀尖退火；硬质合金螺纹车刀刃磨时刀尖容易爆裂(特别是三角螺纹车刀)。为了克服这些弊病，在刃磨高速钢螺纹车刀时，若感到发热烫手，就必须及时用水冷却；在刃磨硬质合金螺纹车刀时，应注意刃磨顺序，一般是先将刀尖后面适当粗磨，随后再刃磨两侧面。在精磨时，应注意防止压力过大而震碎刀片，同时要防止刀具在刃磨时骤冷骤热而损坏刀片。

为了保证磨出准确的刀尖角，在刃磨时，用螺纹角度样板测量刀尖角，见图 8-1。测量时，把刀尖角与样板贴合，对准光源，仔细观察两边贴合的间隙，并以此为依据进行修磨。

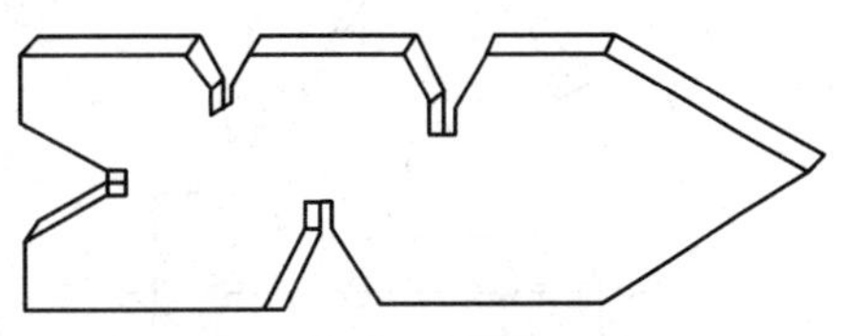

图 8-1　三角形螺纹样板

对于具有径向前角的螺纹车刀可以用一种厚度较厚的特制的螺纹样板来测量刀尖角，见图 8-2。测量时样板应与车刀底面平行，再用透光法检查。这样量出的角度近似等于牙形角。

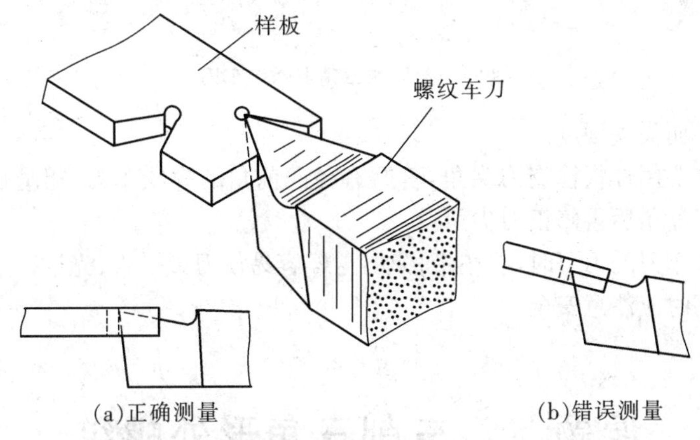

图 8-2　用特制样板测量修正法

三、刃磨三角形螺纹车刀训练(图 8-3)

操作步骤

(1)粗磨主、副后面(刀尖角初步形成)。

(2)粗、精磨前面或前角。

(3)精磨主、副后面，刀尖角用样板检查修正。

(4)车刀刀尖倒棱宽度一般为 0.1×螺距，单位为 mm。

(5)用油石研磨。

四、注意事项

(1)磨刀时，人的站立位置要正确，特别在刃磨整体式内螺纹车刀内侧刀刃时，不小心就会使刀尖角磨歪。

(2)刃磨高速钢车刀时，宜选用 80# 氧化铝砂轮，磨刀时压力应小于一般车刀，并及时蘸

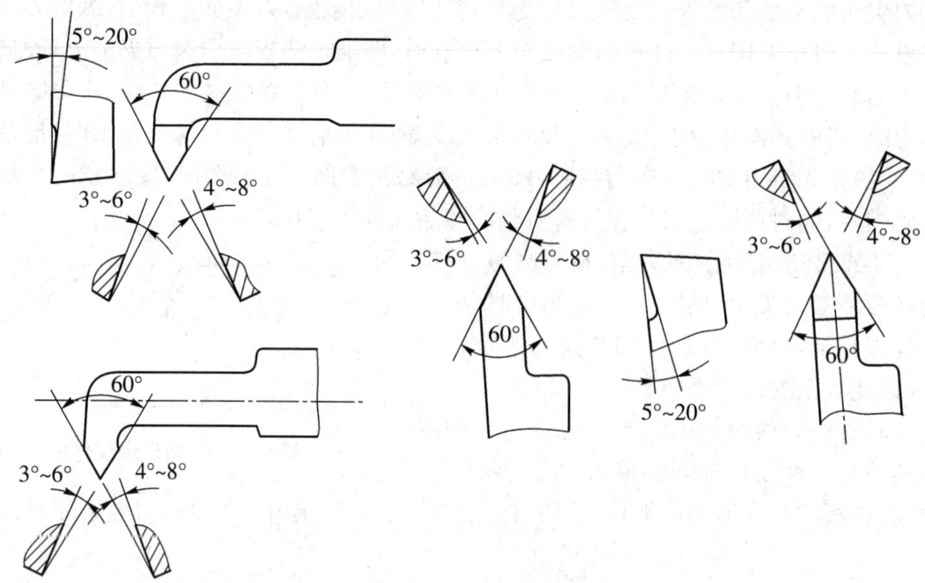

图 8-3　刃磨三角形螺纹车刀

水冷却，以免过热而失去硬度。

(3)粗磨时也要用样板检查刀尖角，若磨有径向前角的螺纹车刀，粗磨后的刀尖角略大于牙形角，待磨好前角后再修正刀尖角。

(4)刃磨螺纹车刀的刀刃时，要稍带移动，这样容易使刀刃平直、光洁。

(5)车刀刃磨时应注意安全。

课题二　车削三角形外螺纹

一、实习教学要求

训练 (1)。

①了解三角形螺纹的作用和技术要求。

②学会查车床走刀箱的铭牌表，能根据工件要求的不同螺距，调整车床手柄位置和配挂轮。

③能根据样板正确地安装车刀。

④掌握运用开合螺母及倒顺车。车削三角形螺纹时，当一次吃刀完毕后，快速把车刀退出，迅速拉开开合螺母，动作协调；左手操纵倒顺车，右手退刀。

⑤掌握用直进法车削三角形螺纹的方法，要求收尾长不超过三分之二圈。

⑥初步掌握中途对刀的方法。

⑦了解车铸铁三角形螺纹时可能产生的问题及防止方法。

⑧熟记第一系列 M6～M24 三角形螺纹的螺距。

训练(2)。

①掌握用左右切削法车削三角形螺纹的方法，要求收尾长不超过二分之一圈。

②掌握用螺纹环规检查三角形螺纹的方法。

③能判断螺纹牙形、底径、牙宽的正确与否并能进行修正，能熟练掌握中途对刀的方法。

④介绍用螺纹千分尺测量检查中径的方法。

⑤合理选择切削用量。

⑥正确使用冷却液，了解车三角形螺纹时可能产生的一般问题及其防止方法。

⑦介绍、示范防止螺纹破头的方法。

训练(3)。

①进一步巩固提高车削三角形外螺纹的方法。

②进一步巩固提高三角形螺纹车刀的刃磨和修正方法。

③进一步掌握好吃刀深度，要求 M16 的三角形螺纹，在 12 刀之内完成，精度符合要求。

④掌握左螺纹的车削方法。

二、相关工艺知识

(1)螺纹车刀的选择和安装。

①螺纹车刀的选择。主要考虑刀具的材料、形状和几何角度三个方面。高速钢车刀用于加工塑性(钢件)材料的螺纹工件；对于大螺距的螺纹和精磨丝杆等工件的加工，一般多采用白钢条刃磨螺纹车刀。硬质合金螺纹车刀适用于加工脆性材料(如铸铁)和高速钢切削塑性工件。粗车径向前角可大些，一般为 10°～15°；精车径向前角应取得较小，为 5°～10°。车刀形状和种类的选择与加工方法和工件形状有关。

②螺纹车刀的安装。车削螺纹时为了保证牙形正确，对安装螺纹车刀提出了严格的要求。

a)装刀时刀尖高度必须对准工件旋转中心(可根据尾座顶针尖高度检查)。

b)车刀刀尖角的中心线必须与工件轴线严格保持垂直，装刀时可用样板来对刀，见图 8-4。如果把车刀装歪，就会产生牙形歪斜，见图 8-5。

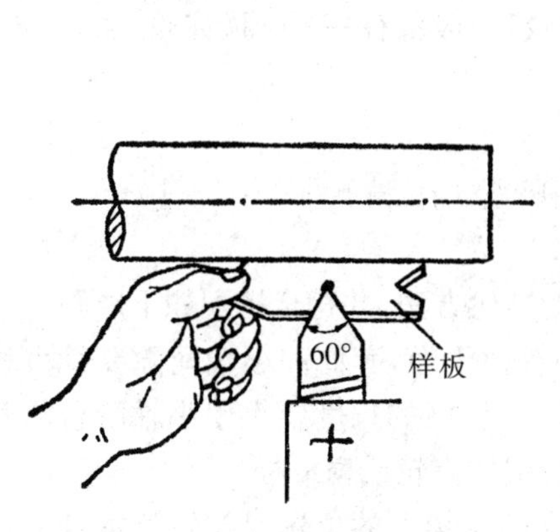

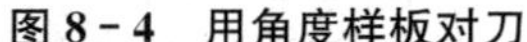
图 8-4　用角度样板对刀

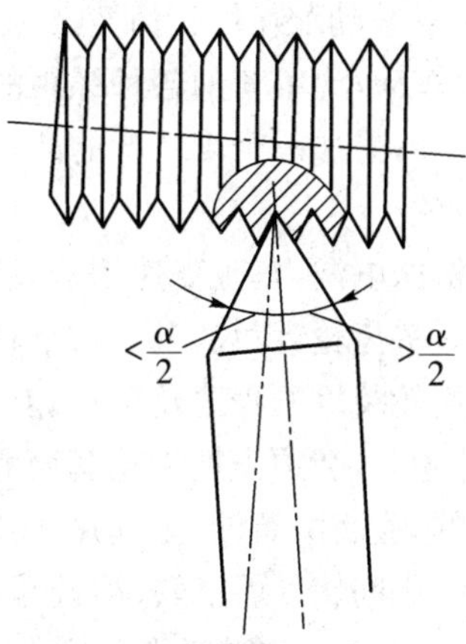

图 8-5　车刀装歪

c)刀头伸出不要过长，一般为 20～25 mm(约为刀杆厚度的 1.5 倍)。

(2)车削螺纹时车床的调整。车螺纹时，当工件每转一周，车刀纵向移动量必须等于待车螺纹的一个螺距，见图 8-6。所以车床主轴和丝杆必须保持一定的传动比。它是通过车床传动系统中的挂轮及进给箱的变速机构来实现的。

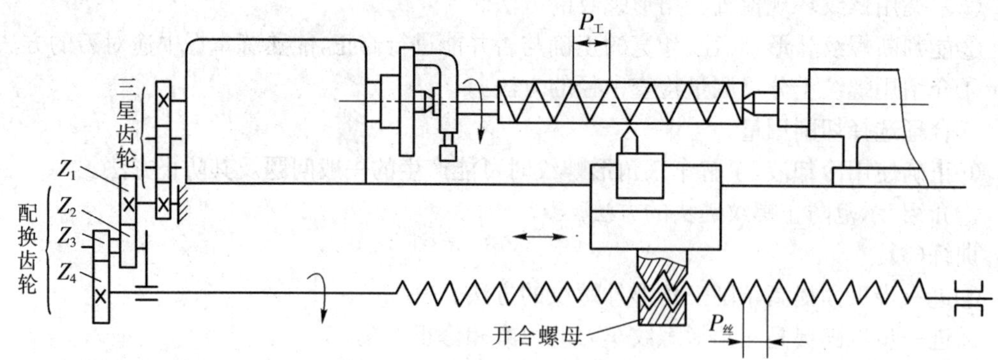

图 8-6　车螺纹的传动系统

①调整挂轮及变换手柄位置。若在有走刀箱车床上车削常用螺距的螺纹，一般不需要计算和配换挂轮，只要按工件螺距在走刀箱铭牌上找到挂轮的齿数和手柄位置，挂上相应的挂轮，并把手柄拨到所需的位置上就可以了。

若在无走刀箱车床上车削，则按螺距计算挂轮。

a)挂轮速比计算方法。

$$i = n_丝 / n_工 = p_工 / P_丝 = Z_1/Z_2 \quad 或 \quad \frac{Z_1}{Z_2} \times \frac{Z_3}{Z_4} \tag{7.1}$$

式中：i——速比；

$n_丝$——丝杆转数；

$n_工$——工件转数；

$p_工$——工件螺距；

$P_丝$——丝杆螺距；

Z_1、Z_2——主动配换齿轮齿数；

Z_3、Z_4——被动配换齿轮齿数。

无走刀箱车床，为了车削各种螺距的螺纹，一般备有一组配换齿轮，从 20 牙开始，每隔 5 牙一个至 120 牙，另加一个 127 牙的齿轮。

b)挂轮方法。

Ⅰ)切断机床电源，车头变速手柄放在中间空挡位置；

Ⅱ)识别有关齿轮，齿数，上、中、下轴；

Ⅲ)了解齿轮装拆的程序及单式、复式的挂轮方法，并符合搭配如下原则。

在搭配挂轮时，必须先把齿轮套筒和小轴擦干净，套筒和小轴间隙要稍大些，并涂上润滑油(有油杯的，应装满黄油，定期用手旋进)。套筒的长度要小于小轴阶台的长度，否则螺母压紧套筒后，中间轮就不能转动，开车时会损坏齿轮或扇形板。

挂轮啮合间隙的调整方法是变动齿轮在挂轮架上的位置及挂轮架本身的位置，使各挂轮的啮合间隙保持在 0.1～0.15 mm；如果太紧，挂轮在转动时会产生很大的噪声并损坏齿轮。

②调整拖板。对大、中、小拖板的配合部分进行检查和调整。调整中、小拖板镶条时，不

能太紧，也不能太松。太紧了，摇动拖板吃力，操作不灵活；太松了，车削时容易产生“扎刀”现象。顺时针方向旋转小拖板手柄，消除小拖板丝杆与螺母的间隙。

(3)车削螺纹时的动作练习。

①选择主轴转速为 200 r/min 左右，开动机床，将主轴倒、顺转数次。然后合上开合螺母，检查丝杆与开合螺母的工作情况是否正常，若有跳动和自动抬闸现象，必须消除。

②空刀练习车螺纹的动作。选螺距 2 mm，长度为 25 mm，转速 165～200 r/min。开动车床练习开合螺母的分合动作，先退刀，后提开合螺母(间隔瞬间)，动作协调。

③试车一次。在外圆上根据螺纹长度，用刀尖对准，开车、横向进刀使车刀与工件轻微接触，车出一条刻线作为螺纹终止退刀标记，见图 8－7。并记住中拖板刻度盘读数，退刀。将大拖板摇至离工件端面 8～10 牙处，横向进刀 0.05 mm 左右，调整刻度盘至“0”位(以便车削螺纹时掌握切削深度)，合下开合螺母，在工件表面上车出一条螺旋线，至螺纹终止线时退出车刀，提起开合螺母(注意螺纹收尾在三分之二圈之内)，用钢尺或螺距规检查螺距(图 8－8)是否正确。

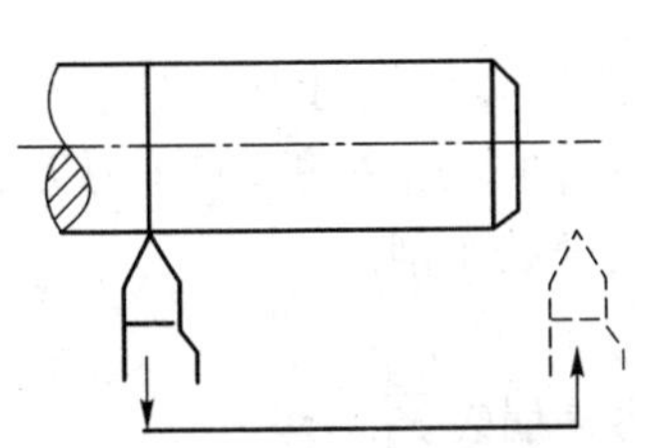

图 8－7　螺纹终止退刀标记

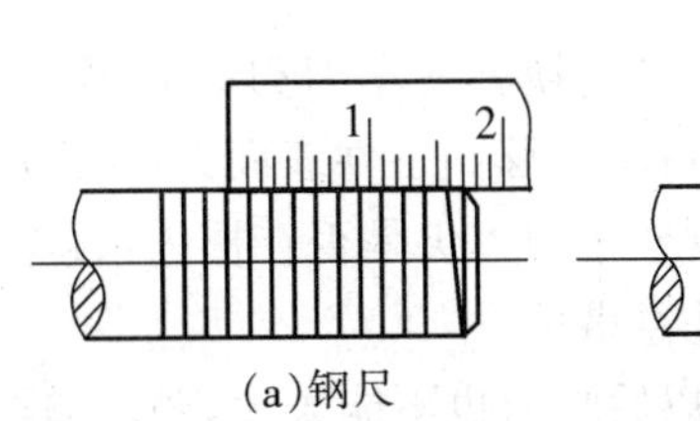

(a)钢尺

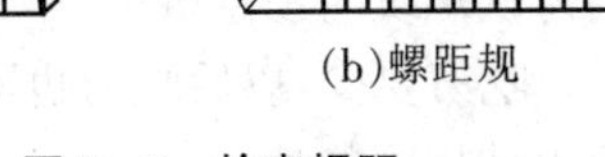

(b)螺距规

图 8－8　检查螺距

(4)车削无退刀槽的铸铁螺纹。要采用迅速退刀，后起开合螺母(或倒车)的协调动作，螺纹收尾在三分之二圈以内。

①车削螺纹前工件的工艺要求。

a)螺纹外径一般应车得比基本尺寸小 0.2～0.4 mm(约 $0.13P$)。保证车好螺纹后牙顶处有 $0.125P$ 的宽度(P 是工件螺距)。

b)在车螺纹以前先用螺纹车刀在工件端面上倒角至螺纹小径或小于螺纹小径。

c)铸铁(脆性材料)工件外圆要求光洁，以免车削螺纹时牙尖崩裂。

②车削铸铁螺纹的车刀。选用 YG6 或 YG8 硬质合金螺纹车刀，前角 $\gamma=0°$，刀尖角 $\varepsilon=60°$(图 8－9)。

③直进法车削。用直进法车削，见图 8－10。车螺纹时，螺纹车刀刀尖及左右两侧刃都参加切削工作。每次吃刀由中拖板作横向进给，随着螺纹深度的加深，吃刀深度相应减少，直至把螺纹车好为止。这种切削方法适用于螺距小于 1.5 mm 和脆性材料的螺纹车削，操作简单，可以得到比较正确的牙形。

$$螺纹深度(吃刀总深度)\approx 0.65P\ \text{mm}$$

例：在 C620－1 的车床上车削螺距为 2 mm 的铸铁螺纹，吃刀总深度应为多少？中拖板应转过几格？

解：螺纹深度$\approx 0.65P \approx 0.65\times 2=1.3$(mm)

CP20—1 中拖板每格 0.05 mm

所以　　$1.3\div 0.05=26$(格)

即中拖板刻度盘从“0”位起开始垂直进刀，约转过 25 格即可车到所要求的螺纹深度。

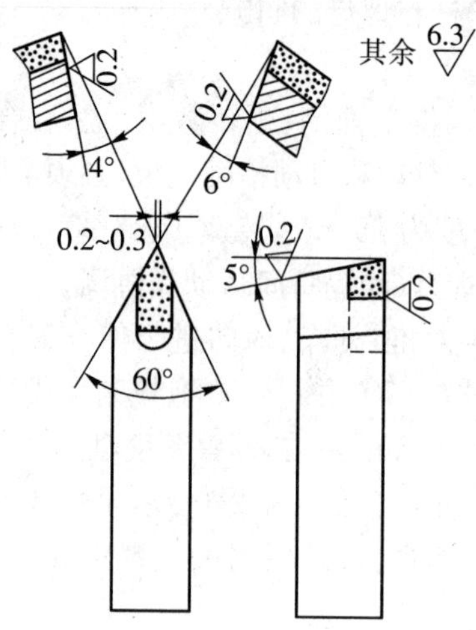

图 8 - 9　铸铁螺纹的粗、精车刀

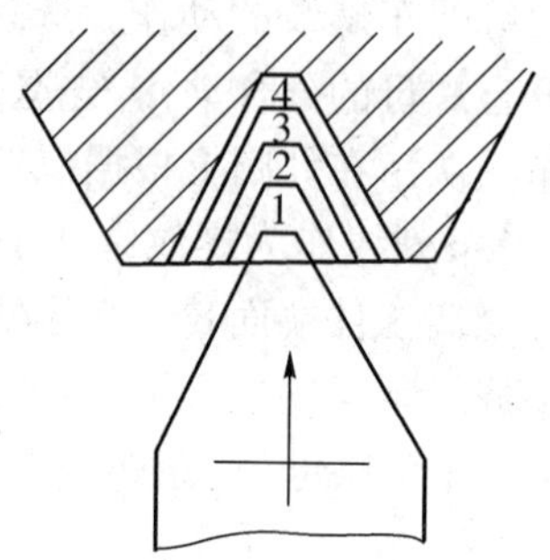

图 8 - 10　直进法

④中途对刀的方法。中途换刀或车刀刃磨后再车第一刀时，必须先对刀。即车刀不切入工件而按下开合螺母，待车刀移到工件表面处，立即停车。摇动中、小拖板，使车刀刀尖对准螺旋槽，然后再开车，观察车刀刀尖是否在槽内，直至对准再开始车削。

⑤车削铸铁螺纹应注意事项。

a)第一刀吃刀要少，以后吃刀也不能太大，要均匀，否则容易崩裂。

b)一般不使用冷却液。

c)一般采用直进法。

d)切削呈碎粒状，要防止飞入眼睛。

e)为了保持刀尖和刀刃锋利。刀尖应倒圆角，后角可磨得大些。

(5)车削无退刀槽的钢件螺纹。当车刀移到螺纹所需长度时迅速退刀，后起开合螺母，螺纹收尾在二分之一圈，见图 8 - 11。

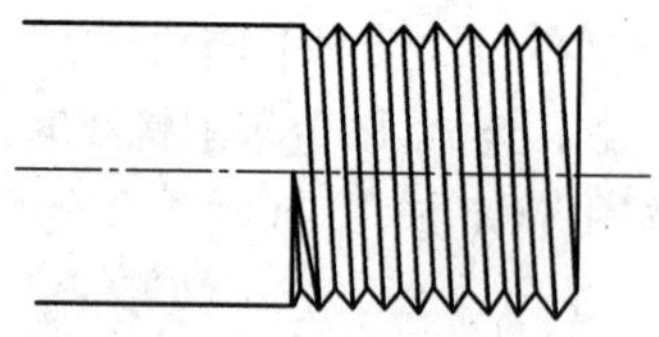

图 8 - 11　螺纹收尾

①车削钢件螺纹的车刀。选用高速钢粗、精车螺纹车刀，见图 8 - 12。当车刀有了径向前角，牙形角就会产生变化，径向前角愈大，牙形角变化也愈大。具有径向前角的刀尖角数值可参考表 8 - 1。

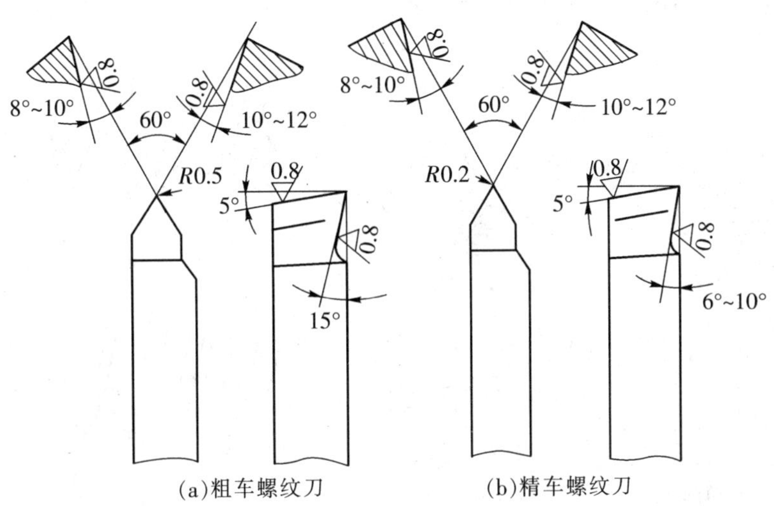

图 8－12　高速钢螺纹车刀

表 8－1　前面上的刀尖角数值

前面上的刀尖角 牙形角 / 径向前角	60°	55°	40°	30°	29°
0°	60°	55°	40°	30°	29°
5°	59°48′	54°48′	39°51′	29°53′	28°53′
10°	59°14′	54°16′	39°26′	29°33′	28°34′
15°	58°18′	53°23′	38°44′	29°1′	28°3′
20°	56°57′	52°8′	37°45′	28°16′	29°19′

②左右切削法或斜进法。左右切削法或斜进法如图 8－13 所示。车螺纹时，除了用中拖板刻度控制螺纹车刀的横向进刀外，同时使用小拖板的刻度使车刀左、右微量进给[图 8－13(a)]。采用左右切削法时，要合理分配切削余量，粗车时可顺走刀一个方向偏移(斜进法)，见图 8－13(b)，一般每边留精车余量 0.2～0.3 mm。精车时，为了使螺纹两侧面都比较光洁，当一侧面车光以后，再将车刀偏移至另侧面车削。两侧面均车光后，将车刀移到中间将牙底部车光或用直进法，以保证牙底和螺纹两侧面较小的粗糙度值。精车时采用低的切削速度($v<6$ m/min)和小的吃刀深度($t<0.05$ mm)。粗车时 v 为 10.2～15 m/min，t 为 0.15～0.3 mm。

这种切削法操作较复杂，偏移的赶刀量要适当。由于车刀用单面切削，所以不容易产生扎刀现象。在车削过程中，可用观察法控制左右进刀量。当排出的切屑很薄时(像锡箔一样，见图 8－14)，车出的螺纹表面粗糙度值一定很小。

③乱扣及其避免的方法。在第一次吃刀完毕以后，第二刀按下开合螺母时，车刀刀尖已不在第一刀的螺旋槽里，而是偏左或偏右，结果将螺纹车乱而报废，这就叫乱扣。即当丝杆转一转，工件不是整数转。可用丝杆螺距除以工件螺距来进行计算，如果能除得整数，就不会乱扣；如果除不尽，会产生乱扣。因此在加工前，应首先确定被加工螺纹的螺距是否乱扣。如果是乱扣的，采用开倒顺车法。即每车一刀以后，立即将车刀横向退出，不提起开合螺母，开倒车使车刀纵向退回到第一刀开始吃刀的位置。然后中拖板进刀，再开顺车走第二刀，这

样反复来回，一直到把螺纹车好为止。

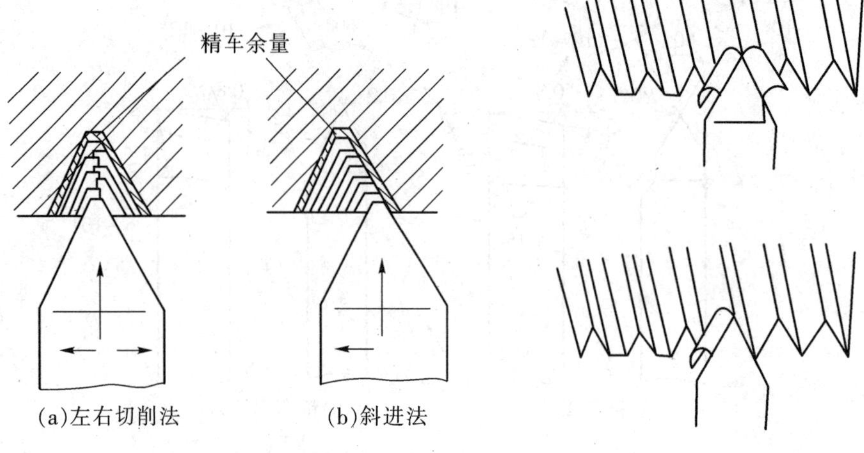

图 8－13 进给方法 **图 8－14 切屑排出情况**

在 C618 车床上车削 M12 的螺纹，其工件螺距 1.75 mm，丝杆螺距为 6 mm，则需采用倒顺车法加工螺纹。

④润滑液。车削时必须加冷却润滑液。粗车用切削油或机油，精车用乳化液。

(6)车削有退刀槽的螺纹。有很多螺纹，由于技术和工艺上的要求，须切退刀槽。退刀槽直径应小于螺纹小径(便于螺母拧过槽)，槽宽等于 2～3 个螺距。螺纹车刀移至退刀槽中即退刀，并提起开合螺母或开倒车。

(7)车削左旋螺纹。

①要正确刃磨左螺纹车刀，使右侧刃后角(进刀方向)稍大于左侧刃后角，左刀刃比右刀刃短一些，牙形半角仍相等。便于进刀时不碰伤左面肩部，也适用于右旋高阶台螺纹车削，见图 8－15。

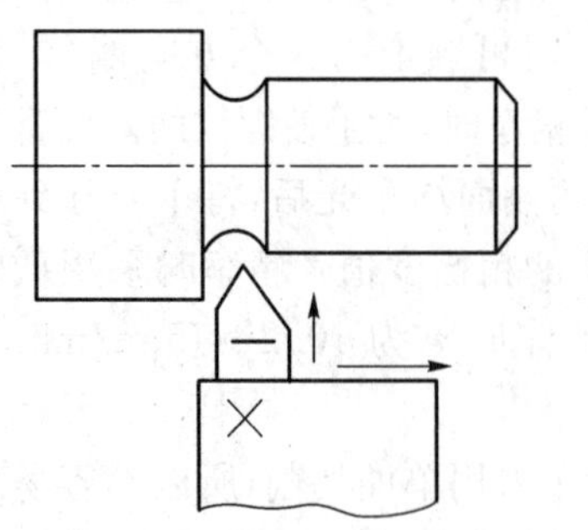

图 8－15 车削高阶台螺纹车刀

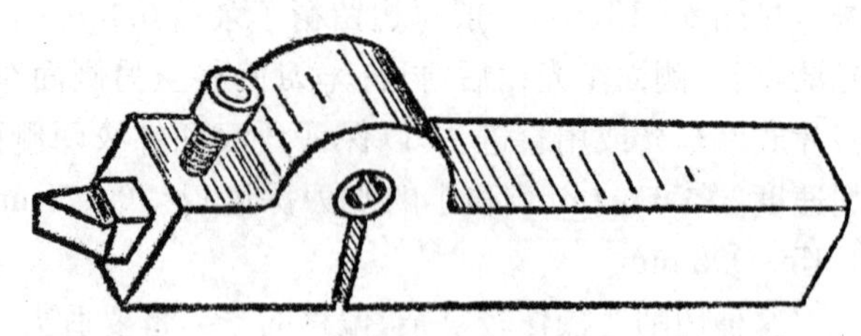

图 8－16 弹性刀杆螺纹车刀

②拨动三星齿轮手柄，变化丝杆旋转方向，主轴顺转，车刀由退刀槽处进刀，从床头向尾座方向走刀车削螺纹。

(8)低速车削螺纹时切削用量的选择。低速车削螺纹时，实际操作中一般都采用弹性刀杆，见图 8－16。这种刀杆的特点是，当切削力超过一定值时，车刀能自动让开，使切屑保持适当的厚度，可避免扎刀现象。

低速车削螺纹时，要合理选择粗、精车切削用量，并要在一定的走刀次数内完成车削。

(9)螺纹的测量和检查。

①大径的测量。螺纹大径的公差较大，一般可用游标卡尺或千分尺测量。

②螺距的测量。螺距一般可用钢尺测量，见图 8－8(a)。因为普通螺纹的螺距一般较小，在测量时，最好量 10 个螺距的长度，然后把长度除以 10，就得出一个螺距的尺寸。如果螺距较大，那么可以量出 2 或 4 个螺距的长度，再计算它的螺距，细牙螺纹的螺距较小，用钢尺测量比较困难，这时可以用螺距规来测量，见图 8－8(b)。测量时把钢片平行轴线方向嵌入牙形中，如果完全符合，则说明被测的螺距是正确的。

③中径的测量。三角形螺纹的中径可用螺纹千分尺来测量，见图 8－17。使用方法跟一般的外径千分尺相似。它有两个可以调换的测量触头，在测量时，两个跟螺纹牙形角相同的触头正好卡在螺纹的牙形面上，所得到的千分尺读数就是该螺纹的中径实际尺寸。

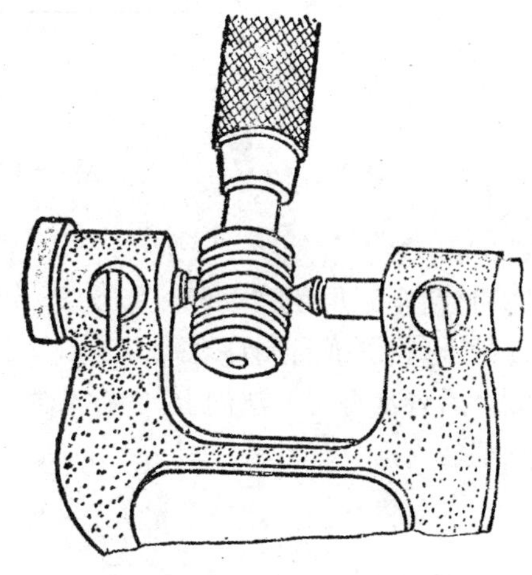

图 8－17　螺纹千分尺及其测量

螺纹千分尺备有一系列不同的螺距和不同的牙形角的测量触头。只需调换测量触头，就可以测量各种不同规格的三角形螺纹中径。

④综合测量。用螺纹环规综合检查三角形外螺纹，见图 8－18。首先应对螺纹的直径、螺距、牙形和粗糙度进行检查，然后再用螺纹环规测量外螺纹的尺寸精度。如果环规通端正好拧进去，而止端拧不进，说明螺纹精度符合要求。对于精度要求不高的也可用标准螺母检查(生产中常用)，以拧上工件时是否顺利和松动的感觉来确定。检查有退刀槽的螺纹时，环规应通过退刀槽与阶台端面靠平。

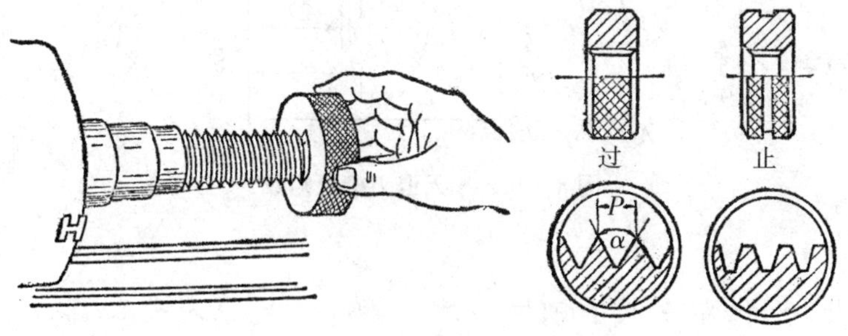

图 8－18　用螺纹环规检查

三、车外螺纹训练(图 8－19、图 8－20、图 8－21)

训练(1)。

加工步骤

①工件伸出 50 mm 左右，校正、夹紧。

②粗、精车外圆 $\phi 60_{-0.28}^{\ 0} \times 35$ 至尺寸要求。

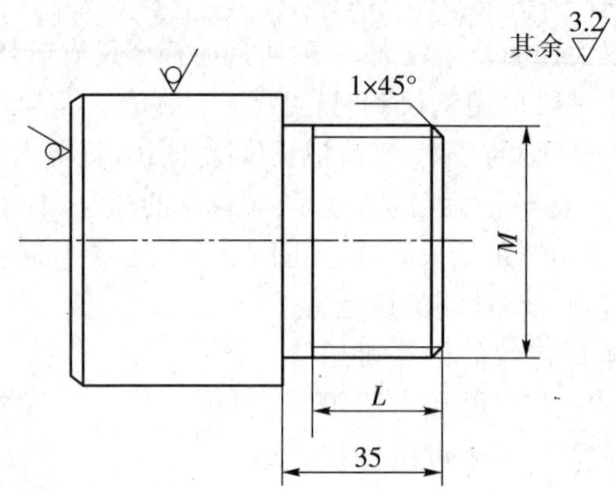

图 8-19　车铸铁外螺纹

③倒角 1×45°。

④粗、精车三角螺纹 M60×2、长 25 mm 至尺寸要求。

⑤检查(目测或自制环规)。

⑥以后各次练习方法同上。

训练(2)。

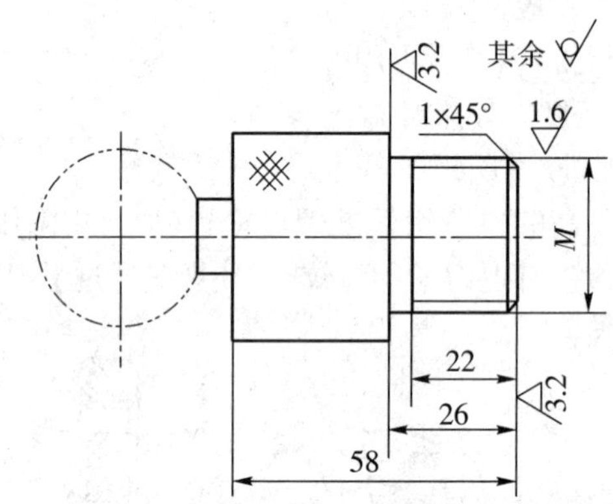

图 8-20　车无退刀槽外螺纹

加工步骤

①工件伸出 40 mm 左右,校正、夹紧。

②粗、精车外圆 $\phi 39_{-0.28}^{\ 0}\times 26$ 至尺寸要求。

③倒角 1×45°。

④粗、精车三角螺纹 M39×2、长 22 mm 符合图样要求。

⑤检查[用目测,训练(3)以后可用环规或准螺母检查]。

⑥以后各次练习方法同上。

训练(3)。

加工步骤

①夹紧滚花外圆 25 mm 左右长,校正、夹紧。

②粗、精车外圆 $\phi 30_{-0.20}^{\ 0}$ 至尺寸要求。

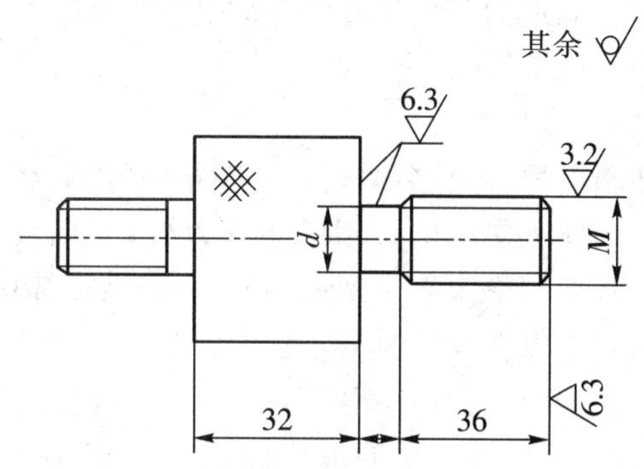

图 8-21　车有退刀槽外螺纹

③割槽(已有)倒角 1×45°。

④粗、精车三角螺纹 M30×2 符合图样要求。

⑤用螺纹环规检查。

⑥以后各次练习方法同上。

四、注意事项

(1)车削螺纹前要检查搭配挂轮的间隙是否适当。把主轴变速手柄放在空挡位置,用手旋转主轴(正、反),是否有过重或空转量过大现象。

(2)由于初学车螺纹,操作不熟练,一般宜采用较低的切削速度,并特别注意在练习操作过程中思想要集中。

(3)在车螺纹之前,先进行退刀和开合螺母的起、合动作练习。

(4)车螺纹前,开合螺母必须闸到位,如感到未闸好,应立即起闸,重新进行。

(5)第一刀车削螺纹时吃刀要少,应先检查螺距是否正确。

(6)车削铸铁螺纹时,吃刀深度不宜过大,否则会使螺纹牙尖爆裂,造成废品。在最后几刀精车时,可用光刀方法把螺纹车光。

(7)车削无退刀槽的螺纹时,特别注意螺纹的收尾最好在二分之一圈左右。要达到这个要求,必须先退刀,后起开合螺母。且每次退刀要均匀一致,否则会撞掉刀尖。

(8)车削螺纹,应始终保持刀刃锋利。如中途换刀或磨刀后,必须对刀,以防破牙,并重新调整中拖板刻度。

(9)粗车螺纹时,要留适当的精车余量。

(10)车削时应防止螺纹小径不清晰、侧面不光整、轮廓线不直等不良现象出现。

(11)车削塑性材料(钢件)时,产生扎刀的原因。

①车刀安装低于工件轴心或车刀伸出太长。

②车刀前角过大,产生径向切削力把车刀拉向切削表面,造成扎刀。

③采用直进法时进给量较大,使刀具接触面积大,排屑困难造成扎刀。

④精车时由于采用润滑较差的乳化液,刀尖磨损严重,产生扎刀。这种扎刀的特点是在牙形表面划出一条一条的划痕。

⑤机床各部分间隙过大,特别是主轴轴承和拖板镶条部分的间隙过大。

(12)使用环规检查时，不能用力过大或用扳手硬拧，以免环规严重磨损或使工件走动。更不能在开动机床时，使用环规检查。

(13)车螺纹时应注意的安全技术。

①搭配挂轮时，必须切断电源、停车后进行。挂轮搭配好后，要安装防护罩。

②必须及时退刀，起开合螺母(或倒车)，否则会使车刀与工件阶台或卡盘撞击而产生事故。

③倒顺车换向不能过快，否则机床将受到瞬时冲击，容易损坏机件。在卡盘与主轴连接处必须安装保险装置，以防因卡盘在反转时从主轴上脱落。

④车螺纹进刀时，必须注意中拖板摇把不要多摇一圈，否则会造成刀尖崩刃或工件损坏。

⑤开车时，不能用棉纱擦工件，否则会使棉纱卷入工件，把手指也一起卷进而造成事故。

(14)由于初学车螺纹，新的操作要领多、要求高、难度大，学习中，要特别仔细观察教师的示范动作，掌握动作技巧，不断完善操作方法。

课题三　在车床上用扳牙套丝

一、实习教学要求

(1)合理选用扳牙。

(2)掌握套丝的方法。

(3)合理选择套丝的转速。

(4)正确使用冷却液。

(5)能分析套丝时产生废品的原因及防止方法。

二、相关工艺知识

一般直径不大于 M16 或螺距小于 2 mm 的螺纹可用扳牙直接套出来；直径小于 M16 的螺纹可粗车螺纹后再套丝。其切削效果以 M8～M12 为最好。由于扳牙是一种成形、多刃的刀具，所以操作简单，生产效率高。

(1)圆扳牙(图 8-22)。圆扳牙大多用合金工具钢制成。扳牙两端的锥角是切削部分，因此正反都可使用。中间具有完整齿深的一段是校准部分，也是套丝时的导向部分。其规格和螺距标注在扳牙端面上。

(2)用扳牙套丝的方法。

①套丝前的工艺要求。

a)先把工件外圆车至比螺纹外径的公称尺寸小 0.2～0.4 mm(按工件螺距和材料塑性大小决定)。

计算套丝圆杆直径的近似公式为

$$d_0 \approx d - (0.13 \sim 0.15)P \qquad (8.2)$$

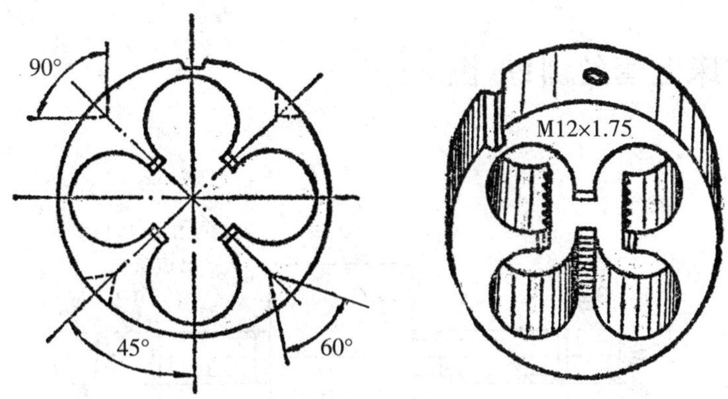

图 8-22　圆扳牙

式中：d_0——圆杆直径，单位为 mm。

d——螺纹大径，单位为 mm。

P——螺距，单位为 mm。

b)外圆车好后，工件的端面必须倒角。倒角要小于或等于 45°，倒角后的端面直径要小于螺纹小径，使扳牙容易切入工件。

c)套丝前必须校正尾座轴线与车床主轴轴线重合，水平方向的偏移量不得大于 0.05 mm。

d)扳牙装入套丝工具或尾座三爪卡盘时，必须使其端面与主轴轴线垂直。

②套丝方法

a)用套丝工具进行套丝(图 8-23)。把套丝工具体的锥柄部分装在尾座套筒锥孔内，圆扳牙装入滑动套筒内，使螺钉对准扳牙上的锥坑后拧紧。将尾座移到离工件一定距离处(约 20 mm)紧固，转动尾座手轮，使圆扳牙靠近工件端面，然后开动车床和冷却泵或加冷却润滑液。转动尾座手轮使圆扳牙切入工件，这时停止手轮转动，由滑动套筒在工具体内自动轴向进给。当扳牙进到所需要的距离时，立即停车，然后开倒车，使工件反转，退出扳牙。销钉用来防止滑动套筒在切削时转动。

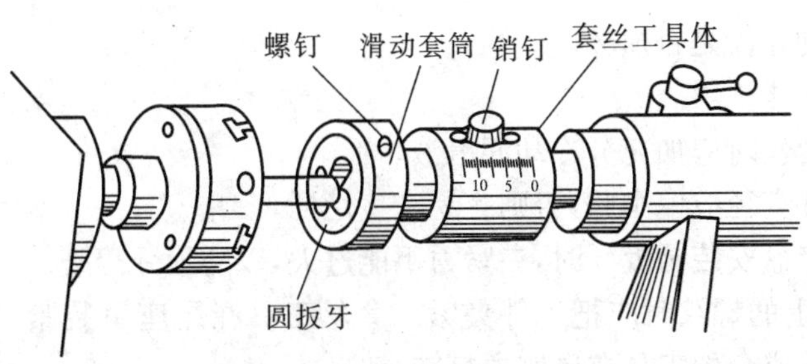

图 8-23　圆扳牙套丝工具

b)在尾座上用 100 mm 以下的三爪卡盘装夹扳牙，套丝方法与上相同。但不能固定尾座，要调节好尾座与大拖板的距离，使其大于工件螺纹长度。小于 M6 的螺纹不宜用此法，因尾座的质量会使螺纹烂牙。

(3)套丝时切削速度的选择。钢件：3～4 m/min，铸铁：2.5 m/min，黄铜：6～9 m/min。

(4)冷却润滑液的使用。切削钢件，一般用硫化切削油或机油和乳化液。切削低碳钢或

40Cr 钢等较韧的材料可用工业植物油。切削铸铁可加煤油或不加。

三、在车床上套丝训练(图 8-24)

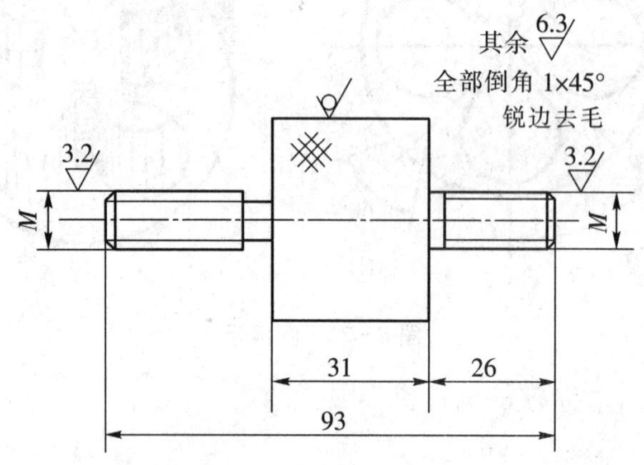

图 8-24　在车床上套丝

加工步骤

①夹住滚花处外圆 25 mm 长。

②粗、精车外圆 $\phi 10_{-0.18}^{\ 0}\times 26$ 或 $\phi 8_{-0.18}^{\ 0}\times 26$。

③倒角 1×45°。

④用 M8 或 M10 的扳牙套丝。

⑤调头粗、精车外圆 $\phi 10_{-0.18}^{\ 0}\times 36$ 或 $\phi 8_{-0.18}^{\ 0}\times 36$(控制中间厚 31 mm),倒角 1×45°。

⑥用 M8 或 M10 的扳牙套丝。

⑦检查。

四、注意事项

(1)检查扳牙的牙齿是否损坏。

(2)扳牙安装不能歪斜。

(3)塑性材料套丝时应加充分冷却润滑液。

(4)套丝时工件直径应偏小些,否则容易产生烂牙。

(5)用小三爪卡盘安装圆扳牙时,夹紧力不能过大,以防扳牙碎裂。

(6)套 M12 以上的螺纹时应把工件夹紧。套丝工具在尾座里装紧,以防套丝时切削力矩大引起工件走动,或套丝工具在尾座内打转。

课题四　在车床上用丝锥攻丝

一、实习教学要求

(1)合理选择丝锥(丝攻)。

(2)了解攻丝时计算螺纹孔径的方法。

(3)掌握攻丝的方法。

(4)合理选择攻丝时的转速和冷却润滑液。

(5)攻丝时可能产生的问题及其防止方法。

二、相关工艺知识

丝锥也叫螺丝攻,用高速钢制成,是加工内螺纹的标准工具;也是一种成形、多刃切削工具。直径或螺距较小的内螺纹可以用丝锥直接攻出来。它有手用丝锥和机用丝锥两种。

(1)丝锥,见图 8－25。

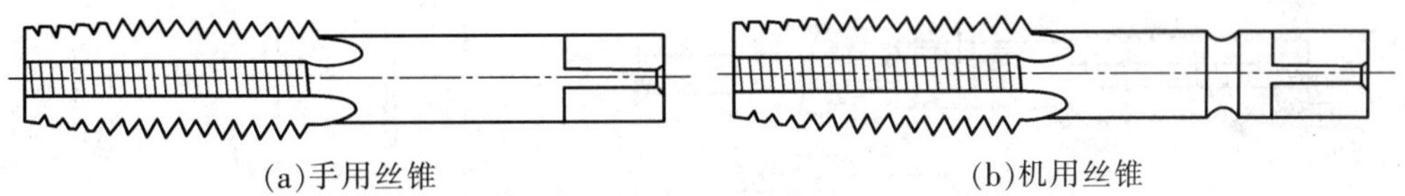

(a)手用丝锥　　(b)机用丝锥

图 8－25　丝锥

①手用丝锥见图 8－25(a)。通常有两只一套(M6～M24)和三只一套(M6 以下和 M24 以上)。俗称头攻、二攻、三攻。在攻丝时为了依次使用丝锥,可根据在切削部分磨去齿的不同数量来区别:如头攻磨去五到七牙,二攻磨去三到五牙,三攻差不多没有磨去。丝锥的规格和螺距刻在柄部上。

②机用丝锥见图 8－25(b)。一般在车床上加工螺纹用的是机用丝锥,它与手用丝锥形状相似,只是在柄部多一条环形槽,用以防止丝锥从攻丝工具内脱落。

(2)攻丝前的工艺要求。

①攻丝前孔径的确定。攻螺纹时孔的直径必须比螺纹的小径稍大一点,这是为了要减小切削力和避免丝锥断裂所必须的。攻丝时的孔径要根据材料的性质来决定。在实际操作中,普通螺纹攻丝前的钻孔直径可按下列近似攻丝计算。

加工钢及塑性材料时:　$D_{孔} \approx D - P(\mathrm{mm})$　(8.3)

加工铸铁及脆性材料时:　$D_{孔} \approx D - 1.05P(\mathrm{mm})$　(8.4)

式中:$D_{孔}$——攻丝前的钻孔直径,单位为 mm;

D——螺纹外径,单位为 mm;

P——螺距,单位为 mm。

例：要攻制 M10、M12、M16 的内螺纹，要选用多大的钻头钻孔？

解：材料：45 钢，应用公式(7.3)

M10　$D_{孔} \approx D - P \approx 10 - 1.5 \approx 8.5$(mm)

M12　$D_{孔} \approx D - P \approx 12 - 1.75 \approx 10.25$(mm)

M16　$D_{孔} \approx D - P \approx 16 - 2 \approx 14$(mm)

分别选用$\phi 8.5$、$\phi 10.2$、$\phi 14$ 钻头钻孔。

②攻制盲孔螺纹的钻孔深度计算。攻不通孔螺纹时，由于切削刃部分不能攻制出完整的螺纹，所以钻孔深度至少要等于需要的螺纹深度加上丝锥切削刃的长度；这段长度约等于螺纹外径的 0.7 倍。即：

钻孔深度≈需要的螺纹深度$+0.7D$(mm)

③孔口倒角。用 60°锪孔钻在孔口倒角，其直径要大于螺纹大径尺寸。孔口倒角也可直接用车刀车出。

(3)攻丝方法。在车床上攻丝，先校正尾座轴线与主轴轴线重合。攻小于 M16 的内螺纹，先进行钻孔、倒角后直接用丝攻攻出，一次成形。如攻螺距较大的三角内螺纹，可钻孔后先用内螺纹车刀进行粗车螺纹，再用丝锥攻丝；也可以采用分锥切削法，即先用头攻、二攻和三攻分三次切削。

①用攻丝工具进行攻丝，见图 8－26。

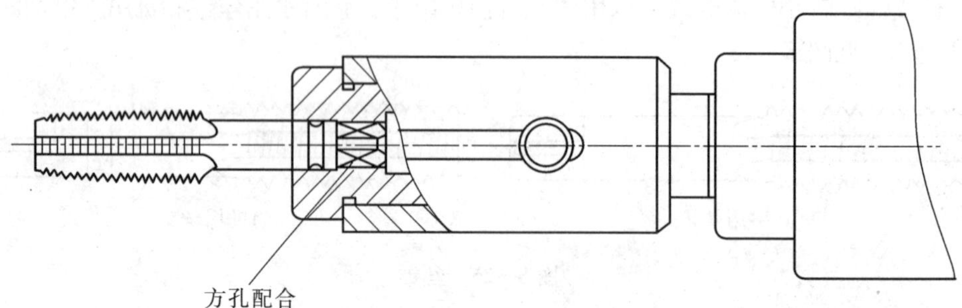

图 8－26　车床攻丝工具

把攻丝工具装在尾座锥孔内，同时把机用丝锥装进攻丝工具方孔中，移动尾座向工件靠近并固定，然后开车，并转动尾座手轮使丝锥头部几个牙进入螺孔里。根据工件的攻丝长度，在攻丝工具或在尾座套筒上做好标志。开车攻丝时，要转动尾座手轮，使套筒跟着丝锥前进。当丝锥已吃进几个牙时，手轮可停止转动，让攻丝工具自动跟随丝锥前进直到需要的尺寸，然后开倒车退出丝锥即可。

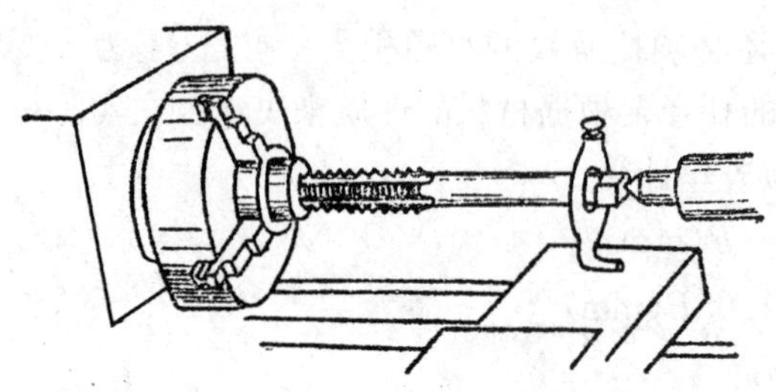

图 8－27　用鸡心夹头和顶针攻丝的方法

② 用鸡心夹头(或扳手)和尾座顶针攻丝的方法，见图 8－27。

如果没有攻丝工具，通常采用此法进行攻丝。把丝锥切削部分伸进工件的孔中，而柄部的中心孔用后顶针顶住，固定尾座。为了不使丝锥转动，在它的方榫上夹一个鸡心夹头(或扳手)，鸡心夹的下端支在刀架的平台上。在攻螺纹的头几个牙时，必须仔细，并且均匀地转动尾座手轮；使后顶针压住丝锥。当丝锥切入工件的孔后，就可靠工件的转动，使丝锥自己旋入而向前推进。因此，那时后顶针的移动，只是为了用顶针把丝锥的柄部支撑住，使丝锥对准孔的轴心线。这时绝不能紧压丝锥，否则螺纹会损坏。采用这种攻丝方法时，要小心，避免发生事故。

(4)攻丝时切削速度的选择。钢件：选 3～15 m/min，铸铁、青铜：选 6～24 m/min。

(5)冷却润滑液的使用和套丝相同。

三、车床攻丝训练(图 8-28)

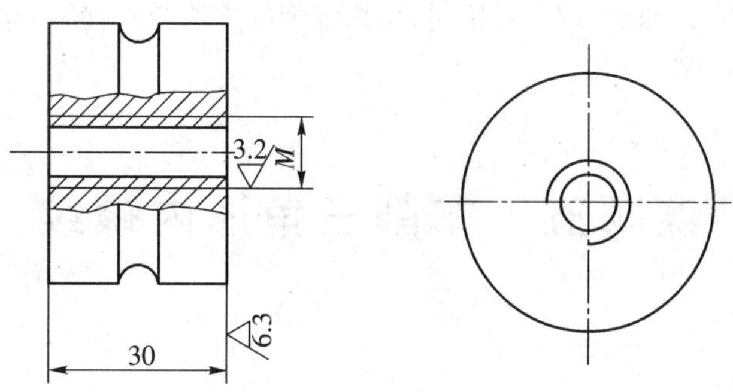

图 8-28　在车床上攻丝

加工步骤

①夹住外圆车端面(车出即可)。

②用中心钻钻定位孔。

③用ϕ8.5 通孔，或钻ϕ10.25 通孔，或钻ϕ14 通孔。

④攻丝 M10 或 M12 或 M16。

⑤螺孔口两端倒角。

⑥检查。

四、注意事项

(1)选用丝锥时，要检查丝锥牙齿是否损坏。

(2)装夹丝锥时，应防止歪斜。

(3)攻丝时应充分加注冷却润滑液。

(4)用鸡心夹或扳手攻丝时，尾座顶尖必须保持和丝锥顶针孔接触，左手控制好倒顺车手柄，右手掌握好尾座手轮，思想集中，以防发生安全事故。

(5)攻盲孔螺纹时，必须在攻丝工具上标记好螺纹长度尺寸，以防折断丝锥。

(6)在用一套丝锥攻螺纹时，一定要按正确的顺序使用它。在用下一个丝锥以前必须要清除孔中切屑。在盲孔中攻丝时，这一点尤其要注意。

(7)攻丝时最好采用有浮动装置的攻丝工具。

(8)丝锥折断原因和取出方法。

①折断原因。

a)攻丝前的底孔直径太小,造成丝锥切削阻力大。

b)丝锥轴线与工件孔径轴线不同轴,造成切削阻力不均匀,单边受力太大。

c)工件材料硬而黏,且没有很好润滑。

d)在盲孔中攻丝时,由于未测量孔的深度,或未在尾座上做记号,以致丝锥碰着孔底而造成折断。

②取出办法。

a)当孔外有折断丝锥的露出部分时,可用尖嘴钳夹住伸出部分反拧,或用冲子反方向冲出来。

b)当丝锥折断部分在孔内时,可用三根钢丝插入丝锥槽中反向旋转取出。

c)用上述两种方法均难以取出丝锥时,可用气焊的方法,在折断的丝锥上堆焊一个弯曲成90°的杆,然后转动弯杆拧出。

课题五　车削三角形内螺纹

一、实习教学要求

训练(1)。

①掌握内三角形螺纹孔径的计算方法。

②掌握用直进法车削内三角形螺纹的方法。

③练习左旋内螺纹的车削方法。

④掌握内三角形螺纹车刀的刃磨和修正方法。

训练(2)。

①掌握赶刀法(借刀法)车削内三角形螺纹的方法。

②合理选择切削用量和冷却液的使用。

③用螺纹塞规检查内螺纹的方法。

④掌握内螺纹车刀的修磨及对刀方法。

训练(3)。

①车削内三角形螺纹时,掌握刀头、刀杆的选用。

②掌握车削有退刀槽的内螺纹的退刀方法。

③懂得车削内三角形螺纹时,容易产生的弊病及其预防方法。

④巩固、提高刃磨和修正内三角形螺纹车刀的技能。

⑤提高车削内三角形螺纹的熟练程度。

训练(4)。

①巩固提高车内三角形螺纹的技能技巧。

②能独立完成内螺纹的车削工作。

③对加工过程中出现的某些弊病,给予一定的分析判断并能提出解决问题的方法。

④进一步掌握合理选择切削用量,M27×2 及 M30×2 要求在 15 刀左右完成,精度达到

图样要求。

二、相关工艺知识

三角形内螺纹工件形状常见的有三种，即通孔、不通孔和阶台孔，见图 8－29。其中通孔内螺纹容易加工。在加工内螺纹时，由于车削的方法和工件形状的不同，因此所选用的螺纹车刀也不同。目前，工厂最常用的内螺纹车刀见图 8－30。

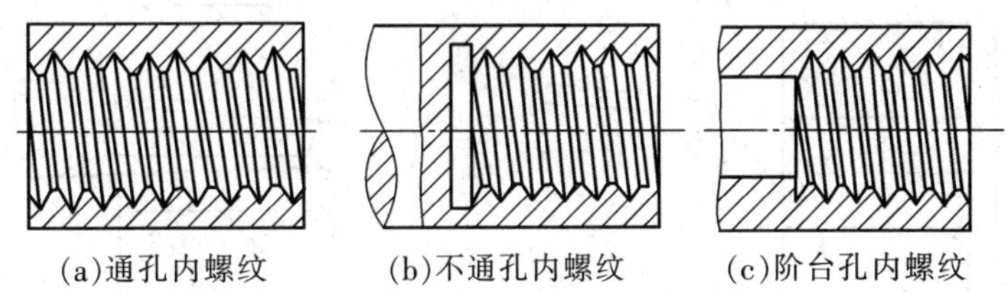

(a)通孔内螺纹　(b)不通孔内螺纹　(c)阶台孔内螺纹

图 8－29　内螺纹工件形状

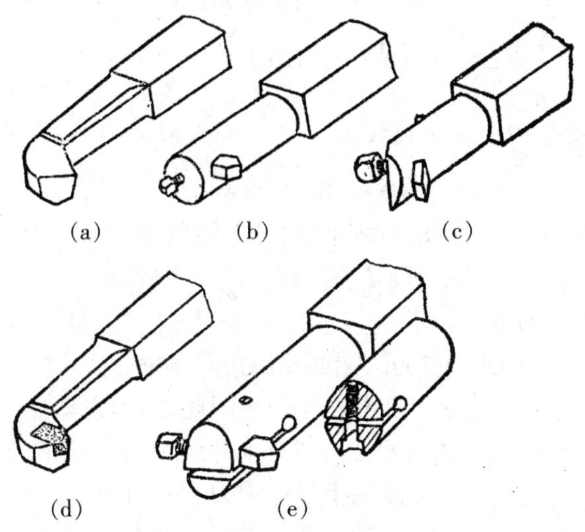

(a)　(b)　(c)　(d)　(e)

图 8－30　各种内螺纹车刀

(1)内螺纹车刀的选择和安装。

①内螺纹车刀的选择。内螺纹车刀是根据它的车削方法和工件材料及形状来选择的，它的尺寸大小受到内螺纹孔径尺寸限制。一般内螺纹车刀的刀头径向长度应比孔径小 3～5 mm，否则退刀时要碰伤牙顶，甚至不能车削。刀杆的大小在保证排屑前提下，要粗壮些。

②车刀的安装。内螺纹车刀的刃磨方法与外螺纹车刀基本相同。但是刃磨刀尖角时，要特别注意它的平分线必须与刀杆垂直，否则车削时会出现刀杆碰伤工件内孔的现象，见图 8－31，刀尖宽度应符合要求，一般为 $0.1P$ 螺距(mm)。

在装刀时，必须严格按照样板校正刀尖角，见图 8－32(a)。否则车削后会出现困牙现象。装好后，应在孔内摇动大拖板至终点检查是否碰撞，见图 8－32(b)。

(2)车削三角形内螺纹孔径的确定。在车削内螺纹时，首先要钻孔或扩孔和镗孔，对于内螺纹小径尺寸，图样上往往不注明。一般可采用下面公式计算：

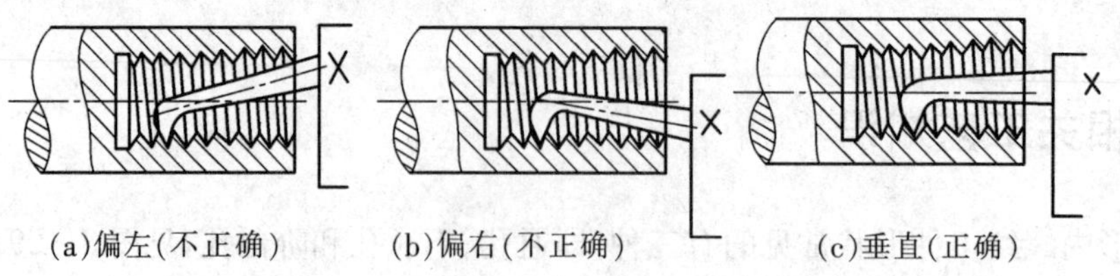
(a)偏左(不正确)　(b)偏右(不正确)　(c)垂直(正确)

图 8-31　车刀刀尖角与刀杆位置关系

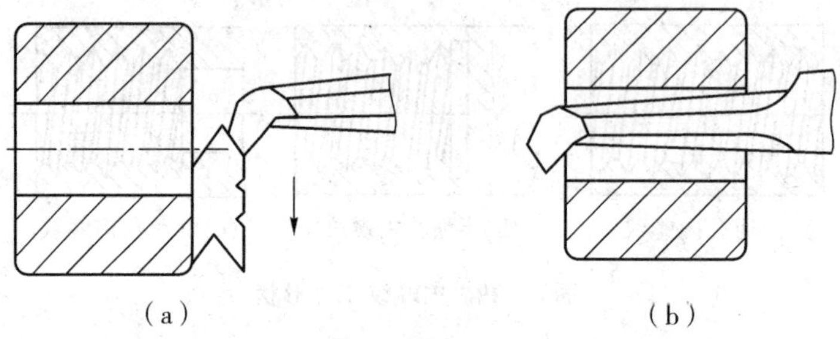
(a)　(b)

图 8-32　安装内螺纹车刀

$$D^{\delta}_{\text{孔}0} \approx (d-1.0826P)^{+\text{小径公差}}_{0}\ (\text{mm}) \tag{8.5}$$

小径公差 δ 可查表得到。

例：车 M45×2 的内螺纹，求内径尺寸。

解：$D^{\delta}_{\text{孔}0} \approx (d-1.0826P)^{+\text{小径公差}}_{0} = 42.83^{+0.30}_{0}$ (mm)

对于精度要求不高的内螺纹孔，可用下面公式计算：

$$D^{\delta}_{\text{孔}0} \approx (d-1.1P)^{+(0.2-0.4)}_{0}\ (\text{mm}) \tag{8.6}$$

(3)车削通孔内螺纹的方法。

①车削内螺纹前，先把工件的内孔、端面及倒角等车好。

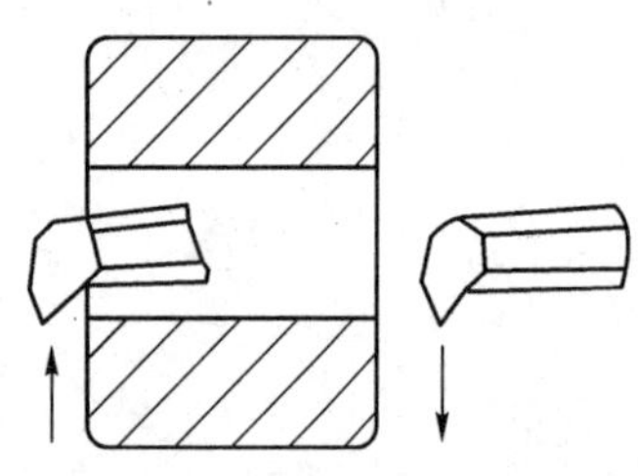

图 8-33　吃刀、退刀方向

②开车空刀练习吃刀、退刀动作。车削内螺纹时的吃刀和退刀方向与车削外螺纹相反，见图 8-33。练习时，需在拖板刻度圈上做好退刀和吃刀记号。

③进刀切削方式与外螺纹相同。螺距小于 1.5 mm 或铸铁螺纹采用直进法，螺距大于 2 mm 采用左右切削法。为了改善刀杆受切削力的变形，它的大部分切削余量应先在尾座方向切削掉，后车另一面，最后车清螺纹底径。车削内螺纹时，目测困难，一般根据观察排屑情况进行左、右借刀切削，并判断螺纹的表面粗糙度。

(4)车削盲孔或阶台孔内螺纹。

①切退刀槽，它的直径应大于内螺纹大径，槽宽为 2～3 螺距，并与阶台端面切平。

②选择图 8-30(a)、(c)类形状车刀。

③根据螺纹长度加上二分之一槽宽在刀杆上做好记号，作为退刀、开合螺母起闸之用。

④车削时，中拖板手柄的退刀和开合螺母起闸(或开倒车)的动作要迅速、准确、协调，保证刀尖到槽中退刀。

(5)切削用量和冷却液选择。与车削三角形外螺纹相同。

三、车内螺纹训练(图 8-34、图 8-35、图 8-36、图 8-37)

(1)车削铸铁内三角形螺纹训练。

加工步骤

①夹住外圆,校正端面。

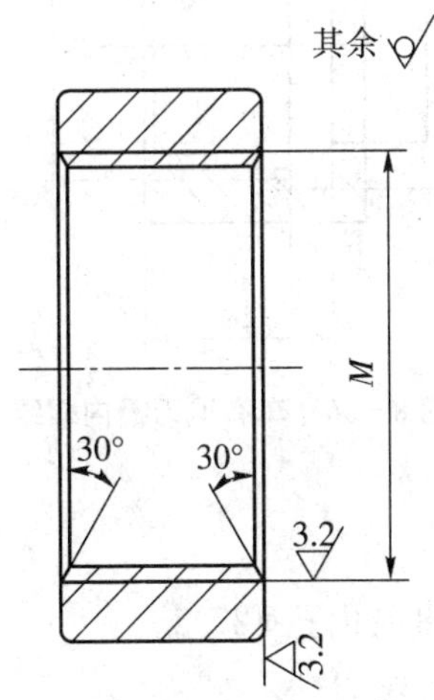

图 8-34　车削铸铁内三角形螺纹

②粗、精镗内孔$\phi 42.8^{+0.30}_{0}$。

③两端孔口倒角 30°,宽 1 mm。

④粗、精车 M45×2 内螺纹,达到图样要求。

⑤以后各次练习,计算孔径,方法同上。

(2)车内螺纹训练。

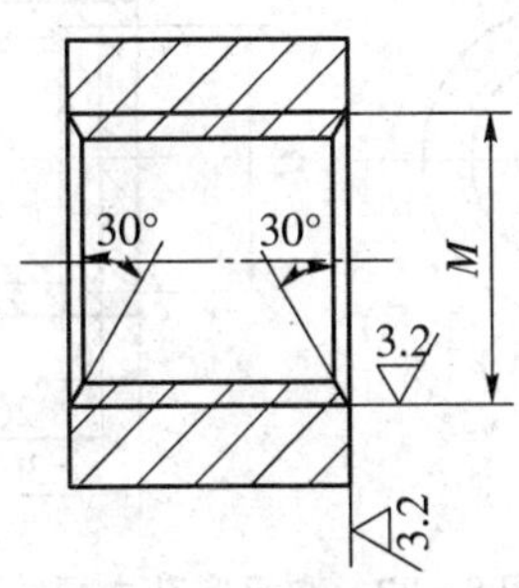

图 8-35　车内螺纹

加工步骤

①夹住外圆,校正端面。

②粗、精镗内孔$\phi 17.28^{+0.35}_{0}$或$\phi 20.74^{+0.35}_{0}$或$\phi 24.82^{+0.45}_{0}$。

③两端孔口倒角 30°,宽 1 mm。

④粗、精车内三角螺纹 M20 或 M24 或 M27×2,达到图样要求。

⑤检查。

(3)车有退刀槽内螺纹训练。

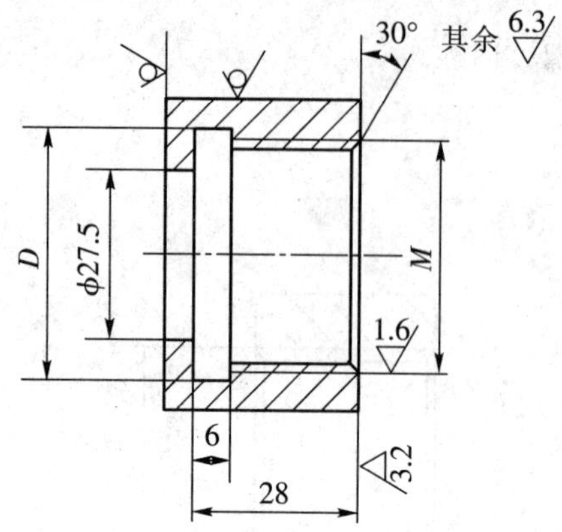

图 8-36　车有退刀槽内螺纹

加工步骤

①夹住外圆，校正端面。

②粗、精镗内孔ϕ$27.8^{+0.30}_{0}$×28 及内孔ϕ27.5。

③切内槽(控制长 28)。

④两端孔口倒角 30°，宽 1 mm。

⑤车 M30×2 内三角螺纹达到图样要求。

⑥检查。

⑦以后各次练习方法同上。

(4)车平底孔内螺纹训练。

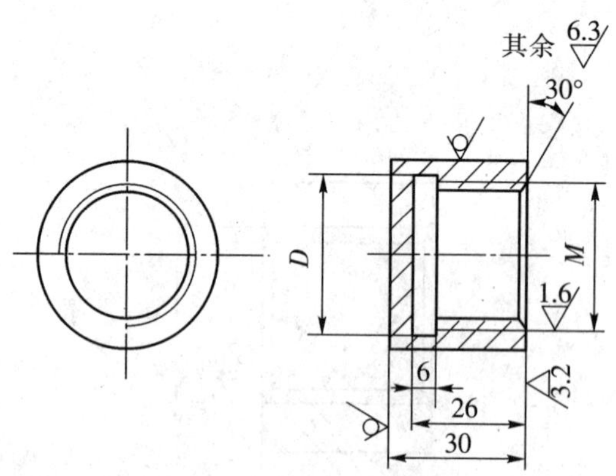

图 8-37　车平底孔内螺纹

加工步骤

①夹住滚花外圆，切出两端 M8 螺纹。

②车端面，钻孔ϕ16×26(包括钻尖)。

③粗、精镗内孔及底平面至尺寸要求ϕ$17.28^{+0.35}_{0}$×26。

④切槽，控制长 26 mm。

⑤孔口倒角 30°,宽 1 mm。

⑥车 M20 内三角螺纹,达到图样要求。

⑦检查。

⑧以后各次练习方法同上。

四、注意事项

(1)内螺纹车刀的两刀刃要刃磨平直,否则会使车出的螺纹牙形侧面相应不直,影响螺纹精度。

(2)车刀的刀头宽度不能太窄,否则虽然螺纹已车到规定深度,但牙槽宽尚未达到要求尺寸。

(3)由于车刀刃磨不正确或由于装刀歪斜,会出现车出的内螺纹一面正好用塞规拧进,另一面则拧不进或配合过松现象。

(4)车刀刀尖一定要对准工件中心,不能偏高或偏低,见图 8-38。如果车刀装得高[图 8-38(b)],它的后角就会增大,前角会减小,这时车刀的刀刃不是在切削,而是在刮削,引起振动,使工件表面产生鱼鳞斑现象。如果车刀装得低[图 8-38(c)],它的后角减小,刀头下部就会与工件发生摩擦,车刀吃不进去。

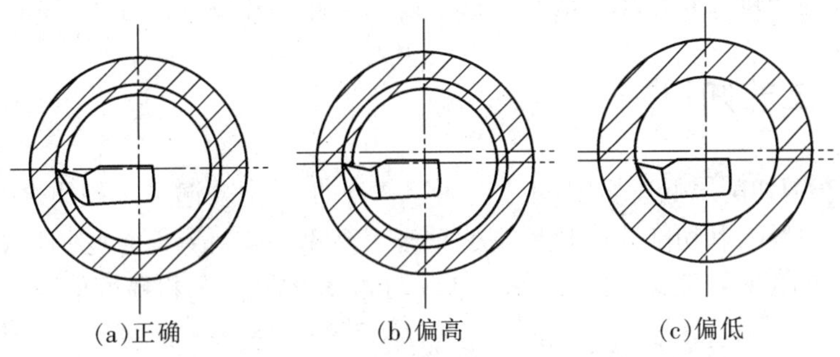

图 8-38　车刀安装高低对车削的影响

(5)内螺纹车刀刀杆不能选择得太细,否则,由于切削力的作用,引起振颤和变形,出现"扎刀""啃刀""让刀"和发出不正常声音及振纹等现象。

(6)装刀时,要用角度样板对准,以防牙形不正。

(7)小拖板宜调整得紧些,以防车刀走动乱扣。

(8)中途换刀或磨刀后,必须对刀,以防破牙。

(9)车内螺纹目测困难(右侧),要仔细观察排屑情况,判断车削是否正常。

(10)加工盲孔的内螺纹,可以在刀杆上做记号或用薄铁皮做标记,或用大拖板刻度盘的刻线等来控制退刀,避免车刀碰撞工件而报废。

(11)借刀量不宜过多,以防精车时没有余量。

(12)车削内螺纹时,如发现车刀有碰撞现象,应及时对刀,以防车刀走动而损坏牙形。

(13)精车螺纹刀应保持锋利,否则容易产生"扎刀"现象。

(14)对于因"让刀"现象所产生的螺纹锥形误差(检查时,只能在进口处拧进几牙),不能盲目地加深车削深度,否则不仅不能减少锥形误差,而且会影响螺纹的配合精度。这时必须采用光刀的方法,也就是使车刀在原来的吃刀深度位置,反复车削,逐步消除锥形误差,直至全部拧进为止。

(15)当车削的内螺纹要与已车好的外螺纹配合时,要求螺纹能全部拧进,感觉松紧适当。

(16)用螺纹塞规检查,应过端全部拧进,止端拧不进。检查不通孔螺纹过端拧进的长度应达到图样要求的长度,车有退刀槽的内螺纹需加退刀槽宽度。

(17)车削内螺纹过程中,当工件在旋转时,不可用手摸,更不能用棉纱去擦,以防造成事故。

课题六　高速车削三角形外螺纹

一、实习教学要求

(1)掌握硬质合金三角形螺纹车刀的角度以及刃磨要求。

(2)掌握高速车削三角形螺纹的方法。

(3)能较合理地选择切削用量。

(4)掌握高速车削三角形螺纹的安全技术。

二、相关工艺知识

用高速钢车刀切削属低速切削,生产效率不高。工厂中普遍采用硬质合金螺纹车刀进行高速切削钢件螺纹,其切削速度比用高速钢车刀高15～20倍,而且吃刀次数可以减少三分之二以上,生产效率就可大大提高,并且螺纹两侧表面质量好,粗糙度值小。

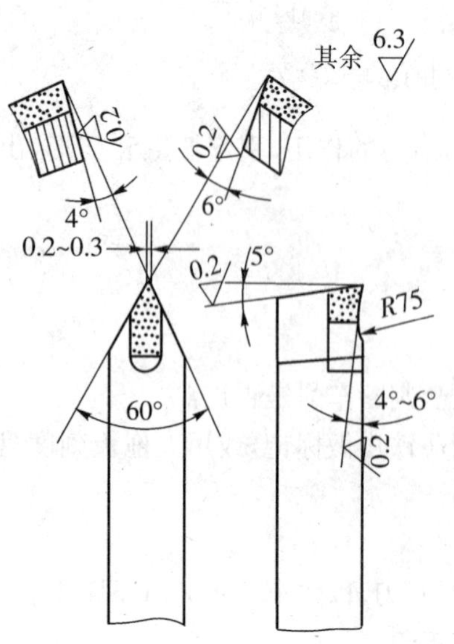

图 8-39　YT15 硬质合金螺纹车刀

(1)车刀的选择与安装。

①车刀的选择。通常选有镶有YT15刀片的硬质合金螺纹车刀,见图8-39。

其几何角度要求如下:

a)刀尖角应小于螺纹牙形角。因为车刀在切削过程中,牙根处金属的弹性恢复比牙顶处大,所以车刀刀尖角应磨小30′～1°。

b)径向前角为0°。

c)后角不能太大,一般在3°～6°。

d)刀尖处要有较小的过度切削刃,一般在0.2～0.3 mm;两刀刃后角有1 mm的刃带。

e)车刀前面和后面要经过精细研磨。

f)加工螺距大于2 mm以及被加工材料硬度较高时,在车刀的两个主刀刃上要磨有0.2～0.4 mm宽,前角为−5°的倒棱。

②车刀的安装。除了要符合螺纹车刀的安装要求外,为了防止振动和“扎刀”,刀尖应略

高于工件中心，一般高出 0.1～0.3 mm。

(2)机床的调整和动作练习。

①调整大、中、小拖板，使之无松动现象；小拖板应紧些。

②开合螺母要灵活。

③机床无显著振动，并要有较高的转速和足够的功率。

④车削之前作空刀练习，选取主轴 200～500 r/min，要求吃刀、退刀、提起开合螺母动作迅速、准确、协调。

(3)高速切削螺纹。

①进刀方式。车削时要用直进法分层切削。

②切削用量的选择。切削速度一般取 42～60 m/min。切削深度开始大些(大部分余量在第一、第二刀车去)，以后逐步减少，但最后一刀应不小于 0.1 mm。一般高速切削螺距为 1.5～3 mm，材料为中碳钢的螺纹时，只需 3～6 刀即可完成。切削过程中一般不需加润滑冷却液。

例：螺距为 1.5 mm、2 mm。其吃刀深度分配情况

$P=1.5$ mm　　总吃刀深度为 $0.65P=0.975$ mm

第一刀切深　$t_1=0.5$ mm；

第二刀切深　$t_2=0.38$ mm；

第三刀切深　$t_3=0.1$ mm。

$P=2$ mm　　总吃刀深度为 $0.65P=1.3$ mm

第一刀切深　$t_1=0.6$ mm；

第二刀切深　$t_2=0.4$ mm；

第三刀切深　$t_3=0.2$ mm；

第四刀切深　$t_4=0.1$ mm。

三、高速车削外螺纹训练(图 8-40、图 8-41)

(1)高速车外螺纹训练。

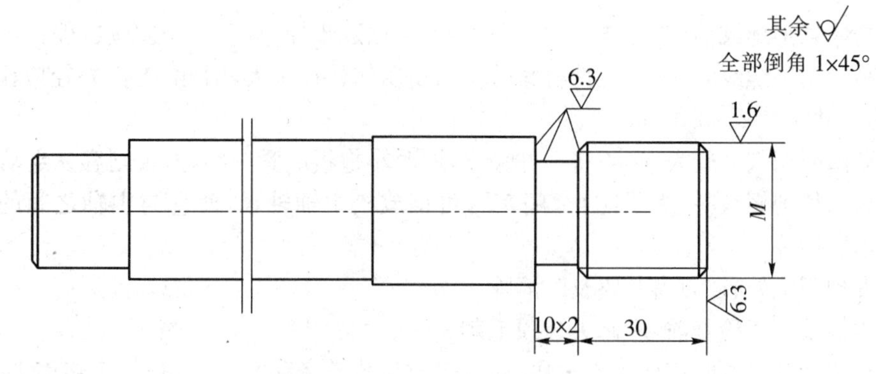

图 8-40　高速车削外螺纹(1)

加工步骤

①工件伸出 50 mm，校正、夹紧。

②粗、精车外圆$\phi 33_{-0.236}^{0}$×40。

③切槽 10×2。

④螺纹两端倒角 1×45°。

⑤高速车三角螺纹 M33×1.5 至图样要求。

⑥以后各次练习方法同上。

(2)高速车外螺纹训练。

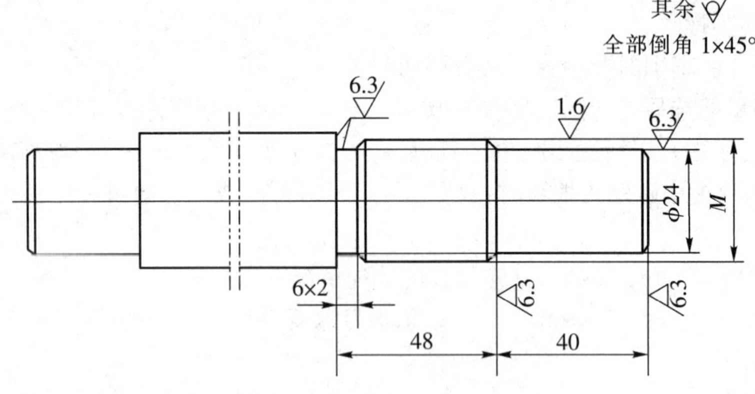

图 8－41　高速车削外螺纹(2)

加工步骤

①工件伸出 105 mm,校正、夹紧。

②粗、精车外圆$\phi 24$×40 及$\phi 33_{-0.28}^{0}$×48。

③切槽 6×2 深。

④螺纹两端倒角 1×45°。

⑤高速车三角螺纹 M33×2 至图样要求。

⑥以后各次练习方法同上。

四、注意事项

(1)高速切削螺纹前,要先作空刀练习,转速可以逐步加快,有一个适应过程。

(2)高速切削螺纹时,由于工件材料受车刀挤压使外径胀大,因此,工件外径应比螺纹大径的公称尺寸小 0.2～0.4 mm。

(3)车削时切削力较大,必须将工件夹紧,同时小拖板应紧一些好,否则容易走动破牙。

(4)高速切削螺纹时,为了防止"闷车",可稍放松主轴轴承,使它与主轴之间的间隙增大,并收紧摩擦片。

(5)发现刀尖处有"刀瘤",要及时清除。

(6)用螺纹环规检查前,应修去牙顶毛刺。

(7)高速切削螺纹时切屑流出很快,而且多数是整条锋利的带状切屑,不能用手去拉,应停车后及时清除此种切屑。

(8)一旦产生刀尖"扎入"工件引起崩刃或螺纹侧面有伤痕,应停止高速切削,清除嵌入工件的硬质合金碎粒。然后用高速钢螺纹车刀低速修整有伤痕的侧面。

(9)因高速切削螺纹时操作比较紧张,加工时必须思想集中;胆大心细,眼疾手快。特别是在进刀时,要注意中拖板不要多摇一圈。否则会造成刀尖崩刃、工件顶弯或工件飞出等事故。

课题七　高速车削三角形内螺纹

一、实习教学要求

(1)掌握硬质合金三角形内螺纹车刀的角度以及刃磨要求。
(2)掌握三角形内螺纹的高速车削方法。
(3)合理地选择切削用量。
(4)掌握高速车内螺纹的安全技术。

二、相关工艺知识

高速车削三角形内螺纹,一般适宜于孔径在 27 mm 以上通孔的螺纹。因内孔小,刀杆细不能承受大的切削力,同时排屑困难。

(1)车刀的选择和安装。选择镶 YT15 硬质合金刀片整体式车刀,见图 8－30(d)。刀头及刀杆长度根据孔径而定,其几何角度与外螺纹车刀相同。车削孔径在 40 mm 以上的内螺纹应选用图 8－30(b)类型的车刀。

车刀安装时刀尖一定要对准工件中心,刀杆伸出长度稍大于螺纹长度。

(2)车床的调整和动作练习。车床的调整要求与高速车削外螺纹相同。动作练习时,吃刀、退刀方向与车外螺纹相反,并要控制退刀量,防止刀杆与孔壁碰撞。

(3)高速切削内螺纹,其进刀方式和吃刀深度分配原则与切削外螺纹相同。

三、高速车削三角形内螺纹训练(图 8－42)

高速车削三角形内螺纹训练。

加工步骤

①工件在三爪卡盘上装夹,工件伸出 5 mm,校正、夹紧。
②车端面钻通孔ϕ27。
③车镗内孔$\phi 28.35^{+0.3}_{0}$。
④两端孔口倒角 30°,宽 1 mm。
⑤高速车内三角螺纹 M30×1.5,达到图样要求,并要求 5 刀左右完成。
⑥以后各次练习方法同上。

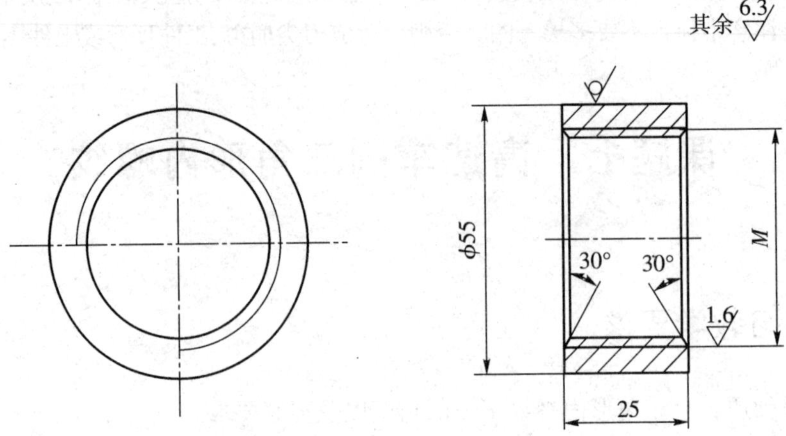

图 8-42　高速车削三角形内螺纹

四、注意事项

(1)刀杆不宜伸出过长以防振动。

(2)内螺纹车刀的刀杆因受到孔径大小和长短的限制,因此其切削用量应略低于高速切削外螺纹。

(3)用螺纹塞规检查前应修去内孔毛刺。

(4)用砂布修去内孔毛刺时,要在较低转速下,加些润滑油,轻轻地进行。

(5)在开车时严禁用棉纱接触螺纹表面。

模块九　车削方牙、梯形螺纹及车削蜗杆、多头螺纹

课题一　内、外方牙及梯形螺纹车刀的刃磨

一、实习教学要求

(1)了解方牙、梯形螺纹车刀的几何形状和角度要求。

(2)掌握方牙、梯形螺纹车刀的刃磨方法和刃磨要求。

(3)掌握用样板检查,并修整刀尖角的方法。

二、相关工艺知识

(1)方牙螺纹车刀的几何角度和刃磨要求。方牙螺纹车刀基本上与切槽刀相似,可分为粗车刀和精车刀两种。在刃磨时,须考虑螺纹螺旋升角的影响和螺纹牙形宽度的要求。

①方牙螺纹车刀的几何角度(高速钢)见图 9-1。

a)刀头长度:二分之一螺距加 2~4 mm。

b)刀头宽度:粗车刀比螺纹槽宽尺寸小 0.5~1 mm;精车刀为螺纹槽宽加 0.03~0.05 mm。

c)车刀径向前角:加工钢件一般为 12°~16°。

d)车刀径向后角:一般为 6°~8°。

e)两侧刀刃的后角(车右旋螺纹):

$$\alpha_{左}=(3°\sim5°)+\tau,\alpha_{右}=(3°\sim5°)-\tau$$

螺旋升角 τ 可用下面公式计算:

$$\mathrm{tg}\tau = t\times n/(\pi\times d_2) \qquad (9.1)$$

也可用近似公式直接求出 τ 值

$$\mathrm{tg}\tau=36.5\times L/(2\times d- L)$$

τ——螺纹螺旋升角,单位为度

t——螺距,单位为 mm

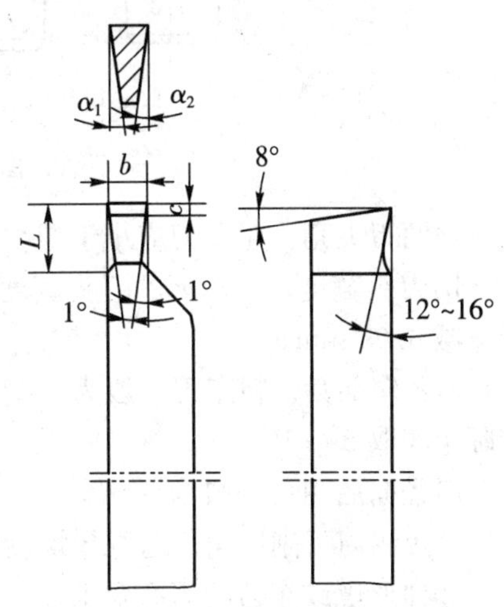

图 9-1　方牙螺纹车刀

n——螺纹头数,单位为 mm

d_2——螺纹中径,单位为 mm

d——螺纹外径,单位为 mm

L——螺纹导程,单位为 mm

f)两侧刀刃副偏角:一般为 1°～1°30′。

g)方牙内螺纹车刀的宽度应比外螺纹的牙顶宽 0.02～0.04 mm。

②方牙螺纹车刀的刃磨要求如下。

a)主刀刃要平直,不倾斜,无爆口。

b)两侧副刀刃要对称,精车刀应磨有 0.3～0.5 mm 的修光刃(用油石研磨)。

c)刀头磨出的各部分尺寸要符合被加工螺纹的图样要求(用游标卡尺或千分尺测量刀头宽度),刀刃部分表面粗糙度要小。

(2)梯形螺纹车刀的几何角度和刃磨要求。梯形螺纹有公制和英制两类,公制牙形角为 30°,英制为 29°,一般常用的是公制梯形螺纹。梯形螺纹车刀分粗车刀和精车刀两种。

①梯形螺纹车刀的几何角度(高速钢)见图 9-2。

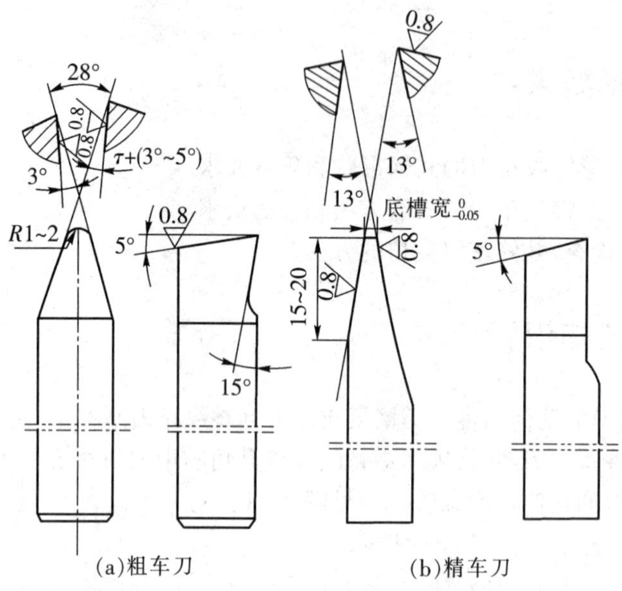

(a)粗车刀　　(b)精车刀

图 9-2　梯形螺纹车刀

a)两刃夹角。粗车刀应小于螺纹牙形角,精车刀应等于螺纹牙形角。

b)刀头宽度。粗车刀的刀头宽度应为三分之一螺距宽,精车刀的刀头宽度应等于牙槽底宽减 0.05 mm。

c)径向前角。粗车刀一般为 15°左右;精车刀为了保证牙形角正确,前角应等于零度,但实际生产取 5°～10°。

d)径向后角。一般为 6°～8°。

e)两侧刀刃副后角。与方牙螺纹车刀相同。

②梯形螺纹车刀的刃磨要求。

a)用样板(图 9-3)校对、刃磨两刀刃夹角。

b)有径向前角的刀尖角应进行修正。

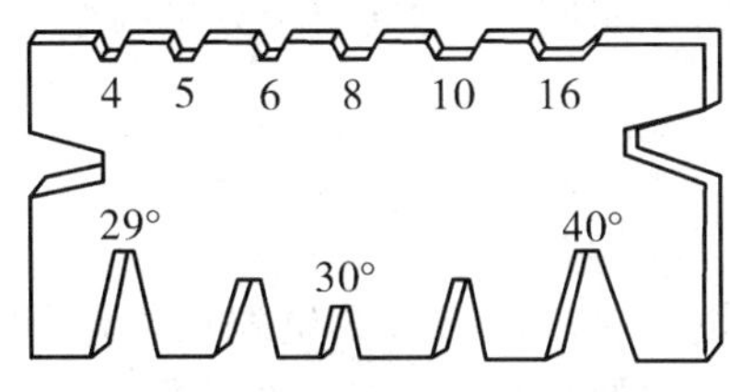

图 9－3　梯形螺纹车刀样板

c)车刀刃口要光滑、平直、无爆口，两侧副刀刃必须对称，刀头不歪斜。
d)用油石研磨去各刀刃的毛刺。

三、刃磨内外方牙、梯形螺纹车刀(图 9－4)

刃磨内外方牙、梯形螺纹车刀训练。

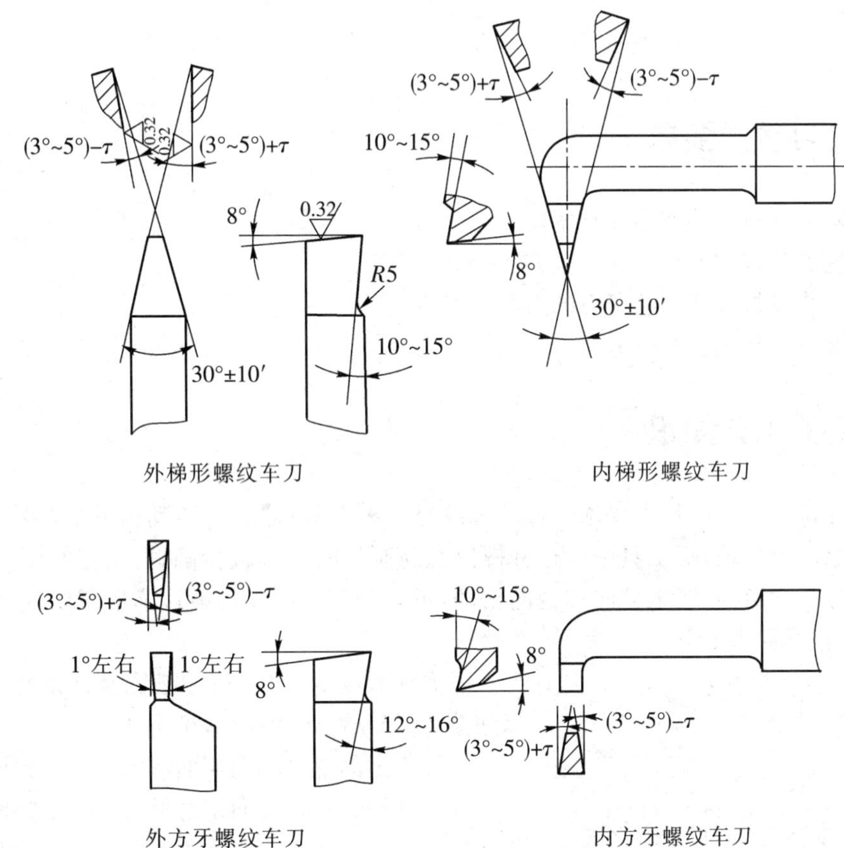

图 9－4　刃磨内外方牙、梯形螺纹车刀

刃磨步骤(梯形螺纹车刀)

(1)粗磨主、副后角(刀尖角初步成形)。

(2)粗、精磨前面或前角。

(3)精磨主、副后角，刀尖角用样板检查修正。

方牙螺纹车刀的刃磨方法、步骤同上，宽度用千分尺或游标卡尺测量。

三、注意事项

(1)因方牙螺纹车刀的宽度直接决定着螺纹槽宽尺寸，所以精磨方牙螺纹车刀时，要特别注意防止刀头宽度磨窄。刃磨过程中，应不断测量，并留 0.05～0.1 mm 的研磨余量。

(2)刃磨两侧副后角时，要考虑螺纹的左、右旋向和螺旋升角的大小，然后决定两侧副后角的增减。

(3)整体式内螺纹车刀的刀尖角的角平分线应和刀杆垂直。

(4)刃磨高速钢车刀，应随时放入水中冷却，以防退火，失去车刀硬度。

课题二　车削方牙螺纹

一、实习教学要求

(1)了解方牙螺纹的作用和技术要求。

(2)掌握方牙螺纹的计算和车削方法。

(3)进一步掌握方牙螺纹车刀的刃磨及安装。

(4)掌握方牙螺纹的检查方法。

二、相关工艺知识

(1)方牙螺纹的一般技术要求。方牙螺纹是一种非标准螺纹，传动精度低，多用于台虎钳和起重螺旋(千斤顶)等工具中。这种螺纹在新制好时配合较精确，可是在使用一个时期之后，各部分就会磨损，产生轴向和径向松动，不能调整。因此逐渐被梯形螺纹代替。方牙螺纹的一般技术要求如下。

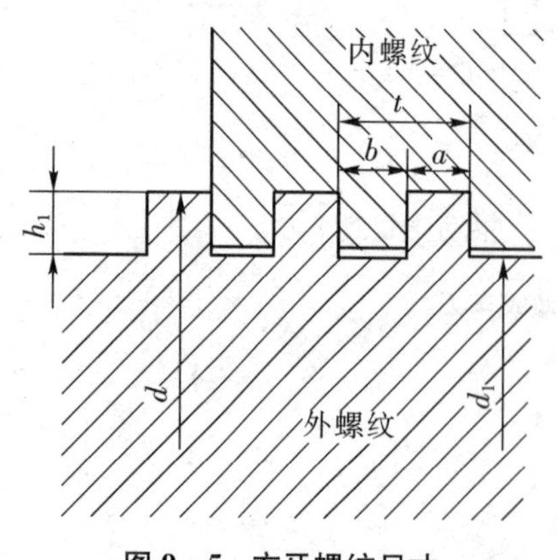

图 9－5　方牙螺纹尺寸

①方牙螺纹的牙顶宽、牙槽宽及牙形深度(不包括间隙)都等于螺距的一半，见图 9－5。

②加工出的螺纹轴向断面形状应为正方形。

③保证螺纹外径径向定心精度，使内外螺纹的内径保持一定的间隙。一般使内螺纹的外径尺寸比外螺纹的外径尺寸大 0.1～0.2 mm(具体要参照工件和螺距大小而定)。

④螺纹侧面配合间隙，除有特定要求外，一般配合间隙为(0.005～0.01)×螺距，单位为 mm。

(2)方牙螺纹尺寸计算的实例。

例：螺纹外径为 28 mm，螺距 t 为 6 mm，试计算螺纹加工时需达到的尺寸。

解：螺纹外径 $d=28_{-0.25}^{\ 0}$

牙槽宽$b=0.5t+(0.02\sim0.04)$mm

$b=0.5t+0.03=3.03(\text{mm})$

牙顶宽 $a=t-b=6-3.03=2.97(\text{mm})$

牙形深度 $h_1=0.5t+(0.1\sim0.2)$ mm

$h_1=3+0.15=3.15(\text{mm})$

螺纹螺旋升角 $\tau=36.5\times L/(2\times d-L)=219/50$

$\tau=4.38°\approx4°23'$

螺纹内径 $d_1=d-2h_1=28-(2\times3.15)=21.7(\text{mm})$

(3)方牙螺纹车刀的安装。车刀主切削刃必须对准工件中心，同时应和工件轴心线平行。

(4)方牙螺纹的车削方法。外径车好后，根据螺距查阅铭牌表，变换手柄位置及挂轮。

①螺距小于 4 mm，可不分粗、精车，采用直进法使用一把车刀均匀吃刀完成螺纹加工。

②螺距大于 4 mm，一般采用直进法分粗车和精车两次完成，见图 9-6。先用一把刀头宽度较牙槽宽窄 0.5～1 mm 的粗车刀进行粗车，两侧各留 0.2～0.4 mm 余量，再用精车刀精车方牙螺纹。

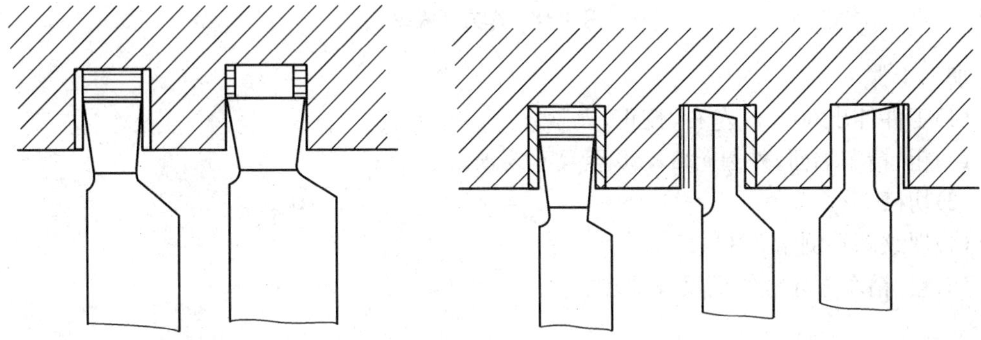

图 9-6　粗、精车方牙螺纹的方法　　**图 9-7　较大螺距车削方牙螺纹**

③车削较大螺距的螺纹，可分别用三把车刀进行加工，见图 9-7。先用第一把粗车刀(刀头比牙槽宽度小 0.5～1 mm)粗车至底径尺寸；然后用第二把和第三把小于 90°的正、反偏刀分别精车螺纹的左、右侧面。在车削过程中，要严格控制牙槽宽度。

车削钢件时，切削用量选择：$v=4.2\sim10.2$ m/min；$t=0.02\sim0.2$ mm。冷却润滑液一般粗车可用硫化切削油或机油，精车用乳化液。

车削方牙内螺纹，一般以车好的外螺纹为标准，配内螺纹。方牙螺纹采用螺纹的外径来定心，因此两侧面只起轴向配合作用。车削方牙内螺纹时，除进刀方向与外螺纹相反外，还要注意内、外螺纹的配合间隙，即在钻、镗内螺纹孔径时，必须根据外螺纹内径尺寸加上适当的间隙，内螺纹的外径要比外螺纹的外径大 0.2～0.4 mm。

(5)方牙螺纹的检查测量。

①车削方牙外螺纹，螺纹外径可用千分尺测量，螺距用钢尺检查，槽宽、牙深和螺纹内径可用游标卡尺测量。

②车削方牙内螺纹，一般以车制好的外螺纹作标准进行检测。如果牙深尺寸已车好，但拧不进，说明槽太窄，必须进行修正。

二、车方牙螺纹训练(图 9-8)

车方牙螺纹训练。

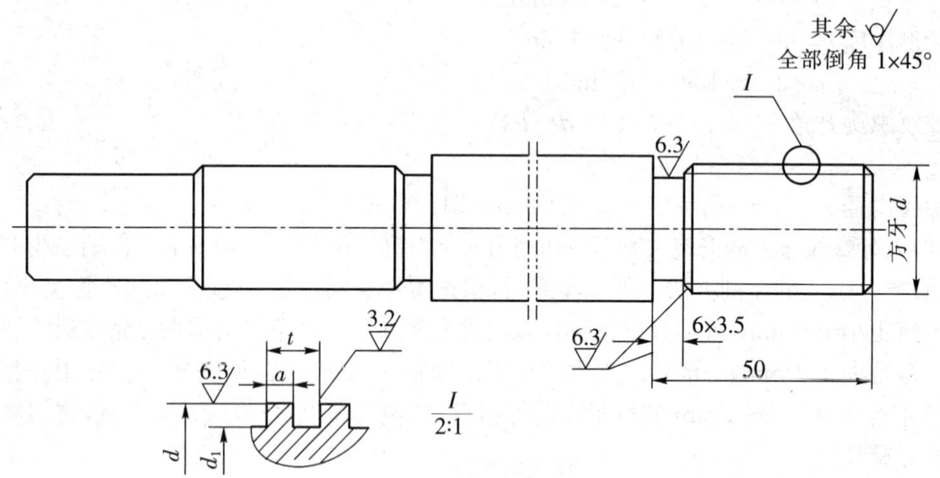

图 9-8　车方牙螺纹

加工步骤

(1)工件伸出 60 mm 左右,校正、夹紧。

(2)粗、精车端面,外圆ϕ28×50 至尺寸要求。

(3)切槽 6×3.5。

(4)螺纹两端倒角ϕ21×15°。

(5)粗、精车方牙螺纹至尺寸要求。

四、注意事项

(1)小拖板应调整得紧一些。

(2)车削螺纹时,小刀架紧固,不得松动,防止乱扣和扎刀。

(3)螺纹两侧牙形和底径应保持平直,清角。

(4)在外圆上去毛刺时,最好把砂布垫在锉刀下面进行。

(5)要防止刀头磨得太窄或副偏角太大,以免在车削时车削吃刀量过大时,造成刀头断折。

(6)螺纹刀的前面应磨成圆弧,副偏角在 1°之内,这样切削顺利,且螺纹两侧面容易修光。

课题三　车削梯形螺纹

一、实习教学要求

(1)了解梯形螺纹的作用和技术要求。
(2)懂得梯形螺纹有关尺寸的计算方法。
(3)掌握梯形螺纹车刀的修磨。
(4)掌握梯形螺纹的车削方法。
(5)掌握梯形螺纹的测量、检查方法。

二、相关工艺知识

梯形螺纹的轴向断面形状是一个等腰梯形，一般作传动用，精度高。如车床上的长丝杆和中小拖板的丝杆等。车削梯形螺纹比车削三角形螺纹要复杂一些。

(1)梯形螺纹的一般技术要求。

①螺纹中径必须与基准轴颈同轴，其外径尺寸应小于公称尺寸。

②车削的梯形螺纹必须保证中径尺寸公差(梯形螺纹以中径配合定心)。

③螺纹的牙形角要正确。

④螺纹两侧面要光洁。

(2)公制梯形螺纹各部分尺寸的计算及应用。

30°公制梯形螺纹各部分名称和尺寸可按表 9－1 计算

表 9－1　公制梯形螺纹各部分尺寸计算　mm

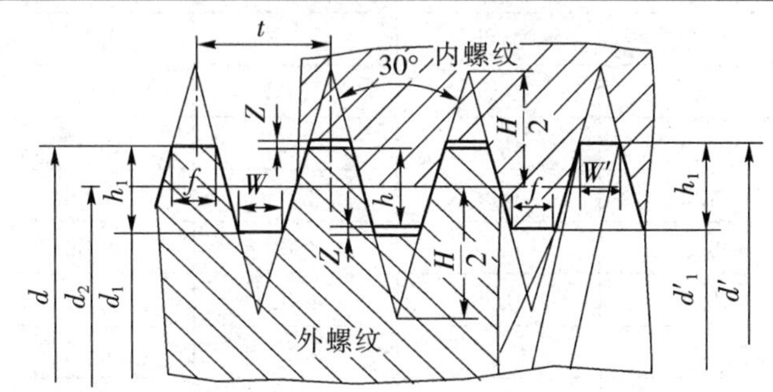

名　　称	计　算　公　式			
牙形角 α	$\alpha=30°$			
螺距 t	由螺纹标准确定			
间隙 Z	t	2～4	5～12	16～18
	Z	0.25	0.5	1

续表

牙形高度 h_1		$h_1=0.5t+Z$
外螺纹	外径 d	公称直径
	内径 d_1	$d_1=d-t-2Z$
内螺纹	外径 d'	$d'=d+2Z$
	内径 d'_1	$d'_1=d-t$
中径 d_2		$d_2=d-0.5t$
牙顶宽 f		$f=f'=0.366t$
牙槽底宽(刀头宽)W		$W=W'=0.366t-0.536Z$
螺旋升角 τ		$\mathrm{tg}\tau=\frac{nt}{\pi d_2}=\frac{L}{\pi d_2}$

例:车削 T32×6 梯形螺纹,在实际加工中只需计算螺纹中径 d_2、牙形高度 h_1、牙顶宽 f、牙槽底宽 W、外螺纹内径 d_1、螺纹升角 τ。

解:$d_2=d-0.5t=32-0.5\times6=29$(mm)

$h_1=0.5t+Z=0.5\times6+0.5=3.5$(mm)

$f=0.366t=0.366\times6=2.2$(mm)

$W=0.366t-0.536Z=1.93$(mm)

$d_1=d-t-2Z=32-6-2\times0.5=25$(mm)

$\tau=36.5\times L/(2\times d-L)=36.5\times L/(2\times32-6)=219/58\approx3.77°\approx3°46'$

公制梯形螺纹牙形尺寸可以从表 9-2 中查出。

表 9-2 公制梯形螺纹牙形尺寸

mm

螺距 t	牙形高度 h_1	间隙 Z	牙顶宽 f	牙槽底宽 W	圆角半径 $r_{最大}$
2	1.25	0.25	0.73	0.60	0.2
3	1.75	0.25	1.10	0.97	0.2
4	2.25	0.25	1.46	1.33	0.2
5	3	0.5	1.83	1.55	0.3
6	3.5	0.5	2.2	1.93	0.3
8	4.5	0.5	2.93	2.66	0.3
10	5.5	0.5	3.06	3.39	0.3
12	6.5	0.5	4.39	4.12	0.3
16	9	1	5.86	5.32	0.5
20	11	1	7.32	6.78	0.5
24	13	1	8.78	8.24	0.5
32	17	1	11.71	11.17	0.5
40	21	1	14.64	14.10	0.5
48	25	1	17.57	17.03	0.5

(3)梯形螺纹车刀的选择和安装。

①车刀的选择。采用低速切削，车刀一般选用高速钢材料。

a)粗车刀见图 9－2(a)，刀尖角应小于牙形角，刀头适当磨窄一些，即刀头宽度小于牙槽底宽；刀尖适当倒圆可以提高刀具耐用度。

b)精刀见图 9－2(b)，刀尖角取牙形角下公差。为了使切削省力，又保证牙形角的正确，可采用双月牙槽的梯形螺纹刀，见图 9－9。注意此车刀只能车削梯形螺纹两侧面。

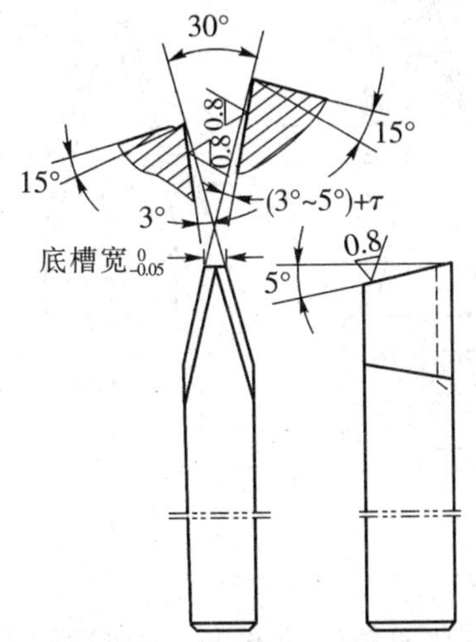

图 9－9　带有双月牙槽的梯形螺纹车刀

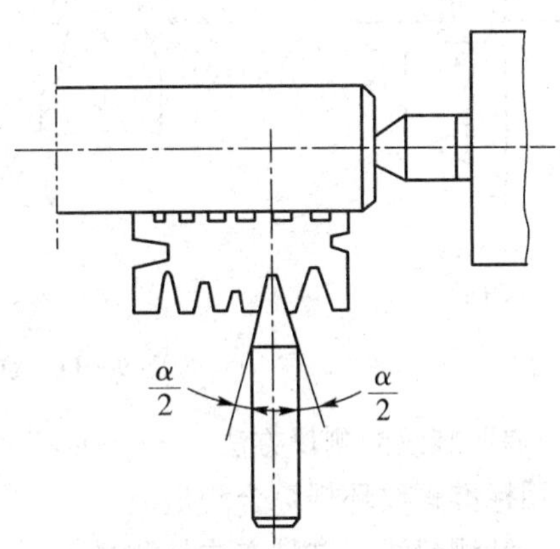

图 9－10　梯形螺纹车刀的安装

②车刀的安装。

a)车刀主切削刃必须与工件轴心等高(用弹性刀杆应高于轴心约 0.2 mm)，同时应和工件轴心线平行。

b)刀头中心线要垂直于工件轴心线。用对刀样板校正螺纹车刀刀尖角的位置。夹紧刀具后，刀尖角仍应正确地对准样板的位置，以免产生螺纹半角误差，见图 9－10。

(4)工件的装夹一般采用两顶针装夹或一夹一顶。粗车较大螺距的螺纹时，一般采用四爪卡盘，以保证装夹牢固。同时使工件的一个阶台靠住卡爪平面(或用轴向撞头限位)，固定工件的轴向位置，以防止因切削力过大，使工件走动而车坏螺纹。

(5)车床的选择和调整。

①挑选精度较高，或磨损较少的机床。

②正确调整机床各处间隙，对大、中、小拖板的配合部分进行检查和调整，注意控制机床主轴的轴向窜动、径向圆跳动以及丝杆轴向窜动。

③选用磨损较少的配换齿轮。

(6)梯形螺纹的车削方法。由于梯形螺纹精度、螺距大小和加工数量不同，其加工方法也不同。一般可分为低速切削和高速切削两类，对初学者来说宜采用低速切削法。

①螺距小于 4 mm 和精度要求不高的工件，可用一把梯形螺纹刀，并用少量的左右进给车削成形。

②螺距大于 4 mm 和精度要求高的梯形螺纹，一般采用分刀车削的方法。

a)粗车、半精车梯形螺纹时外径放 0.3 mm 左右余量，倒角与端面成 15°。

b)选用刀头宽度稍小于底宽的切槽刀[图 9－11(a)]粗车螺纹(每边留 0.25～0.35 mm 的余量)。

c)用梯形螺纹车刀采用左右切削法车削梯形螺纹两侧面(每边留 0.1～0.2 mm 的精车余量),见图 9-11(b)、(c),并车准螺纹底径尺寸。

d)精车外圆至图样要求(一般小于螺纹公称尺寸)。

e)选用精车梯形螺纹车刀,采用左右切削法完成螺纹加工,见图 9-11(d)。

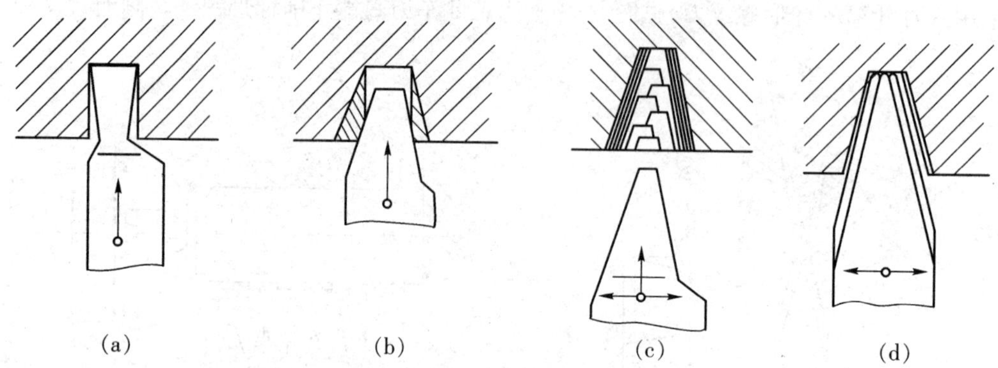

图 9-11　梯形螺纹的车削方法

(7)梯形螺纹的测量方法。

①用标准螺纹环规综合测量。

②三针测量法。这种方法是测量外螺纹中径的一种比较精密的方法。主要适用于测量一些精度要求较高、螺旋角小于 4°的螺纹工件。测量时把三根直径相等的钢针放置在螺纹相对应的螺旋槽中,用千分尺量出两边钢针顶点之间的距离 M,见图 9-12。

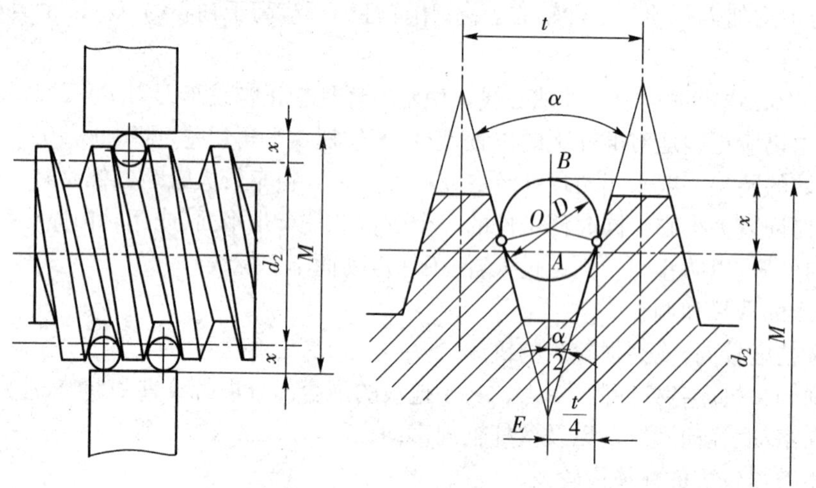

图 9-12　三针测量法

三针测量 M 值及钢针直径公式见表 9-3。

表 9-3　三针测量 M 值及钢针直径计算公式　　mm

螺纹牙形角 α	M 值计算公式	钢针直径 D
30°	$M=d_2+4.864D-1.866t$	$D=0.518t$
40°	$M=d_2+3.924D-1.374t$	$D=0.533t$

例：车削 T32×6，前面已算出螺纹中径为 29 mm，求钢针直径 D 和千分尺读数值 M。

解：$D=0.518P=3.1(\text{mm})$

$M=d_2+4.864D-1.866t$

$=29+4.864\times3.1-1.866\times6$

$=29+15.08-11.20$

$=32.88(\text{mm})$

所以，千分尺度数 M 值应为 32.88 mm。

根据中径尺寸查得 29 允许偏差为$^{-0.056}_{-0.635}$mm，如考虑公差，则 $M=32.88^{-0.056}_{-0.635}$mm 为合格。

三针法采用的钢针一般是专门制造的。在实际应用中，有时也用优质钢丝和新钻头的柄部来代替。但与计算出的钢针直径尺寸往往不相符合。这就需要认真选择，要求所代用的钢丝或钻柄直径尺寸，最大不能在放入螺旋槽时被顶在螺纹牙尖上，最小不能在放入螺旋槽时和牙底相碰，可根据表 9-4 所示的范围内进行选用。

表 9-4　钢丝或钻柄直径的最大值及最小值　　mm

螺纹牙形角 α	钢丝或钻柄最大直径	钢丝或钻柄最小直径
30°	$d_{最大}=0.656t$	$d_{最小}=0.487t$
40°	$d_{最大}=0.779t$	$d_{最小}=0.513t$

③单针测量法，这种方法的特点是只需使用一根钢针，测量时比较简单，见图 9-13。

其计算公式如下：

$$A=\frac{M+d_0}{2}\text{mm} \qquad (9.2)$$

式中：A——千分尺上测得的尺寸，单位为 mm。

d_0——螺纹外径的实际尺寸，单位为 mm。

M——用三针测量时千分尺所测得的尺寸，单位为 mm。

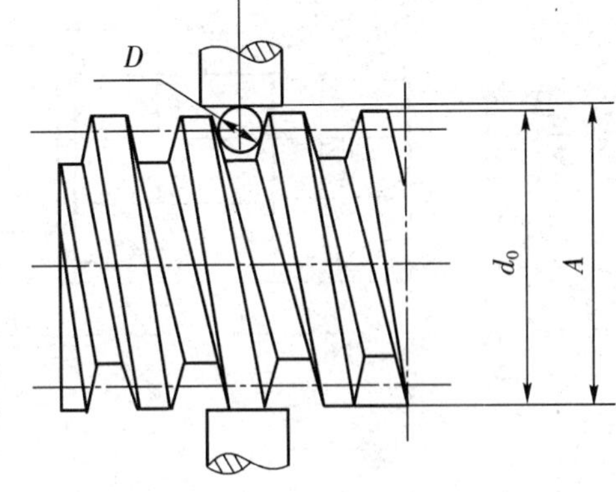

图 9-13　单针测量法

例：用单针测量 T32×6 的 30°公制梯形螺纹，量得工件实际外径 $d_0=31.80$ mm。求单针测量值 A。

解：d_0、M 值已计算出：

$$A=\frac{M+d_0}{2}=(32.88+31.80)/2=32.34(\text{mm})$$

三、车梯形螺纹训练（图 9-14、图 9-15）

车梯形螺纹训练。

加工步骤

(1)切断(把方牙螺纹一段切去)。

(2)工件伸出 60 mm 左右，校正、夹紧。

(3)粗、精车外圆 $\phi32^{\ 0}_{-0.300}\times50$。

(4)切槽 6×3.5 深。

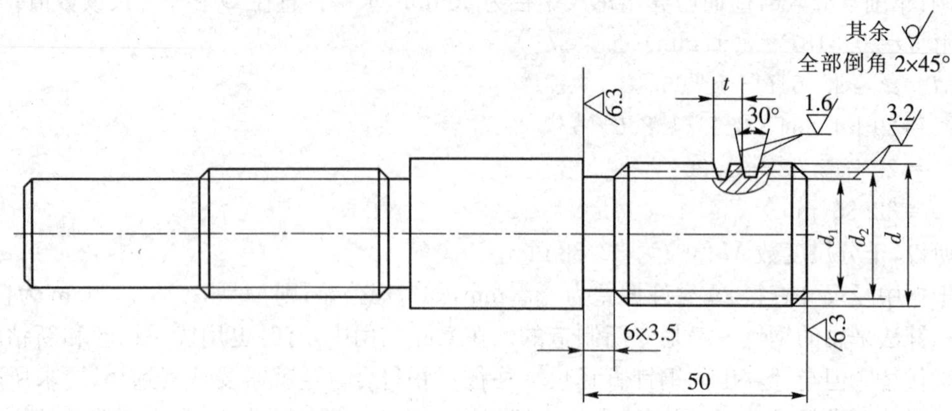

图 9－14　车梯形螺纹(1)

(5)螺纹两端倒角ϕ25×15°,粗车 T32×6 梯形螺纹。

(6)精车梯形螺纹至尺寸要求。

车梯形螺纹训练。

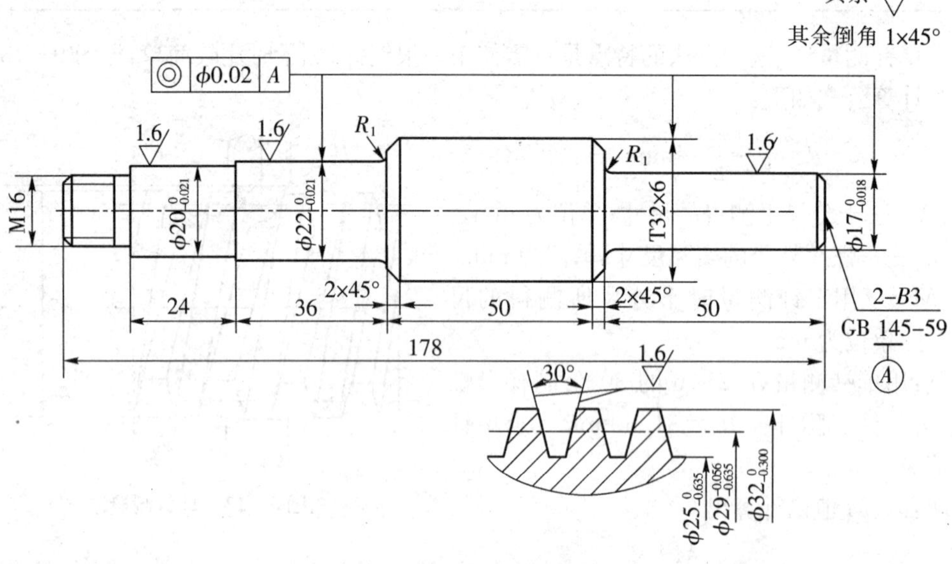

图 9－15　车梯形螺纹(2)

加工步骤

(1)车准总长,钻两端中心孔。

(2)两顶针安装,粗车外圆ϕ22×78 至ϕ23×76。

(3)调头粗车外圆ϕ70×50 至ϕ18×50 及ϕ32 外圆至$\phi32^{+0.2}_{0}$。

(4)车ϕ32 外圆两端倒角 2×45°。

(5)粗车梯形螺纹螺距为 6 mm。

(6)精车梯形螺纹外圆$\phi32_{-0.30}^{0}$。

(7)精车梯形螺纹至尺寸要求。

(8)精车外圆$\phi17_{-0.016}^{0}$×50。

(9)调头粗、精车外圆$\phi22_{-0.021}^{\ 0}\times36$，$\phi20_{-0.021}^{\ 0}\times24$及M16螺纹至图样要求。

(10)检验。

四、注意事项

(1)梯形螺纹车刀两侧副刀刃应平直，否则工件牙形角不正，精车时刀刃应保持锋利，要求螺纹两侧面光洁。

(2)小拖板应调整得紧一些，以防车刀走动。

(3)鸡心夹头或对分夹头应夹紧工件，否则车梯形螺纹时工件容易走动损坏。

(4)车梯形螺纹中途复装工件时，应注意保持拨杆原位，以防乱扣。

(5)工件在精车前，最好重新修正顶针孔，以保证同轴度。

(6)在外圆上去毛刺时，最好把砂布垫在锉刀下面进行。

(7)不准在开车时用棉纱擦工件，以防危险。

(8)车削时，为防止因拖板箱手轮回转时不平衡，使大拖板移动时产生窜动，可在手轮上装平衡块，最好采用手轮脱离装置。

(9)车削梯形螺纹时，一般采用弹性刀杆。

课题四　车削蜗杆

一、实习教学要求

(1)了解蜗杆的作用和技术要求。

(2)掌握蜗杆有关车削的计算方法和齿厚测量方法。

(3)掌握蜗杆车刀的刃磨和安装。

(4)掌握蜗杆的车削方法。

(5)能分析废品产生原因及防止方法。

二、相关工艺知识

蜗杆的齿形与梯形螺纹相似，其轴向断面形状为梯形。常用的蜗杆有公制蜗杆(模数)，牙形角为40°；英制蜗杆(径节)，牙形角为29°。我国采用40°公制蜗杆。由于蜗杆的牙形较深，切削面积大，因此车削时比一般梯形螺纹更困难些。

(1)蜗杆的作用和技术条件。

①蜗杆的作用，蜗杆为变速传动零件，与蜗轮啮合传动，广泛应用在减速装置上。

②蜗杆的技术条件如下。

a)蜗杆的周节必须等于蜗轮周节。

b)法向或轴向齿厚要符合要求。

c)两侧面要光洁。

d)齿形要符合图样要求。

e)蜗杆径向跳动不得大于允许范围。

(2)公制蜗杆各部分尺寸计算及应用。公制蜗杆的牙形角为40°(即压力角等于20°),其各部分尺寸计算,列于表9-5。

表9-5 公制蜗杆各部分尺寸计算表 mm

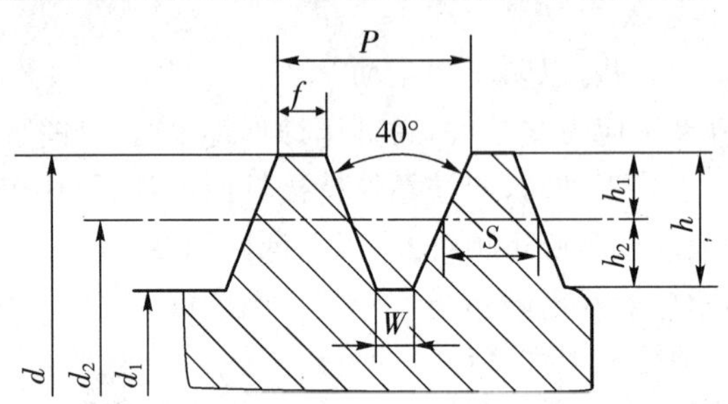

名称	计算公式	名称	计算公式
轴向模数 m_s	基本参数	内径 d_1	$d_1=d_2-2.4m_s$ 或 $d_1=d-4.4m_s$
齿形角 α	$\alpha=40°$(压力角$=20°$)		
周节 P	$P=\pi m_s$	齿顶宽 f	$f=0.843m_s$
导程 L	$L=np=n\pi m_s$	齿根槽宽 W	$W=0.697m_s$
齿深 h	$h=2.2m_s$		
齿顶高 h_1	$h_1=m_s$	轴向齿厚 S_s	$S_s=\frac{P}{2}$
齿根高 h_2	$h_2=1.2m_s$	螺旋升角 τ	$\mathrm{tg}\tau=\frac{L}{\pi d_2}$
中径 d_2	$d_2=d-2m_s$		
外径 d	$d=d_2+2m_s$	法向齿厚 S_n	$S_n=\frac{P}{2}\cos\tau$

例:车削外径为28 mm,牙形角40°,轴向模数$m_s=2$的单头蜗杆,求车削时所需的尺寸。

解:

①周节:$P=\pi m_s=3.1416\times2=6.283$(mm)

②导程:$L=np=n\pi m_s=1\times3.1416\times2=6.283$(mm)

③齿深:$h=2.2\pi m_s=2.2\times2=4.4$(mm)

④中径:$d_2=d-2m_s=28-2\times2=24$(mm)

⑤内径:$d_1=d_2-2.4m_s=24-2.4\times2=19.2$(mm)

⑥齿顶宽:$f=0.843m_s=0.843\times2=1.686$(mm)

⑦齿根槽宽:$W=0.697m_s=0.697\times2=1.394$(mm)

⑧螺旋升角:

$$\mathrm{tg}\tau=\frac{L}{\pi d_2}=\frac{6.283}{3.14\times24}=\frac{6.283}{75.36}=0.083$$

$$\tau=4°46'$$

⑨法向齿厚:

$$S_n=\frac{P}{2}\cos\tau=\frac{6.283}{2}\times\cos4°46'=\frac{6.283}{2}\times0.9965=3.12(\text{mm})$$

(3)车削蜗杆的挂轮计算。在C620、C630等车床上车削蜗杆，一般不需要进行挂轮计算，只要根据车削蜗杆的模数，查走刀箱铭牌上所标注的各手柄位置和挂轮调换方法进行调整即可。有些车床虽然有走刀箱，但范围较小，铭牌上只标注出一般公制和英制螺纹，而没有标注蜗杆(模数螺纹)，如C618车床。这时可以把走刀箱铭牌上所标注的螺距作为蜗杆的模数，并按其调整各手柄位置，将车床原挂轮比乘上π值的近似分数，即可得新的挂轮比，从而可以车出模数螺纹。计算公式如下。

$$i_{新}=\pi\times i_{原}=\frac{Z_1}{Z_2} \tag{9.3}$$

或

$$\frac{Z_1}{Z_2}\times\frac{Z_3}{Z_4}$$

式中：$i_{新}$——新传动比(需车削蜗杆的挂轮传动比)；

π——用近似分式$\frac{22}{7}$；

$i_{原}$——铭牌上选取的原挂轮比。

例：在C618车床上加工模数为2 mm的蜗杆，求挂轮和手柄位置。

解：现取铭牌上螺距为2 mm一行位置，这个位置的原挂轮为$\frac{45}{90}$

$$i_{新}=\pi\times i_{原}=\frac{22}{7}\times\frac{45}{90}=\frac{44}{70}\times\frac{5}{2}=\frac{44}{70}\times\frac{90}{36}$$

但必须注意的是，对C618车床算出的交换齿轮的齿数只能在36、44、45、48、70、80、90、95、96、120以及127十一只中间选择。

手柄位置按螺距2 mm一行规定变换。

(4)蜗杆螺纹的车削方法。

①车刀的选择。车刀材料一般选用高速钢。

a)粗车刀(图9-16)具有较大的前角，切屑变形小，刀具寿命长。刀具前面磨有等于螺纹升角的斜角，两侧刀刃后角磨有1～1.5 mm的切削刃带，用以增加刀具强度。

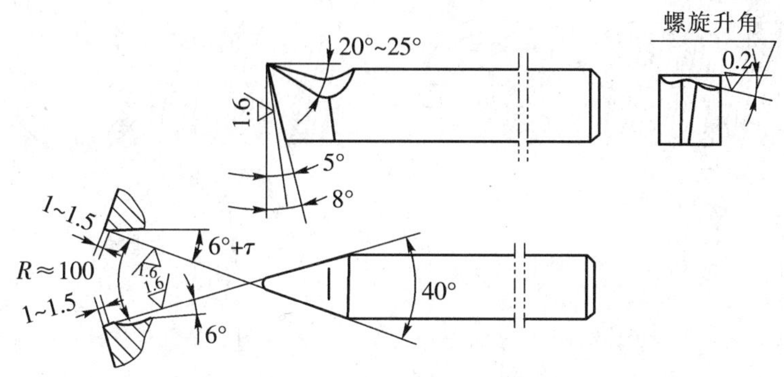

图9-16　蜗杆螺纹粗车刀

b)精车刀(图9-17)前面为圆弧形(半径$R=40\sim60$ mm)，增大刀具侧刃前角，便于排屑。刀具两侧刀刃后角磨有0.5～1 mm的切削刃带，便于研磨刀刃和提高刀具强度。

在刃磨蜗杆车刀时，其顺走刀方向一面的后角必须相应加上螺旋升角τ。

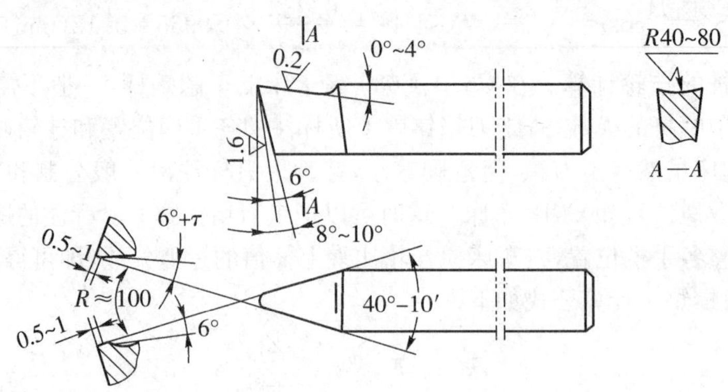

图 9-17　蜗杆螺纹精车刀

c)由于蜗杆的螺旋杆升角较大，车削时使前角、后角发生很大的变化，切削很不顺利。如果采用可调节的刀排(图 9-18)进行粗加工，就可克服上述现象。

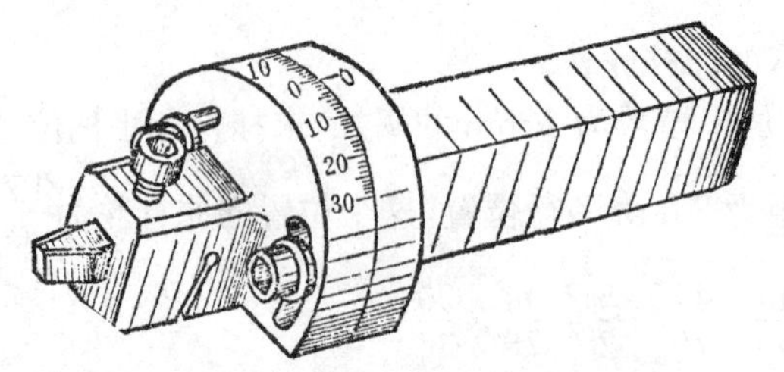

图 9-18　可调节螺旋升角的车刀

②车刀的安装。一般蜗杆齿形分轴向直廓（阿基米德蜗杆）和法向直廓(延长渐开线蜗杆)两种。如果图样上注明阿基米德蜗杆，装刀时，必须将车刀的两侧刀刃组成的平面放在水平位置上，并且与蜗杆轴线在同一水平面内，见图 9-19(a)。如果工件齿形为法向直廓蜗杆，装刀时，车刀两侧刀刃组成的平面应垂直于齿面，见图 9-19(b)。

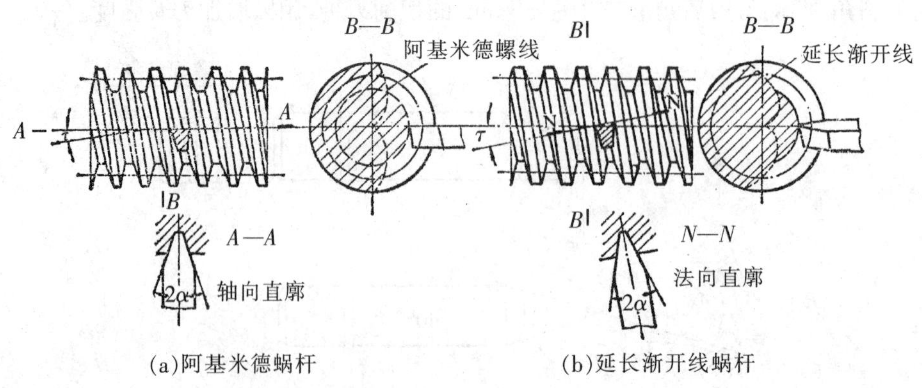

图 9-19　蜗杆齿形种类

在装夹车刀时，如果使用一般的角度样板来校正模数较大的蜗杆车刀，比较困难，容易把车刀装歪。通常采用万能量角器来校正车刀刀尖角，见图 9-20。就是将万能量角器的一边靠住工件外圆，观察万能量角器的另一边和车刀刃口的间隙。如有偏差时，可转动刀架或重新装夹车刀来调整刀尖角的位置。

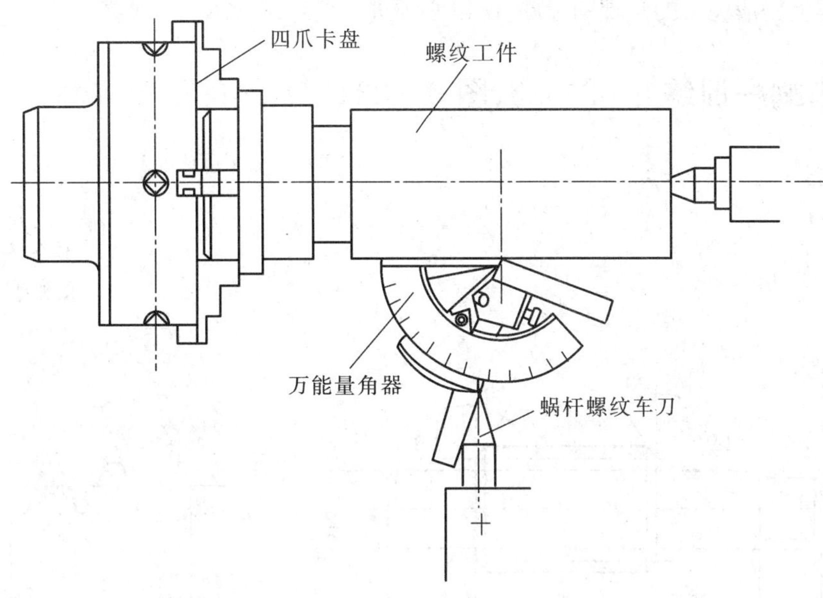

图 9-20　用万能量角器装正车刀

采用图 9-18 可调节螺旋升角的车刀装刀时，刀体上的零位刻度线对准基线，然后装正车刀刀尖角，使其高于车床中心高 0.5 mm 左右并固紧；再根据螺纹螺旋角的大小来确定车刀转过的角度(此时刃磨车刀顺走刀方向的后角就不要再加螺旋角)。精车阿基米德蜗杆时，刀头仍要水平安装，以保证蜗杆在轴向剖面内的直线齿形。

③车削方法。采用开倒、顺车切削。蜗杆的车削方法和车削梯形螺纹相似。粗车后留精车余量 0.2～0.4 mm。由于蜗杆的螺距大、牙形深、牙形面积大，因此精车时，采用均匀的单面车削。如果切削深度过大，会发生“啃刀”的现象。所以每车削一次后，观察切屑情况，控制切削用量，防止“扎刀”。最后再用刀尖角略小于牙形角的车刀，精车蜗杆底径，把牙形修整清晰，以便保证蜗杆牙形面的表面粗糙度和精度要求。

(5)蜗杆的测量方法。

①用三针和单针测量，方法与测梯形螺纹相同。

②齿厚测量法(公法线测量)是用齿轮游标卡尺测量蜗杆中径齿厚，见图 9-21，适用于精度要求不高的蜗杆。齿轮游标卡尺由互相垂直的齿高卡尺与齿厚卡尺组成。测量时。将齿高卡尺读数调整到等于齿顶高(蜗杆齿顶高等于模数 m_s)，法向卡入齿廓，亦使齿轮卡尺和蜗杆轴线大

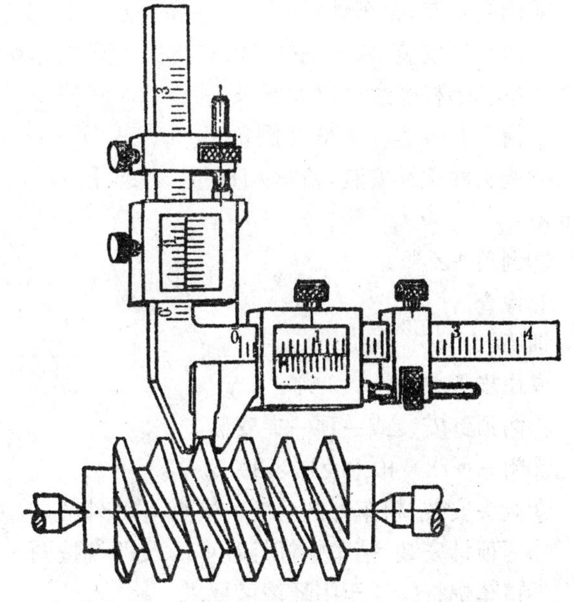

图 9-21　用齿轮游标卡尺测量法

致相交成一个螺纹升角的角度。作少量转动，此时的最小读数，即是蜗杆中径处的法向齿厚S_n。但图样上一般注明的是轴向齿厚，所以必须进行换算。

六、车蜗杆训练（图 9－22、图 9－23）

训练(1)。

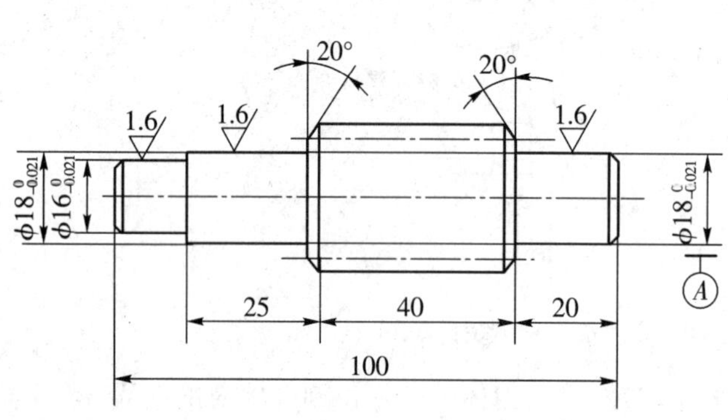

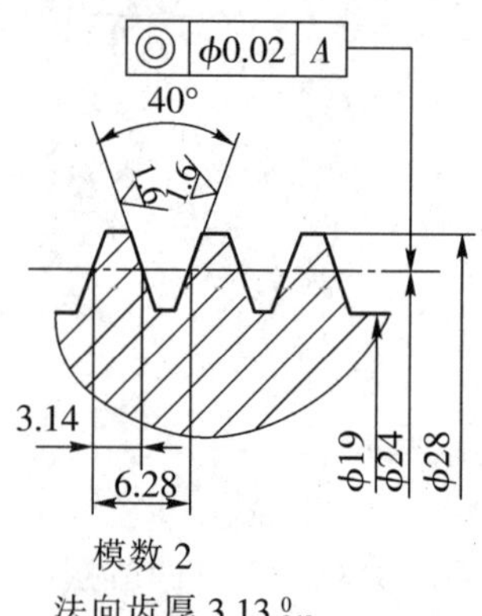

图 9－22　车蜗杆(1)

操作步骤

①来料一切二段（外圆ϕ33 一段切 121 mm 长，外圆ϕ29 一段切 101 mm 长）。

②车端面及总长，钻中心孔 2 件。

③两顶针安装或一顶一夹安装，粗车外圆$\phi 16\times 15$ 和$\phi 18\times 25$（放精车余量 1 mm）。

④调头安装，粗车外圆$\phi 18\times 20$ 和外圆ϕ28，放余量 0.2 mm，并粗车蜗杆螺纹。

⑤两顶针安装，精车蜗杆外径ϕ28 及两端倒角$\phi 19\times 20°$。

⑥精车蜗杆螺纹至尺寸要求。

⑦精车$\phi 18_{-0.021}^{\ 0}\times 20$ 及倒角 1×45°。

⑧调头两顶针安装，精车$\phi 18_{-0.021}^{\ 0}\times 25$ 和$\phi 16_{-0.021}^{\ 0}\times 15$ 至尺寸要求（并控制蜗杆螺纹长 40 mm）。

⑨倒角 1×45°。

⑩检查。

训练(2)。

操作步骤

①两顶针安装或一顶一夹安装。

②粗车$\phi 18\times 40$ 和$\phi 19\times 39.5$。

③调头安装，粗车外圆$\phi 18\times 30$ 和ϕ32 外圆，放精车余量 0.2 mm，并粗车蜗杆螺线。

④两顶针安装，精车蜗杆外径ϕ32 及两端按图示倒角 20°。

⑤精车蜗杆螺纹至中径精度要求。

⑥精车$\phi 18_{-0.021}^{\ 0}\times 30$ 至尺寸要求。

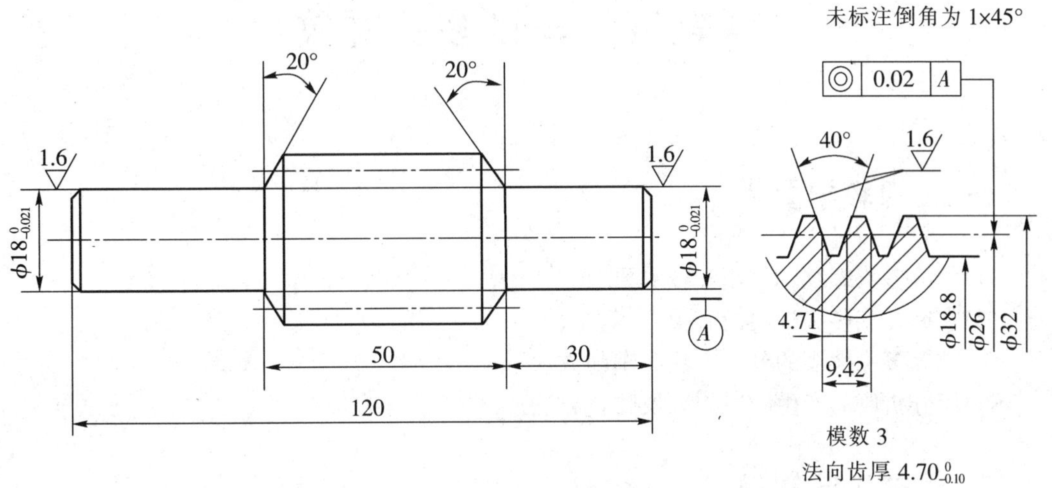

图 9－23　车蜗杆(2)

⑦调头两顶针安装，精车$\phi 18_{-0.021}^{\ 0}\times 40$至尺寸要求(并控制蜗杆螺纹长 50 mm)。

⑧倒角 1×45°。

⑨检查。

四、注意事项

(1)车削蜗杆时，应先验证螺距。

(2)由于蜗杆的螺旋升角较大，车刀的两侧副后角应适当增减；精车刀的刃磨要求两侧刀刃平直光洁。

(3)对分夹头应夹紧工件，否则车削螺旋线时容易走动，损坏工件。

(4)粗车时应调整大拖板同床身导轨之间的配合间隙，使其紧一些，以增大移动时的摩擦力，减少大拖板窜动的可能性。但这个间隙也不能调得太紧，以用手能平稳摇动大拖板为宜。

(5)加工模数较大的蜗杆，粗车时为了提高工件的装夹刚度，使它能够承受粗车时较大的切削力，应尽量缩短工件的长度。最好把工件的一端装在四爪卡盘内，另一端用顶针支顶。精车时，应注意工件的同轴度，工件要以两顶尖孔定位装夹，以保证加工精度。

(6)精车时，保证蜗杆的精度和较小的表面粗糙度值的主要措施是：大前角、薄切屑、低速、刀刃平直、粗糙度小以及充分加注冷却润滑液。为了减少切屑瘤的影响，有时可以采用“晃车”切削，即开车一瞬间就停车，利用主轴转动惯性，但不停车，然后再反复开车、停车。

课题五　车削多头螺纹

一、实习教学要求

(1)了解多头螺纹的作用和技术要求。
(2)掌握车削多头螺纹的有关计算方法。
(3)掌握多头螺纹的分头方法和车削方法。
(4)能分析废品产生的原因以及防止方法。

二、相关工艺知识

前面学习过的车螺纹,是在工件圆柱体上车出一条螺旋槽,叫作车单头螺纹。有两条或两条以上螺旋槽的螺纹叫多头螺纹。多头螺纹工件转一周,移动的直线距离称导程 L,相当于单头螺纹螺距几倍。因此多头螺纹常用于快速移动的机构中,如螺旋压力机、千斤顶等。

区别螺纹头数的多少,可数螺纹末端螺旋槽的数目,见图 9-24。

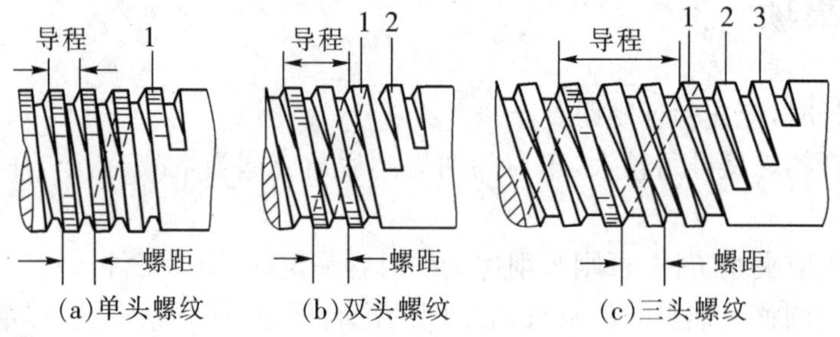

图 9-24　单头和多头螺纹

(1)多头螺纹应满足的技术要求。
①多头螺纹的螺距必须相等。
②多头螺纹每条螺纹的内径要相等。
③多头螺纹每条螺纹的牙形角相等。
车削多头螺纹时,主要解决螺纹分头方法和车削步骤的协调问题。
(2)车削多头螺纹的有关计算。
①导程跟螺距的关系可用下式表示

$$L = nP \text{ mm} \tag{9.4}$$

式中:L——导程,单位为 mm;
　　n——多头螺纹的头数;
　　P——多头螺纹的螺距,单位为 mm。
②车削多头螺纹时,要用导程来计算挂轮,即

$$i=\frac{L_{工}}{P_{丝}}=\frac{nP_{工}}{P_{丝}}=\frac{Z_1}{Z_2}$$

或
$$\frac{Z_1}{Z_2}\times\frac{Z_3}{Z_4} \tag{9.5}$$

③在有走刀箱车床上车削特殊螺距螺纹时的挂轮计算，一般不需要计算和搭配挂轮，只要根据工件的导程查走刀箱铭牌，调整手柄位置即可。但车削特殊螺距的螺纹时，在铭牌上查不到，这时可以采用这样的方法：就是先在铭牌上选取一个与需要车削的工件导程成一定倍数或简单比值的螺距值，经过计算，再调整挂轮和手柄位置。计算公式如下。

$$i_{新}=\frac{L}{P}\times i_{原}=\frac{Z_1}{Z_2}$$

或
$$\frac{Z_1}{Z_2}\times\frac{Z_3}{Z_4} \tag{9.6}$$

式中：$i_{新}$——新传动比(需车削工件螺纹的挂轮传动比)；

$i_{原}$——铭牌上原挂轮比；

L——需车削的工件导程；

P——在铭牌上选取的螺距；

Z_1、Z_2、Z_3、Z_4——新选用的挂轮齿数。

例：在C618车床上车削10.5 mm导程、头数为7的多头螺纹，求挂轮比。

解：由于铭牌上没有10.5 mm螺距，现取铭牌上螺距为6 mm一行位置，这个位置的原挂轮为$\frac{45}{90}$，则用公式(9.6)。

$$i_{新}=\frac{L}{P}\times i_{原}=40.5/6\times45/90=3.5/2\times1/2=\frac{70}{80}$$

手柄位置按螺距6 mm一行调整。

(3)多头螺纹的分头方法。

①在螺纹的导程上分头。

a)用小拖板刻度分头法。当车削完一条螺旋槽后，利用小拖板刻度控制车刀移动一个螺距的距离，就可以车削相邻的另一条螺纹线，从而达到分头的目的。

例：车削导程为4 mm的双头螺纹，用小拖板刻度来分头，如果小拖板刻度每格为0.02 mm，求分头时小拖板应转过的格数。

解：用公式(8.3)

$$P=L/n=4/2=2(\text{mm})$$

分头时小拖板应转过的格数2/0.02=100(格)

这种分头方法一般用于多头螺纹的粗车，适用于单件、小批量生产。

b)用百分表确定小拖板移动值的分头法。见图9-25，只要根据百分表上的读数值就可确定小拖板的移动值。此法适用于分头精度要求较高的单件生产。但由于百分表指针转动圈数范围较小，不适宜加工螺距较大的多头螺纹。

c)用百分表、块规分头法。当加工螺距大于10 mm的多头螺纹时，可以在小刀架端面和表头之间垫一块等于螺距的块规，见图9-26。调整百分表指针对准零位，抽调块规，移动小刀架使其表头接触对准零位即可。

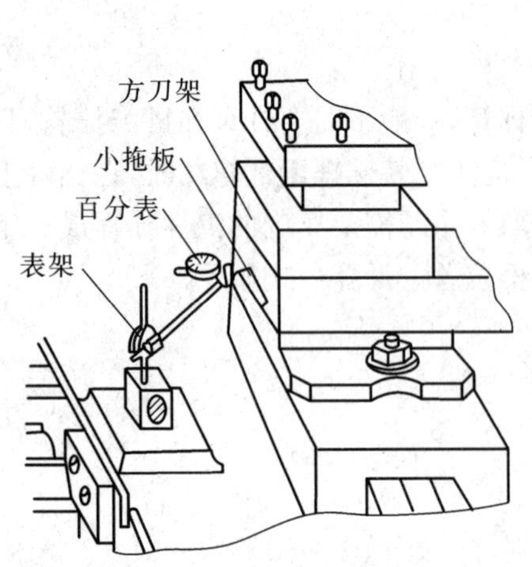

图 9-25　用百分表进行分头

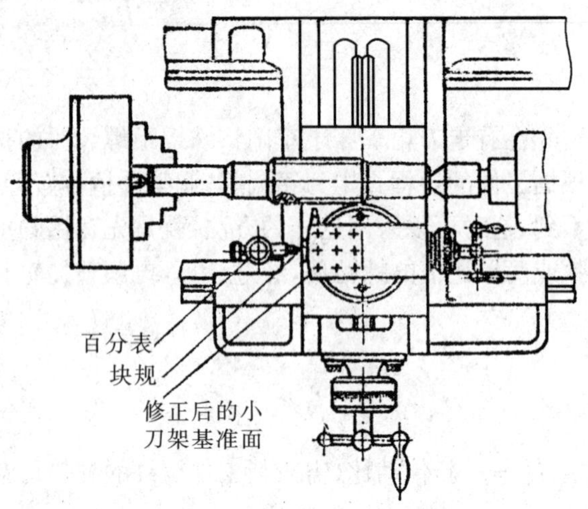

图 9-26　百分表、块规分头法

②在螺纹的圆周上分头。

a)利用三、四爪卡盘分头法。当车削的多头螺纹工件是在两顶针间安装时，如用三爪或四爪卡盘带动拨盘，就可以利用卡爪对二、三、四个头的多头螺纹进行分头。分头时，只需把后顶针松开，把工件连同鸡心夹头转动一个角度，由卡盘上的另一卡爪拨动，再顶好后顶针，就可以车削另一头螺旋槽了。这种方法较简单，但精度较差。

b)用挂轮齿数进行分头法。当车床主轴挂轮齿数是螺纹头数的倍数时，就可以在主轴挂轮上进行分头。

例：在 C618 车床上车削 M41×6/3 的螺纹时，查走刀箱铭牌表得挂轮：

$$i=z_1/z_2=45/90$$

车好第一条螺旋槽后停车，在主轴齿轮和中间轮（过桥齿轮）相啮合的位置上，用粉笔作个记号[图 9-27(a)]，再数过 15 齿（车床主轴挂轮 45 齿/3=15 齿），在这个齿上做好记号。然后将中间齿轮和主动轮脱开，用手把卡盘转动，使主轴齿轮上记号的一个齿转到与原中间齿轮记号和齿相啮合，就可以车削第二条螺旋槽[图 9-27(b)]。第三条螺旋槽可用同样的方法进行分头。分头时，应注意开合螺母不能提起，齿轮必须向一个方向转动。

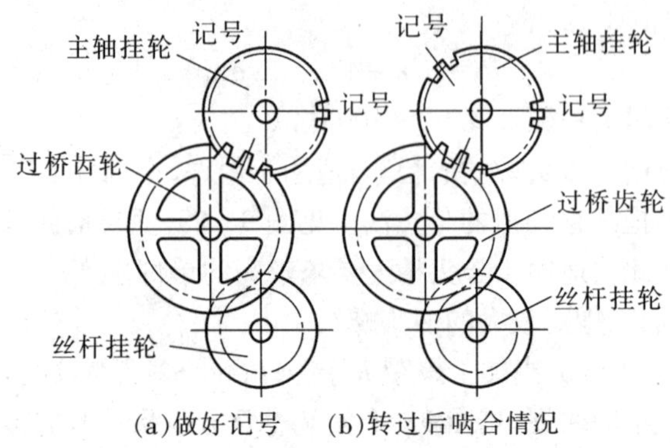

图 9-27　用挂轮齿数进行分头

用这种方法车削多头螺纹虽然比较精确，但是分头数受挂轮齿数的限制。另外，操作也比较麻烦。

(4)车削多头螺纹的方法。采用直进法或左、右切削法。车削多头螺纹时，决不可将一条螺旋槽车好后，再车另外的螺旋槽。加工时应按下列步骤进行。

①粗车第一条螺旋槽，记住中、小拖板的刻度。

②粗车第二条螺旋槽时，如用导程分头法，中拖板刻度与第一条螺旋线相同；如果用圆周分度法，中、小拖板刻度位置均应与第一条螺旋槽相同。

③采用左、右切削法加工多头螺纹时，为了保证多头螺纹的螺距精度，车削每一条螺旋槽的车刀轴向移动量(借刀法)必须相等。

④按上述方法精车各条螺旋槽。

例：车削 T32×12/2—3 双头梯形螺纹，简单车削方法分四步进行，见图 9－28。

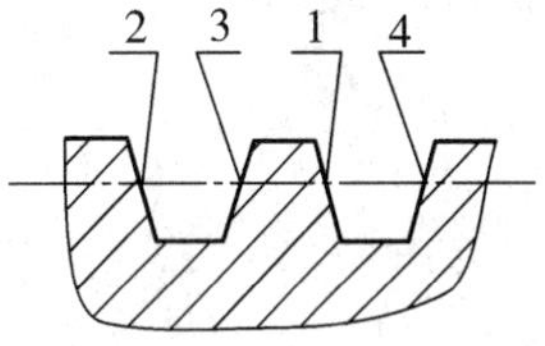

a)小拖板刻度线处于“0”位对齐，车第一个头侧面 1。根据粗加工要求定出中拖板进刀深度，并作记号。定出从“0”位开始的赶刀量，并作记号。

b)从“0”位开始计算，将小拖板向前移动一个螺距(百分表读数 6 mm)，车第二个头侧面 2。进刀深度及赶刀量与车第一个头侧面 1 相同。

图 9－28　多头梯形螺纹车削顺序

c)车削螺纹另一侧面。为了消除回程间隙将小拖板向前摇半转，再向后摇至上步骤中做下的记号，车第二个头侧面 3，把牙形侧面 1 和 3 之间的中径处牙厚车准确(粗车尺寸)。进刀深度记号与车侧面 1、侧面 2 记号相同，赶刀后要重新作记号。

d)将小拖板向后移动一个螺距(6 mm)，车第一个头侧面 4。进刀深度记号与前几次记号相同，赶刀后记号与第二个头侧面 3 相同。

三、车多头螺纹训练(图 9－29、图 9－30、图 9－31)

训练(1)。

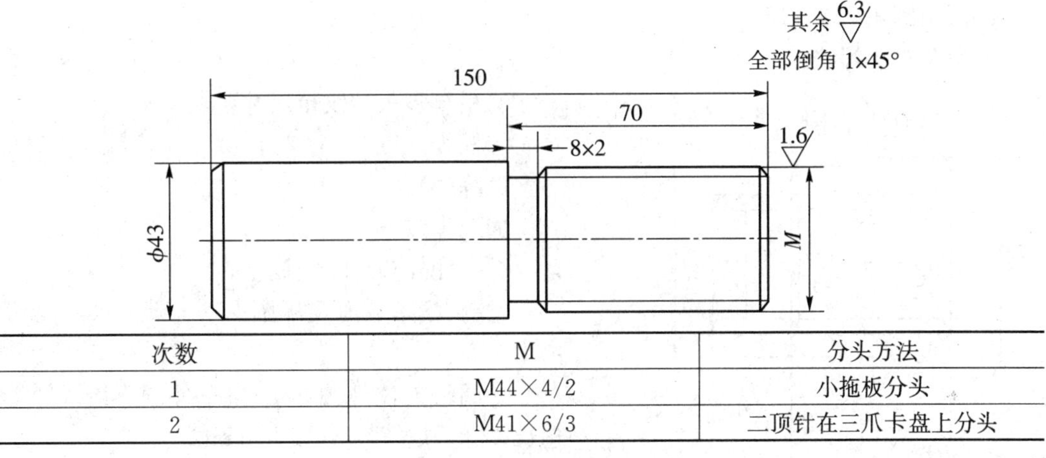

次数	M	分头方法
1	M44×4/2	小拖板分头
2	M41×6/3	二顶针在三爪卡盘上分头

图 9－29　车多头螺纹

加工步骤

①工件伸出 90 mm 左右，校正、夹紧。

②粗、精车端面，车外圆 ϕ43×85 至尺寸要求，并倒角 2×45°。

③调头，工件伸出 80 mm 左右，校正、夹紧。

④粗、精车端面取总长 150 mm。

⑤粗、精车外圆 ϕ44×70。

⑥切槽 8×2。

⑦粗、精车多头螺纹至尺寸要求。

⑧检查。

⑨以后各次练习方法同上。

训练(2)。

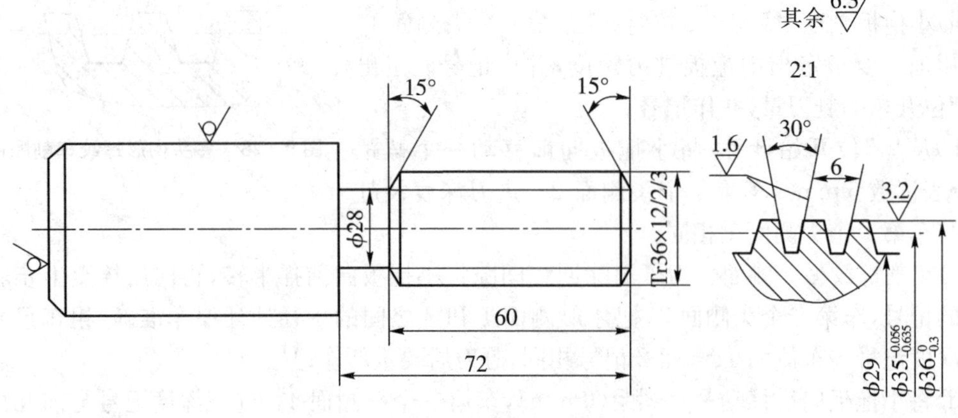

图 9-30　车梯形多头螺纹

加工步骤

①工件伸出 80 mm 左右，校正、夹紧。

②粗、精车外圆 ϕ36×72。

③切槽 ϕ28×12。

④两侧倒角 ϕ29×15°。

⑤粗车双头螺纹。

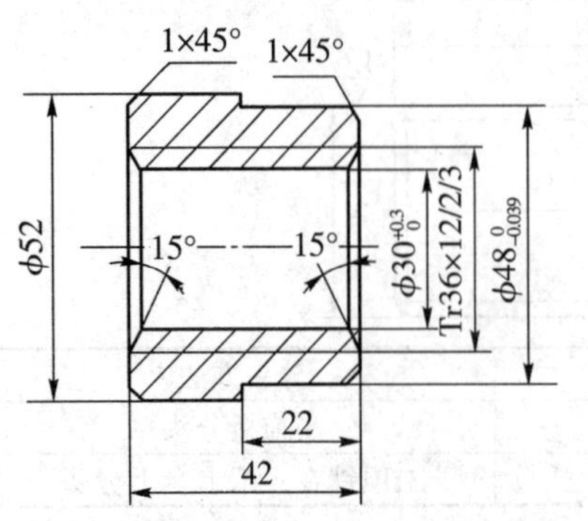

图 9-31　车内梯形多头螺纹

⑥精车多头螺纹至尺寸要求。

⑦检查。

训练(3)。

加工步骤

①夹住外圆 ϕ48 处校正。

②粗、精车端面及外圆 ϕ52 至尺寸要求及倒角 1×45°。

③调头夹住外圆 ϕ52，粗车外圆 ϕ48×22 及总长 42 mm 放精车余量 0.5 mm。

④粗、精镗孔径 $ϕ30^{+0.3}_{0}$。

⑤两端孔口倒角 15°。

⑥粗、精车多头螺纹至尺寸要求。

⑦精车$\phi 48_{-0.039}^{\ 0}\times 22$及总长 42 mm 至尺寸。

⑧检测。

四、注意事项

(1)多头螺纹导程大，走刀速度快，车削时要当心碰撞。

(2)由于多头螺纹螺旋升角增大，车刀的两侧后角要相当增减。

(3)用小拖板刻度分头时的注意事项。

①先检查小拖板行程量是否满足分头要求。

②小拖板移动方向必须和机床床身导轨平行，否则会造成分头误差。校正的方法是利用已车好的螺纹外径(其锥度应在 0.02/100 mm 以内)，校正小拖板导轨的有效行程对床身导轨平行度误差，见图 9 - 32。百分表表架安装在刀架上，百分表触头在水平方向与工件外径接触，手摇小拖板误差不超过 0.02/100 mm。若有偏差，松开转盘前后螺钉，进行微调直至符合要求。

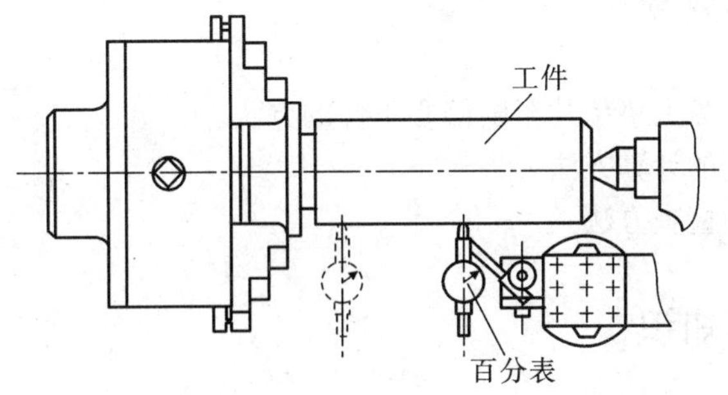

图 9 - 32　小拖板导轨校直方法

③在每次分头时，小拖板手柄转动方向要相同，否则由于丝杆与螺母之间的间隙而产生误差。在采用左、右切削法时，必须先车牙形的各个左侧面，再车牙形的各个右侧面(外螺纹)。

④在采用直进法车削小螺距多头螺纹工件时，应注意调整小拖板的间隙，不能太松，以防止切削时走动，影响分头精度。

(4)用百分表读数分头时，百分表的测量杆应平行于工件轴心线，否则也会产生误差。加工中如有冲击和碰撞现象，都会影响分头精度。

(5)精车时要多次循环分头，第二次或第三次循环分头时，不准用小刀架赶刀(借刀)，只能在牙形面上单面车削，以矫正赶刀或粗车时所产生的误差。经过循环车削，既能消除分头或赶刀所产生的误差，又能提高螺纹的精度和使表面粗糙度值减小。

(6)多头螺纹分头不正确的原因。

①小拖板移动距离不正确。

②车刀修磨后，未检查是否对准原来的轴向位置，或随便赶刀，使轴向位置移动。

③工件未夹紧，切削力过大而造成工件微量移动，也会使分头不正确。

模块十　复杂零件的安装和车削

课题一　在三爪卡盘上车削偏心工件

一、实习教学要求

(1)掌握在三爪卡盘上垫垫片车削偏心工件的方法。
(2)掌握垫片厚度的计算方法。
(3)掌握偏心距的检查方法。

二、相关工艺知识

长度较短的偏心工件,可以在三爪卡盘上进行车削。先把偏心工件中不是偏心的外圆车好,随后在三爪中任意一个卡爪与工件接触面之间,垫上一块预先选好厚度的垫片,如图10－1所示,并把工件夹紧,即可车削。

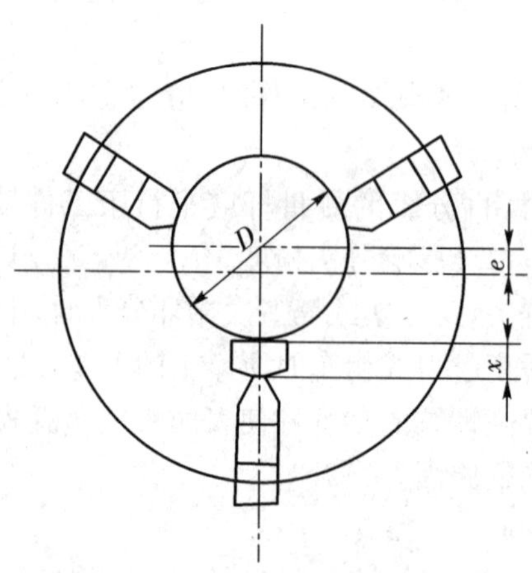

图10－1　在三爪卡盘上车削偏心工件

垫片厚度可用下面公式计算:

$$x=\frac{1}{2}(3e+\sqrt{D^2-3e^2}-D) \tag{10.1}$$

式中：D——卡盘夹住工件部位的直径，单位为 mm；

e——工件偏心距，单位为 mm；

x——垫片厚度，单位为 mm。

例：已知 $D=32$ mm，$e=4$ mm，求 x。

解：$x=\frac{1}{2}(3e+\sqrt{D^2-3e^2}-D)$

$=\frac{1}{2}(3\times4+\sqrt{32^2-3\times4^2}-32)$

$=5.62$(mm)

三、车偏心轴训练(图 10－2)

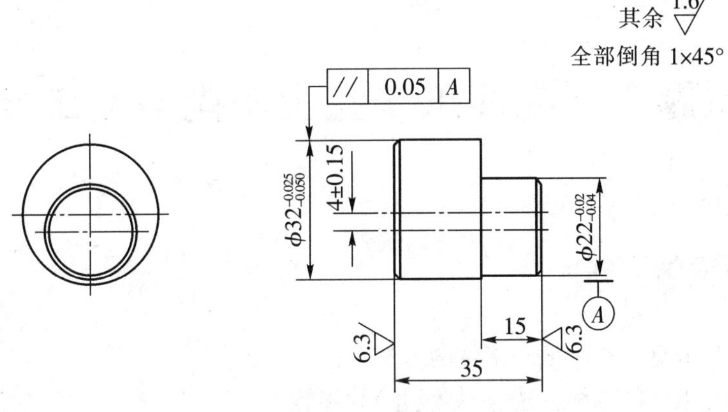

图 10－2　车偏心轴

加工步骤

(1)在三爪卡盘上夹住工件外圆，伸出长度 50 mm 左右。

(2)粗、精车外圆尺寸至$\phi32^{-0.025}_{-0.050}$，长至 41 mm。

(3)外圆倒角 1×45°。

(4)切断，长 36 mm。

(5)车准长度 35 mm。

(6)工件在三爪卡盘上垫垫片装夹、校正、夹紧(垫片厚度为 5.62 mm)。

(7)粗、精车外圆尺寸至$\phi22^{-0.02}_{-0.04}$，长至 15 mm。

(8)外圆倒角 1×45°。

(9)检查。

四、注意事项

(1)选择垫片的材料，应有一定的硬度，以防止装夹时发生变形。垫片上与爪脚接触的一面应做圆弧面，其圆弧大小等于或小于爪脚圆弧，如果做成平的，则在垫片与爪脚之间将会产生间隙，造成误差。

(2)为了防止硬质合金刀头碎裂，车刀应有一定的刃倾角，切削深度大一些，走刀量小一些。

(3)由于工件偏心，在开车前车刀不能靠近工件，以防工件碰击车刀。

(4)车削偏心工件时，建议采用高速车刀车削。

(5)为了保证偏心轴线的平行度，装夹时应用百分表校正工件外圆，使外圆侧母线与车床主轴轴线平行。

(6)安装后为了校验偏心距，可用百分表(量程大于 8 mm)在圆周上测量，缓慢移动，观察其跳动量是否为 8 mm，如图 10－3 所示。

(7)按上述方法检查后，如偏差超出允许范围，应调整垫片厚度，然后才可正式车削。

(8)在三爪卡盘上车削偏心工件，一般仅适用于加工精度要求不很高、偏心距在 10 mm 以下的短偏心工件。

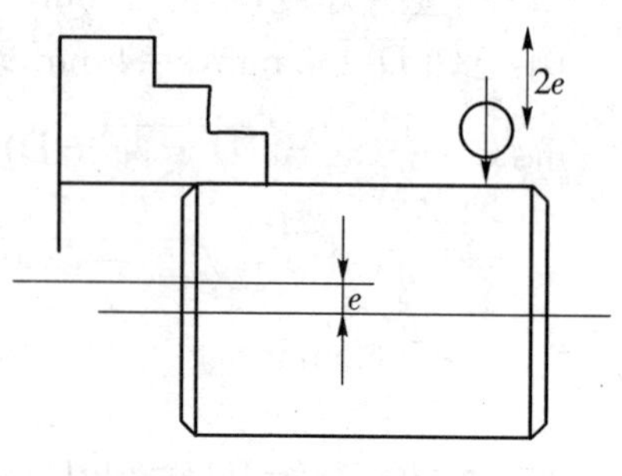

图 10－3　检查偏心距

课题二　在四爪卡盘上车削偏心工件

一、实习教学要求

(1)掌握四爪卡盘上车削偏心工件的方法。

(2)掌握偏心工件的划线方法(用划线盘)和步骤。

(3)掌握偏心距的校正和检查方法。

二、相关工艺知识

一般精度要求不高、偏心距小、工件长度较短而简单的偏心工件可在四爪卡盘上车削。装夹工件时，必须校正已划好的偏心中心线，使偏心中心线跟车床主轴轴线重合。偏心校正好以后，还应校正工件外圆侧母线，使侧母线与车床主轴轴线平行。

图 10－4 所示是偏心轴，它的划线以及操作步骤如下。

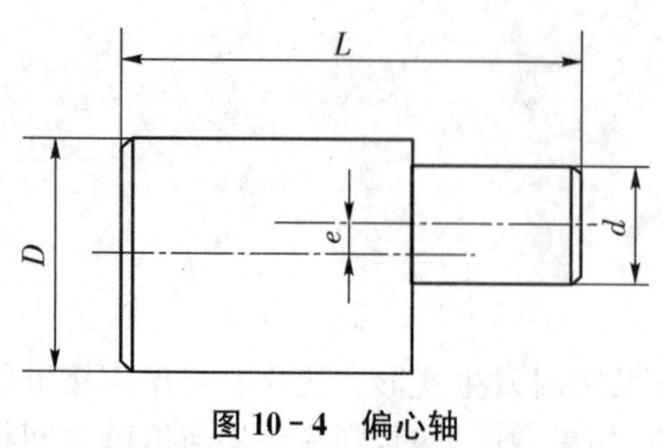

图 10－4　偏心轴

(1)把工件毛坯车成圆轴，使它的直径等于 D，长度等于 L。在轴的两端面和外圆上涂色，然后把它放在 V 形槽铁上进行划线，用划针先在端面上和外圆上划一条与工件中心线等高的水平线，如图 10－5(a)。

(2)把工件转动 90°，用角尺对齐已划好的端面线，再划一条水平线，与前一条线成垂直[图 10－5(b)]。

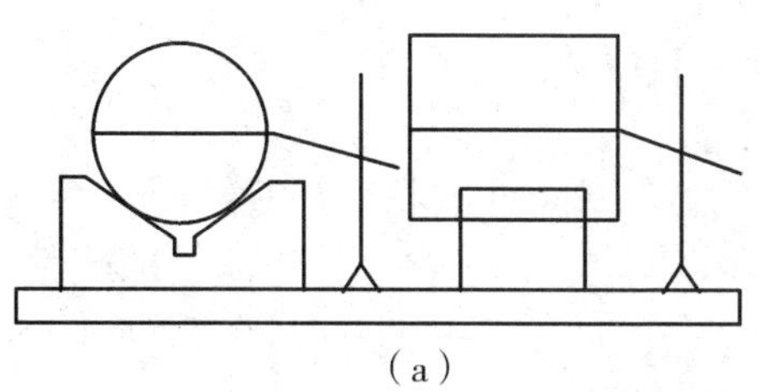

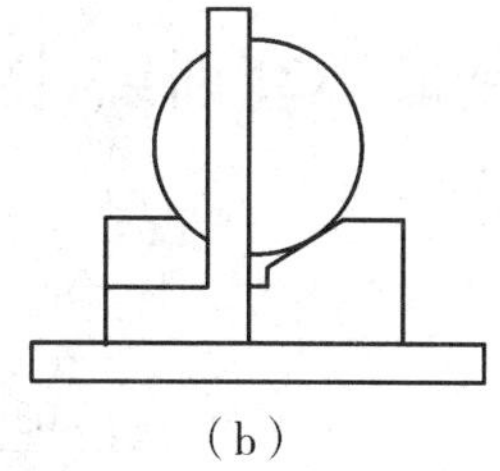

图 10－5　偏心轴的划线方法

(3)用两脚规以偏心距 e 为半径，在工件的端面上取偏心距 e 值，做出偏心点。以偏心点为圆心作圆，并用样冲在所划出的线上打好样冲眼。这些样冲眼应打在线上(图 10－6)，不能歪斜，否则会产生偏心距误差。

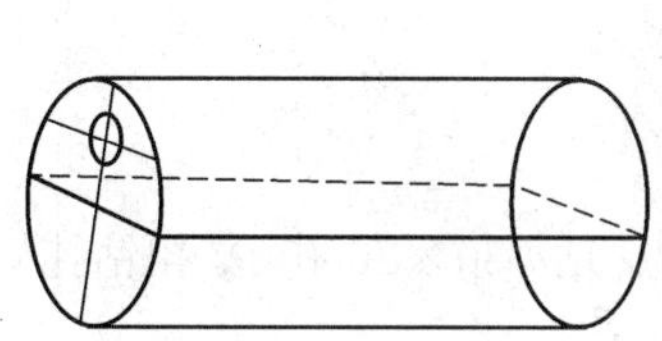

图 10－6　划偏心

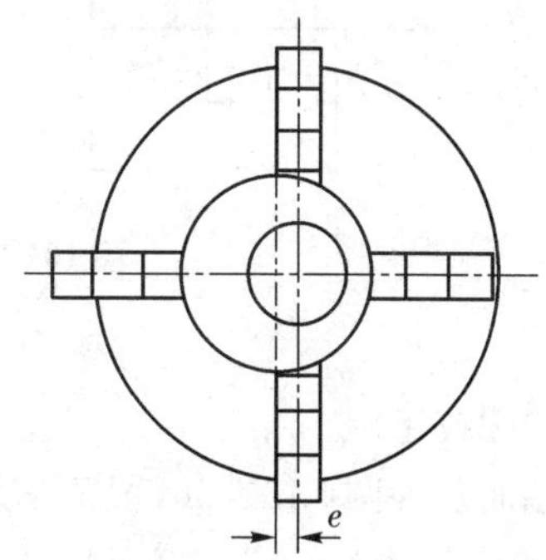

图 10－7　在四爪卡盘上夹持偏心工件

(4)把划好线的工件装在四爪卡盘上。在装夹时，先调节卡盘的两爪，使其呈对称位置，另外两爪呈对称位置，工件偏心圆线在卡盘中央(图 10－7)。

(5)在车床上放好小平板和划针盘，针尖对准偏心圆线，校正偏心圆。然后把针尖对准外圆水平线，如图 10－8 所示，自左至右检查水平线是否水平。把工件转动 90°，用同样的方法检查另一条水平线，然后紧固卡脚和复查工件装夹情况。

(6)工件经校准后，把四爪再拧紧一遍，即可进行切削(图 10－9)。在初切削时，走刀量和切削深度要小，等工件车圆后，切削用量可以增加，否则就会损坏车刀或使工件走动。

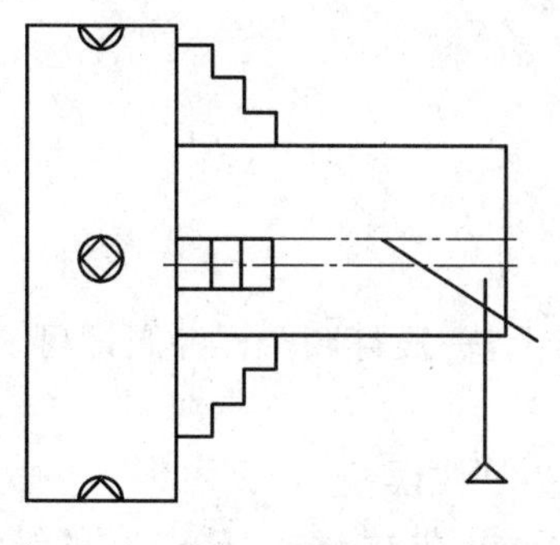

图 10－8　在外圆上校水平线

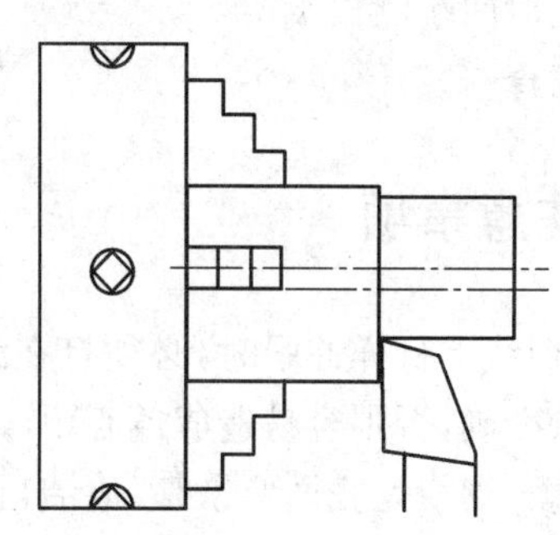

图 10－9　车削偏心

三、车削偏心套训练(图 10－10)

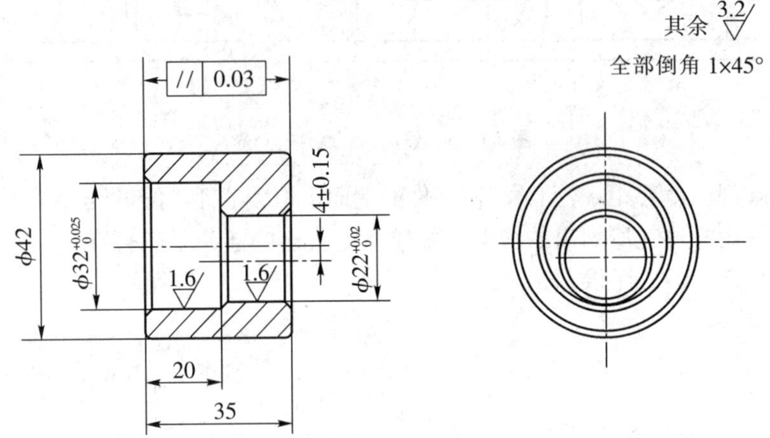

图 10－10　车削偏心套

加工步骤

(1)夹住外圆校正。

(2)粗车端面及外圆φ42×36,留精车余量 0.8 mm。钻φ30×20 孔(暴扣钻孔)。

(3)粗、精车内孔$\phi 32^{+0.25}_{0}$×20 至尺寸要求。

(4)精车端面及外圆φ42×36 至尺寸要求。

(5)外圆、孔口倒角 1×45°。

(6)切断工件长 36 mm。

(7)调头夹住φ42 外圆并校正,车准总长 35 mm 及倒角 1×45°(控制两端面平行度在 0.03 mm之内)。

(8)在工件上划线,并在线上打样冲眼。

(9)按划线要求,在四爪卡盘上进行校正。

(10)钻φ20 孔粗、精车内孔至尺寸要求$\phi 22^{+0.025}_{0}$。

(11)孔口两端倒角 1×45°。

(12)检查。

四、注意事项

(1)在划线上打样冲眼时,必须打在线上或交点上,一般打四个样冲眼即可。操作时要认真、仔细、准确,否则容易造成偏心距误差。

(2)平板、划线盘底面要平整、清洁,否则容易产生划线误差。

(3)划针要经过热处理,使划针头部的硬度达到要求,尖端磨成 15°～20°的锥角,头部要保持尖锐,使划出的线条清晰、准确。

(4)工件安装后,为了检查划线误差,可用百分表在外圆上测量。缓慢转动工件,观察其跳动量是否为 8 mm。

课题三　在两顶针间车削偏心工件

一、实习教学要求

(1)掌握车削偏心轴(包括简单曲轴)的方法和步骤。

(2)掌握偏心轴(包括简单曲轴)的划线方法(用高度游标划线尺)和钻中心孔的要求。

(3)能分析产生废品的原因及提出预防的方法。

二、相关工艺知识

较长的偏心轴,只要轴的两端面能钻中心孔,有鸡心夹头的装夹位置,一般应该用在两顶针间车削偏心的方法。图 10-11 所示的偏心轴,就可用这种方法进行车削。

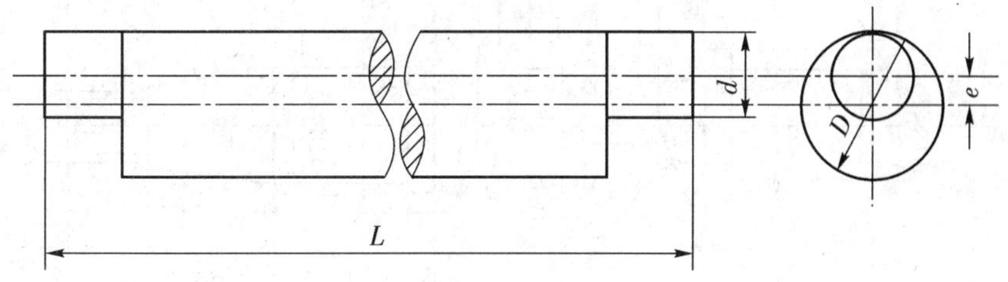

图 10-11　偏心轴

它的操作步骤如下。

(1)把坯料车成要求的直径 D 和长度 L。

(2)在轴的两端面和需要划线的圆柱表面涂色,然后把工件放在 V 形槽铁上,如图 10-12 所示,用高度游标划线尺量取轴的最高点与划线平板之间的距离,记下尺寸,再把高度划线尺的游标下移到工件半径的尺寸,在工件的端面和圆柱表面划线。

(3)把工件转动 90°,用角尺对齐已划好的端面线,再用调整好的高度划线尺,在两端面和圆柱表面划线。

(4)把高度划线尺的游标上移一个偏心距 e 的尺寸,并在两端面和圆柱表面划线,端面上的交点即是偏心中心点。

(5)在所划的线上打几个样冲眼,并在工件两端面的偏心中心点上分别钻出中心孔。

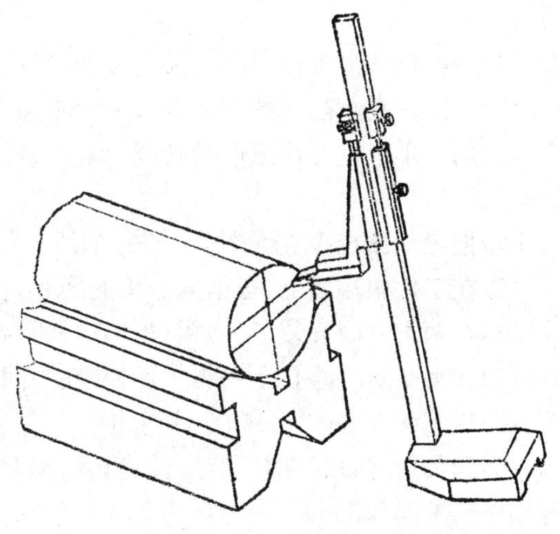

图 10-12　偏心轴的划线方法

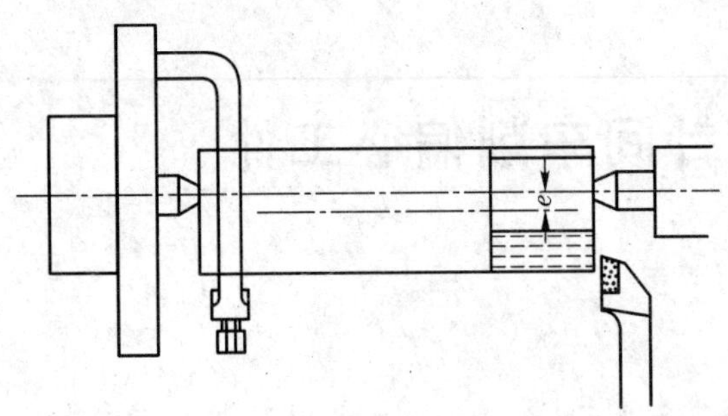

图 10－13　在两顶针间车偏心轴

(6)用两顶针顶在中心孔内,这样就可以车削,如图 10－13 所示。

曲轴也是偏心轴的一种,常用于内燃机中,使往复直线运动变为旋转运动。曲轴可以在专用机床上加工,也可以在车床上加工,但操作技术要求高。这里练习的是简单曲轴的加工方法,基本上与偏心轴的加工方法相似。

三、车简单曲轴训练(图 10－14)

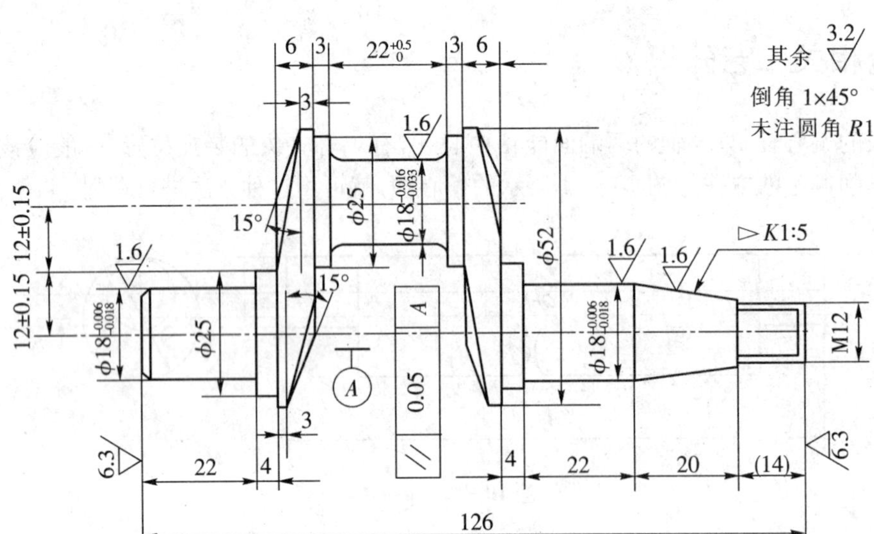

图 10－14　车简单曲轴

加工步骤

(1)用三爪卡盘夹住工件一端的外圆,车削工件另一端的端面,钻中心孔 $\phi3$。

(2)一顶一夹车削外圆 $\phi52$ 至尺寸要求,长度尽可能留得长些。

(3)用三爪卡盘夹住工件的外圆,车准工件的总长 126 mm,工件两端面的表面粗糙度要求达到要求。

(4)把工件放在 V 形槽铁上,进行划线。

(5)在工件两端面上,根据偏心距的间距,在相应位置钻中心孔(4 个)。

(6)在两顶针间安装工件,粗、精车中间一拐 $\phi25\times28$ 和 $\phi18\times22$,倒角 $3\times15^\circ$(两内侧)。

(7)在另一对中心孔上安装工件,并在中间凹槽中用螺钉螺母支撑住,支撑力量要适当。

(8)粗车 $\phi25$ 和 $\phi26\times59$。

(9)调头,在两顶针间安装工件,粗、精车 $\phi25\times4$ 和 $\phi18\times22$ 至尺寸要求及倒角 $1\times45^\circ$(控制中间壁厚 6 mm)。

(10)调头,在两顶针间安装工件,粗、精车 $\phi25\times4$ 和 $\phi18\times22$ 及锥度 1∶5 至尺寸要求,车 M12 螺纹(控制中间壁厚 6 mm)。

(11)倒角 3×45°(两外侧)。

(12)检查。

四、注意事项

(1)划线、打样冲眼要认真、仔细、准确,否则容易造成两轴轴心线歪斜和偏心距误差。

(2)支撑螺钉不能支撑得太紧,以防工件变形。

(3)由于是车削偏心工件,车削时要防止硬质合金车刀在车削时被损坏。

(4)车削偏心工件时顶针受力不均匀,前顶针容易损坏,因此必须经常检查。

课题四 校正十字线练习

一、实习教学要求

(1)了解十字线的作用。

(2)能在四爪卡盘上校正十字线。

(3)通过安装、校正练习后,要求一次安装,校正时间在 30 分钟内完成,其误差不大于 0.15 mm。

二、相关工艺知识

在车削如图 10-15 所示的对合轴瓦时,通常将工件装夹在四爪卡盘上,用划针盘进行

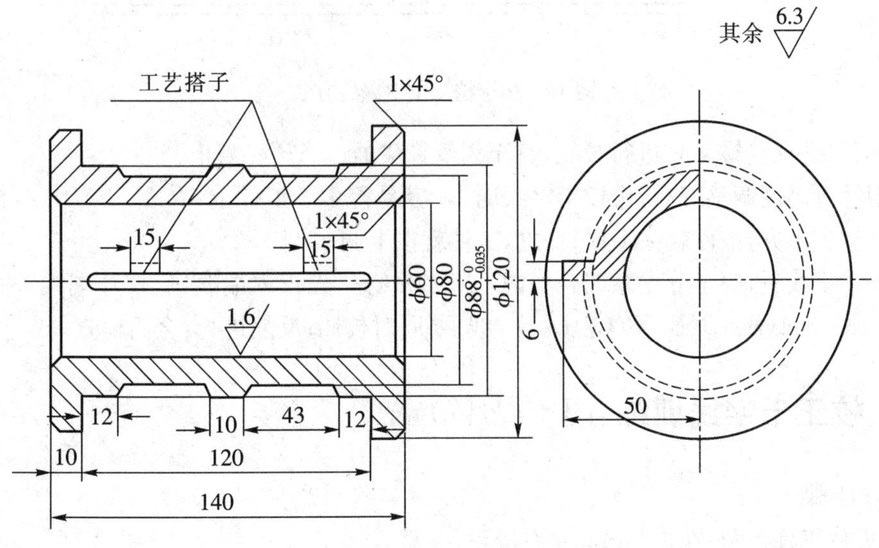

图 10-15 对合轴瓦

校正。既要校正工件端面上的对分线及其左右两端处的外圆，又要校正对分线对床面导轨的平行度。这种校正的基本方法与在四爪卡盘上车削偏心工件时的校正方法相似，都属于校正十字线的内容，是车工的基本技能之一。

在车床上校正十字线时，开始往往不知道在小平板上的划针盘的针尖是否对准主轴中心，这可以在校线时检查和调整。其方法是先用手转动工件，校平$A(A_1)B(B_1)$线。调整划盘针高度，使针尖通过AB线，然后工件转过180°。可能出现的情况如下。

(1)针尖仍通过AB线，这说明针尖对准主轴中心，且工件AB线也校正，如图10-16(a)。

(2)针尖在下方与AB线相差距离Δ，如图10-16(b)。这说明划针应向上调整$\Delta/2$，工件AB线向下调整$\Delta/2$。

(3)针尖在上方与AB线相距Δ，如图10-16(c)。这时划针应向下调整$\Delta/2$，AB线向上调整$\Delta/2$。

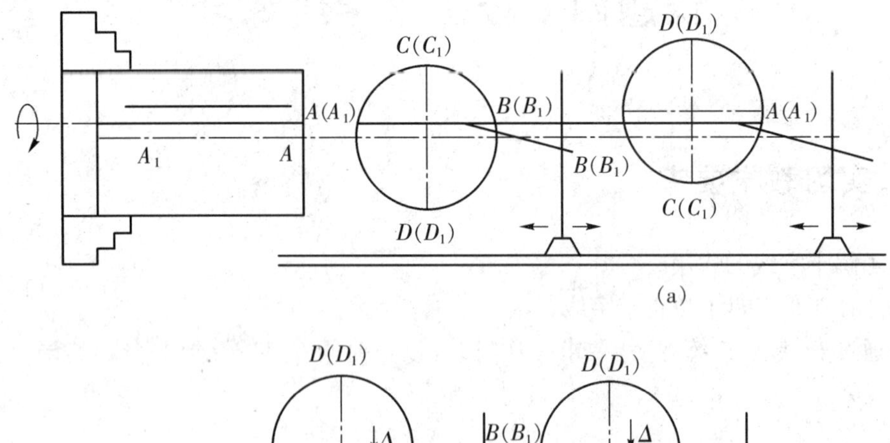

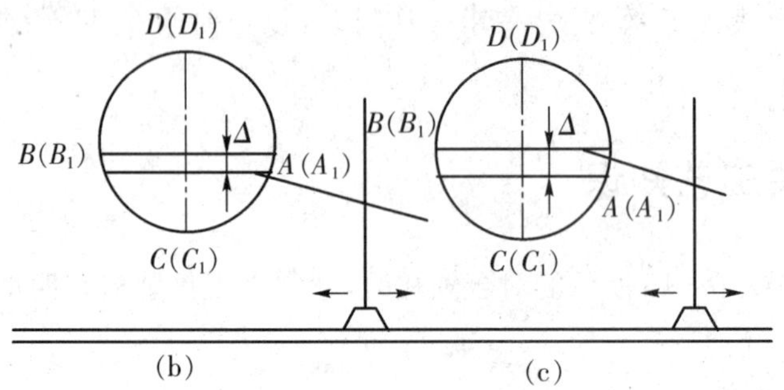

图10-16 校正十字线的方法

这样，工件反复转180°进行校正，直至划盘针尖通过AB线为止。

当划针盘高度调整好后，再校十字线时，就容易得多。工件上$A(A_1)B(B_1)$线校正后，如在划针针尖上方，工件就往下调；反之，工件就往上调。

在校十字线时，要十分注意综合考虑，一般应该是：先校内端线，后校外端线；两条十字线[如图18-3 $A(A_1)B(B_1)C(C_1)D(D_1)$线]要同时校调；反复进行，全面检查。

三、校正十字线训练(图10-17)

操作步骤

(1)夹住工件外圆，在长8 mm左右校正，夹紧。

(2)粗车端面。

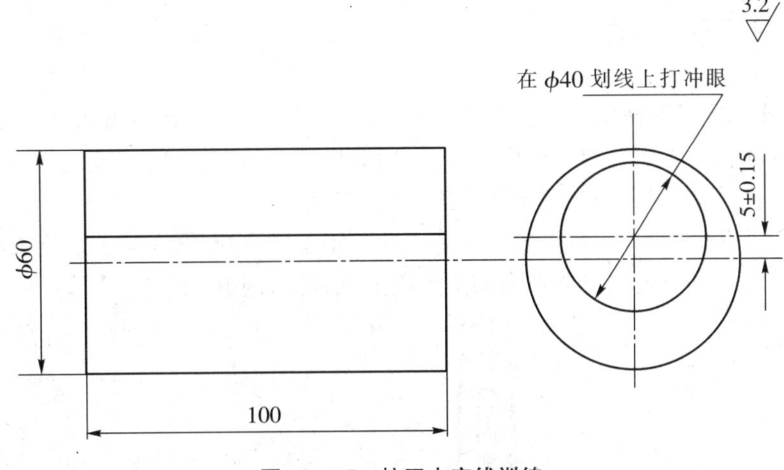

图 10-17　校正十字线训练

(3)粗车外圆φ60 至φ60.5×100。
(4)精车端面及外圆φ60×100 至尺寸要求。
(5)调头垫铜皮夹住外圆校正,车准总长 100 mm。
(6)工件涂色,划十字线,打样冲眼(按图样要求)。
(7)在四爪卡盘上装夹工件,并校正十字线。多次练习直至达到教学要求。

四、注意事项

(1)由于工件偏心,装夹较难,在调整卡爪时,应防止工件跌落,损坏床面。
(2)校正工件时,应保护线条清洁,防止敲坏样冲眼,不利于反复练习。
(3)用划针盘校正时,不要把划针尖在线条上划动,以防把线条划坏,影响校正精度。
(4)划线时,应检查平板的平面和划针盘的底平面是否有碰伤,以免影响划线精度。
(5)校正十字线时,工件不要夹得过长,一般在 10～15 mm。

课题五　在四爪卡盘上校正、车削对称工件

一、实习教学要求

(1)掌握杠杆式百分表的使用方法。
(2)掌握在四爪卡盘上校正对称工件的方法。
(3)能根据百分表测量读数,调整卡爪,达到工件的精度。

二、相关工艺知识

(1)杠杆式百分表的使用方法。杠杆式百分表的用途与钟表式百分表基本相同。但是,由于杠杆式百分表的体积小和测杆可以转动,因此比较灵活方便,能完成通常钟表式百分表难以测量的小孔、凹槽和端面跳动等测量工作。

使用杠杆式百分表时,一般需要装在表架上,如图 10-18 所示。表架应放在平板上或某一平整位置上。百分表的位置在表架上可以上下、前后调节。

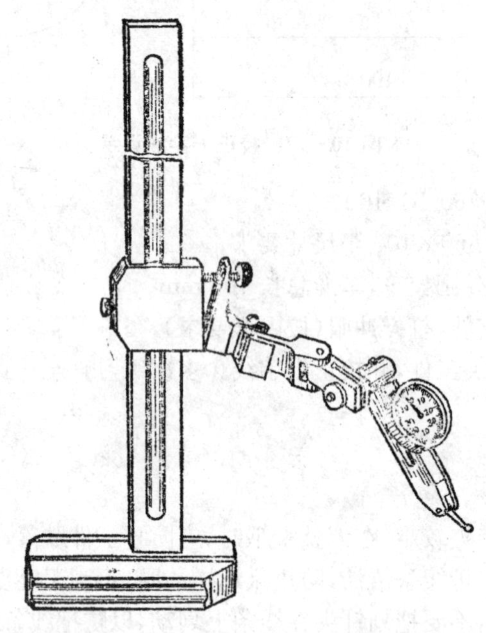

图 10-18　杠杆式百分表表架

用杠杆式百分表检查工件垂直度的方法见图 10-19(a)。

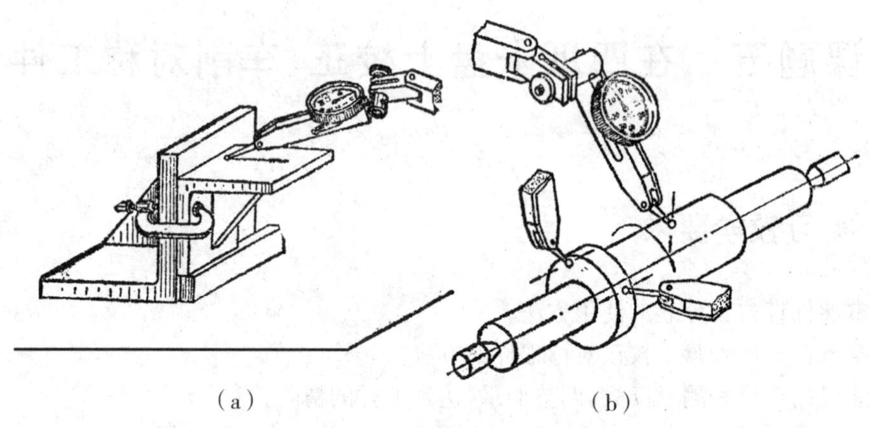

(a)　　(b)

图 10-19　杠杆式百分表的使用方法

用杠杆式百分表检查工件径向圆跳动和端面圆跳动的方法见图 10-19(b)。

测量时，杠杆式百分表的测杆轴与被测工件表面的角度 α 不宜过大，见图 10－20。α 角度越小，误差越小。

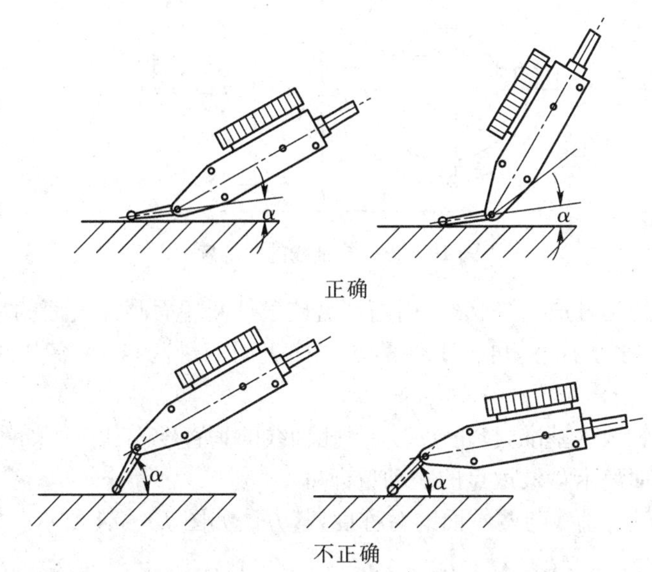

图 10－20　杠杆式百分表测杆轴线的角度

(2)对称零件的技术要求。在车床加工不规则零件时，有相当一部分是对称零件，这些零件的技术要求，除了尺寸精度外，还有相对位置精度要求，如垂直度、平行度、对称度。在装夹、校正和车削过程中必须特别注意。

四、车削对称工件训练(图 10－21)

训练(1)。

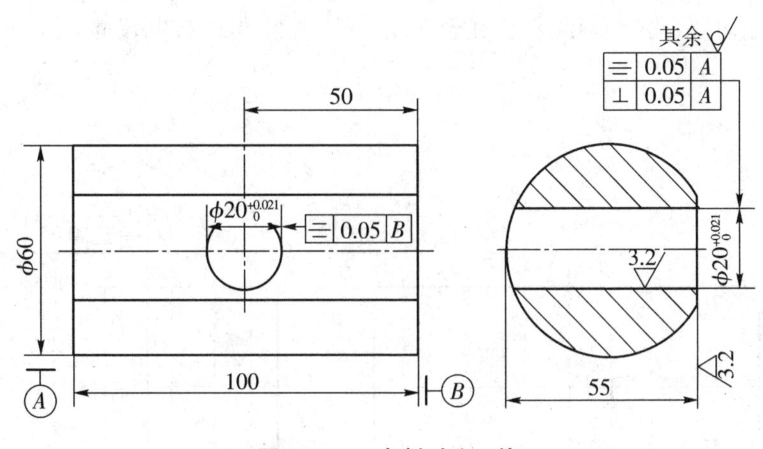

图 10－21　车削对称工件

加工步骤

(1)在四爪卡盘上垫铜片夹住工件，用划针盘粗校工件的对称度、垂直度和孔与两端面的对称度。

①以$\phi 60$外圆轴线为基准，校正$\phi 20^{+0.021}_{0}$孔轴线的对称度，其方法如图 10－22。

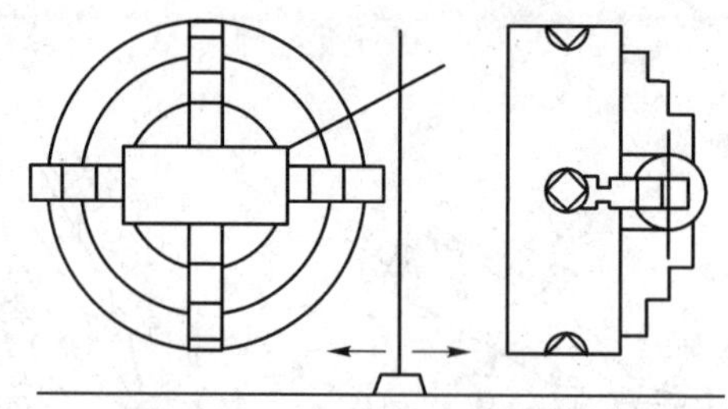

图 10－22　校轴线的对称度

用手转动卡盘使工件成水平状态，用划针盘校工件两端面圆柱表面的最高点，观察其间隙，转 180°使工件成水平状态，再校工件两端圆柱表面的最高点，观察其间隙，作比较后校正。应多次复校。

②以$\phi 60$外圆轴线为基准，校正$\phi 20^{+0.021}_{0}$孔轴线的垂直度。其方法如图 10－23，用划针盘校正两端圆柱表面离卡盘最远点的跳动量即可。

③校正$\phi 20^{+0.021}_{0}$孔轴线与两端面的对称度，其方法如图 10－24 所示。

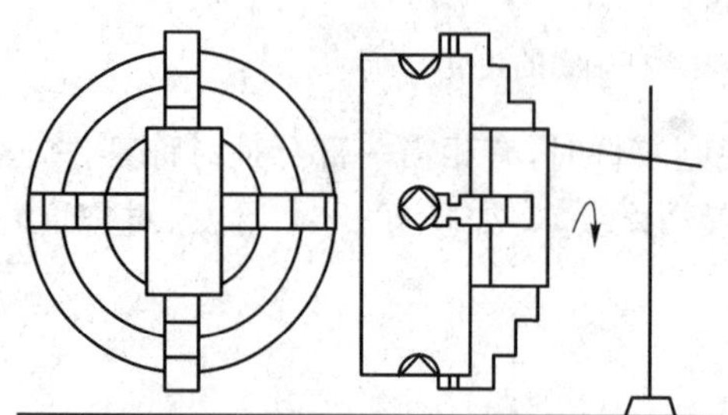

图 10－23　校轴线的垂直度

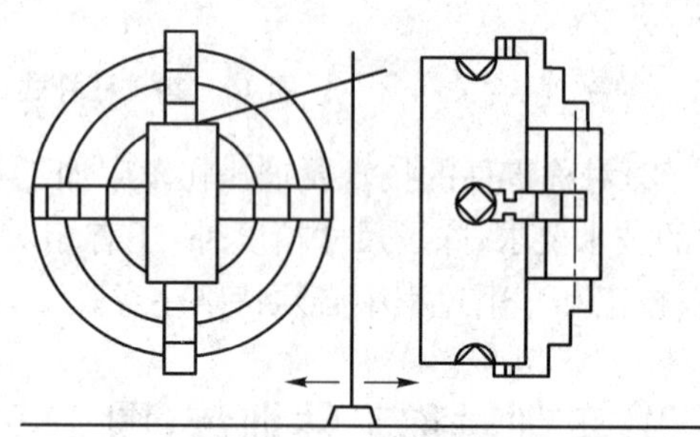

图 10－24　校孔轴线与两端面的对称度

(2)用杠杆式百分表按上述方法精校。

(3)粗车端面，钻孔$\phi 17$，粗、精镗孔至$\phi 20^{+0.021}_{0}$，精车端面，控制尺寸 55 mm。

(4)检查。

训练(2)。

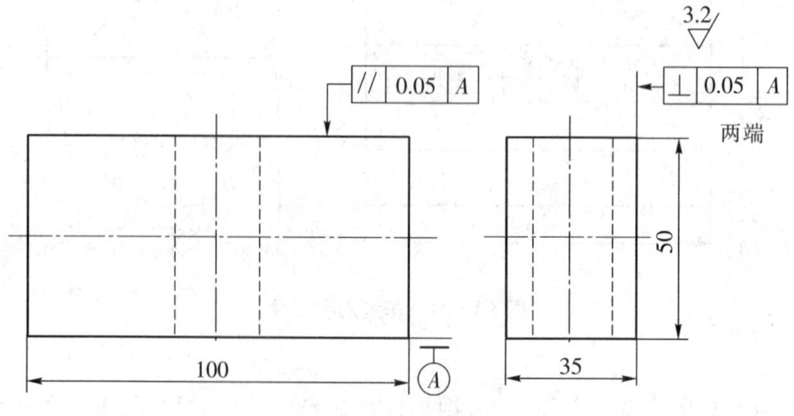

图 10－25　车矩形工件

加工步骤

(1)用四爪卡盘的一对卡爪垫铜片夹住工件两端，另一对卡爪用铁块垫孔口夹住。

(2)用划针盘粗校，用杠杆式百分表精校。

①校正 35 mm 宽的平面与主轴轴线平行[图 10－26(a)]。

②校正工件两端圆柱表面，端向跳动。

(3)车端面，至工件厚为 47.5 mm[图 10－26(b)]。

(4)工件调头，用上述方法装夹、校正，车端面，至工件厚为 35 mm[图 10－26(b)]。

(5)工件翻转 90°，垫铜片夹住，用上述方法校正、车端面，至工件厚为 50 mm[图 10－26(b)]。

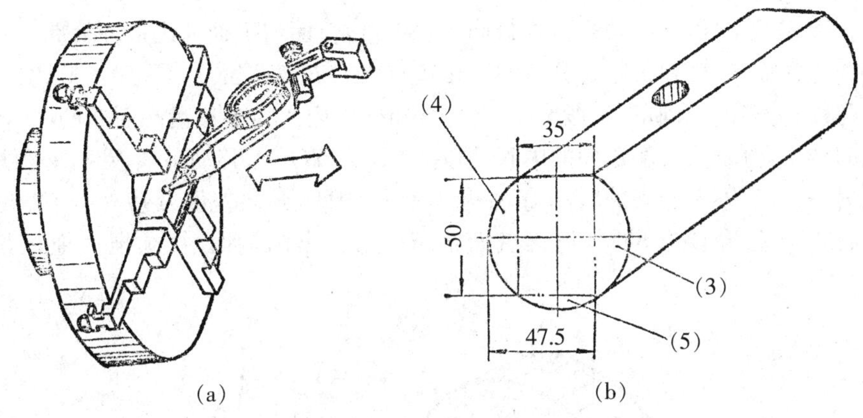

图 10－26　操作分步示意图

四、注意事项

(1)注意杠杆式百分表换向手柄的位置和用表安全。在测量过程中，一般量取中间值并应防止测量值走动。

(2)由于断续车削，平面容易产生凹凸不平，应用钢尺检查平面度。

(3)在单独校正垂直度和对称度后，应综合复查，以防相互干扰，影响进度。

(4)在校正时，应注意基面统一，否则产生积累误差，影响精度。

(5)在车削平面时，可用千分尺测量工件的两端，检查尺寸精度。

课题六　在花盘上安装、车削工件

一、实习教学要求

(1)掌握花盘的安装、检查和修正。

(2)掌握在花盘上安装工件，校正孔距的方法和步骤。

(3)懂得使用花盘装夹工件的安全知识。

(4)能按工件技术要求进行划线。

二、相关工艺知识

当工件外形复杂，而且被加工表面与基准面要求垂直时，可安装在花盘上加工。

花盘一般用铸铁浇铸而成，盘面上有辐射状的长短不同的穿通槽，用来安装各种螺钉，以紧固工件。花盘的平面须与主轴轴线垂直，盘面要求平整光洁。

花盘安装在主轴上时，要先检查定位轴颈、端面和连接部位有无脏物及毛刺，待擦净、去毛刺、加油后再装到主轴上。

在花盘上安装工件前，必须先检查盘面是否平直，盘面与主轴轴线是否垂直。

检查花盘端面跳动时，可用百分表的测量头接触在花盘平面上[图 10－27(a)]，用手转动花盘，观察百分表的跳动量，一般要求在 0.02 mm 以内。检查花盘端面凹凸时，需将百分表固定在刀架上，测量头接触盘面的中间部位[图 10－27(b)]，移动中拖板时，必须从花盘的一边移到另一边，观察百分表的跳动量，一般只允许中凹，其误差值 Δ 应在 0.02 mm 以内。如果检查结果不符合要求，可以把花盘面精车一次。车削端面时，须把大拖板紧固螺钉拧紧。

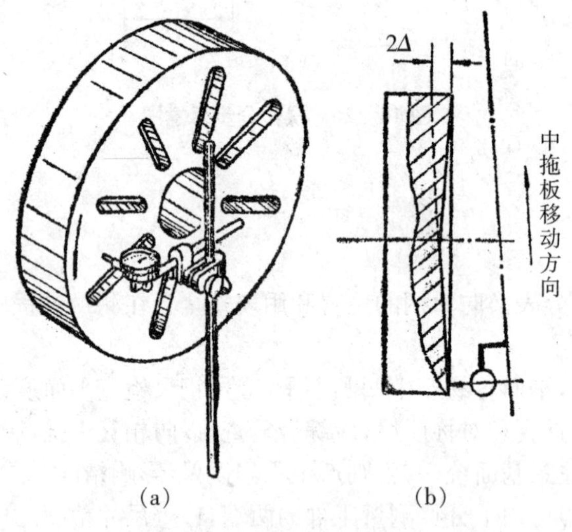

图 10－27　用百分表检查花盘平面

在花盘上安装的工件，它的种类大部分是偏向一边的，如果不将轻重校正平衡便进行车削，不但影响工件的加工精度，而且还会引起振动，损坏车床主轴和轴承。因此，必须在花盘偏重的对面装上适当的平衡铁。在花盘上校正平衡时，可以调整平衡铁的质量和位置。平衡铁装好后，把车头箱手柄放在空挡位置，用手转动花盘，观察花盘能否在任意位置上停下来。如果能在任意位置上停下来，就表明花盘上的工件已被平衡好，否则需要重新调整平衡铁的位置或增减平衡铁的质量。

在花盘上安装、校正两孔工件的方法，如图 10－28(a)所示的工件，两孔间距离为(100±0.05)mm，两孔的孔径尺寸：大孔为 $\phi 40^{+0.039}_{0}$，小孔为 $\phi 30^{+0.033}_{0}$。加工时，首先车好 $\phi 40^{+0.039}_{0}$

的大孔和整个平面，然后在花盘平面上装一个与孔配合的定位心轴，把工件上已车好的大孔套在上面，用螺母紧固[图 10－28(b)]。同时用划针盘校正另一个孔的端面上预先划好的圆线，最后紧固工件，进行试削。把小孔车至$\phi 28^{+0.033}_{0}$，接着在两个孔内插入塞规，用千分尺进行测量。千分尺准确读数应等于两孔孔径尺寸的一半数值加上孔距规定尺寸之和，即 1/2(40＋28)＋100＝134(mm)。如果千分尺测得读数在(134±0.05)mm 内，则表明两孔的距离是准确的，可继续加工。否则必须重新移动定位心轴，直至试削后测得正确读数，才能进行精加工。

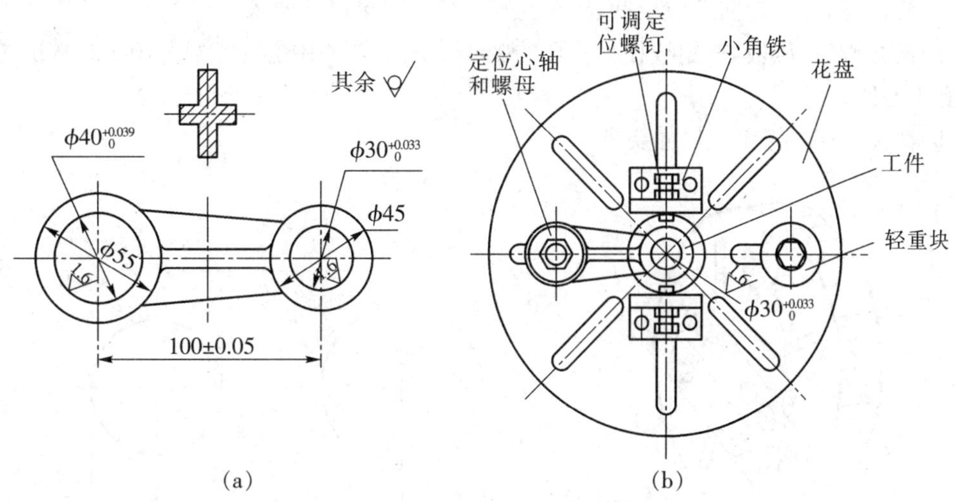

图 10－28　两孔工件及其在花盘上装夹

三、在花盘上安装车削有孔距要求的工件训练(图 10－29)

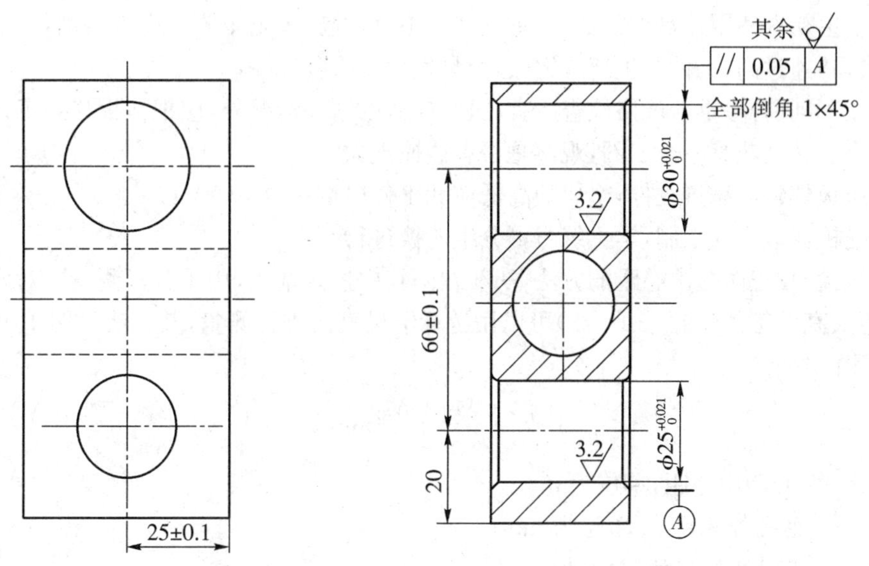

图 10－29　在花盘上安装车削有孔距要求的工件

加工步骤

(1)按图样要求,在平板上进行划线。

(2)装小孔花盘,去毛刺,校正端面或精车修正端面。

(3)工件按划线在花盘上安装、校正。

(4)安装平衡铁,校正平衡。

(5)钻孔,试镗内孔。

(6)检查、测量、校正孔与侧面距离(25±0.1)mm。

(7)校正后,安装导向定位挡铁,精车孔径$\phi 25^{+0.021}_{0}$至尺寸要求。

(8)松开螺钉、压板,按划线把另一孔的中心对准主轴的中心位置(图 10-30),试镗、校正两孔中心距。

(9)精镗孔$\phi 30^{+0.021}_{0}$至尺寸要求。

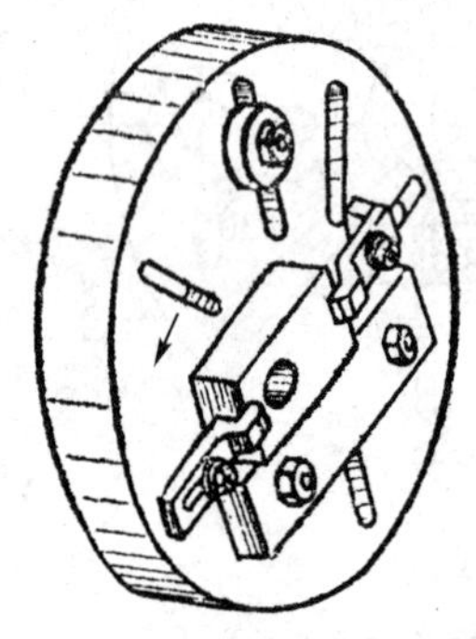

图 10-30 安装导向定位件

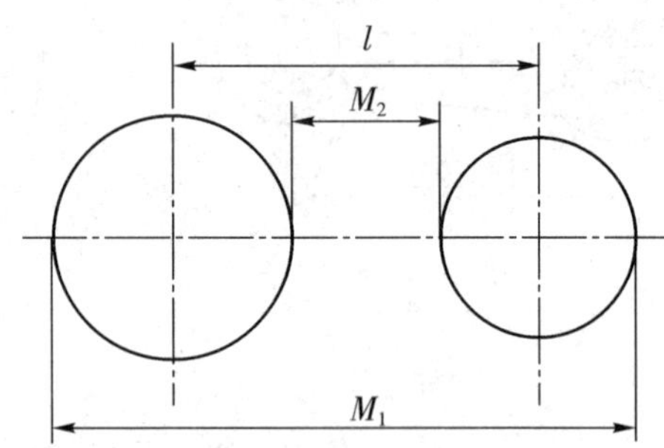

图 10-31 两孔距测量

四、注意事项

(1)学生初次使用花盘加工,车床主轴转速不宜过高,否则车床易产生抖动,影响镗孔精度。其次,转速过高,工件产生离心力大,容易发生危险。

(2)在车削前,除重新严格检查所有压板、螺钉的紧固情况外,应把拖板移到工件最终位置,用手小心转动花盘一至二圈,观察是否有碰撞现象。

(3)压板螺钉应靠近工件,垫块的高低应和工件厚度一致。

(4)受机床数量的限制,学生练习可分组轮换进行。

(5)试镗、校正两孔中心距的方法,一般在两孔中插入塞规,用千分尺测量。对两孔距精度要求不太高的工件(如图 10-29)可以用游标卡尺直接进行测量,其方法见图 10-31。两孔距 L 用下式计算。

$$L=\frac{M_1+M_2}{2}\text{mm} \tag{10.3}$$

式中:L——两孔距中心距,单位为 mm;

M_1——两孔外侧尺寸,单位为 mm;

M_2——两孔内侧尺寸,单位为 mm。

这种方法的优点是:迅速、简便,不受工件孔径大小影响,便于试镗。

课题七　在角铁(弯板)上安装、车削工件

一、实习教学要求

(1)掌握角铁的安装、检查和修正。
(2)掌握在角铁上安装工件和校正工件的方法。
(3)懂得使用角铁装夹工件的安全技术。

二、相关工艺知识

当工件外形复杂,而且被加工表面和基准面要求平行时,可安装在角铁上加工。

角铁一般分为内角铁和外角铁两种。此外,根据不同加工要求还可做成各种不同形状的角铁(图 10－32)。

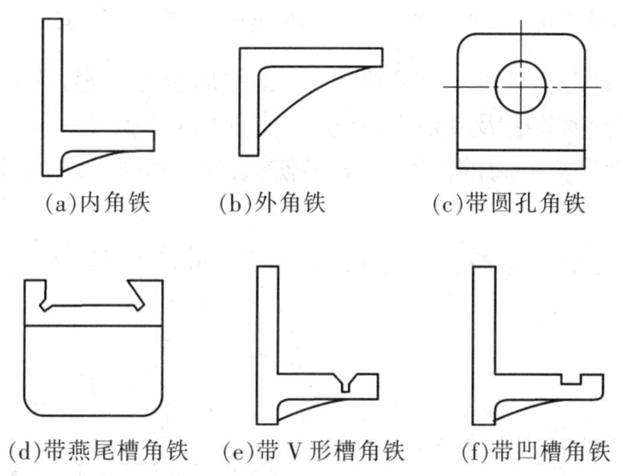

图 10－32　各种角铁

角铁的两个平面必须经过平磨或精刮,使两个平面接触性好,相互垂直,同时要具有一定的刚性和强度,以防止装夹工件时变形。在制造角铁时,为消除因铸件的内应力而产生的变形,应在铸造后经时效处理。

角铁安装在花盘上之后,首先用百分表严格检查角铁的工作平面与主轴轴线的平行度。检查的方法如图 10－33 所示。先把百分表装在中拖板或大拖板上,使测量头与角铁平面轻轻接触,然后缓慢摇动大拖板,观察百分表的摆动值,即可得出检查结果。如果出现超出允差(一般是工件公差的二分之一),就在角铁和花盘的接触平面间相应垫上铜皮或薄纸加以调整,直至测得结果符合要求为止。

图 10－34 是轴承座安装在角铁上的实例。先用压板初步压紧,再用划针盘校正轴承座轴心线。校正轴承座中心时应该先根据划好的十字线校正轴承座的中心高。校正方法是水

平移动划针盘，调整划针高度，使针尖通过水平中心线；然后把花盘旋转 180°，再用划针轻划一水平线，如果两线不重合，可把划针调整在两条线中间，把工件水平线向划针高度调整。再用以上方法直至校正好为止。校正垂直中心线的方法同上。十字线调整好后，再用划针校正母线。最后复查，紧固工件。装平衡块，用手转动花盘，观察有什么地方碰撞，如果花盘平衡，旋转不碰，即可进行车削。

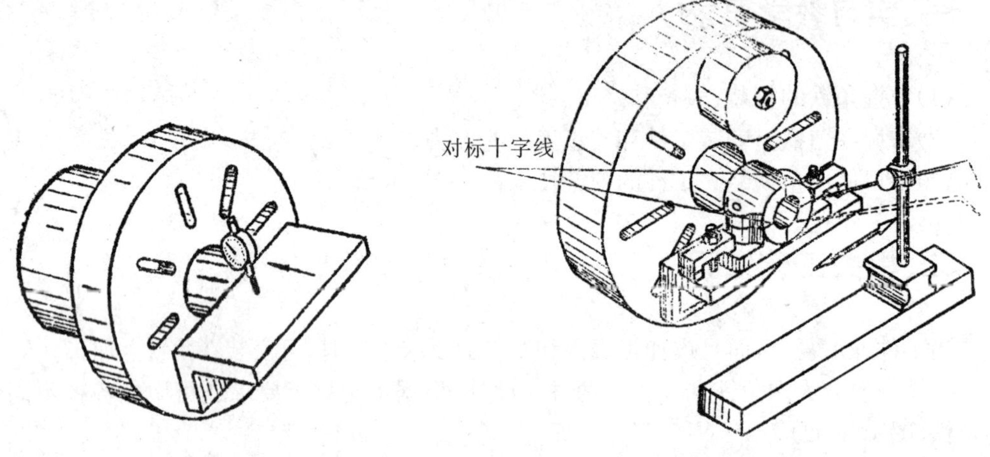

图 10－33　用百分表检查角铁工作平面　　图 10－34　在角铁上安装、校正轴承座的方法

在角铁上加工工件时应特别注意安全，因为工件形状不规则，并有螺钉、压板等露在外面，如果一不小心，碰到操作者及其他人，将引起工伤事故。另外在角铁上加工工件，转速不宜过高。转速太快，会因离心力的作用，很容易使螺钉松动，工件飞出，发生事故。

三、在角铁上安装车削有孔距的工件训练（图 10－35）

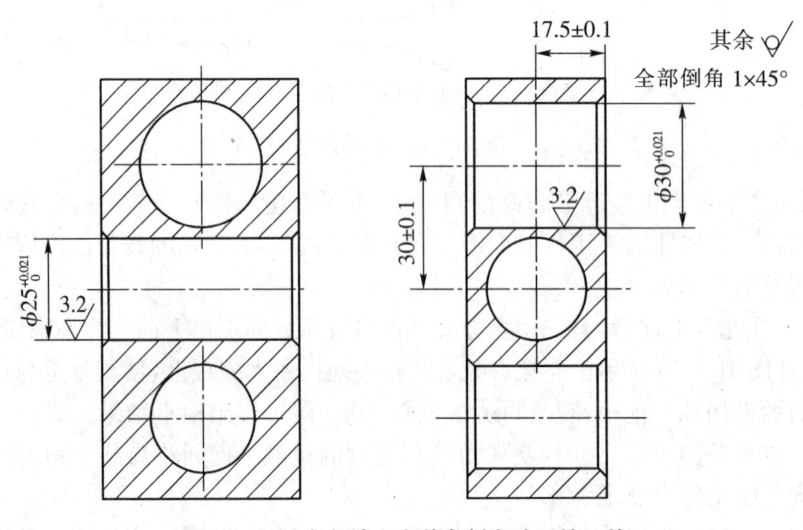

图 10－35　在角铁上安装车削有孔距的工件

加工步骤

(1)安装花盘、角铁,并校正角铁工作面与主轴轴线平行。

(2)在角铁上安装定位销,在主轴孔内安装、校正测量棒(图 10－36)。

(3)调整角铁平面,使其轻贴测量棒外圆;并测量定位销和测量棒的中心距达到孔距要求[图 10－36(a)]。

(4)紧固角铁,然后卸下主轴孔中的测量棒。

(5)工件安装在角铁上,以定位销定位,并用百分表校正工件端平面[图 10－36(b)],然后紧固。

(6)安装平衡铁,使花盘平衡。

(7)镗孔 $\phi 25^{+0.021}_{0}$ 至尺寸要求。

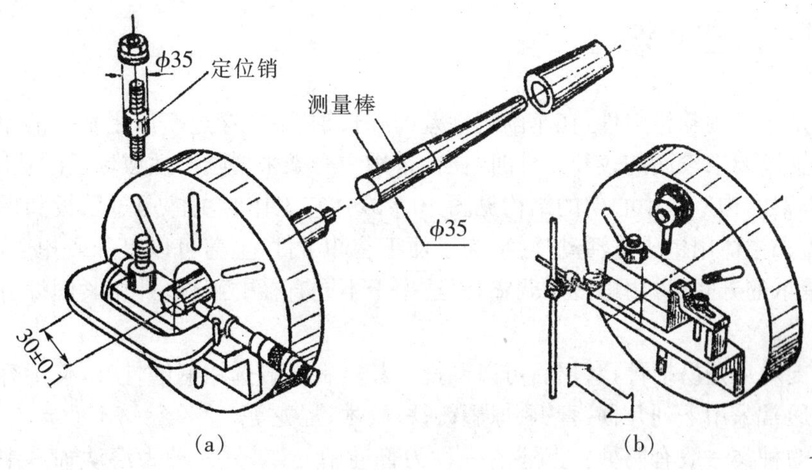

图 10－36　工件在角铁上的安装和校正

四、注意事项

(1)花盘上的角铁回转半径大,棱角多,容易产生碰撞现象。

(2)由于角铁、工件等都是用螺钉紧固,工件易走动,因此转速不宜过高,以防在离心力和切削力的作用下,影响工件精度,甚至造成事故。

(3)车削前,镗刀应在已有的孔内,从孔的一端移到另一端,同时用手转动角铁一至二圈,检查有无碰撞,以防发生危险。

(4)受机床、工装设备的数量限制,学生练习时可分组、轮换进行。

课题八　在中心架上安装、车削工件

一、实习教学要求

(1)懂得中心架的结构和使用方法。
(2)能使用中心架车削一般工件。

二、相关工艺知识

中心架是车床的随机附件，在车削刚性差的细长轴、不能穿过车床主轴孔的粗长工件和孔与外圆同轴度要求较高的较长工件时，往往采用中心架来增强刚性或保证同轴度。

(1)中心架的构造。中心架的结构见图10-37。它工作时主体通过压板和螺母紧固在床面上，上盖和主体用销子作活动连接，为了便于装卸工件，上盖可以打开或扣合，并用螺母来紧固；支承爪的升降，可用螺钉来调整，以适用于不同直径的工件，并用紧固螺钉来固定三个支承爪。

中心架支承爪是易损件，磨损后可以调换。其材料一般选用耐磨性好，又不容易研伤工件的材料。通常采用下列几种：青铜、球墨铸铁、胶木、尼龙等。

中心架的种类一般有两种。上述的一种为普通中心架，另一种为滚动轴承中心架。它的构造与普通中心架相同，不同之处在于支承爪前端，它装有三个滚动轴承，以滚动摩擦代替滑动摩擦，见图10-38。它的优点是：耐高速、不会研伤工件表面。缺点是同轴度稍差。

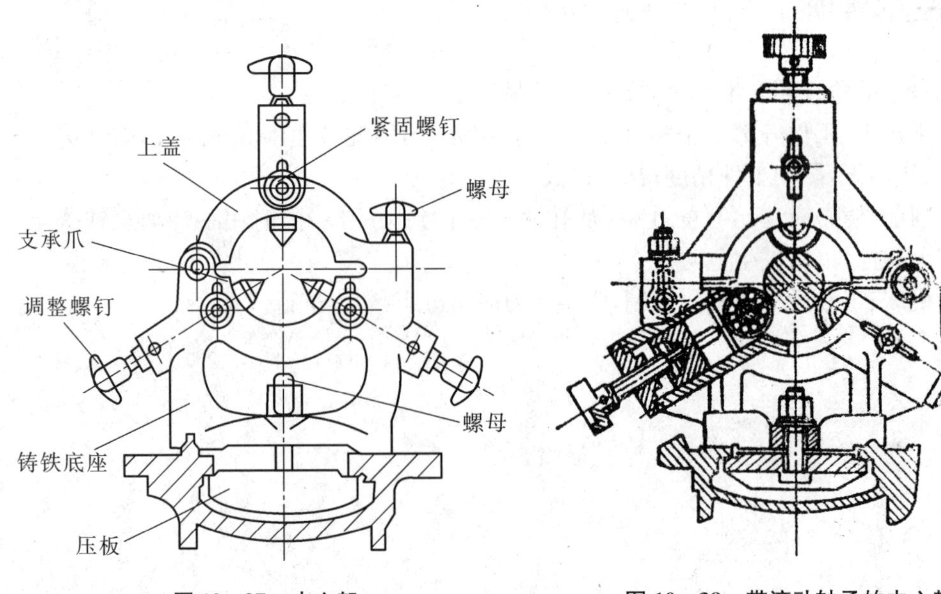

图10-37　中心架　　图10-38　带滚动轴承的中心架

(2)工件在中心架上安装和校正。

①一夹一顶半精车外圆后，工件在中心架上安装的方法。半精车后工件外圆已与车床主轴同轴，所以只需把中心架在床面上紧固在一定位置，就可以工件外圆为基准，调整中心架下面两个支承爪与工件轻轻接触，接着扣合上盖，紧固连接螺钉，调整上盖的支承爪与工件轻轻接触，并用螺钉把三个支承爪固定。然后在支承爪处加润滑油，移去尾座，即可钻、镗内孔。

②工件在四爪卡盘和中心架上安装和校正的方法。通常先用百分表校正工件两端外圆，然后以外圆为基准，调整中心架三个支承爪与工件轻轻接触即可。也可先校正靠近卡爪处的工件外圆，校正办法是：低速开动车床带动工件旋转，用目测透光法观察支承爪与工件之间的跳动间隙，调整三个支承爪即可。这样操作方便、省时，但必须有比较熟练的技能。

③较长工件在中心架上安装和校正。工件一端用四爪卡盘夹住，另一端用中心架支撑。在靠近卡爪处先把外圆校正，然后摇动大、中拖板用划针或百分表在工件两端作对比测量(指工件直径相同时)，并调整中心架支承爪，使工件两端高低一致[图 10-39(a)]、左右前后一致[图 10-39(b)]。

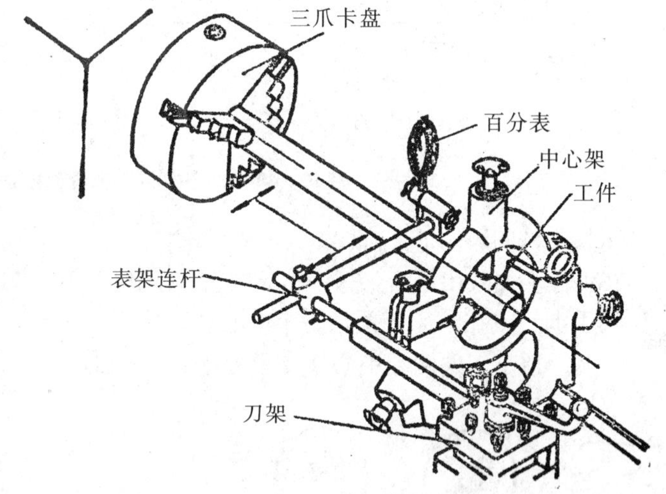

(a)校正工件的高低位置

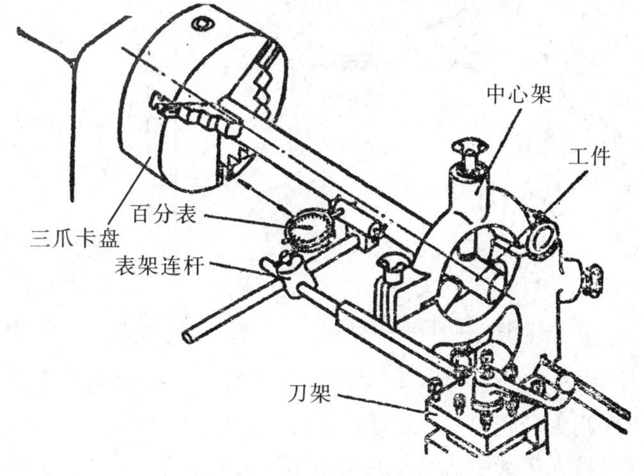

(b)校正工件的前后位置

图 10-39　在中心架上校正工件

(3)利用中心架车削工件的一般方法。

①细长工件的车削。将工件装夹在两顶针之间(或一夹一顶)，先在工件中段车削中心架的支承处。支承处的直径一般比工件精车的尺寸要大些，其宽度比支承爪宽些。然后根据支撑处的位置把中心架固定在床面上，并调整支承爪进行车削。当一端车至尺寸后，将工件调头安装，并调整中心架支承爪，再车另一端至尺寸。

采用中心架车削细长轴时，往往会发现工件外圆上产生锥度，其原因可能是尾座中心偏移或是中心架支承爪把工件支偏。所以在车削中心架支承处的同时，最好在工件两端各车一段相同直径的外圆，用二块百分表同时测量中拖板的进给数和工件两端外圆的读数(图

10-40)。这样就能把尾座中心校正,如再发现锥度,只需调整中心架支承爪即可。

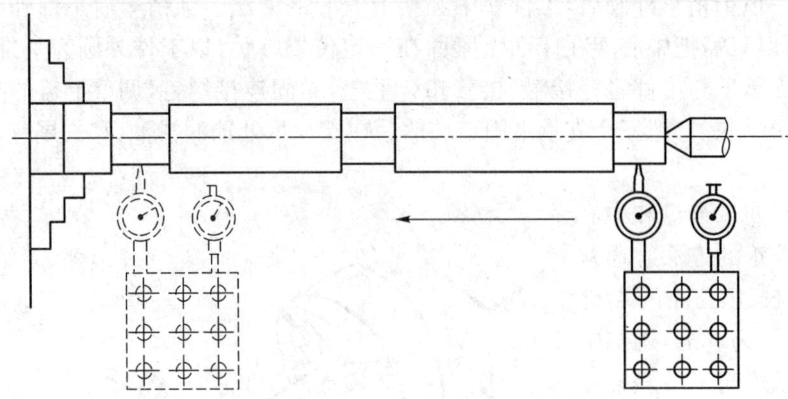

图 10-40 尾座中心的测量和校正

②粗长工件的车削。

a)在工件端面找出圆心,并用中心冲打中心眼(图 10-41)。

b)用手电钻或在钻床上预钻一个中心孔。

c)一夹一顶车工件两端中心架支承处(图 10-42)。

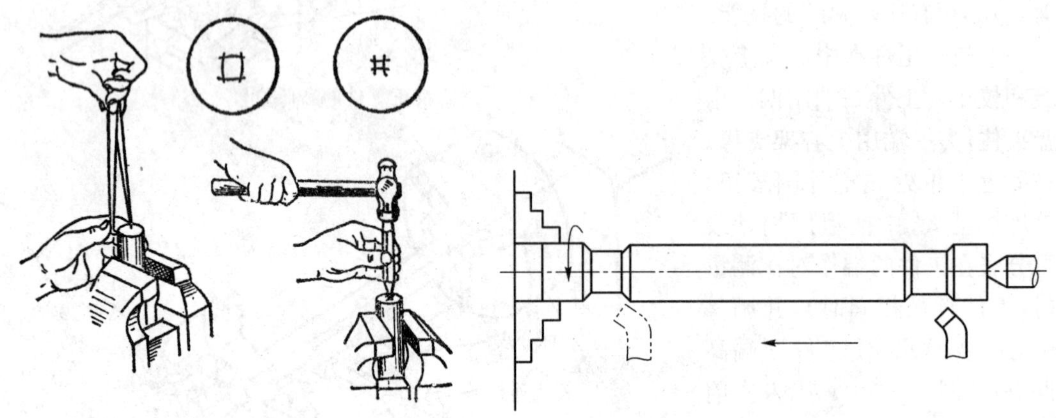

图 10-41 工件端面找圆心　　图 10-42 车中心架支承挡

d)在支承处架中心架,并调整支承爪,车端面,钻中心孔等。车削完毕,打开中心架的上盖,工件调头校正,另一端架中心架进行车削即可。

(4)为了扩大中心架的使用范围,采用附加一个过渡套筒的方法,来加工一些外径不规则的工件(如架中心架处有键槽或花键等)。这样的工件,不能直接架中心架,这时采用附加套筒的方法就能加工。套筒的孔径比工件外径大些,使用时将套筒套在工件架中心架处,套筒的两端各有四个调节螺钉,将套筒固定在工件上,用百分表校正套筒的中间外圆与工件外圆(同轴)[图 10-43(a)]。然后在套筒中间的外圆上架中心架[图 10-43(b)]。

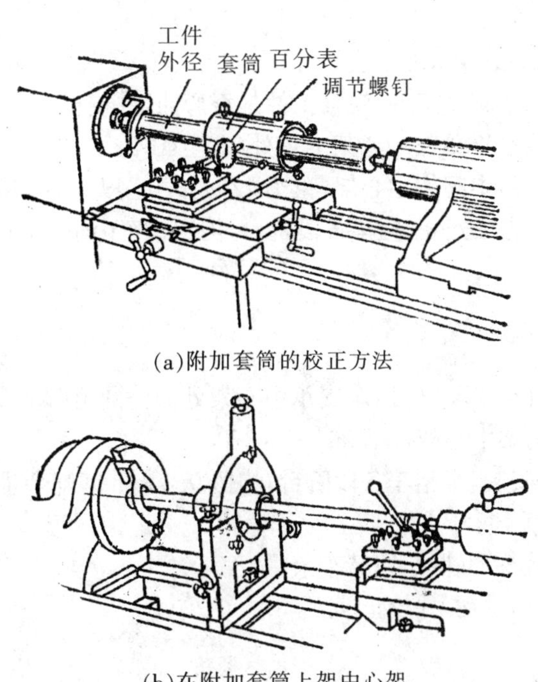

(a)附加套筒的校正方法

(b)在附加套筒上架中心架

图 10－43　用附加套筒安装和校正工件

三、中拖板螺杆训练(图 10－44、图 10－45)

训练(1)。

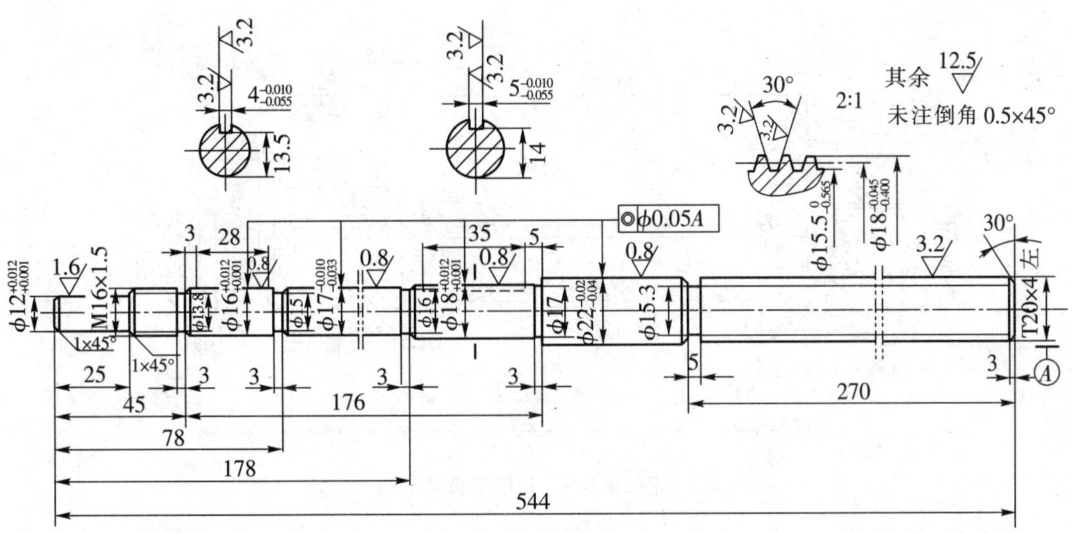

图 10－44　中拖板螺杆

加工步骤

①粗车。

a)割断长 545 mm。

b)车两端面至总长,钻ϕ1.5 中心孔。

c)用两顶针支顶,用手转动工件,观察工件是否弯曲,并校正。

d)用两顶针支顶,在ϕ22 处车中心架支承处(车至ϕ24×55)。

e)用两顶针支顶工件,中间架中心架,粗车ϕ20×270 至ϕ22×268(留精车余量)。

f)工件调头,用上述方法安装,粗车各段阶台,均留精车余量 2 mm。

②热处理调质。

③半精车。

a)研磨两头中心孔。

b)用两顶针支顶,在ϕ22×53 处,车支承中心架处的外圆至$\phi 22^{+0.4}_{0}$×55。

c)两顶针支顶,中间架中心架,车$\phi 20^{+0.2}_{0}$×270。

d)调头用上述方法安装,半精车各段阶台,均留 0.4 mm 磨削余量。

e)切割各挡沟槽。

f)粗车 T20×4 左旋梯形螺纹(留精车余量)。

g)检查工件外圆径向跳动,并校正。

④铣键槽。

⑤磨各段外圆。

⑥精车。

a)用两顶针支顶工件,在ϕ22×53 处架中心架,车外圆ϕ20×270。

b)精车 T20×4 左旋螺纹。

c)工件调头,精车 M16×1.5 三角螺纹。

d)检查后卸下工件。

训练(2)。

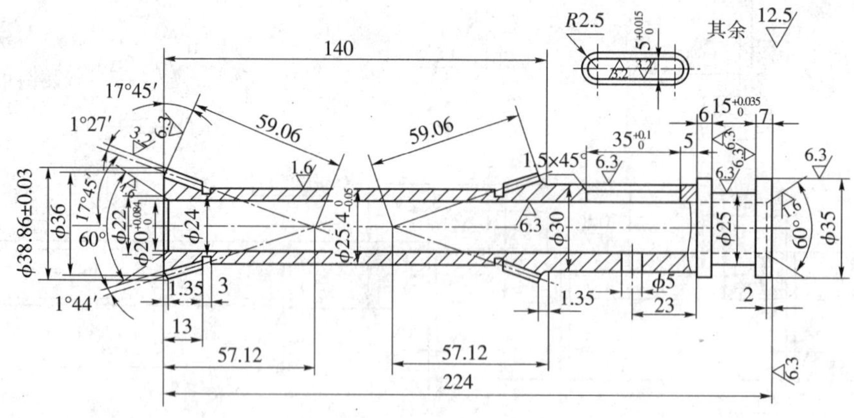

图 10-45 长柄伞齿轮

加工步骤

①车端面钻中心孔(控制总长在 225 mm 左右)。

②一夹一顶粗车各挡圈外圆、阶台、沟槽,见图 10-46(a)。

③在ϕ31 处架中心架,钻孔ϕ18.5×115,见图 10-46(b)。

④工件调头,夹住外圆ϕ37 处校正,于ϕ26 处架中心架,粗车毛坯外圆至ϕ40,车端面至

总长为 $224^{+0.5}_{0}$ mm，钻通孔 ϕ18.5，并镗孔至 $\phi 20^{+0.034}_{0}\times 115$，在孔口倒角 2×60°，见图 10-46(c)。

⑤工件调头，夹住外圆 ϕ40 处校正，于 ϕ31 处架中心架，镗通孔 $\phi 20^{+0.034}_{0}$，精车端面使总长为 224 mm，并在孔口处倒角 2×60°，见图 9-46(d)。

⑥装前顶针、后顶针（活顶针），工件在两顶针上支顶，精车外圆、阶台、沟槽至图样要求，见图 9-46(e)。

⑦精车齿面角 19°12′和齿背角 17°45′(2 处)，见图 10-46(f)。

⑧割槽 3×0.70(2 处)。

⑨检查后卸下工件。

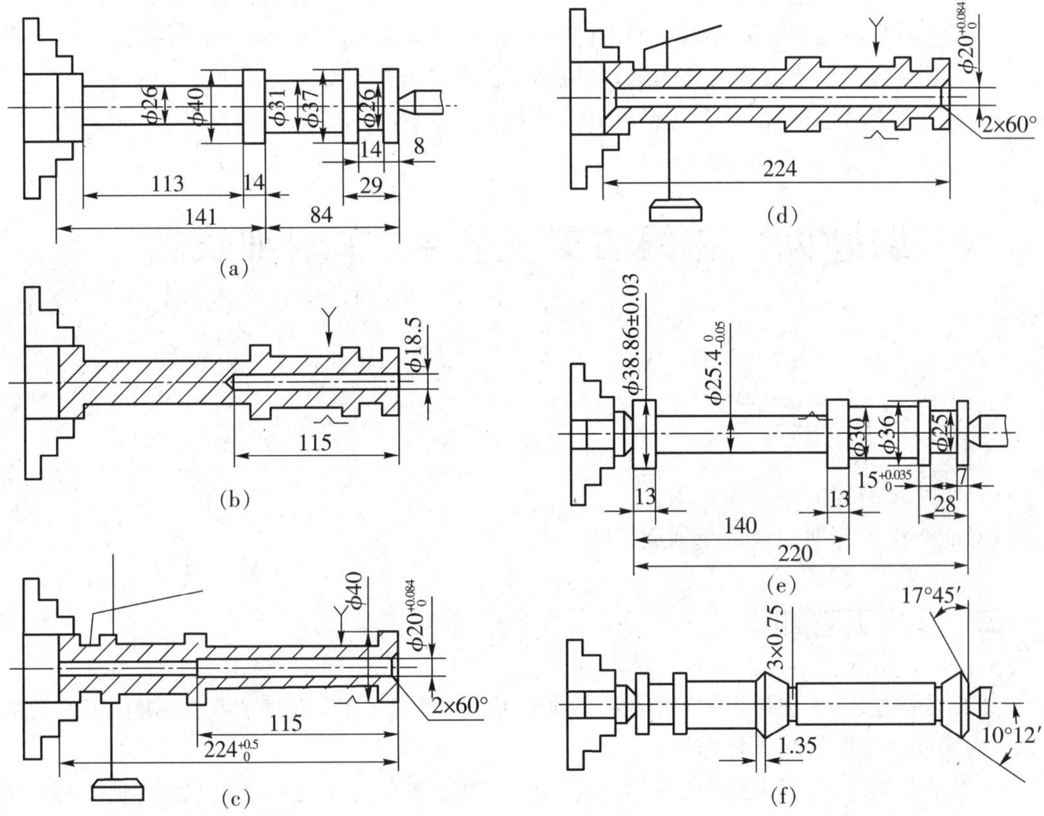

图 10-46　长柄伞齿轮工步加工示意图

四、注意事项

(1)中拖板螺杆两端钻中心孔的直径不能太大。

(2)车梯形螺纹时，由于切削力较大，对分夹头必须夹紧，否则容易走刀车坏螺纹。

(3)测量多阶台工件时，都应从一个基面测量，否则累计误差增大。

(4)一端夹住，一端架中心孔的工件，其夹持长度要短些(10～15 mm)，否则给校正工件带来困难。

(5)架中心架车内孔或外圆时，工件产生锥度。其主要原因是：中心架支承爪把工件中心支偏，严重时，工件会自动坠落。

(6)架中心架车内孔或外圆时，工件产生扁形。其主要原因是：工件支撑处本身不圆，中心架支承爪支得太松，支撑处工件外圆有毛刺、夹伤等。

(7)成批生产时，每个工件支撑处的外圆大小应基本一致，这样在中心架上安装就很方便，中心架下面的两个支承爪可以不要调整，只需扣合中心架的上盖或微调上爪即可车削。

(8)长柄伞齿轮孔口 2×60°倒角要光洁正确。

(9)车削长柄伞齿轮时，应随时注意前顶针是否走动，以防影响同轴度。

(10)沟槽 3×0.75 不能切割太深，以防降低工件强度。

(11)一夹一顶车削外圆时，由于受轴向切削力的影响，容易产生轴向移动。

(12)长柄伞齿轮镗内孔时，应防止切屑阻塞，内孔调头接刀时，应防止出现阶台。

(13)应随时注意中心架支承爪与工件的松紧和润滑情况，防止其影响工件质量。

(14)工件在中心架上安装和车削，可以结合已有产品进行。

(15)如机床附件有限，学生练习可分批进行。

课题九　在跟刀架上安装、车削细长轴

一、实习教学要求

(1)了解跟刀架的结构和使用。

(2)能调整跟刀架支承爪车削细长轴。

二、相关工艺知识

细长轴刚性差，车削比较困难，因此必须采用跟刀架来支撑，以增加刚性，防止工件弯曲变形，对保证加工质量起重要作用。

使用跟刀架时，把跟刀架固定在大拖板上，一般跟在车刀后面移动，但如果细长轴半精车后，外圆圆度好，没有锥度，没有弯曲变形等缺陷，跟刀架也可放在车刀的前面车削。

(1)跟刀架的种类和结构。目前常用的跟刀架有两种：两爪跟刀架[图 10－47(a)]和三爪跟刀架[图 10－47(b)]，其结构原理基本上和中心架相同。

两爪跟刀架目前使用较多，但由于两爪跟刀架支承爪只支撑在工件的上面和车刀的对面，见图 10－45(a)，而工件下面没有支承爪支托，因此车削时往往还会引起工件上下跳动，产生让刀现象。所以在两爪跟刀架上车削细长轴，操作难度大。

改进后的三爪跟刀架，它有三个支承爪，使用时三爪分布在工件的上面、下面和切削车刀的对面，见图 10－47(b)。这样，实际上起了一个轴承的作用，这对车削细长轴就稳妥得多了。

(2)采用跟刀架车削细长轴的工艺知识。

①确定细长轴的加工余量。细长轴刚性差，车削时容易让刀，因此必须多次车削才能将

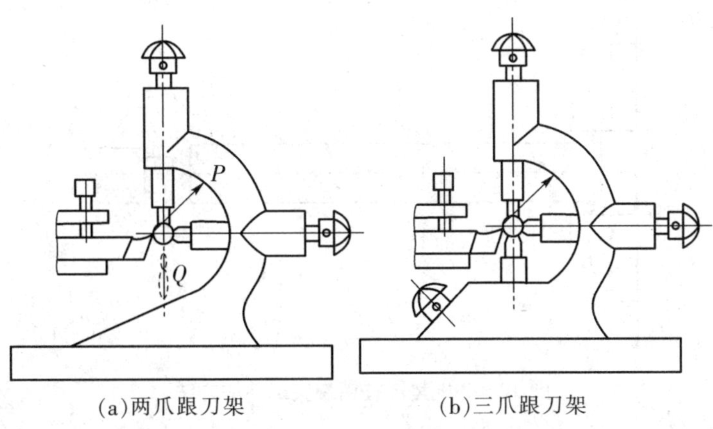

(a)两爪跟刀架　　(b)三爪跟刀架

图 10-47　两爪跟刀架和三爪跟刀架

工件车直，所以其加工余量要比一般工件的加工余量大。如直径与长度之比为 1∶30 的细长轴，一般为 4 mm 左右；1∶50 的细长轴，一般为 5～6 mm。

②钻中心孔的要求。细长轴在钻中心孔之前，必须注意来料是否弯曲，弯曲度大的应校正，弯曲度较小的也应把弯曲点接在工件的两端，使工件中间弯曲小或不弯曲，这样可以防止车削时工件产生离心力而影响切削。

③调整尾座中心与主轴中心同轴。

④跟刀架支承爪的修正方法。修正跟刀架支承爪，可以在本车床上进行。先将跟刀架固定在大拖板上，根据被加工工件支撑处的外圆直径，选用符合尺寸的圆柱铰刀或镗刀装夹在卡盘上，或用顶针支顶，调整跟刀架支承爪进行切削，并用大拖板作纵向移动修正圆弧面。图 10-48 是跟刀架支承爪的几种不良接触状态。

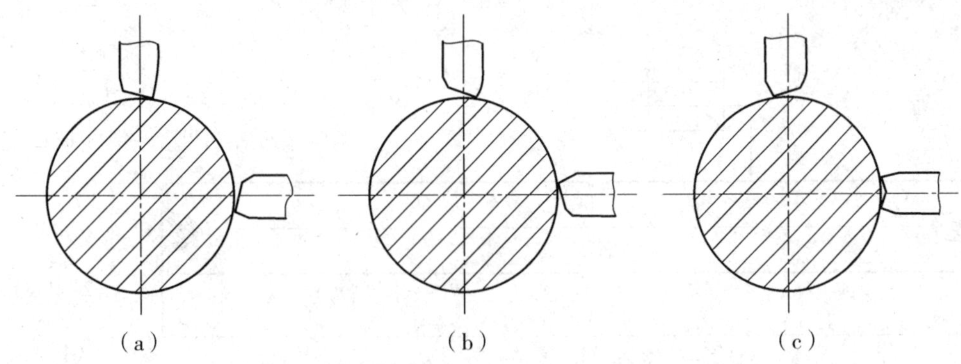

(a)　　(b)　　(c)

图 10-48　跟刀架支承爪的几种不良接触状态

⑤细长轴的装夹。细长轴装夹时，工件不宜夹得过长，一般为 10～15 mm，最好用$\phi 5 \times 20$ 的圆柱销垫在卡爪下面的凹槽中，见图 10-49。这样以点接触，可以避免卡爪装夹时接触面过长所造成的应力变形。

⑥车削支撑处外圆的要求。

a)对支撑处外圆的要求是：直径圆度好、光洁，不能有其他变形等缺陷。支撑处外圆的长度，一般比支承爪的长度长 15 mm 左右。

b)在车好的支撑处外圆和工件毛坯的相交处，最好车一个 10°左右的锥度，这样使车刀

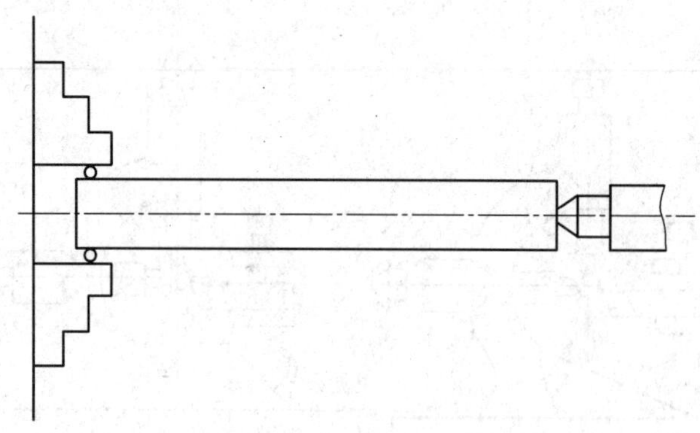

图 10－49 垫圆柱销装夹工件的方法

在接刀时逐步增加切削力，不会受突然冲力而造成让刀和工件变形。

⑦车刀的选择。为了减小切削时的径向压力，车刀的主偏角通常取 85°～90°为宜。为了减小切削力，应取较大的前角，但必须保证排屑顺利。

⑧跟刀架支承爪的调整。跟刀架支承爪与工件的接触应恰到好处，过松过紧都对切削不利。过松就是指工件外圆与支承爪之间有间隙，容易使工件跳动或切削时让刀。过紧指支承爪对工件压力过大，把工件推向车刀一边，这样使车刀切削深度随着走刀远离顶针，工件刚性减弱而加深，结果切削的工件直径减小。当跟刀架移动至工件直径减小的外圆上时，在车刀的作用力下，工件又会让开车刀，使切削深度减小，结果工件直径又会增大，这样多次循环，工件就形成竹节形。

如发现上述情况，应及时修正。修正方法，最好重新车支承处外圆，调整支承爪。

三、细长轴训练(图 10－50)

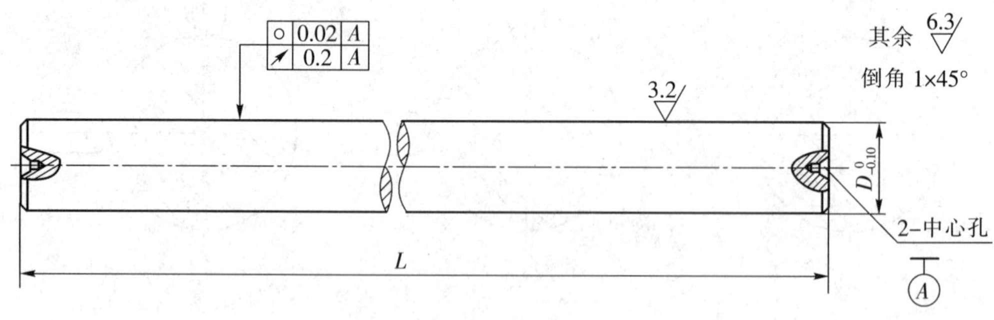

图 10－50 细长轴

加工步骤

(1)夹住工件，车端面，钻中心孔。

(2)在大拖板上安装跟刀架，修正支承架。

(3)一夹一顶在工件上车跟刀架支承处的外圆。

(4)调整跟刀架支承爪和外圆轻轻接触。

(5)接刀车削全长外圆。

上述第(3)步至第(5)步重复多次直至车好。

四、注意事项

(1)车削细长轴时,浇注冷却润滑液要充足,以防止工件热变形,同时也给支承爪处起润滑作用。

(2)开始切削时,调节跟刀架支承爪,最好边切削边调整,这样可以减少接刀等所产生的弊端。

(3)粗车时应将工件毛坯一刀车出,否则会影响跟刀架的正常工作。

(4)在切削过程中,要随时注意顶针的支顶松紧程度,及时加以调整。其检查方法是:当调整好顶针后,开动车床使工件旋转,用右手拇指和食指捏住活顶针转动部位(图 10－51),顶针能停止转动。当松开两手指时,顶针能恢复转动,这就说明顶针的松紧适当。

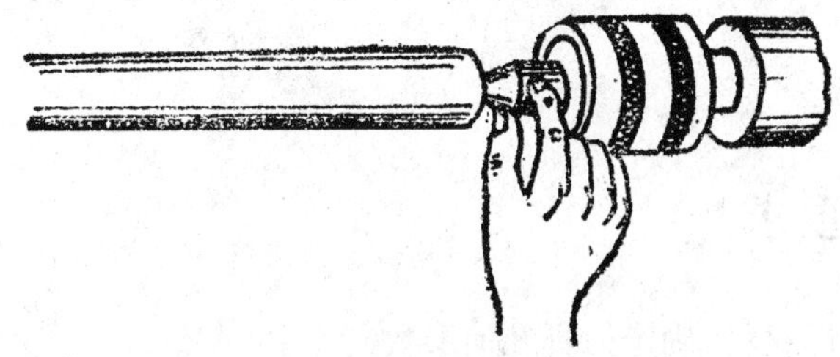

图 10－51　鉴别活顶针顶力的方法

(5)车削时如发现振动,可在工件中间套一个轻重适当的套环,这样有时能起消振作用。

(6)细长轴取料要直,否则增加车削困难。

(7)车好的细长轴,必须吊起来,以防弯曲。

(8)车细长轴宜采用三爪跟刀架、弹性后顶针和反向切削法。

模块十一　初级工复合作业

复合作业(一)　台　阶　轴

一、操作技术要求

(1)合理选择刀具的材料,确定刀具几何参数。

(2)按照安全操作规则和刃磨要求,刃磨车刀。

(3)合理选择工具的装夹方法,并能正确操作。

(4)正确使用外卡钳、游标卡尺、千分尺、百分表,并能进行尺寸公差、同轴度、圆柱度的测量。

二、刀具、量具和辅助工具

千分尺 0～25 mm、25～50 mm,精度 0.01 mm,钟面式百分表 10 mm/精度,半径样板,车槽刀,外圆车刀,磁性表座。

三、生产实习图

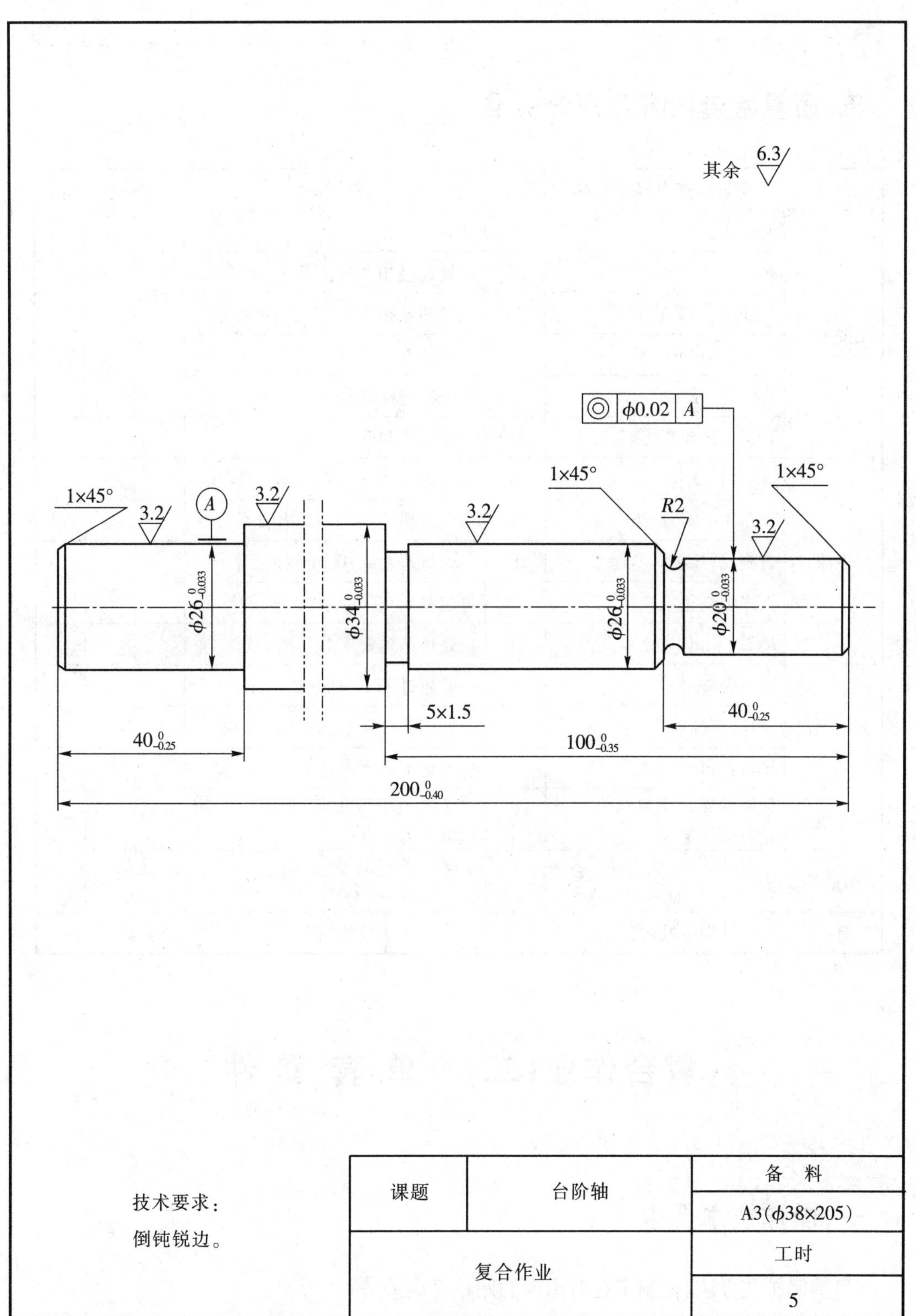
其余 6.3
ϕ0.02 A
1×45°
3.2
A
3.2
3.2
1×45°
R2
1×45°
3.2
ϕ26$^{0}_{-0.033}$
ϕ34$^{0}_{-0.033}$
ϕ26$^{0}_{-0.033}$
ϕ20$^{0}_{-0.033}$
5×1.5
40$^{0}_{-0.25}$
40$^{0}_{-0.25}$
100$^{0}_{-0.35}$
200$^{0}_{-0.40}$
技术要求：
倒钝锐边。
课题
台阶轴
备　料
A3(ϕ38×205)
复合作业
工时
5

四、加工工艺步骤(学生制订,教师审阅)

五、质量检查内容及评分标准

序号	质量检查内容及要求	配分	评分标准	自检	复检	得分
主要项目	$\phi 34_{-0.025}^{0}$	8	一处超差扣 8 分			
	$\phi 20_{-0.013}^{0}$	8	一处超差扣 8 分			
	$\phi 26_{-0.0233}^{0}$(2 处)	16	一处超差扣 8 分			
	$200_{-0.046}^{0}$ mm	5	一处超差扣 5 分			
	$100_{-0.025}^{0}$ mm	5	一处超差扣 5 分			
	$40_{-0.25}^{0}$ mm(2 处)	10	一处超差扣 5 分			
一般项目	◎ 0.02 A	8	每超差 0.01 mm 扣 4 分			
	倒角 1×45°(8 处)	16	一般每超差 0.01 mm 扣 2 分			
	方槽,圆弧槽	8	一处每超差 0.01 mm 扣 2 分			
	工序编制正确	12	每超差 0.05 mm 扣 2 分			
	R_a3.2 μm(4 处)	16	一处达不到要求总分扣 1 分			
其他项目	未注公差尺寸		一处超过 IT14 总分扣 1 分			
	倒角、倒钝锐边		一处不符合要求总分扣 0.5 分			
	R_a3.2 μm		一处达不到要求总分扣 1 分			
安全生产	按国家规定法规或学校自定有关规定		每违反一项规定总分扣 2 分,发生事故为 0 分			
测量等级得分	优等品 80～100 分		合格品 60～80 分		废品 0～60 分	
日期：	学生姓名：	学号：	教师签字：		总分：	

复合作业(二)　单 套 零 件

一、操作技术要求

(1)掌握扩孔方法,控制车孔时出现的圆柱度误差。

(2)解决车孔的排屑问题,以免划伤已加工面。

(3)合理选择工具的装夹方法,并能正确操作。

(4)正确使用外卡钳、游标卡尺、千分尺、百分表,并能进行尺寸公差、圆跳动度的测量。

二、刀具、量具和辅助工具

外圆车刀,内外圆车槽刀,麻花钻,平钻,铰刀,钟面式百分表 10mm/精度,内孔车刀,游标卡尺,千分尺,塞规,磁性表座。

三、生产实习图

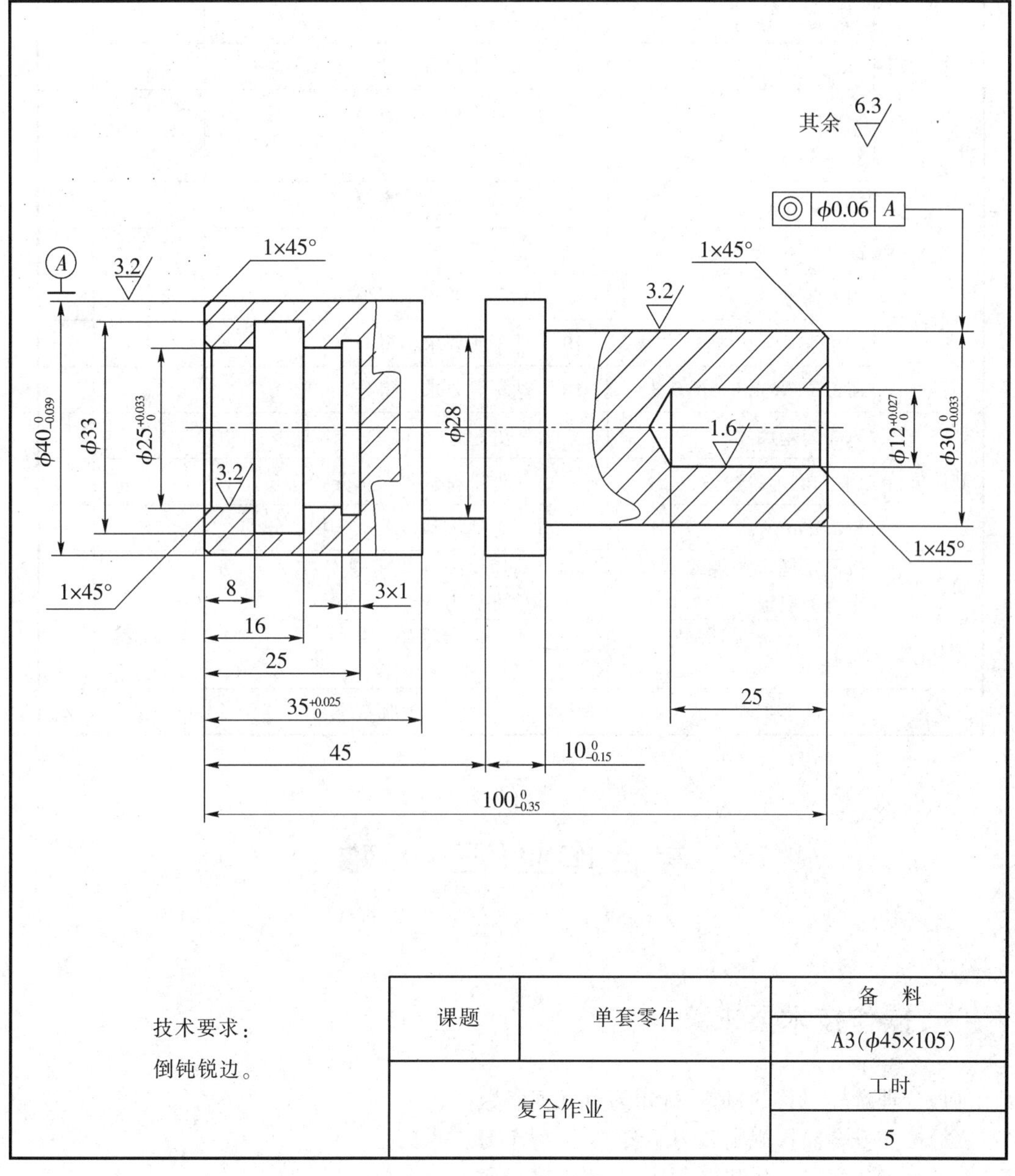

四、加工工艺步骤(学生制订,教师审阅)

五、质量检查内容及评分标准

序号	质量检查内容及要求	配分	评分标准	自检	复检	得分
主要项目	$\phi 40_{-0.029}^{\ 0}$	10	超差不得分			
	$\phi 30_{-0.033}^{\ 0}$	10	超差不得分			
	$\phi 25_{\ 0}^{+0.033}$	15	超差不得分			
	$\phi 12_{\ 0}^{+0.0327}$	15	超差不得分			
	$100_{-0.35}^{\ 0}$ mm	5	超差不得分			
	$35_{\ 0}^{+0.25}$ mm	5	超差不得分			
	$10_{-0.15}^{\ 0}$ mm	5	超差不得分			
一般项目	深度 25 mm(2 处)	5	超差不得分			
	内外沟槽	10	达不到要求不得分			
	倒角 1×45°(4 处)	10	达不到要求不得分			
	$R_a3.2$　$R_a1.6$　$R_a6.3$	10	达不到要求不得分			
其他项目	未注公差尺寸		一处超过 IT14 总分扣 1 分			
	倒角、倒钝锐边		一处不符合要求总分扣 0.5 分			
	$R_a3.2\ \mu m$		一处达不到要求总分扣 1 分			
安全生产	按国家规定法规或学校自定有关规定		每违反一项规定总分扣 2 分,发生事故为 0 分			
测量等级得分	优等品 80～100 分		合格品 60～80 分		废品 0～60 分	
日期:	学生姓名:	学号:	教师签字:	总分:		

复合作业(三)　轴

一、操作技术要求

(1)合理选择刀具的材料,确定刀具几何参数。
(2)按照安全操作规则和刃磨要求,刃磨车刀。
(3)合理选择工具的装夹方法,并能正确操作。

(4)正确使用外卡钳、游标卡尺、千分尺、百分表,并能进行尺寸公差、同轴度、圆柱度的测量。

二、刀具、量具和辅助工具

千分尺 0～25 mm、25～50 mm,精度 0.01 mm,钟面式百分表 10 mm/精度,半径样板,车槽刀,外圆车刀,磁性表座。

三、生产实习图

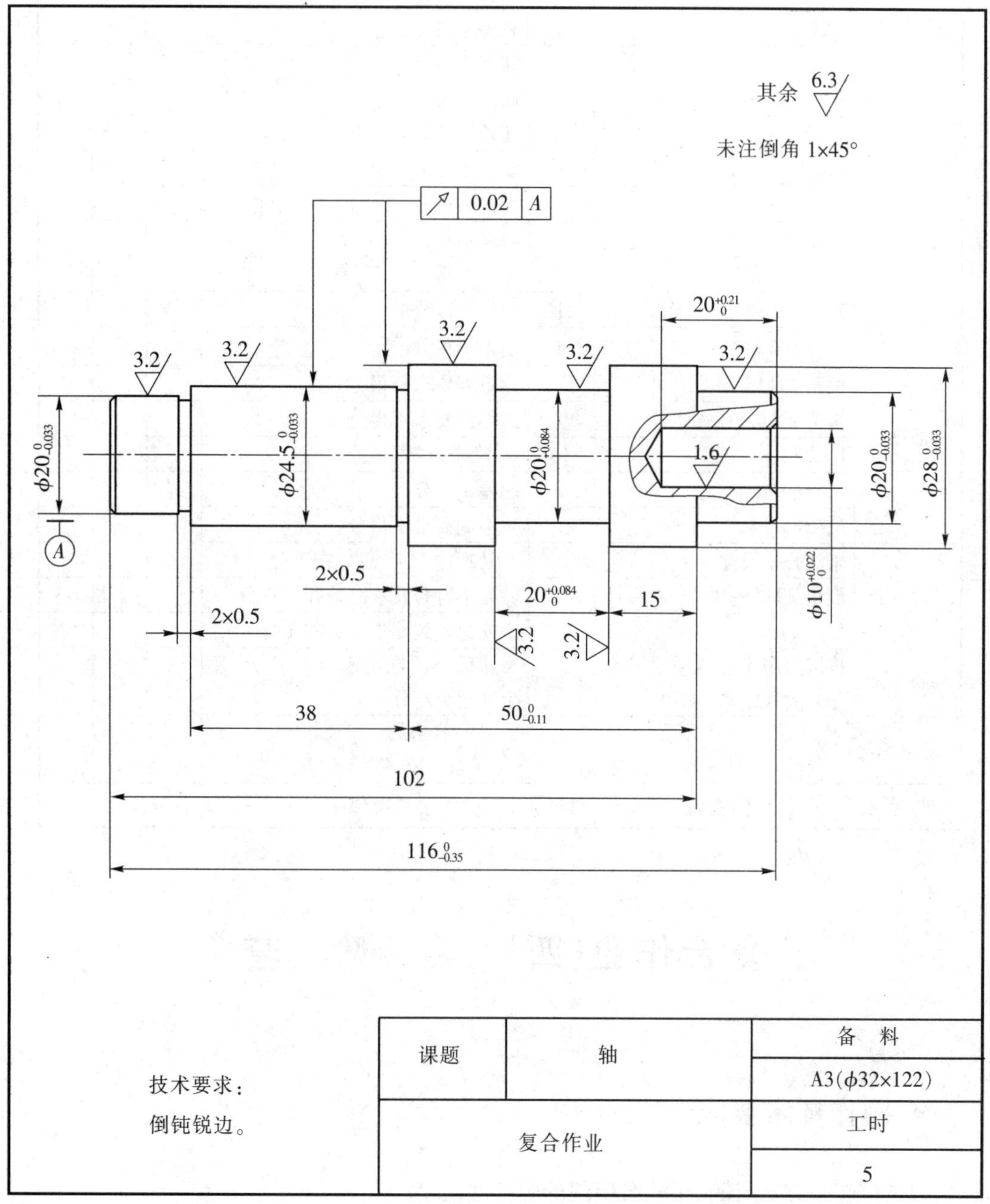

课题	轴	备　料
		A3(φ32×122)
复合作业		工时
		5

四、加工工艺步骤(学生制订,教师审阅)

五、质量检查内容及评分标准

序号	质量检查内容及要求	配分	评分标准	自检	复检	得分
主要项目	$\phi 20_{-0.033}^{0}$(2处)	6	超差不得分			
	$\phi 24.5_{-0.033}^{0}$	3	超差不得分			
	$\phi 28_{-0.023}^{0}$	3	超差不得分			
	$\phi 10_{0}^{+0.022}$深	6	超差不得分			
	$20_{0}^{+0.21}$ mm	1	超差不得分			
	$116_{-0.035}^{0}$ mm	1	超差不得分			
	$50_{-0.011}^{0}$ mm	1	超差不得分			
	$\phi 20_{-0.084}^{0}$	3	超差不得分			
	$20_{0}^{+0.084}$ mm	3	超差不得分			
	102 mm、38 mm、15 mm	1	超差不得分			
一般项目	◎ 0.02 A	4	超差不得分			
	倒角 1×45°(3处)	1.5	达不到要求不得分			
	沟槽 2×0.5(2处)	1	达不到要求不得分			
	$R_a 3.2\ \mu m$(7处)	13	达不到要求不得分			
	$R_a 1.6\ \mu m$	2	超差不得分			
	$R_a 6.3\ \mu m$	1	达不到要求不得分			
其他项目	未注公差尺寸		一处超过 IT14 总分扣 1 分			
	倒角、倒钝锐边		一处不符合要求总分扣 0.5 分			
	$R_a 3.2\ \mu m$		一处达不到要求总分扣 1 分			
安全生产	按国家规定法规或学校自定有关规定		每违反一项规定总分扣 2 分,发生事故为 0 分			
测量等级得分	优等品 80～100 分		合格品 60～80 分		废品 0～60 分	
日期:	学生姓名:	学号:	教师签字:		总分:	

复合作业(四) 台 阶 套

一、操作技术要求

(1)掌握扩孔方法,控制车孔时出现的圆柱度误差。

(2)解决车孔的排屑问题,以免划伤已加工面。

(3)合理选择工具的装夹方法,并能正确操作。

(4)正确使用外卡钳、游标卡尺、千分尺、百分表,并能进行尺寸公差、圆跳动度的测量。

二、刀具、量具和辅助工具

钻头,扩孔钻,钟面式百分表 10 mm/精度,内孔车刀,游标卡尺,外圆车刀,磁性表座。

三、生产实习图

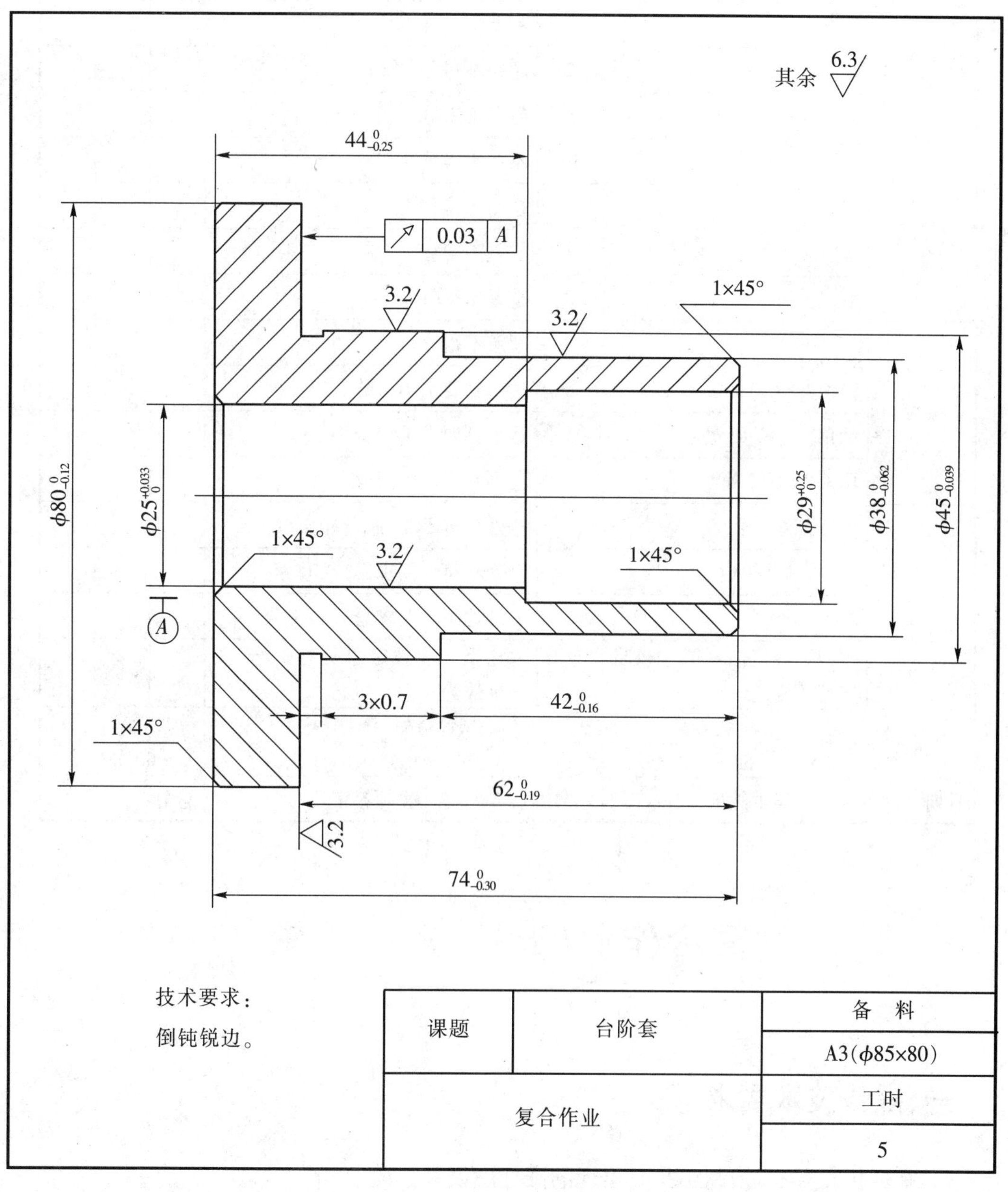

四、加工工艺步骤(学生制订,教师审阅)

五、质量检查内容及评分标准

序号	质量检查内容及要求	配分	评分标准	自检	复检	得分
丰要项目	$\phi 80_{-0.012}^{\ 0}$	4	超差不得分			
	$\phi 45_{-0.039}^{\ 0}$	6	超差不得分			
	$\phi 38_{-0.022}^{\ 0}$	6	超差不得分			
	$74_{-0.030}^{\ 0}$ mm	2	超差不得分			
	$62_{-0.010}^{\ 0}$ mm	8	超差不得分			
	$42_{-0.010}^{\ 0}$ mm	10	超差不得分			
	$\phi 25_{\ 0}^{+0.033}$	7	超差不得分			
	$\phi 29_{\ 0}^{+0.025}$	2	超差不得分			
	$44_{-0.25}^{\ 0}$ mm	2	超差不得分			
一般项目	↗ 0.03 A	8	超差不得分			
	沟槽 3×0.7mm	2	达不到要求不得分			
	倒角 1×45°(2 处)	1	达不到要求不得分			
	$R_a 3.2\ \mu m$(2 处)	4	达不到要求不得分			
其他项目	未注公差尺寸		一处超过 IT14 总分扣 1 分			
	倒角、倒钝锐边		一处不符合要求总分扣 0.5 分			
	$R_a 3.2\ \mu m$		一处达不到要求总分扣 1 分			
安全生产	按国家规定法规或学校自定有关规定		每违反一项规定总分扣 2 分,发生事故为 0 分			
测量等级得分	优等品 80～100 分		合格品 60～80 分		废品 0～60 分	
日期:	学生姓名:	学号:	教师签字:		总分:	

复合作业(五)　短　　轴

一、操作技术要求

(1)掌握扩孔方法,控制车孔时出现的圆柱度误差。

(2)解决车孔的排屑问题,以免划伤已加工面。

(3)合理选择工件的装夹方法,并能正确操作。

二、刀具、量具和辅助工具

钻头,扩孔钻,钟面式百分表 10 mm/精度,内孔车刀,游标卡尺,外圆车刀。

三、生产实习图

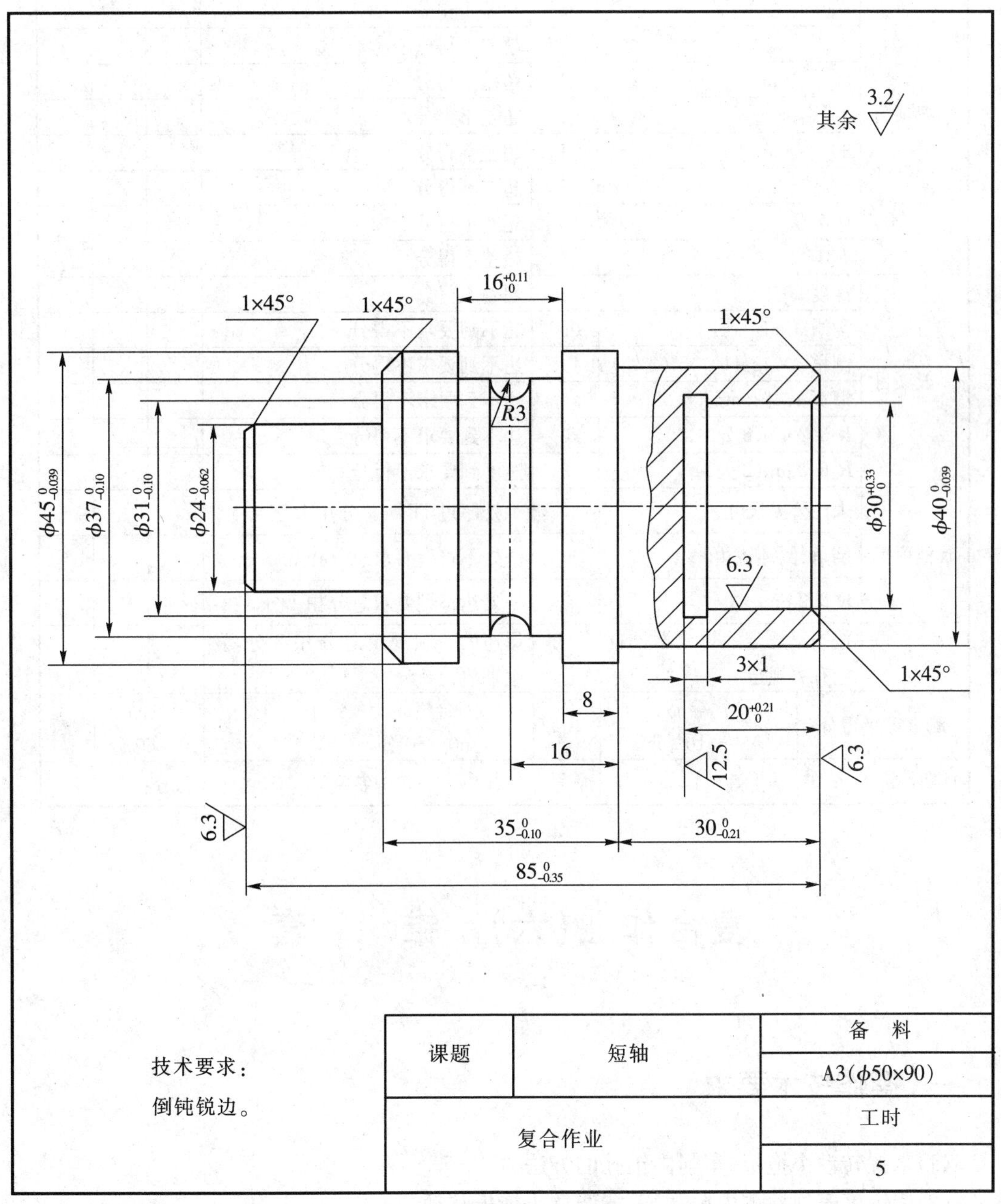

四、加工工艺步骤(学生制订,教师审阅)

五、质量检查内容及评分标准

序号	质量检查内容及要求	配分	评分标准	自检	复检	得分
主要项目	$\phi 45_{-0.039}^{\ 0}$	5	超差不得分			
	$\phi 40_{-0.039}^{\ 0}$	5	超差不得分			
	$\phi 24_{-0.022}^{\ 0}$	2	超差不得分			
	$85_{-0.35}^{\ 0}$ mm	1	超差不得分			
	$35_{-0.10}^{\ 0}$ mm	1	超差不得分			
	$30_{-0.21}^{\ 0}$ mm	1	超差不得分			
	$\phi 30_{\ 0}^{+0.033}$	5	超差不得分			
	$\phi 37_{-0.10}^{\ 0}$	3	超差不得分			
	$\phi 31_{-0.10}^{\ 0}$	3	超差不得分			
一般项目	深度 $20_{\ 0}^{+0.21}$	3	超差不得分			
	沟槽 3×1	0.5	达不到要求不得分			
	倒角 3×45°、1×45°(2 处)	1.5	达不到要求不得分			
	槽宽 $16_{\ 0}^{+0.11}$ mm	4	达不到要求不得分			
	$R_a 3.2\ \mu m$(3 处)	3	达不到要求不得分			
	$R_a 6.3\ \mu m$(2 处)	2	达不到要求不得分			
其他项目	未注公差尺寸		一处超过 IT14 总分扣 1 分			
	倒角、倒钝锐边		一处不符合要求总分扣 0.5 分			
	$R_a 3.2\ \mu m$		一处达不到要求总分扣 1 分			
安全生产	按国家规定法规或学校自定有关规定		每违反一项规定总分扣 2 分,发生事故为 0 分			
测量等级得分	优等品 80～100 分		合格品 60～80 分		废品 0～60 分	
日期:	学生姓名:	学号:		教师签字:	总分:	

复合作业(六) 锥 套

一、操作技术要求

(1)掌握转动小拖板,车削内锥孔的方法。

(2)用锥度塞规检测内锥孔,并能调整小拖板转动角度。

(3)解决车孔的排屑问题,以免划伤已加工面。

(4)合理选择工件的装夹方法,并能正确操作。

二、刀具、量具和辅助工具

内孔车刀,游标卡尺,外圆车刀,螺纹车刀,螺纹环规,内径百分表,莫氏塞规,钻头,扩孔钻。

三、生产实习图

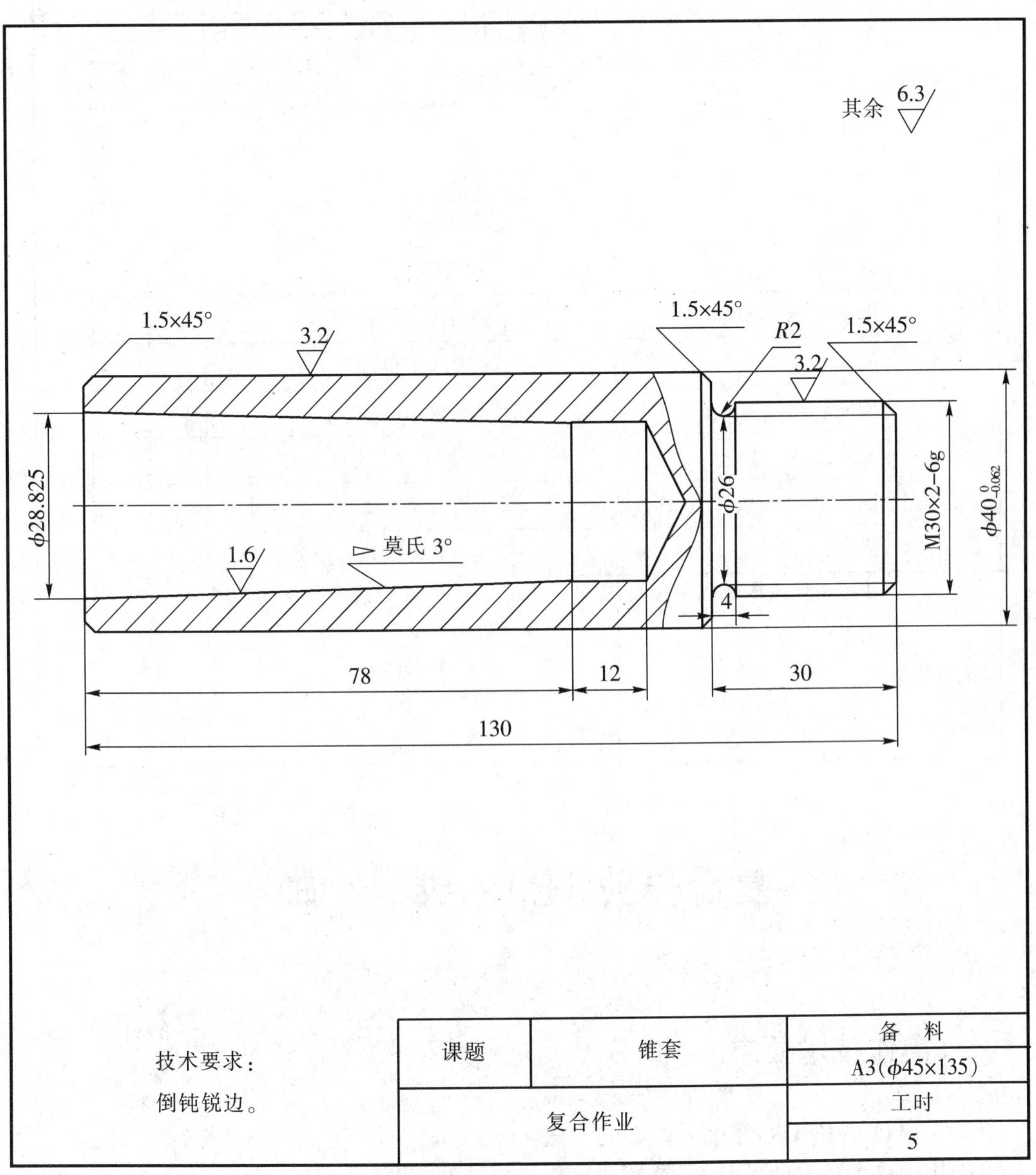

四、加工工艺步骤(学生制订,教师审阅)

五、质量检查内容及评分标准

序号	质量检查内容及要求	配分	评分标准	自检	复检	得分
主要项目	莫氏 3 号内锥	14	塞规检查接触面小于 50%不得分			
	ϕ28.825 大端	2	塞规检查在公差刻线外不得分			
	M30×2 中径	6	超环规检查不合格不得分			
	大径$\phi 30_{-0.29}^{0}$	2	超差不得分			
	$\phi 40_{-0.002}^{0}$	4	超差不得分			
	130mm	1	超差不得分			
	30mm	1	超差不得分			
一般项目	螺纹牙形半角误差	2	大于 30′不得分			
	倒角 1×45°(3 处)	2	达不到要求不得分			
	R_a3.2 μm	4	达不到要求不得分			
	R_a6.3 μm(2 处)	1	达不到要求不得分			
其他项目	未注公差尺寸		一处超过 IT14 总分扣 1 分			
	倒角、倒钝锐边		一处不符合要求总分扣 0.5 分			
	R_a3.2 μm		一处达不到要求总分扣 1 分			
安全生产	按国家规定法规或学校自定有关规定		每违反一项规定总分扣 2 分,发生事故为 0 分			
测量等级得分	优等品 80～100 分		合格品 60～80 分		废品 0～60 分	
日期:	学生姓名:	学号:	教师签字:	总分:		

复合作业(七)　锥　　轴

一、操作技术要求

(1)掌握转动小拖板,车削外锥面的方法。

(2)用锥度卡环检测外锥面,并能调整小拖板转动角度。

(3)解决车孔的排屑问题,以免划伤已加工面。

(4)合理选择工件的装夹方法，并能正确操作。

二、刀具、量具和辅助工具

内孔车刀，游标卡尺，外圆车刀，螺纹车刀，螺纹塞规，内径百分表，莫氏套规，钻头，扩孔钻。

三、生产实习图

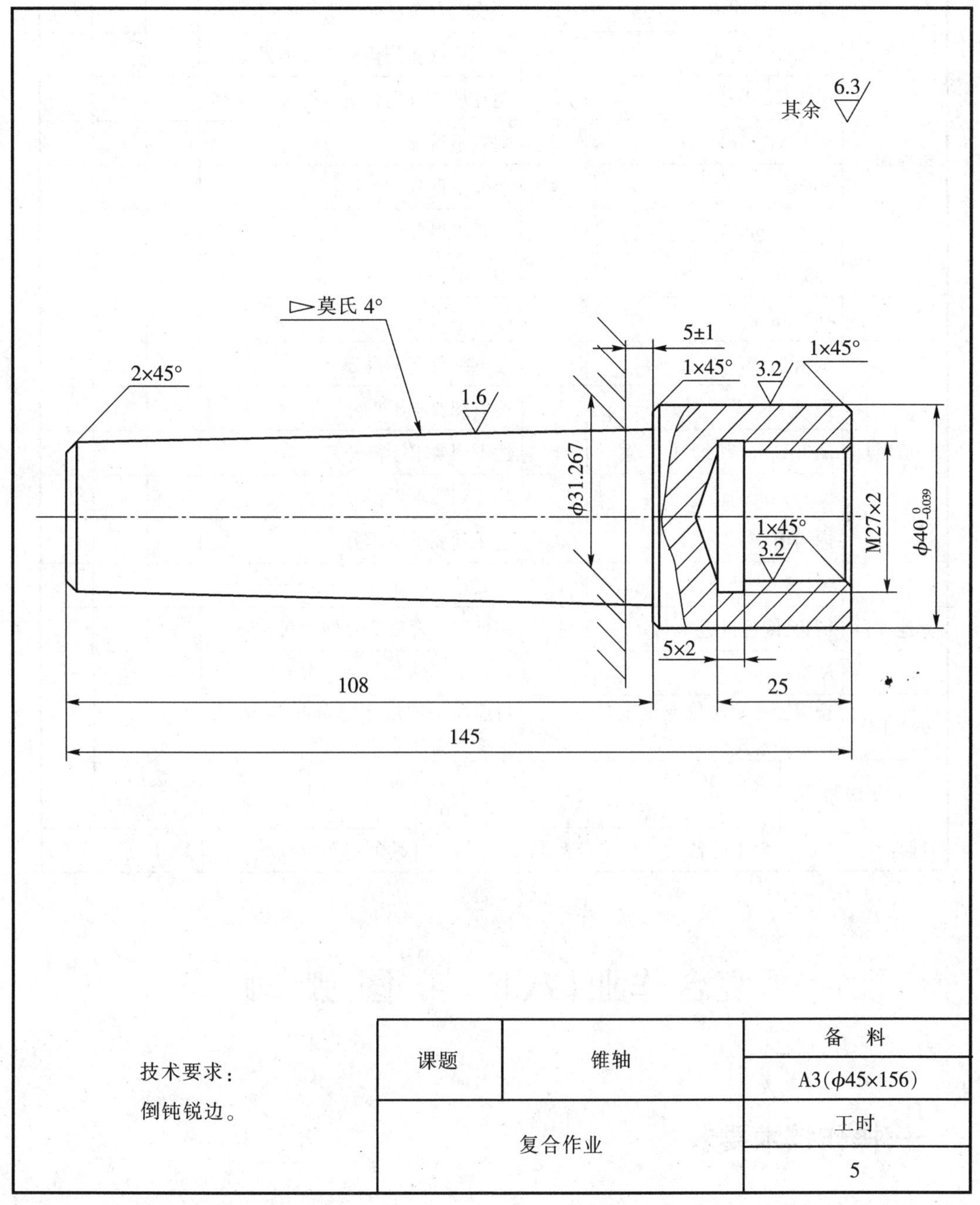

四、加工工艺步骤(学生制订,教师审阅)

五、质量检查内容及评分标准

序号	质量检查内容及要求	配分	评分标准	自检	复检	得分
主要项目	莫氏 4 号外锥	12	塞规检查接触面小于 50%不得分			
	ϕ31.267 大端	2	塞规检查在公差刻线外不得分			
	M27×2 中径	12	超环规检查不合格不得分			
	$\phi 40_{-0.039}^{0}$	3	超差不得分			
	108mm	1	超差不得分			
	(5±1)mm	1	超差不得分			
	145mm	1	超差不得分			
	深 25mm	1	超差不得分			
一般项目	倒角 2×45°	1	达不到要求不得分			
	倒角 1×45°(2 处)	1	达不到要求不得分			
	R_a3.2 μm(2 处)	6	达不到要求不得分			
	R_a1.6 μm	5	达不到要求不得分			
	内沟槽 5×2	2	达不到要求不得分			
其他项目	未注公差尺寸		一处超过 IT14 总分扣 1 分			
	倒角、倒钝锐边		一处不符合要求总分扣 0.5 分			
	R_a3.2 μm		一处达不到要求总分扣 1 分			
安全生产	按国家规定法规或学校自定有关规定		每违反一项规定总分扣 2 分,发生事故为 0 分			
测量等级得分	优等品 80～100 分		合格品 60～80 分		废品 0～60 分	
日期:	学生姓名:	学号:	教师签字:		总分:	

复合作业(八)　带 圆 弧 轴

一、操作技术要求

(1)掌握转动小拖板,车削外锥面的方法。

(2)用锥度卡环检测外锥面,并能调整小拖板转动角度。

(3)用万能角度尺检查锥体不大于±2′。

(4)合理选择工件的装夹方法,并能正确操作。

二、刀具、量具和辅助工具

千分尺,半径规,游标卡尺,万能角度尺,外圆车刀,螺纹车刀,螺纹套规,锥度套规,圆弧车刀,沟槽刀。

三、生产实习图

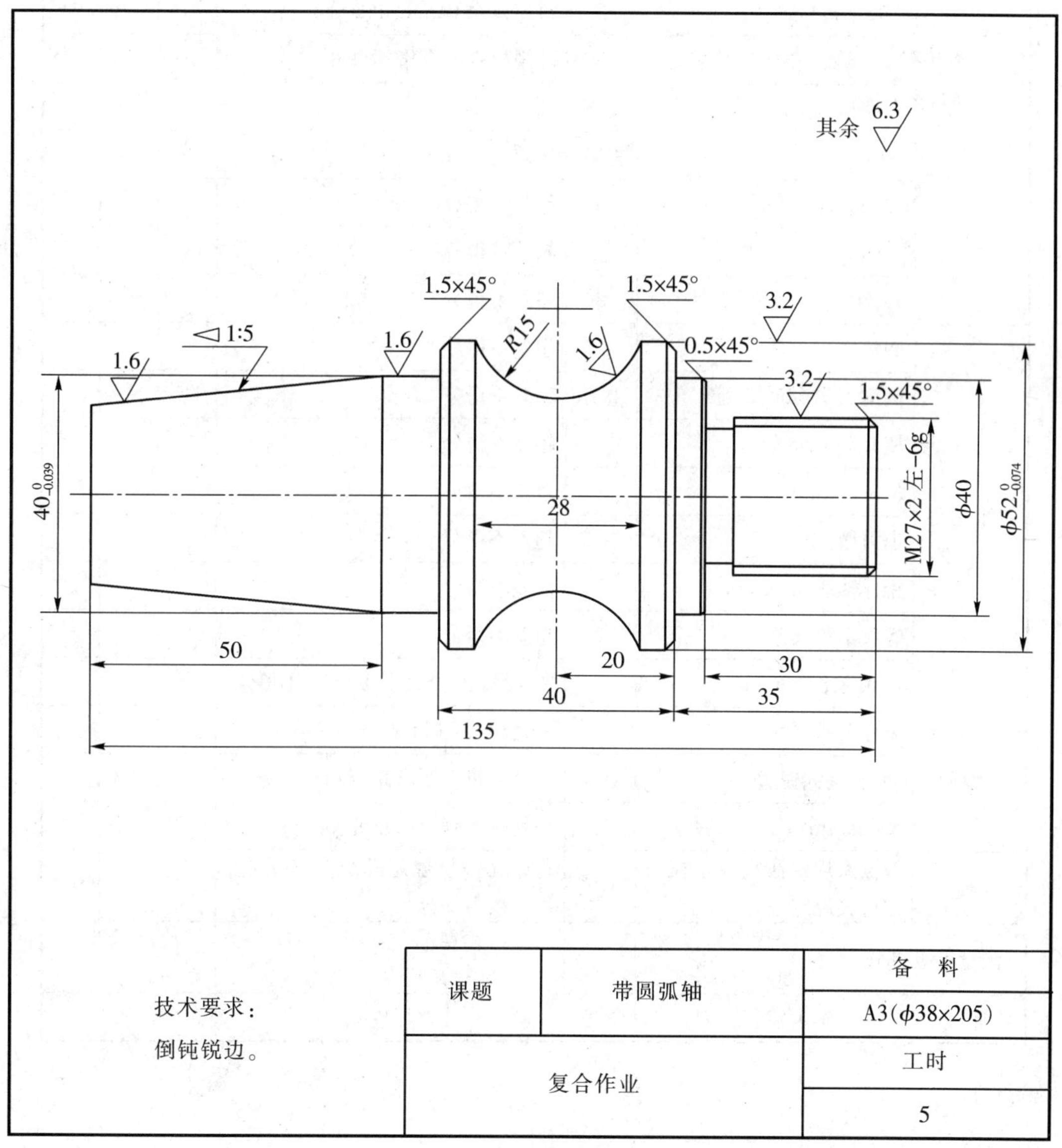

四、加工工艺步骤(学生制订,教师审阅)

五、质量检查内容及评分标准

序号	质量检查内容及要求	配分	评分标准	自检	复检	得分
主要项目	1∶5 锥度,$\alpha=5°42'38''\pm 2'$ $R_a1.6\ \mu m$	8	每超差 2′扣 4 分			
	$\phi 40_{-0.039}^{\ 0}$,$R_a1.6\ \mu m$	2	每超差 0.01mm 扣 1 分			
	$\phi 52_{-0.074}^{\ 0}$	2	每超差 0.01mm 扣 2 分			
	M27×2—左—6g 中径	8	环规检查不合格不得分			
	大径$\phi 27_{-0.20}^{\ 0}$	1.5	超差不得分			
	ϕ40	0.5	超差不得分			
	135mm	2	超差不得分			
	35mm	1	超差不得分			
	40、20	2	超差不得分			
一般项目	倒角 0.5×45°	0.5	超差不得分			
	倒角 1.5×45°(2 处)	2.5	超差不得分			
	$R_a1.6\ \mu m$(3 处)	7	超差不得分			
	$R_a3.2\ \mu m$	1	超差不得分			
	退刀槽 5×2	0.5	超差不得分			
	锥体轴线长 50mm	1	超差不得分			
	螺纹半角误差	2	超差不得分			
	R15、弦长 28mm	5	R 规漏光检查大于 0.1mm,不得分			
其他项目	未注公差尺寸		一处超过 IT14 总分扣 1 分			
	倒角、倒钝锐边		一处不符合要求总分扣 0.5 分			
	$R_a3.2\ \mu m$		一处达不到要求总分扣 1 分			
安全生产	按国家规定法规或学校自定有关规定		每违反一项规定总分扣 2 分,发生事故为 0 分			
测量等级得分	优等品 80～100 分		合格品 60～80 分		废品 0～60 分	
日期:	学生姓名:	学号:	教师签字:	总分:		

模块十二　中级工复合作业

复合作业(一)　三件阶台组合件

一、操作技术要求

(1)按图要求加工零件。
(2)按照图样要求进行装配。

二、刀具、量具和辅助工具

千分尺 0～25 mm、25～50 mm，杠杆式百分表 0.8 mm，磁性表座 0.8 mm，中心钻 A2.5，车槽刀，扳牙 M16，套螺纹工具 M16，内孔车刀，丝锥 M16，攻螺纹工具 M16，网纹滚花刀 m0.4，麻花钻 ϕ14、ϕ20，切断刀。

三、生产实习图

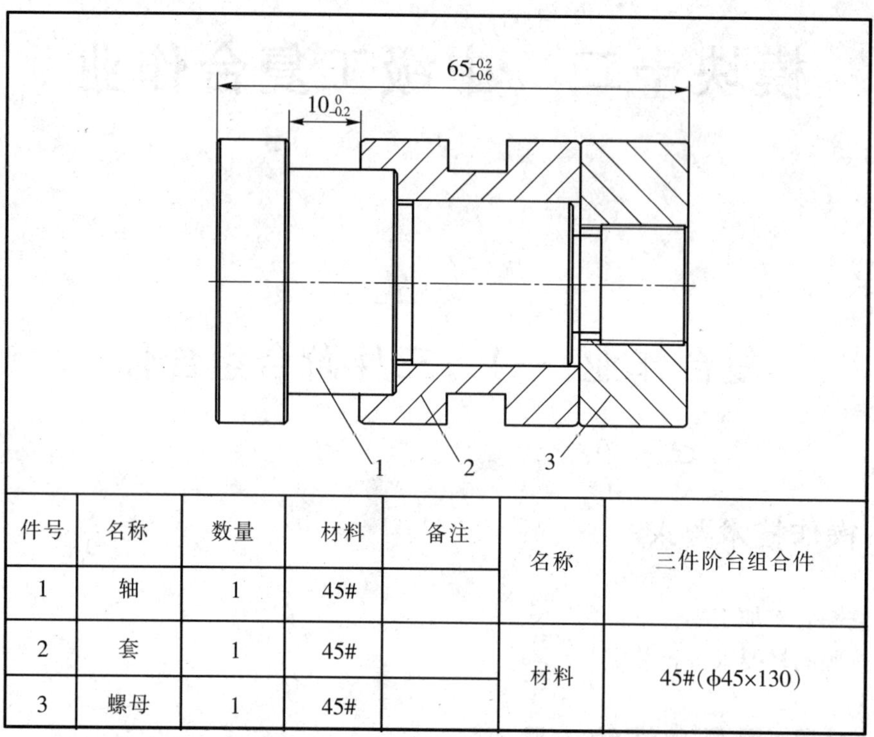

件号	名称	数量	材料	备注	名称	三件阶台组合件
1	轴	1	45#			
2	套	1	45#		材料	45#(φ45×130)
3	螺母	1	45#			

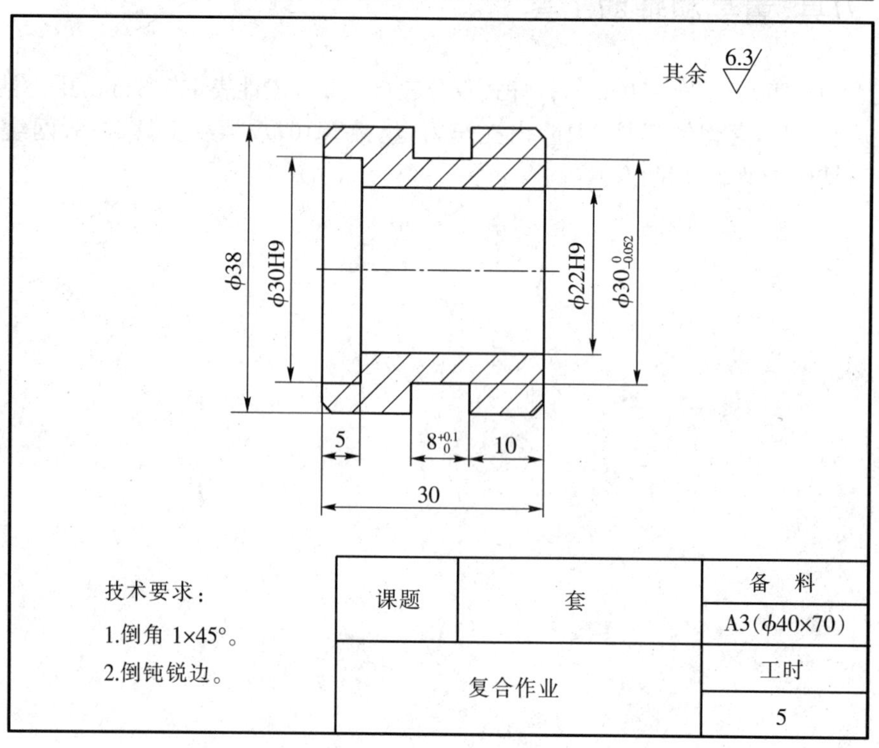

技术要求：

1.倒角 1×45°。

2.倒钝锐边。

课题	套	备　料
		A3(φ40×70)
复合作业		工时
		5

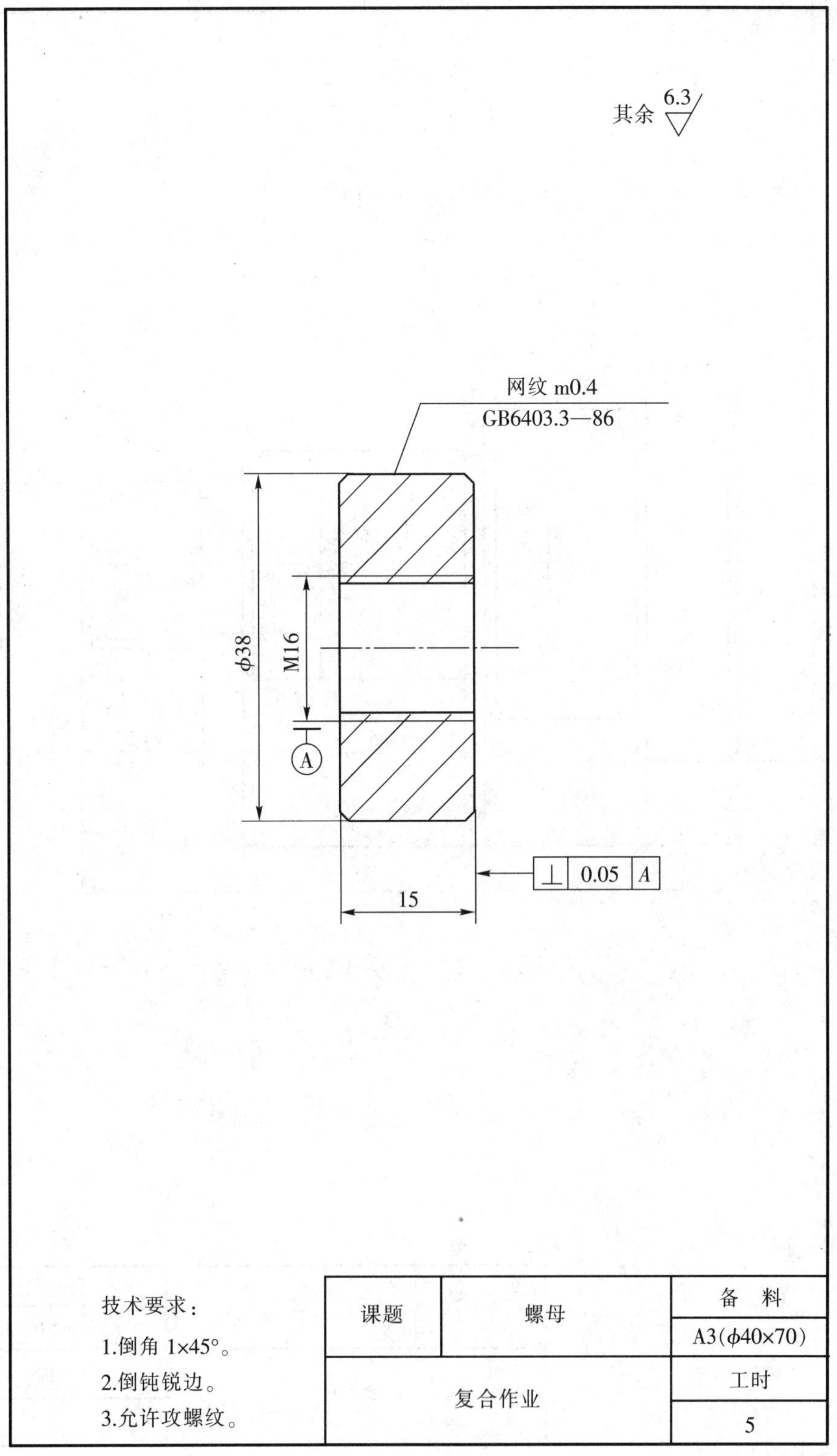

技术要求：
1.倒角 1×45°。
2.倒钝锐边。
3.允许攻螺纹。

课题	螺母	备　料
		A3(ϕ40×70)
复合作业		工时
		5

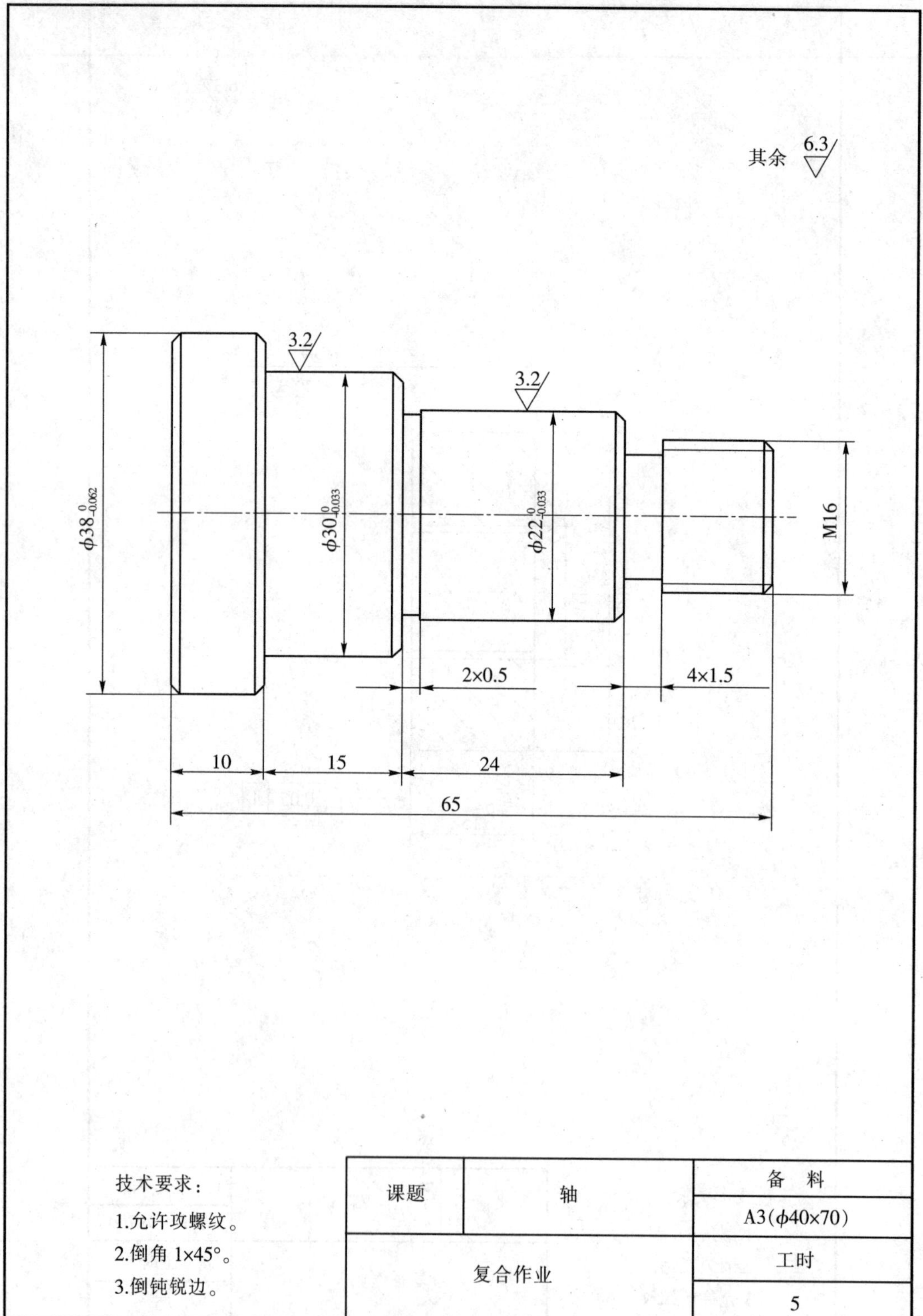
其余 6.3
3.2
3.2
φ38$^{0}_{-0.062}$
φ30$^{0}_{-0.033}$
φ22$^{0}_{-0.033}$
M16
2×0.5
4×1.5
10
15
24
65
技术要求：
1.允许攻螺纹。
2.倒角 1×45°。
3.倒钝锐边。
课题
轴
备　料
A3(φ40×70)
复合作业
工时
5

四、加工工艺步骤(学生制订,教师审阅)

五、质量检查内容及评分标准

序号	质量检查内容及要求	配分	评分标准	自检	复检	得分
件1	$\phi 30_{-0.033}^{0}$	12	超过 8cmm 扣 6 分,超过 9cmm 扣 12 分			
	$\phi 22_{-0.063}^{0}$	8	每超差 0.01mm 扣 2 分			
	$\phi 38_{-0.062}^{0}$	5	每超差 0.01mm 扣 2 分			
	$R_a 3.2\ \mu m$(2 处)	4	一处达不到要求扣 2 分			
件2	ϕ22H9	12	超过 H9 扣 6 分,超过 H10 扣 12 分			
	ϕ30H9	8	超过 H9 扣 4 分,超过 H10 扣 8 分			
	$\phi 30_{-0.042}^{0}$	8	每超差 0.01mm 扣 2 分			
	$8_{0}^{+0.1}$mm	8	每超差不大于 0.05mm 扣 4 分,每超差大于 0.05mm 扣 8 分			
	$R_a 3.2\ \mu m$(2 处)	4	一处达不到要求扣 2 分			
件3	网纹 m0.4	8	模数 m 不对或花纹不清晰、不饱满扣 4 分,乱纹扣 8 分			
		2	超差扣 2 分			
组合	三件组合	10	组合面精度降低二级或无法组合扣组合 25 分			
	$10_{-0.2}^{0}$mm		超差不大于 0.1mm 扣 5 分,超差大于 0.1mm 扣 10 分			
	$65_{-0.5}^{-0.1}$mm	15	超差不大于 0.3mm 扣 8 分,超差大于 0.3mm 扣 15 分			
其他项目	未注公差尺寸		一处超过 IT14 总分扣 1 分			
	倒角、倒钝锐边		一处不符合要求总分扣 0.5 分			
	$R_a 6.3\ \mu m$		一处达不到要求总分扣 1 分			
安全文明操作	按国家规定法规或学校自定有关规定		每违反一项规定总分扣 2 分,发生事故为 0 分			
测量等级得分	优等品 80～100 分		合格品 60～80 分		废品 0～60 分	
日期:	学生姓名:		学号:	教师签字:	总分:	

复合作业(二)　三件圆柱组合件

一、操作技术要求

(1)按图要求加工零件。
(2)按照图样要求进行装配。

二、刀具、量具和辅助工具

千分尺 0～25 mm、25～50 mm,塞规ϕ18、ϕ28,万能角度尺 0°～320°,塞尺0.02～1 mm,杠杆式百分表 0.8 mm,磁性表座,中心钻 A2.5,车槽刀,切断刀,内孔车刀,麻花钻ϕ14、ϕ16、ϕ26,网纹滚花刀 m0.4,扳牙 M16,套螺纹工具 M16,丝锥 M16,攻螺纹工具 M16。

三、生产实习图

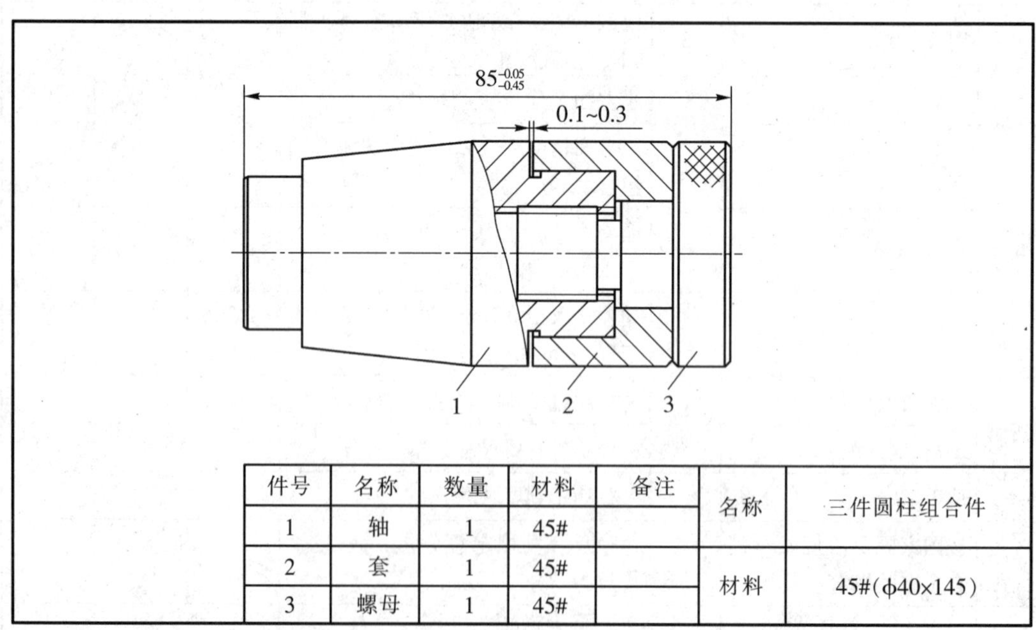

件号	名称	数量	材料	备注	名称	三件圆柱组合件
1	轴	1	45#			
2	套	1	45#		材料	45#(ϕ40×145)
3	螺母	1	45#			

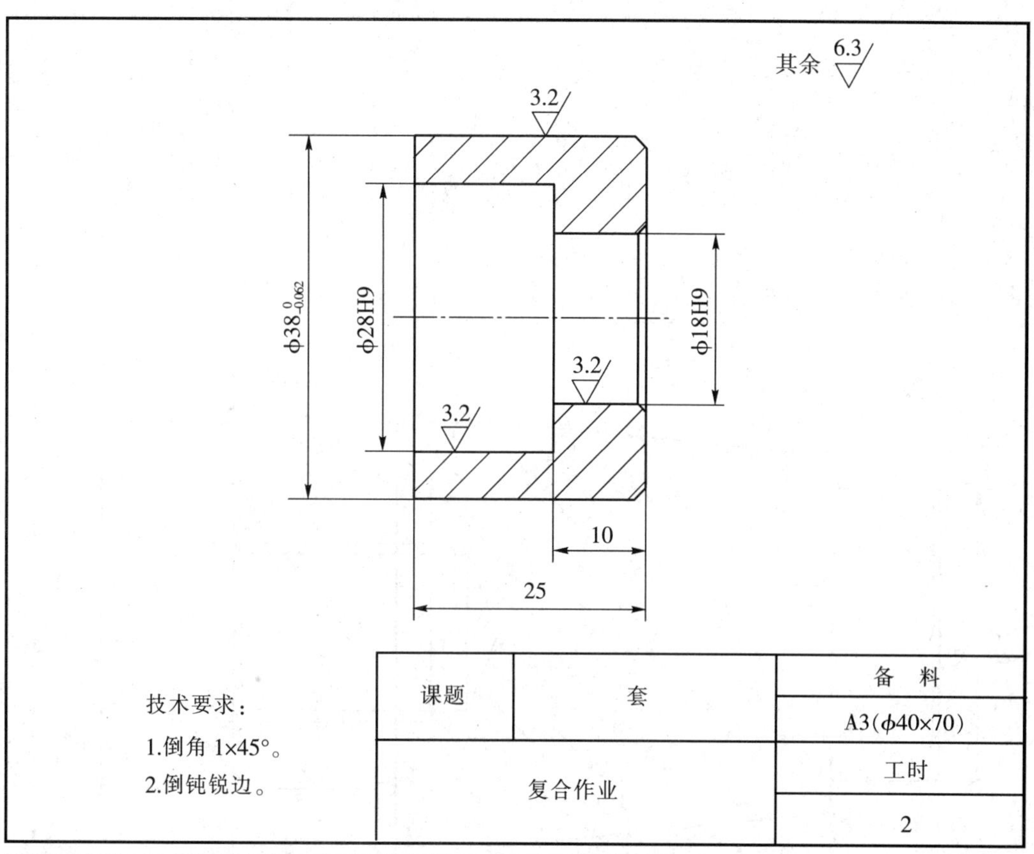
其余 6.3
3.2
3.2
3.2
ϕ38$^{0}_{-0.062}$
ϕ28H9
ϕ18H9
10
25
技术要求：
1.倒角 1×45°。
2.倒钝锐边。
课题
套
备　料
A3(ϕ40×70)
复合作业
工时
2

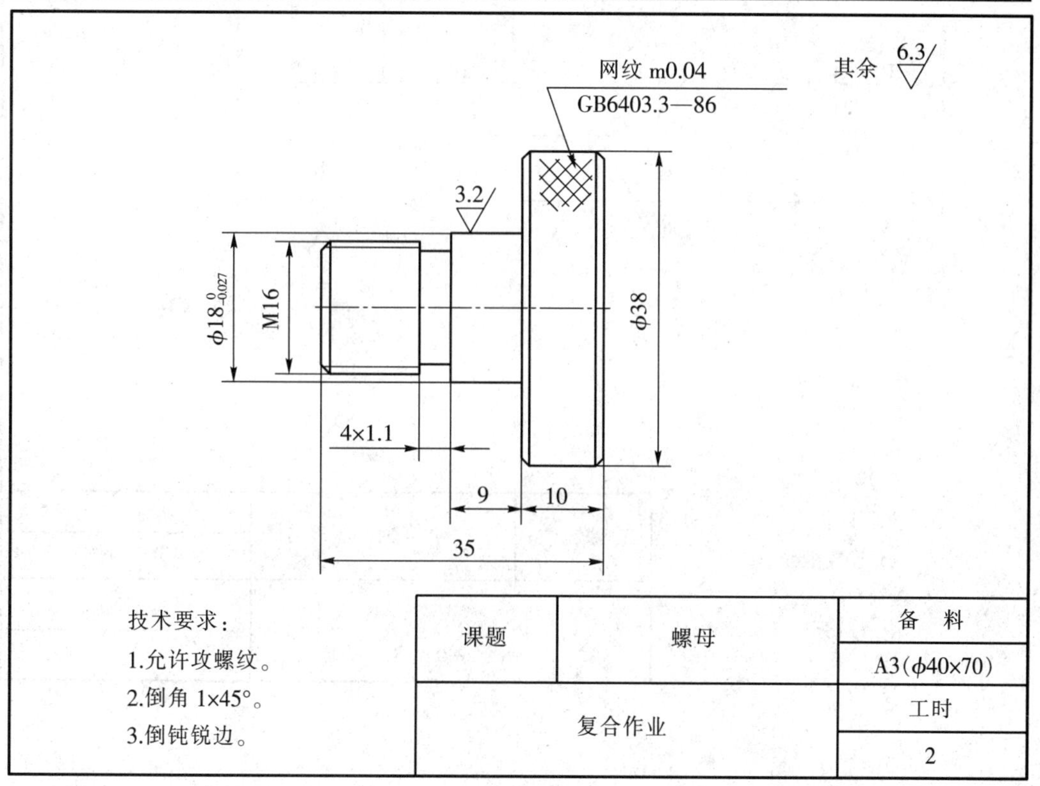
网纹 m0.04
GB6403.3—86
其余 6.3
3.2
ϕ18$^{0}_{-0.027}$
M16
ϕ38
4×1.1
9
10
35
技术要求：
1.允许攻螺纹。
2.倒角 1×45°。
3.倒钝锐边。
课题
螺母
备　料
A3(ϕ40×70)
复合作业
工时
2

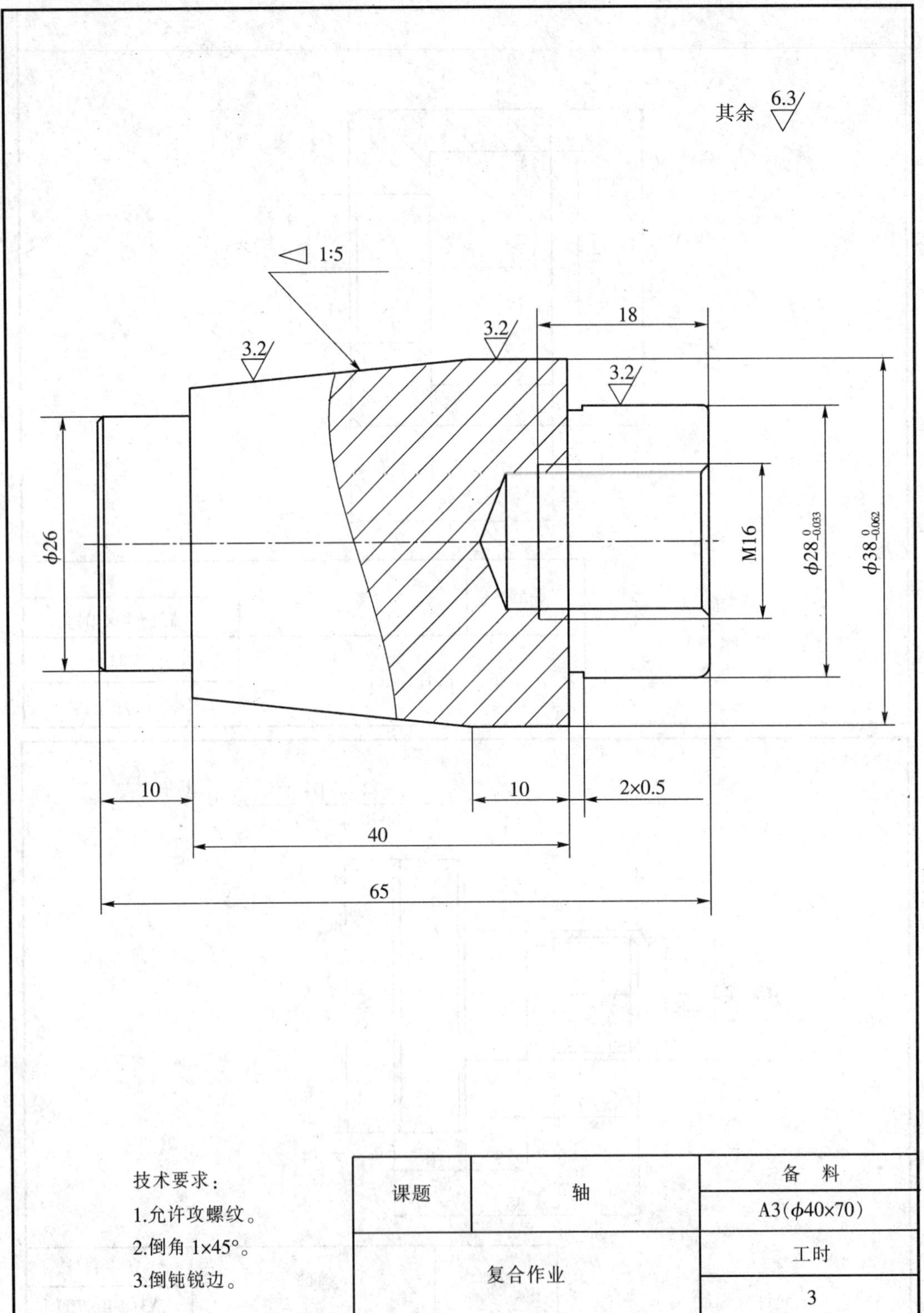
其余 6.3
1:5
3.2
3.2
3.2
18
ϕ26
M16
ϕ28 0 -0.033
ϕ38 0 -0.062
10
10
2×0.5
40
65
技术要求：
1.允许攻螺纹。
2.倒角 1×45°。
3.倒钝锐边。
课题
轴
备 料
A3(ϕ40×70)
复合作业
工时
3

四、加工工艺步骤(学生制订,教师审阅)

五、质量检查内容及评分标准

序号	质量检查内容及要求	配分	评分标准	自检	复检	得分
件 1	$\phi 28_{-0.033}^{\ 0}$	8	每超差 0.01mm 扣 2 分			
	$\phi 38_{-0.033}^{\ 0}$	8	每超差 0.01mm 扣 2 分			
	锥度 1∶5(圆锥角 $11°25'16''\pm 6'$)	5	每超差 0.01mm 扣 2 分			
	$R_a 3.2\ \mu m$(3 处)	4	一处达不到要求扣 2 分			
件 2	ϕ18H9	12	超过 H9 扣 6 分,超过 H10 扣 12 分			
	ϕ28H9	8	超过 H9 扣 4 分,超过 H10 扣 8 分			
	$\phi 38_{-0.042}^{\ 0}$	8	每超差 0.01mm 扣 2 分			
	$R_a 3.2\ \mu m$(3 处)	8	每超差不大于 0.05mm 扣 4 分,每超差大于 0.05mm 扣 8 分			
件 3	网纹 m0.4	4	一处达不到要求扣 2 分			
	$\phi 18_{-0.027}^{\ 0}$	8	模数 m 不对或花纹不清晰、不饱满扣 4 分,乱纹扣 8 分			
	$R_a 3.2\ \mu m$	2	超差扣 2 分			
组合	三件组合	10	组合面精度降低二级或无法组合扣组合 25 分			
	间隙 0.1～0.3mm		超差不大于 0.1mm 扣 5 分,超差大于 0.1mm 扣 10 分			
	$85_{-0.3}^{+0.05}$ mm	15	超差不大于 0.3mm 扣 8 分,超差大于 0.3mm 扣 15 分			
其他项目	未注公差尺寸		一处超过 IT14 总分扣 1 分			
	倒角、倒钝锐边		一处不符合要求总分扣 0.5 分			
	$R_a 6.3\ \mu m$		一处达不到要求总分扣 1 分			
安全文明操作	按国家规定法规或学校自定有关规定		每违反一项规定总分扣 2 分,发生事故为 0 分			
测量等级得分	优等品 80～100 分		合格品 60～80 分		废品 0～60 分	
日期：	学生姓名：		学号：	教师签字：		总分：

复合作业(三) 大 带 轮

一、操作技术要求

(1)掌握机械加工性能,合理选择刀具材料和刃磨刀具角度。
(2)根据圆跳动要求,注意调整机床和装夹定位。

二、刀具、量具和辅助工具

游标卡尺 0～300 mm/0.02 精度,角度样板 38°,塞规 φ30,钟面式百分表 10 mm,磁性表座,自制塞规 φ165H9,万能角度尺 0°～320°,V 形槽车刀,内孔车刀,端面槽车刀,麻花钻 φ28。

三、生产实习图

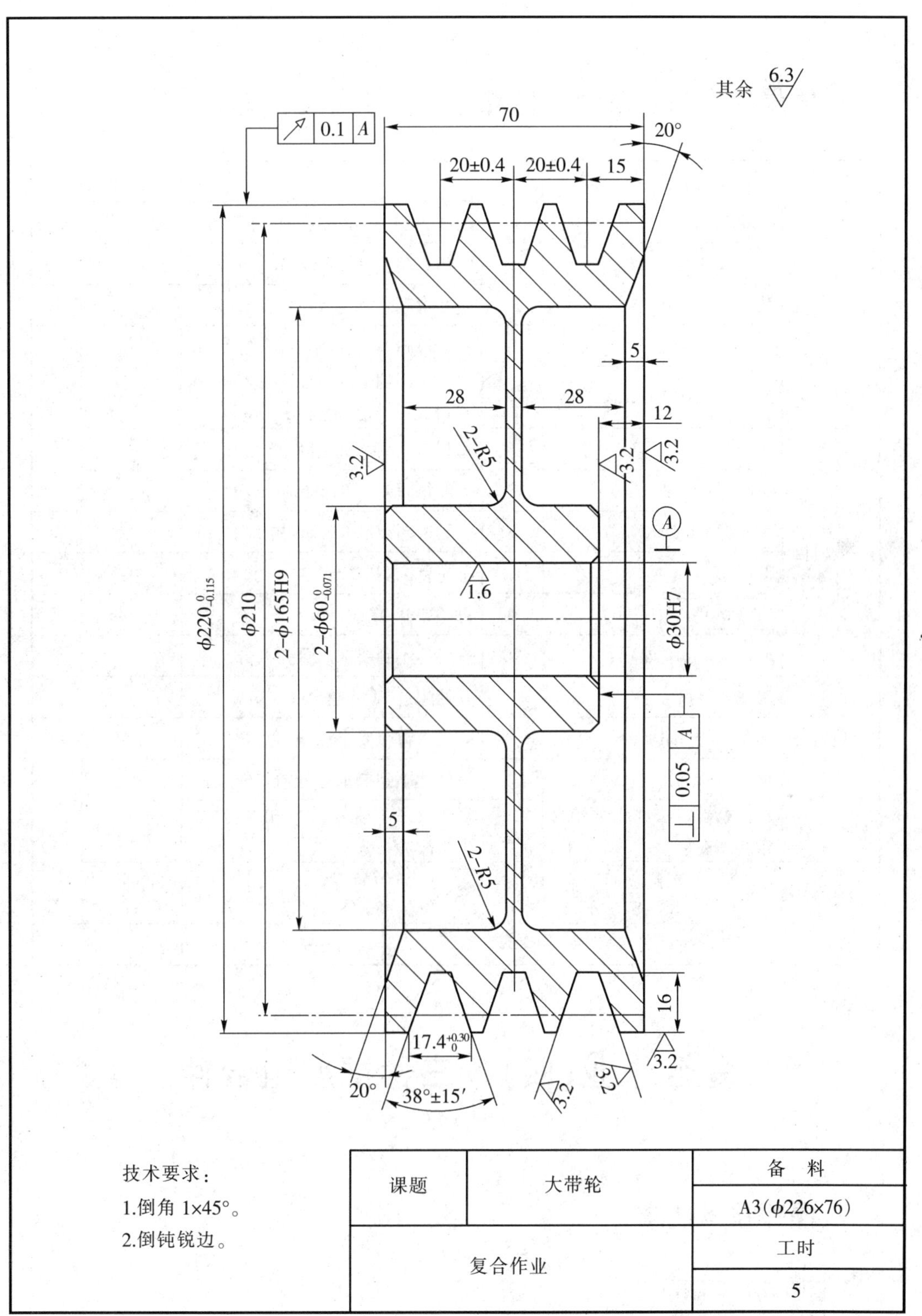
其余 6.3
70
0.1 A
20°
20±0.4
20±0.4
15
5
28
28
12
2-R5
3.2
A
1.6
φ220$^{0}_{-0.115}$
φ210
2-φ165H9
2-φ60$^{0}_{-0.071}$
φ30H7
0.05 A
5
2-R5
16
17.4$^{+0.30}_{0}$
20°
38°±15′
技术要求：
1.倒角 1×45°。
2.倒钝锐边。
课题
大带轮
备　料
A3(φ226×76)
复合作业
工时
5

四、加工工艺步骤(学生制订,教师审阅)

五、质量检查内容及评分标准

序号	质量检查内容及要求	配分	评分标准	自检	复检	得分
主要项目	ϕ30H7	18	超过 H7 扣 9 分,超过 H8 扣 18 分			
	↗ | 0.3 | A (3 槽)	9	一槽每超差 0.03mm 扣 1 分			
	$17.4_{0}^{+0.30}$ mm	12	一处每超差 0.05mm 扣 1 分			
	(20±0.4)mm	8	一处每超差 0.05mm 扣 1 分			
	R_a1.6 μm(3 处)	4	一处达不到 R_a1.6 μm 扣 2 分,达不到 R_a3.2 μm 扣 4 分			
一般项目	$\phi 220_{-0.0119}^{0}$	5	每超差 0.01 mm 扣 2 分			
	$\phi 60_{-0.014}^{0}$(2 处)	8	一般每超差 0.01 mm 扣 2 分			
	ϕ165H9(2 处)	8	一处每超差 0.01 mm 扣 2 分			
	38°±15′	5	每超差 2′,扣 2 分			
	⊥ | 0.05 | A	9	每超差 0.01 mm 扣 1 分			
	R_a3.2 μm(10 处)	20	一处达不到要求总分扣 2 分			
其他项目	未注公差尺寸		一处超过 IT14 总分扣 1 分			
	倒角、倒钝锐边		一处不符合要求总分扣 0.5 分			
	R_a6.3 μm		一处达不到要求总分扣 1 分			
安全生产	按国家规定法规或学校自定有关规定		每违反一项规定总分扣 2 分,发生事故为 0 分			
测量等级得分	优等品 80~100 分		合格品 60~80 分		废品 0~60 分	
日期：	学生姓名：	学号：	教师签字：		总分：	

复合作业(四) 三件锥度组合件

一、操作技术要求

(1)按图要求加工零件。

(2)按照图样要求进行装配。

二、刀具、量具和辅助工具

千分尺 0～25 mm、25～50 mm，螺纹环规 M16，万能角度尺 0°～320°，塞规ϕ20，塞尺 0.02～1 mm，普通螺纹样板 60°，车槽刀，普通螺纹车刀，内孔车刀，网纹滚花刀 m0.4，麻花钻ϕ14、ϕ18，丝锥 M16，攻螺纹工具 M16。

三、生产实习图

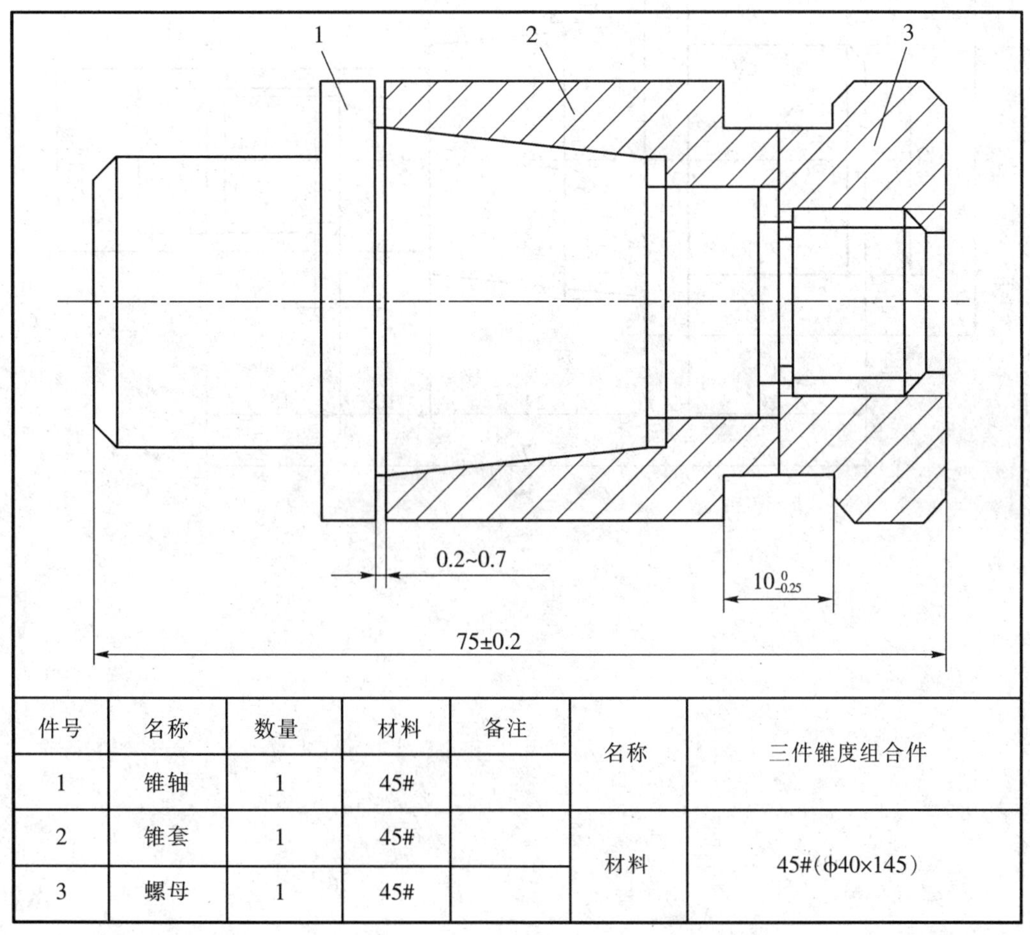

<table>
<tr><td>件号</td><td>名称</td><td>数量</td><td>材料</td><td>备注</td><td rowspan="2">名称</td><td rowspan="2">三件锥度组合件</td></tr>
<tr><td>1</td><td>锥轴</td><td>1</td><td>45#</td><td></td></tr>
<tr><td>2</td><td>锥套</td><td>1</td><td>45#</td><td></td><td rowspan="2">材料</td><td rowspan="2">45#(ϕ40×145)</td></tr>
<tr><td>3</td><td>螺母</td><td>1</td><td>45#</td><td></td></tr>
</table>

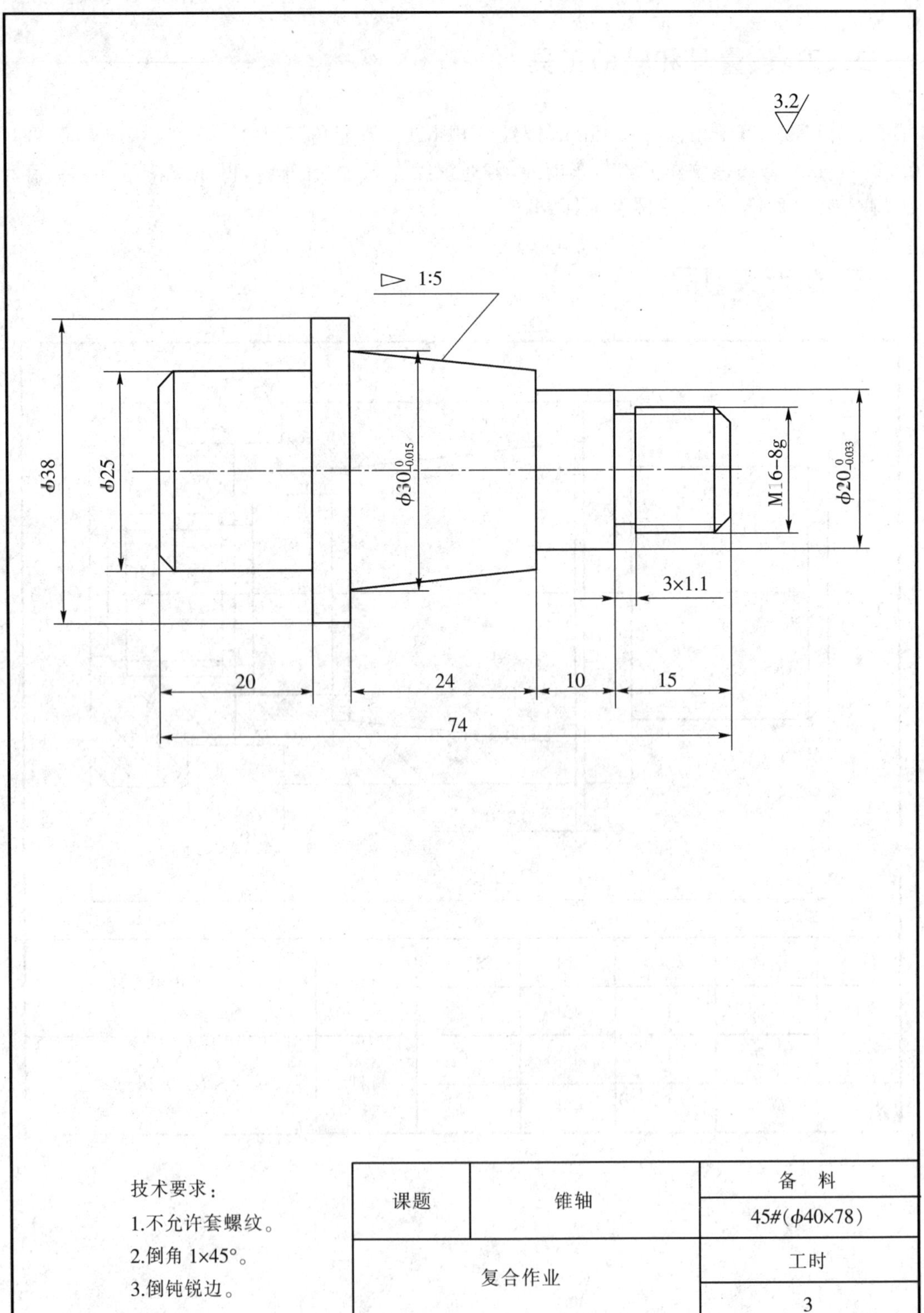

技术要求：

1.不允许套螺纹。

2.倒角 1×45°。

3.倒钝锐边。

课题	锥轴	备　料
		45#（ϕ40×78）
复合作业		工时
		3

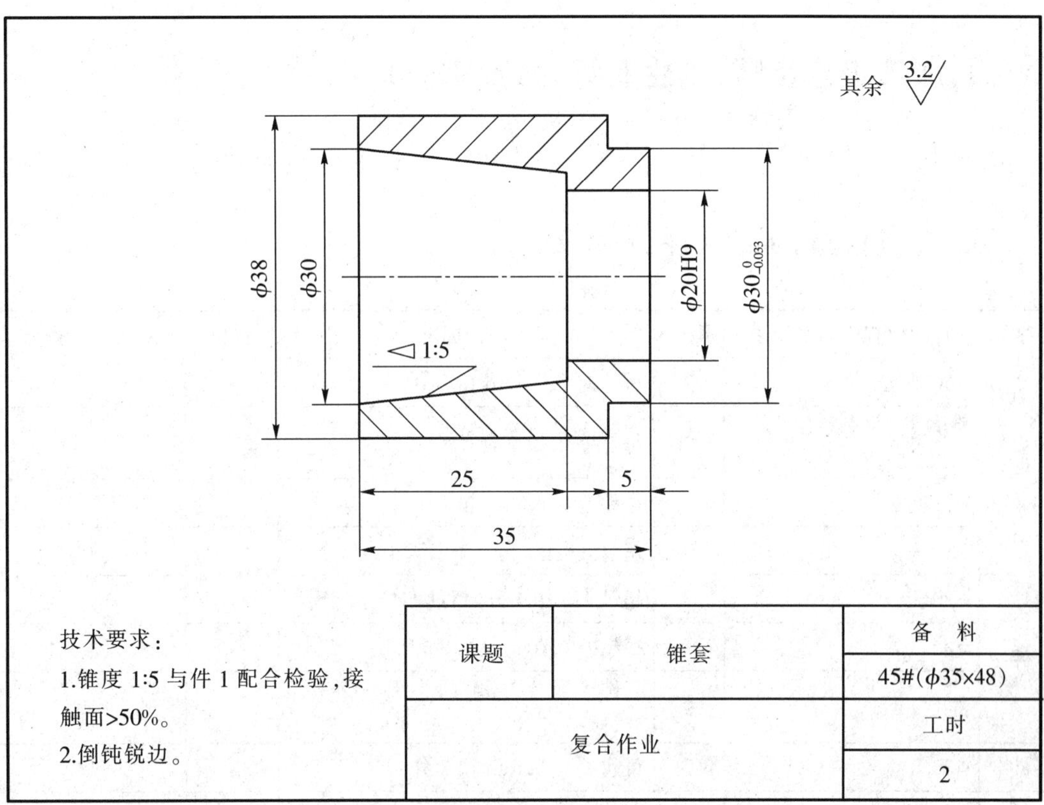

技术要求：
1.锥度 1:5 与件 1 配合检验，接触面>50%。
2.倒钝锐边。

课题	锥套	备　料
		45#(ϕ35×48)
复合作业		工时
		2

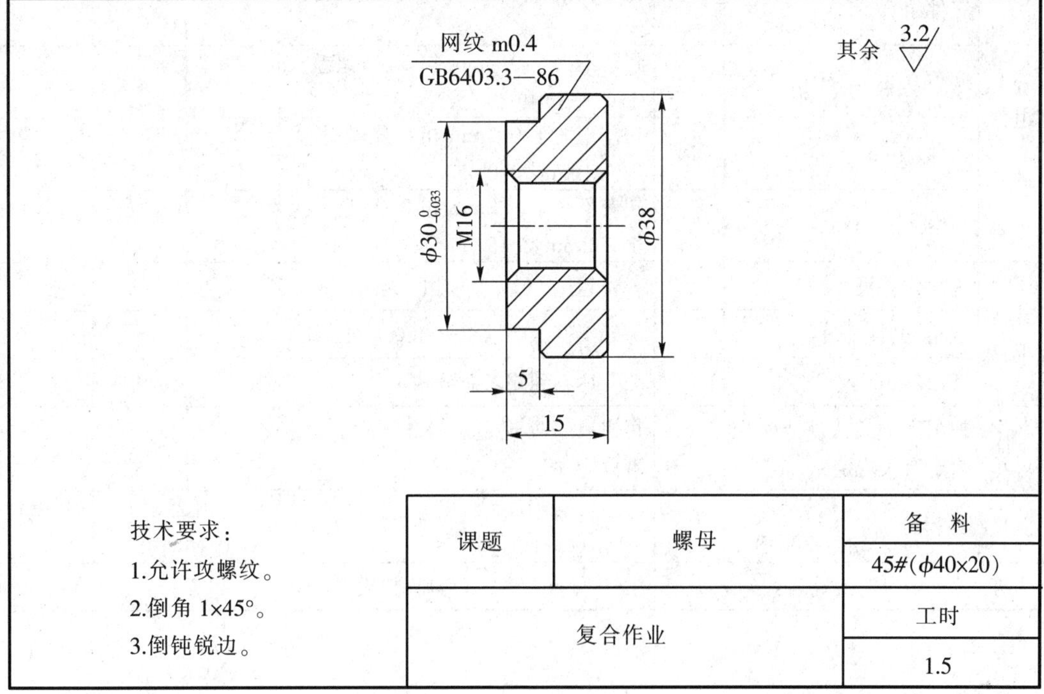

技术要求：
1.允许攻螺纹。
2.倒角 1×45°。
3.倒钝锐边。

课题	螺母	备　料
		45#(ϕ40×20)
复合作业		工时
		1.5

四、加工工艺步骤(学生制订,教师审阅)

五、质量检查内容及评分标准

序号	质量检查内容及要求	配分	评分标准	自检	复检	得分
件1	$\phi 20_{-0.033}^{0}$	7	每超差0.01mm扣2分			
	锥度1∶5(圆锥角11°25′16,3°±6′)	12	每超差2′扣4分			
	$\phi 30_{-0.015}^{0}$	5	每超差0.02mm扣1分			
	M6—8g	10	超过8g扣5分,超过9g扣10分			
件2	ϕ20H9	8	超过H9扣4分,超过H10扣8分			
	$\phi 30_{-0.042}^{0}$	7	每超差0.01mm扣2分			
	锥度1∶5	9	与件1配合,接触面小于50%扣5分,接触面小于40%扣9分			
件3	$\phi 30_{-0.033}^{0}$	7	每超差0.01mm扣2分			
组合	三件组合		配合面精度降低二级或无法组合扣组合35分			
	间隙0.2～0.7mm	10	超差不大于0.2mm扣5分,超差大于0.2mm扣10分			
	$10_{-0.25}^{0}$mm	10	超差不大于0.1mm扣5分,超差大于0.1mm扣10分			
	(70±0.2)mm	15	超差不大于0.2mm扣8分,超差大于0.2mm扣15分			
其他项目	未注公差尺寸		一处超过IT14总分扣1分			
	倒角、倒钝锐边		一处不符合要求总分扣0.5分			
	R_a3.2 μm		一处达不到要求总分扣1分			
安全文明操作	按国家规定法规或学校自定有关规定		每违反一项规定总分扣2分,发生事故为0分			
测量等级得分	优等品 80～100分		合格品 60～80分		废品 0～60分	
日期：	学生姓名：		学号：	教师签字：		总分：

复合作业(五)　四件端面槽组合件

一、操作技术要求

(1)按图要求加工零件。

(2)按照图样要求进行装配。

二、刀具、量具和辅助工具

千分尺 0～25 mm、25～50 mm，螺纹环规 M20×1.5，螺纹塞规 ϕ20×1.5，塞规 ϕ28、ϕ30、ϕ24，钟面式百分表 10 mm，塞尺 0.02～1 mm，普通螺纹样板 60°，自制塞规 ϕ42 mm，车槽刀，内、外普通螺纹车刀，麻花钻 ϕ26、ϕ17、ϕ22，网纹滚花刀 m0.4，露面槽车刀，内车槽刀，内孔车刀。

三、生产实习图

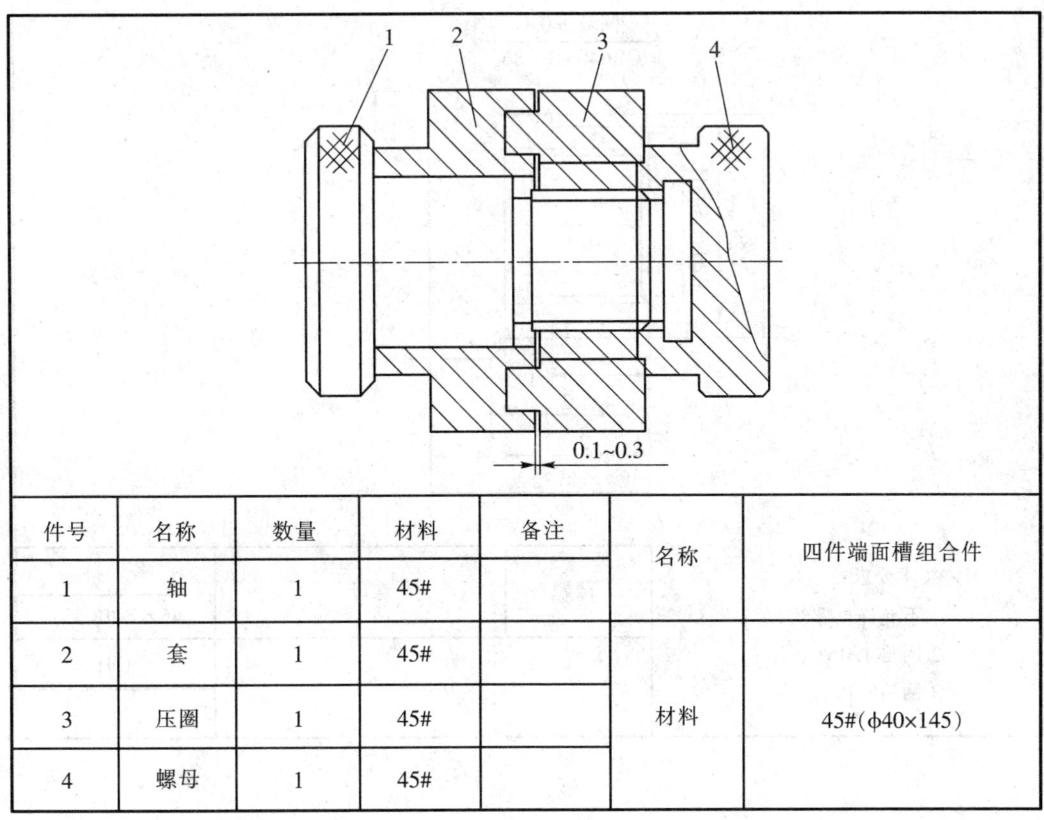

件号	名称	数量	材料	备注	名称	四件端面槽组合件
1	轴	1	45#			
2	套	1	45#		材料	45#(ϕ40×145)
3	压圈	1	45#			
4	螺母	1	45#			

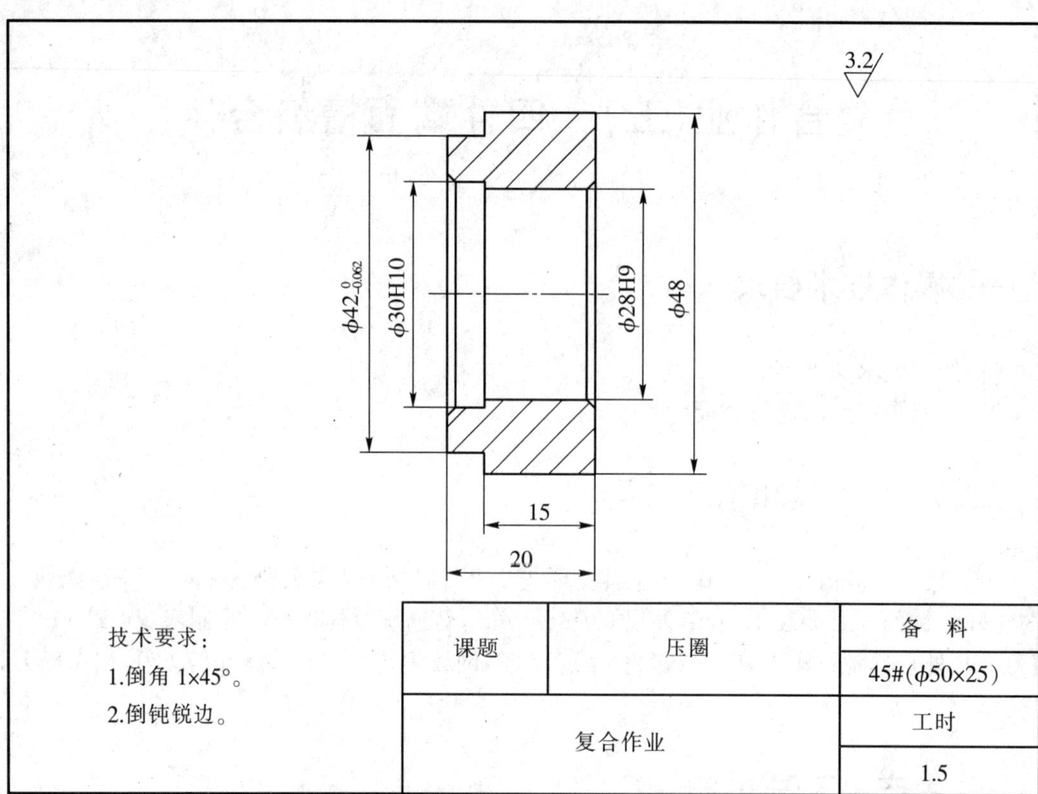

技术要求：
1.倒角 1×45°。
2.倒钝锐边。

课题	压圈	备　料
		45#(ϕ50×25)
复合作业		工时
		1.5

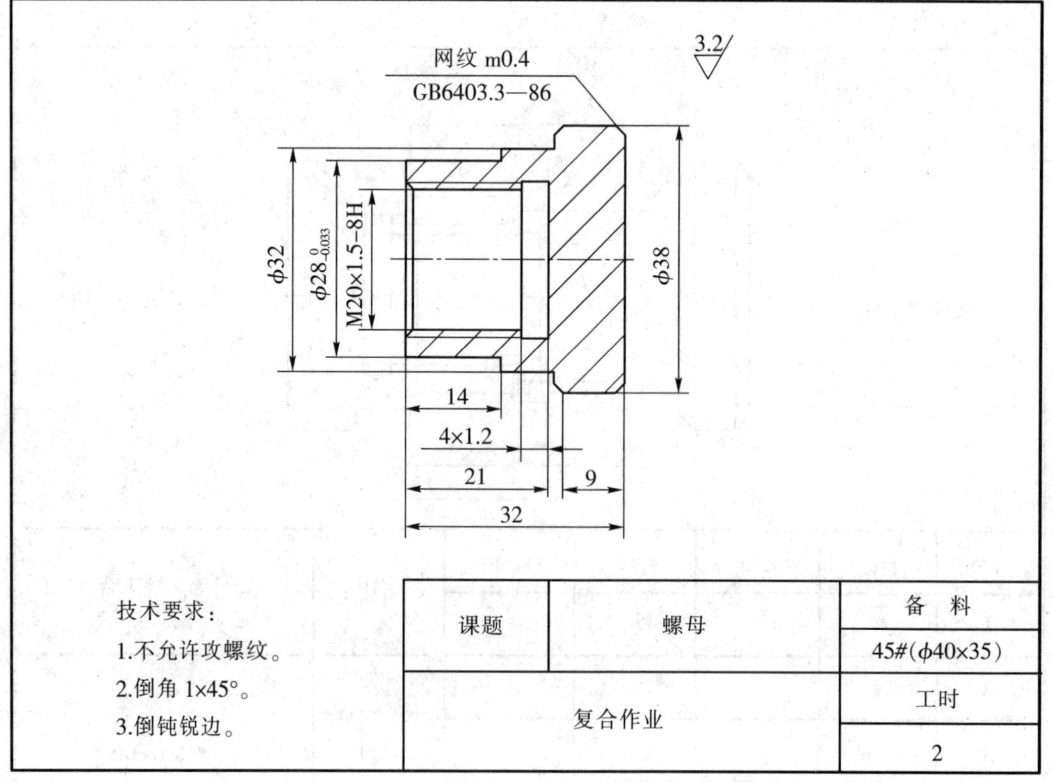

技术要求：
1.不允许攻螺纹。
2.倒角 1×45°。
3.倒钝锐边。

课题	螺母	备　料
		45#(ϕ40×35)
复合作业		工时
		2

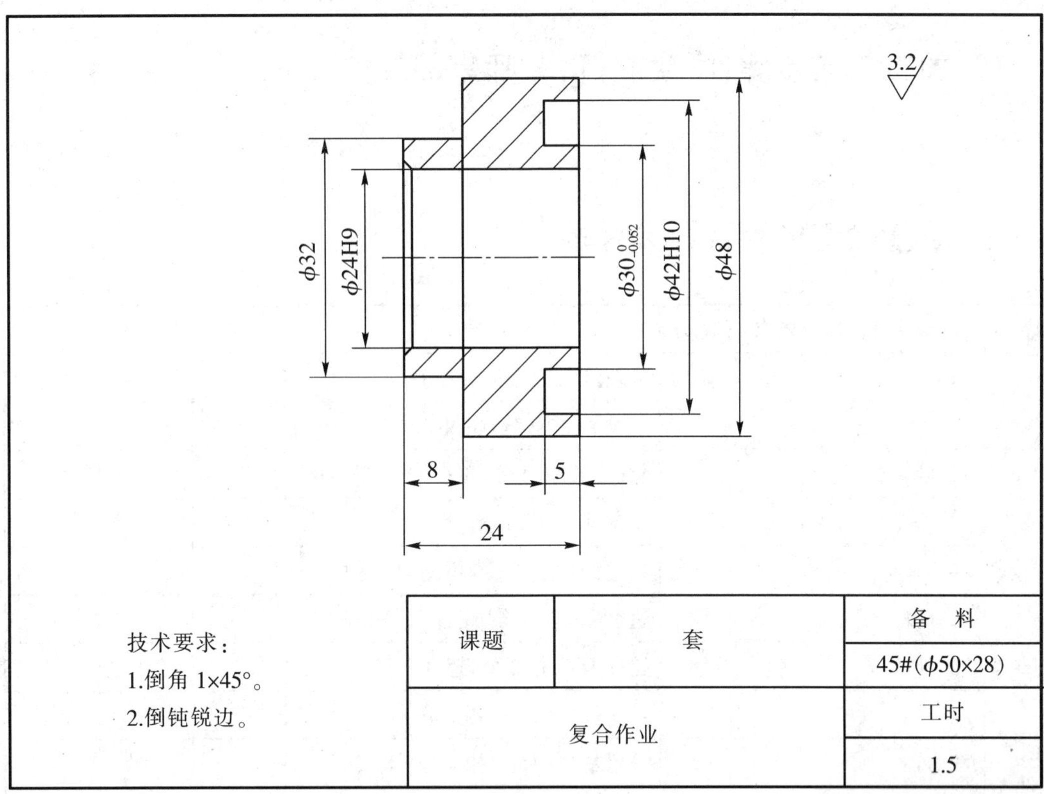

技术要求：
1.倒角 1×45°。
2.倒钝锐边。

课题	套	备　料
		45#(ϕ50×28)
复合作业		工时
		1.5

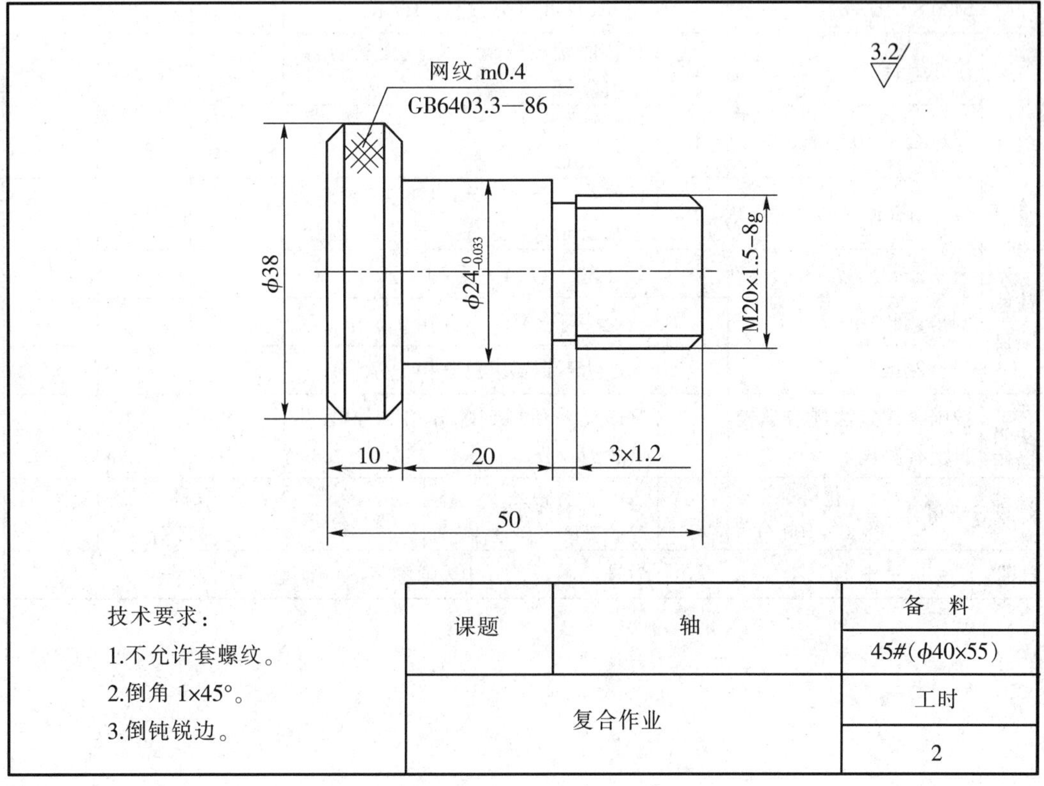

技术要求：
1.不允许套螺纹。
2.倒角 1×45°。
3.倒钝锐边。

课题	轴	备　料
		45#(ϕ40×55)
复合作业		工时
		2

四、加工工艺步骤(学生制订,教师审阅)

五、质量检查内容及评分标准

序号	质量检查内容及要求	配分	评分标准	自检	复检	得分
件1	$\phi24_{-0.021}^{\ 0}$	7	每超差 0.01mm 扣 2 分			
	M20×1.5—8g	10	超过 8g 扣 5 分,超过 9g 扣 10 分			
件2	ϕ24H9	8	超过 H9 扣 4 分,超过 H10 扣 8 分			
	$\phi30_{-0.012}^{\ 0}$	4	每超过 0.01mm 扣 2 分			
	$\phi42_{-0.012}^{\ 0}$	6	超过 H10 扣 3 分,超过 H11 扣 6 分			
件3	ϕ28H9	8	超过 H9 扣 4 分,超过 H10 扣 8 分			
	ϕ30H10	6	超过 H10 扣 3 分,超过 H11 扣 6 分			
	$\phi42_{-0.012}^{\ 0}$	4	每超差 0.01mm 扣 2 分			
件4	$\phi28_{-0.015}^{\ 0}$	7	每超差 0.01mm 扣 2 分			
	M20×1.5—8H	15	超过 8H 扣 8 分,超过 9H 扣 15 分			
组合	四件组合	10	配合面精度降低二级或无法组合,扣组合 25 分			
	间隙 0.1~0.3mm	10	超差不大于 0.1mm 扣 5 分,超差大于 0.1mm 扣 10 分			
	$67_{-0.6}^{-0.2}$mm	15	超差不大于 0.2mm 扣 8 分,超差大于 0.2mm 扣 15 分			
其他项目	未注公差尺寸		一处超过 IT14 总分扣 1 分			
	倒角、倒钝锐边		一处不符合要求总分扣 0.5 分			
	$R_a3.2\ \mu m$		一处达不到要求总分扣 1 分			
安全文明操作	按国家规定法规或学校自定有关规定		每违反一项规定总分扣 2 分,发生事故为 0 分			
测量等级得分	优等品 80~100 分		合格品 60~80 分		废品 0~60 分	
日期:	学生姓名:		学号:	教师签字:	总分:	

复合作业(六)　偏　心　轴

一、操作技术要求

(1)掌握在三爪卡盘上垫垫片车削偏心工件的方法和垫片厚度的计算方法。
(2)学会偏心距的检查、测量方法。

二、刀具、量具和辅助工具

千分尺 0～25 mm、25～50 mm,精度 0.01 mm,钟面式百分表 10 mm/精度,量块 38 块,螺纹环规 M20,螺纹样板 600,半径样板 R8,中心钻 A2.5,车槽刀,特形面车刀 R8,普通螺纹车刀,磁性表座。

三、生产实习图

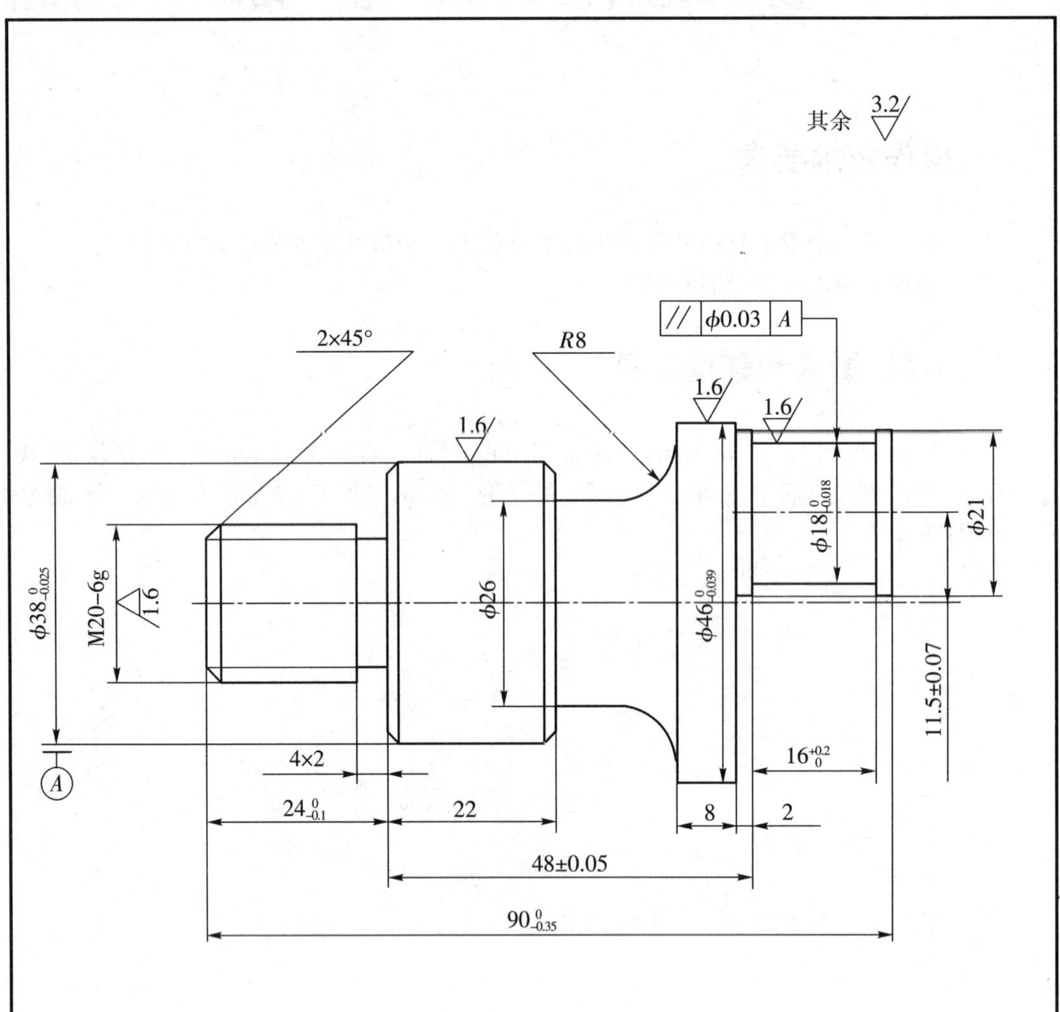

技术要求：

1.普通螺纹用车削的方法加工。

2.偏心部分不允许用专用工具加工。

3.未注倒角 1×45°。

4.倒钝锐边。

课题	偏心轴	备　料
		A3(ϕ48×94)
复合作业		工时
		5

四、加工工艺步骤(学生制订,教师审阅)

五、质量检查内容及评分标准

序号	质量检查内容及要求	配分	评分标准	自检	复检	得分
主要项目	$\phi 36_{-0.025}^{0}$	10	每超差 0.01mm 扣 4 分			
	$\phi 18_{-0.013}^{0}$	12	每超差 0.01mm 扣 6 分			
	M20－6g	8	超过 6g 扣 4 分,超过 7g 扣 8 分			
	$R_a1.6$ μm(螺纹牙侧)	6	一侧达不到要求扣 3 分			
	(11.5±0.07)mm	20	每超差 0.01mm 扣 3 分			
	$R_a1.6$ μm(3 处)	12	一处达不到 $R_a1.6$ μm 扣 3 分,达不到 $R_a3.2$ μm 扣 4 分			
一般项目	$\phi 46_{-0.035}^{0}$	8	每超差 0.01 mm 扣 2 分			
	// | ϕ 0.03 | A	5	每超差 0.01 mm 扣 2 分			
	(48±0.05)mm	6	一处每超差 0.01 mm 扣 2 分			
	$16_{0}^{+0.2}$mm	5	每超差 0.05 mm 扣 2 分			
	$90_{-0.35}^{0}$mm	3	每超差 0.01 mm 扣 3 分			
	$24_{-0.1}^{0}$mm	5	每超差 0.05mm 扣 2 分			
其他项目	未注公差尺寸		一处超过 IT14 总分扣 1 分			
	倒角、倒钝锐边		一处不符合要求总分扣 0.5 分			
	$R_a3.2$ μm		一处达不到要求总分扣 1 分			
安全生产	按国家规定法规或学校自定有关规定		每违反一项规定总分扣 2 分,发生事故为 0 分			
测量等级得分	优等品 80～100 分		合格品 60～80 分		废品 0～60 分	
日期:	学生姓名:	学号:	教师签字:		总分:	

复合作业(七) 蜗　　杆

一、操作技术要求

(1)掌握蜗杆各部分尺寸计算。

(2)掌握蜗杆的车削方法和检测方法。

二、刀具、量具和辅助工具

万能角度尺 0°～320°,千分尺 25～50 mm,杠杆百分表 0. 8 mm,蜗杆样板 40°,中心钻 B2. 5,车槽刀,蜗杆车刀 M×2. 5,磁性表座。

三、生产实习图

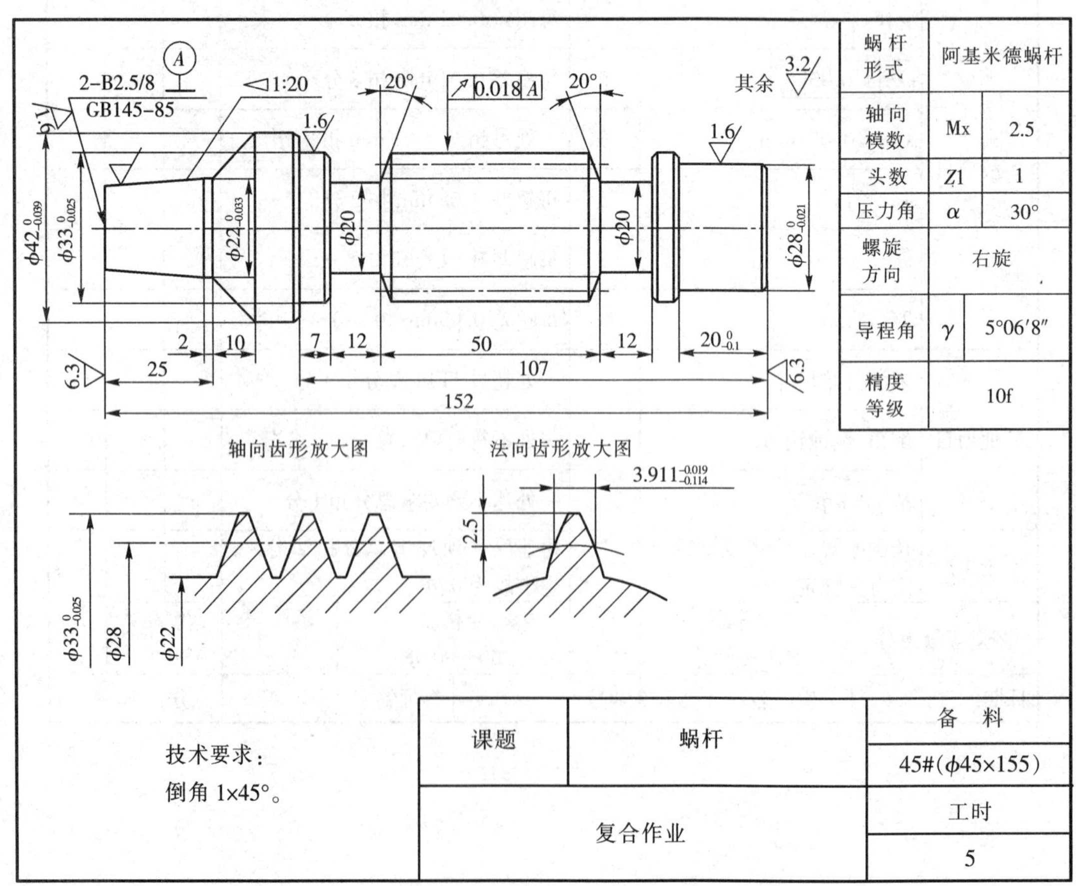

四、加工工艺步骤(学生制订,教师审阅)

五、质量检查内容及评分标准

序号	质量检查内容及要求	配分	评分标准	自检	复检	得分
主要项目	$\phi 28_{-0.021}^{0}$	10	每超差 0.01mm 扣 5 分			
	锥度 1∶20(圆锥角 2°51′51.1″±4°)	10	每超差 2′扣 6 分			
	蜗杆 10f	18	超过 10f 扣 9 分,超过 11f 扣 18 分			
	R_a1.6 μm(蜗杆牙侧)	8	一处达不到 R_a1.6 μm 扣 2 分,达不到 R_a3.2 μm 扣 4 分			
一般项目	$\phi 42_{-0.039}^{0}$	8	每超差 0.01 mm 扣 2 分			
	$\phi 33_{-0.025}^{0}$	10	一般每超差 0.01 mm 扣 4 分			
	$\phi 22_{-0.015}^{0}$	8	一处每超差 0.01 mm 扣 2 分			
	↗ | 0.018 | A	6	每超差 0.01 mm 扣 3 分			
	B2.5/8 处 R_a1.6 μm(2 处)	4	一处达不到要求总分扣 1 分			
	$20_{-0.1}^{0}$ mm	3	每超差 0.02mm 扣 1 分			
	(11.5±0.07)mm	3	超差扣 3 分			
	R_a1.6 μm(3 处)	12	一处达不到 R_a1.6 μm 扣 3 分,达不到 R_a3.2 μm 扣 4 分			
其他项目	未注公差尺寸		一处超过 IT14 总分扣 1 分			
	倒角、倒钝锐边		一处不符合要求总分扣 0.5 分			
	R_a3.2 μm		一处达不到要求总分扣 1 分			
安全生产	按国家规定法规或学校自定有关规定		每违反一项规定总分扣 2 分,发生事故为 0 分			
测量等级得分	优等品 80～100 分		合格品 60～80 分		废品 0～60 分	
日期:	学生姓名:	学号:	教师签字:		总分:	

复合作业(八) 三件圆柱圆锥组合件

一、操作技术要求

(1)按图要求加工零件。

(2)按照图样要求进行装配,并保证配合面精度。

二、刀具、量具和辅助工具

万能角度尺 0°～320°,千分尺 0～25 mm、25～50 mm,杠杆式百分表0.8 mm,塞尺0.02～1 mm,塞规ϕ20、ϕ26,螺纹环规 Tr36x、12(P6),磁性表座,中心钻 A2.5,麻花钻ϕ10.2、ϕ18、ϕ24,内孔车刀,车槽刀,内车槽刀,梯形螺纹车刀 P6,网纹滚花刀 m0.4,丝锥 M12,扳牙 M12,攻螺纹工具 M12,套螺纹车刀 M12,切断刀。

三、生产实习图

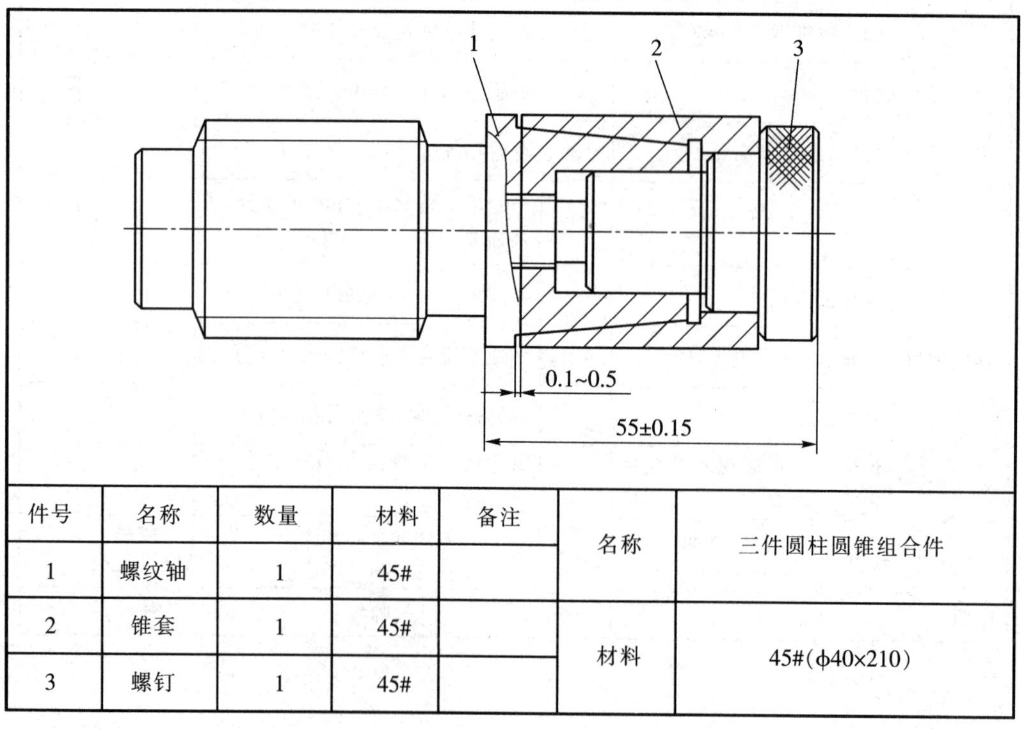

件号	名称	数量	材料	备注	名称	三件圆柱圆锥组合件
1	螺纹轴	1	45#			
2	锥套	1	45#		材料	45#(ϕ40×210)
3	螺钉	1	45#			

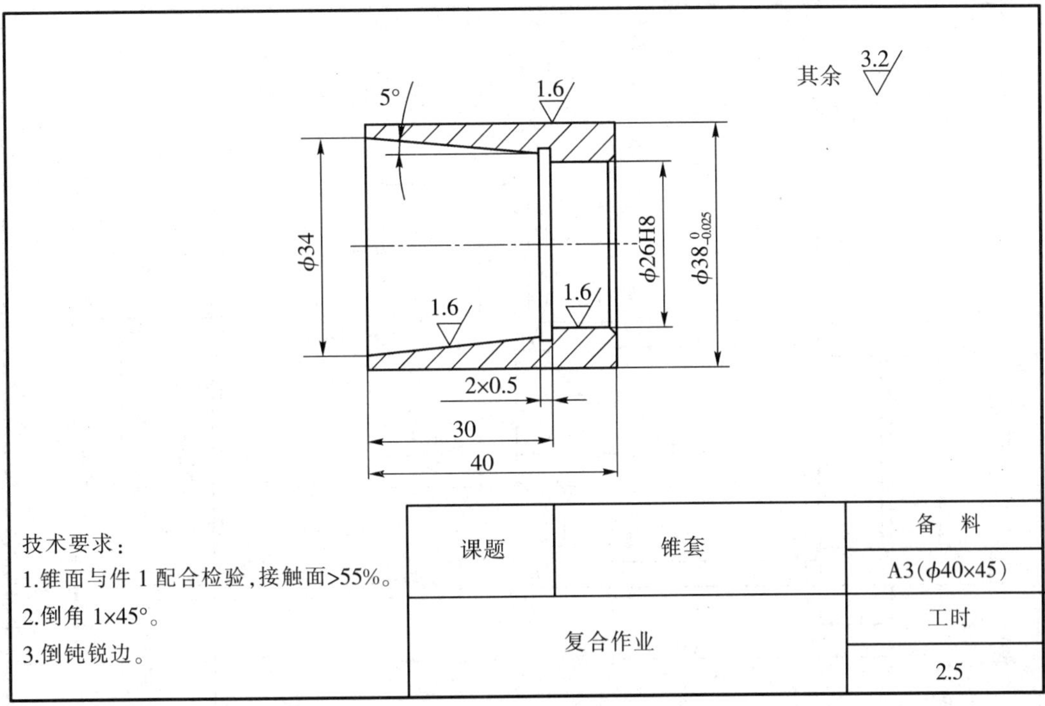

技术要求：
1.锥面与件 1 配合检验，接触面>55%。
2.倒角 1×45°。
3.倒钝锐边。

课题	锥套	备　料
		A3（ϕ40×45）
复合作业		工时
		2.5

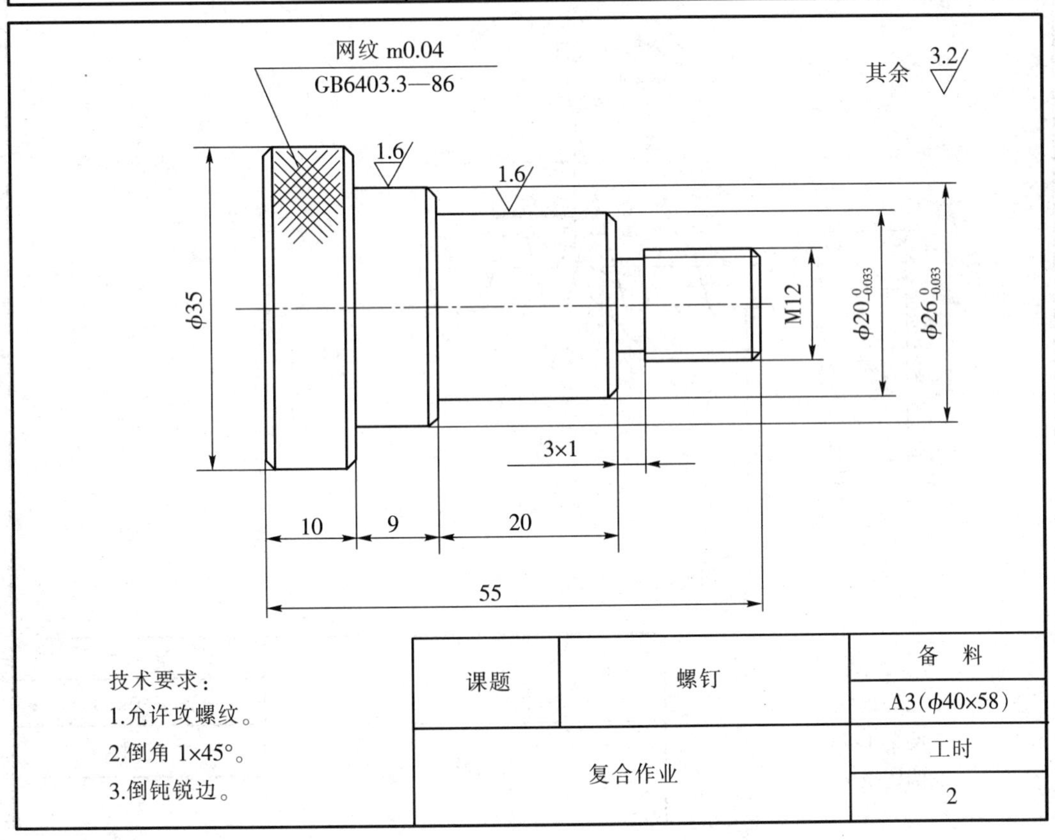

技术要求：
1.允许攻螺纹。
2.倒角 1×45°。
3.倒钝锐边。

课题	螺钉	备　料
		A3（ϕ40×58）
复合作业		工时
		2

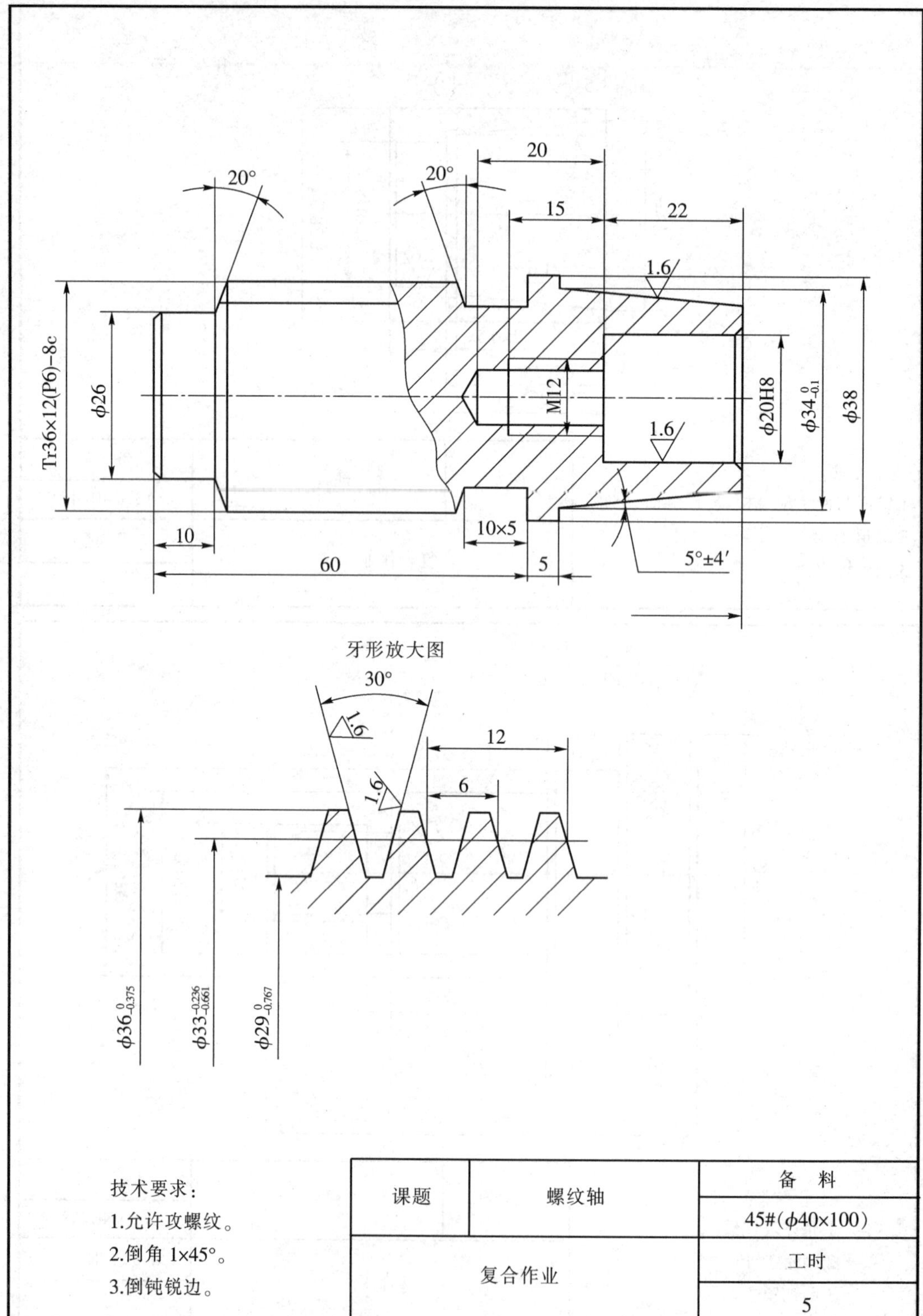

技术要求：

1.允许攻螺纹。

2.倒角 1×45°。

3.倒钝锐边。

课题	螺纹轴	备 料
		45#(ϕ40×100)
复合作业		工时
		5

四、加工工艺步骤(学生制订,教师审阅)

五、质量检查内容及评分标准

序号	质量检查内容及要求	配分	评分标准	自检	复检	得分
件1	Tr36×12(P6)—8cmm	12	超过 8cmm 扣 6 分,超过 9cmm 扣 12 分			
	R_a1.6 μm(梯形螺纹牙侧)	8	一侧达不到 R_a1.6μm 扣 3 分,达不到 R_a3.2μm 扣 4 分			
	5°±4′	5	每超差 2′扣 2 分			
	$\phi 38_{-0.1}^{0}$	3	超差扣 3 分			
	ϕ20H8	6	超过 H8 扣 3 分,超过 H9 扣 6 分			
	R_a1.6 μm(2 处)	6	一处达不到要求扣 3 分			
件2	$\phi 38_{-0.035}^{0}$	5	每超差 0.01mm 扣 2 分			
	ϕ26H8	6	超过 H8 扣 3 分,超过 H9 扣 6 分			
	5°	6	与件 1 配合,接触面小于 55%扣 3 分,接触面小于 45%扣 6 分			
	R_a1.6μm(3 处)	6	一处达不到要求扣 2 分			
件3	$\phi 20_{-0.035}^{0}$	4	每超差 0.01mm 扣 2 分			
	$\phi 26_{-0.033}^{0}$	4	每超差 0.01mm 扣 2 分			
	R_a1.6μm(2 处)	4	一处达不到要求扣 2 分			
组合	三件组合		配合面精度降低二级或无法组合,扣组合 25 分			
	间隙 0.1～0.5mm	10	超差不大于 0.1mm 扣 5 分,超差大于 0.1mm 扣 10 分			
	(55±0.15)mm	15	超差不大于 0.15mm 扣 8 分,超差大于 0.15mm 扣 15 分			
其他项目	未注公差尺寸		一处超过 IT14 总分扣 1 分			
	倒角、倒钝锐边		一处不符合要求总分扣 0.5 分			
	R_a6.3 μm		一处达不到要求总分扣 1 分			
安全文明操作	按国家规定法规或学校自定有关规定		每违反一项规定总分扣 2 分,发生事故为 0 分			

测量等级得分	优等品 80～100 分		合格品 60～80 分		废品 0～60 分	
日期:	学生姓名:		学号:	教师签字:	总分:	

模块十三　高级工复合作业

复合作业(一)　三件梯形螺纹组合件

一、操作技术要求

(1)按图要求加工零件。

(2)按照图样要求进行装配,并保证配合面精度要求。

二、刀具、量具和辅助工具

万能角度尺 0°～320°,千分尺 0～25 mm、25～50 mm,杠杆式百分表0.8 mm,塞尺0.02～1 mm,塞规ϕ30、ϕ40,螺纹塞规 Tr20×4,螺纹环规 Tr20×4,螺纹样板 30°,麻花钻ϕ14、ϕ28、ϕ38,网纹滚花刀 m0.4,内孔车刀,车槽刀,内车槽刀,梯形螺纹车刀 P4,内梯形螺纹车刀 P4,切断刀,磁性表座。

三、生产实习图

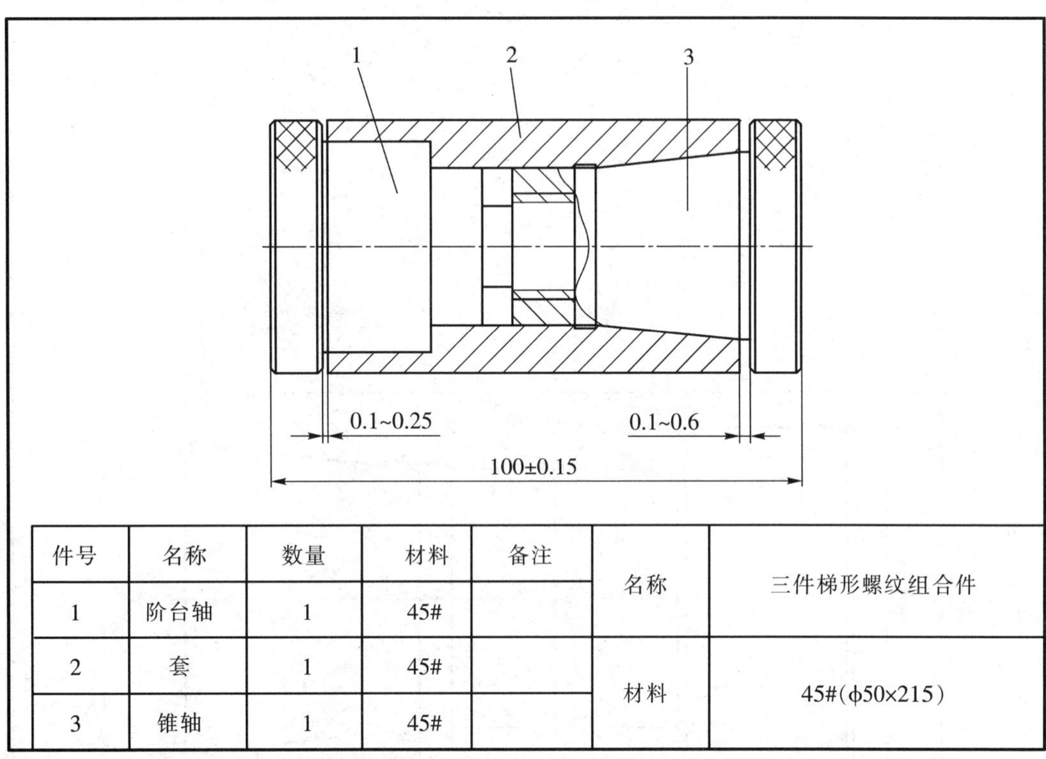

件号	名称	数量	材料	备注	名称	三件梯形螺纹组合件
1	阶台轴	1	45#			
2	套	1	45#		材料	45#(ϕ50×215)
3	锥轴	1	45#			

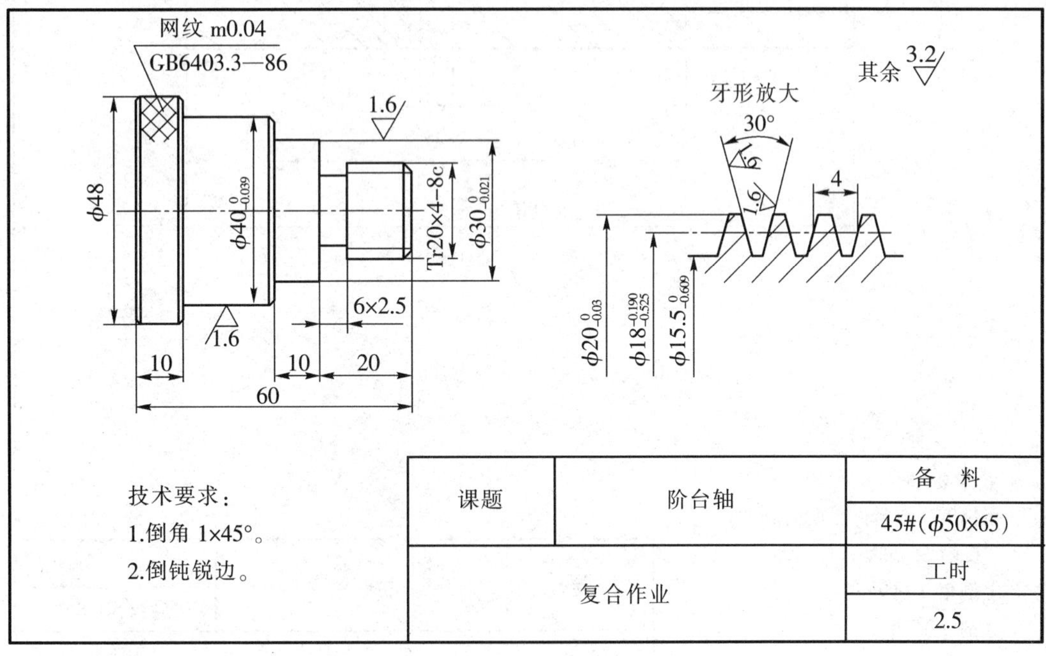

技术要求：

1.倒角 1×45°。

2.倒钝锐边。

课题	阶台轴	备　料
		45#(ϕ50×65)
复合作业		工时
		2.5

其余 3.2

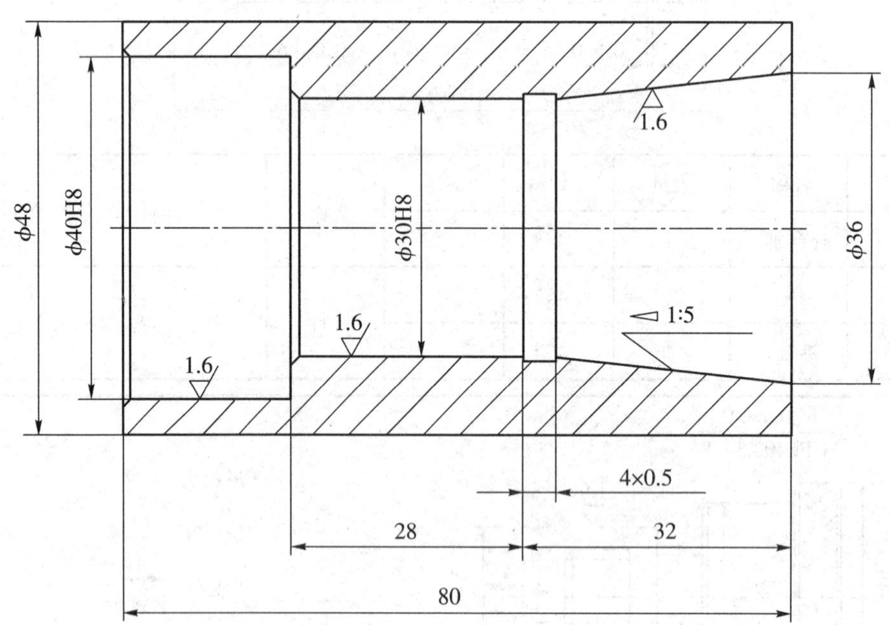

技术要求：

1.锥度 1:5 与件 3 配合检验，接触面>55%。

2.倒角 1×45°。

3.倒钝锐边。

课题	套	备　料
		45#(ϕ50×85)
复合作业		工时
		3

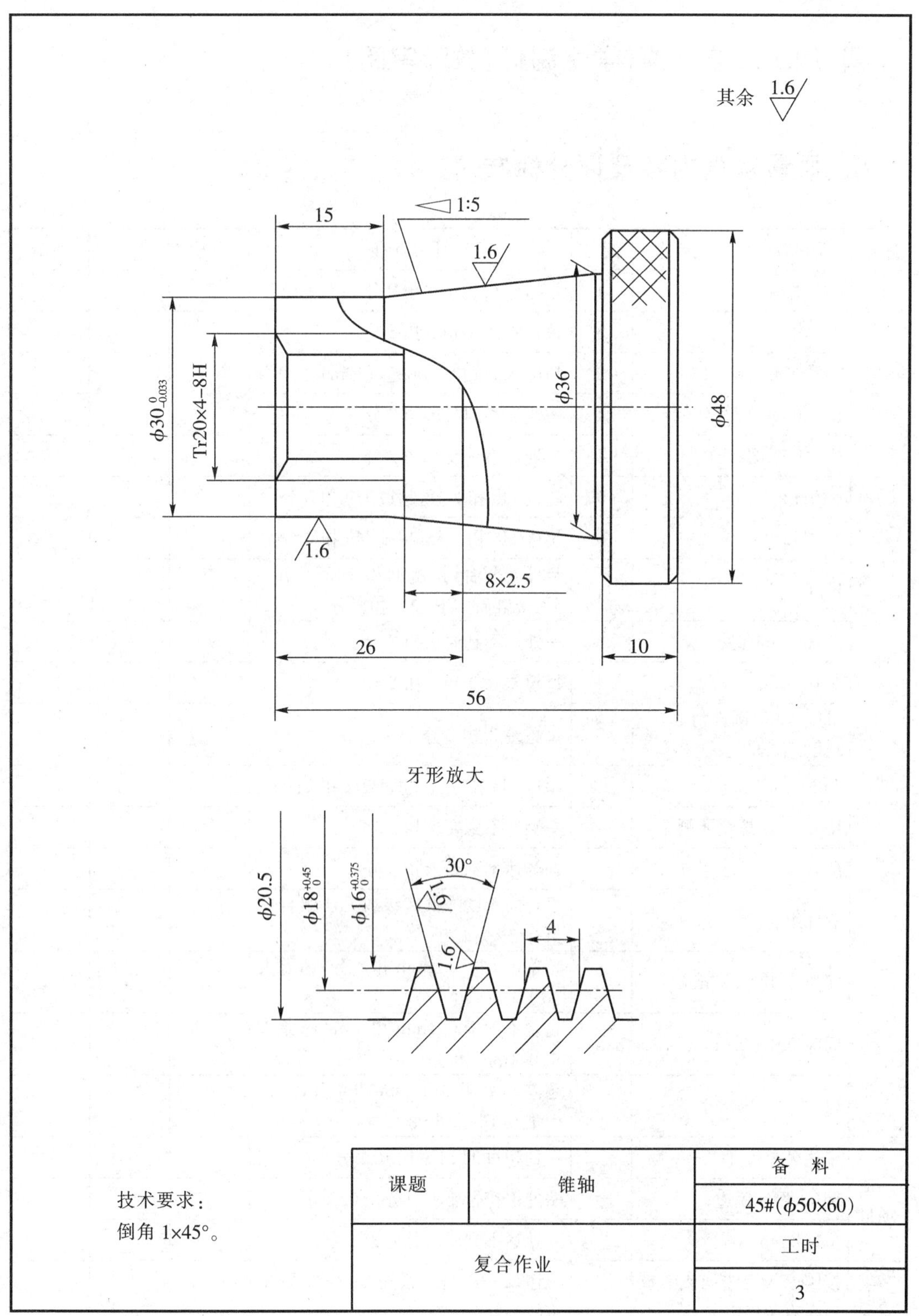
其余 1.6
◁1:5
15
1.6
ϕ36
ϕ48
ϕ30$^{0}_{-0.033}$
Tr20×4-8H
1.6
8×2.5
26
10
56
牙形放大
ϕ20.5
ϕ18$^{+0.45}_{0}$
ϕ16$^{+0.375}_{0}$
30°
1.6
1.6
4
技术要求：
倒角 1×45°。
课题
锥轴
备　料
45#(ϕ50×60)
复合作业
工时
3

四、加工工艺步骤(学生制订,教师审阅)

五、质量检查内容及评分标准

序号	质量检查内容及要求	配分	评分标准	自检	复检	得分
件 1	$\phi 40_{-0.033}^{0}$	4	每超差 0.01mm 扣 2 分			
	$\phi 30_{-0.021}^{0}$	5	每超差 0.01mm 扣 2 分			
	Tr20×4—8cmm	9	超过 8cmm 扣 5 分,超过 9cmm 扣 9 分			
	R_a1.6 μm(螺纹牙侧)	4	一侧达不到要求扣 2 分			
	R_a1.6 μm(2 处)	4	一处达不到要求扣 2 分			
件 2	ϕ40H8	5	超过 H8 扣 3 分,超过 H9 扣 5 分			
	ϕ30H8	6	超过 H8 扣 3 分,超过 H9 扣 6 分			
	锥度 1∶5	5	与件 3 配合,接触面小于 55%扣 3 分,接触面小于 45%扣 5 分			
	R_a1.6 μm(3 处)	6	一处达不到要求扣 2 分			
件 3	$\phi 30_{-0.021}^{0}$	4	每超差 0.01mm 扣 2 分			
	锥度 1∶5(圆锥角 11°25′16.3°±4′)	5	每超差 2′扣 2 分			
	Tr20×4—8c	11	超过 8H 扣 6 分,超过 9H 扣 11 分			
	R_a1.6μm(螺纹牙侧)	4	一侧达不到要求扣 2 分			
	R_a1.6μm(2 处)	4	一侧达不到要求扣 2 分			
组合	三件组合		组合面精度降低二级或无法组合扣组合 24 分			
	间隙 0.1~0.25mm	8	超差不大于 0.1mm 扣 4 分,超差大于 0.1mm 扣 8 分			
	间隙 0.1~0.6mm	8	超差不大于 0.1mm 扣 4 分,超差大于 0.1mm 扣 8 分			
	(100±0.15)mm	8	超差不大于 0.15mm 扣 4 分,超差大于 0.15mm 扣 8 分			
其他项目	未注公差尺寸		一处超过 IT14 总分扣 1 分			
	倒角、倒钝锐边		一处不符合要求总分扣 0.5 分			
	R_a3.2 μm		一处达不到要求总分扣 1 分			
安全文明操作	按国家规定法规或学校自定有关规定		每违反一项规定总分扣 2 分,发生事故为 0 分			
测量等级得分	优等品 80~100 分		合格品 60~80 分		废品 0~60 分	
日期:	学生姓名:		学号:	教师签字:		总分:

复合作业(二)　左旋螺纹轴

一、操作技术要求

(1)掌握左旋三角螺纹车刀的刃磨方法。

(2)掌握用样板装夹螺纹车刀和对刀的方法,熟练掌握进退刀和开合螺母的协调动作。

(3)掌握用游标卡尺、螺纹环规、螺距规测量螺纹的方法。

二、刀具、量具和辅助工具

万能角度尺 0°～320°,千分尺 25～50 mm,杠杆百分表 0.8 mm,螺纹样板 60°,螺纹卡环 M246G 左,半径样板 R8,中心钻 A2.5,车槽刀,特形面车刀 R8,普通螺纹车刀,磁性表座。

三、生产实习图

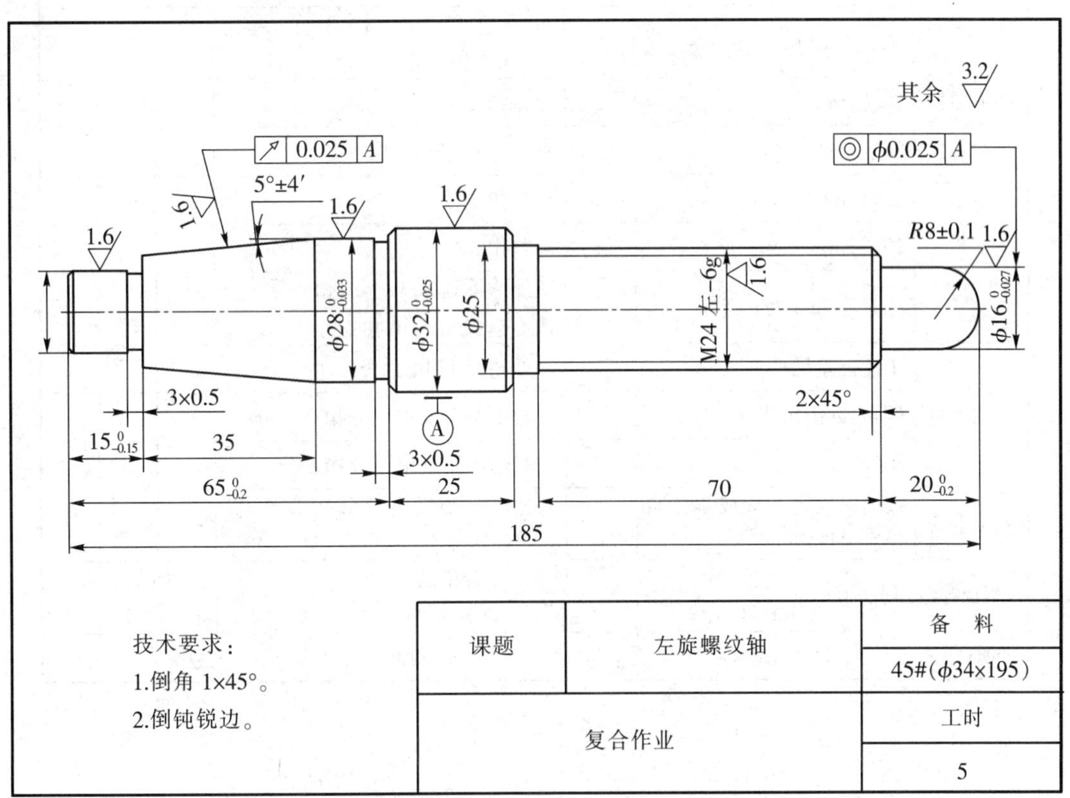

四、加工工艺步骤(学生制订,教师审阅)

五、质量检查内容及评分标准

序号	质量检查内容及要求	配分	评分标准	自检	复检	得分
主要项目	$\phi32_{-0.025}^{0}$	10	每超差 0.01mm 扣 4 分			
	M24 左—6g	12	超过 6g 扣 6 分,超过 7g 扣 12 分			
	$R_a1.6\mu m$(螺纹牙侧)	8	一处达不到 $R_a1.6\mu m$ 扣 2 分,达不到 $R_a3.2\mu m$ 扣 4 分			
	$5°\pm4'$	6	每超差 2′扣 3 分			
	$\phi28_{-0.033}^{0}$	7	每超差 0.01mm 扣 2 分			
	$\phi16_{-0.025}^{0}$	7	每超差 0.01mm 扣 2 分			
一般项目	↗ 0.025 A	4	每超差 0.01mm 扣 2 分			
	◎ ϕ 0.025 A	4	一般每超差 0.01mm 扣 2 分			
	$\phi16_{-0.013}^{0}$	6	一处每超差 0.01mm 扣 2 分			
	R8±0.1mm	5	每超差 0.1mm 扣 3 分,超差 0.15mm扣 5 分			
	$20_{-0.1}^{0}$ mm	2	超差扣 2 分			
	$20_{-0.2}^{0}$ mm	4	每超差 0.05mm 扣 2 分			
	$65_{-0.1}^{0}$ mm	2	超差扣 2 分			
	$15_{-0.13}^{0}$ mm	4	超差扣 3 分			
	$R_a1.6\mu m$(5 处)	3 20	一处达不到 $R_a1.6\mu m$ 扣 2 分,达不到 $R_a3.2\mu m$ 扣 4 分			
其他项目	未注公差尺寸		一处超过 IT14 总分扣 1 分			
	倒角、倒钝锐边		一处不符合要求总分扣 0.5 分			
	$R_a3.2\ \mu m$		一处达不到要求总分扣 1 分			
安全生产	按国家规定法规或学校自定有关规定		每违反一项规定总分扣 2 分,发生事故为 0 分			
测量等级得分	优等品 80～100 分		合格品 60～80 分		废品 0～60 分	
日期:	学生姓名:	学号:	教师签字:	总分:		

复合作业(三)　双头蜗杆

一、操作技术要求

(1)了解双头蜗杆的分头方法。
(2)掌握双头蜗杆的车削方法和检验方法。

二、刀具、量具和辅助工具

万能角度尺 0°～320°，齿厚游标卡尺 1～13 mm，千分尺 25～50 mm，杠杆百分表 0.8 mm，塞规φ20，塞规φ30，蜗杆样板 40°，中心钻 A2.5，麻花钻塞规φ18，锪钻 60°，内孔车刀，车槽刀，端面槽车刀，蜗杆车刀 Mx4，磁性表座。

三、生产实习图

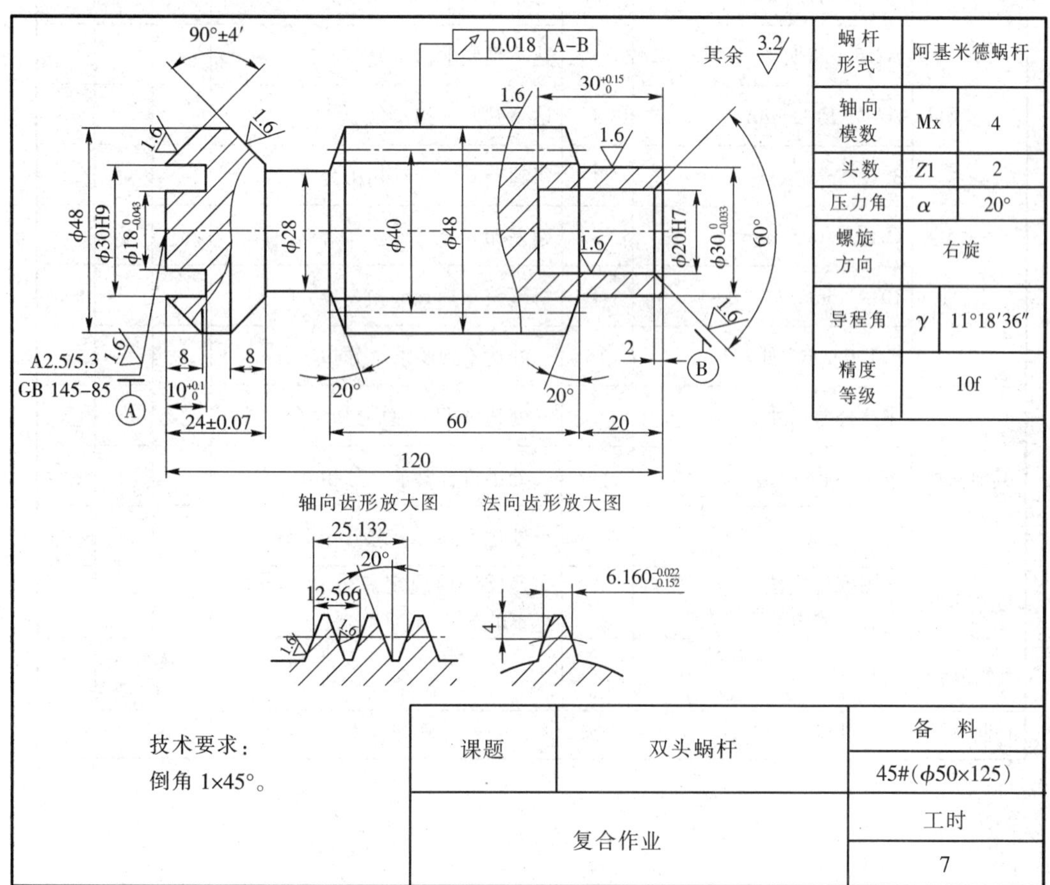

四、加工工艺步骤（学生制订，教师审阅）

五、质量检查内容及评分标准

序号	质量检查内容及要求	配分	评分标准	自检	复检	得分
主要项目	蜗杆 10f	16	超过 10f 扣 8 分，超过 11f 扣 16 分			
	$R_a1.6\mu m$（蜗杆牙侧）	10	一处达不到 $R_a1.6\mu m$ 扣 2 分，达不到 $R_a3.2\mu m$ 扣 4 分			
	$\phi20H7$	10	超过 H7 扣 5 分，超过 H8 扣 10 分			
	$90°\pm4'$	6	每超差 $2''$ 扣 3 分			
	$\phi30_{-0.033}^{\ 0}$	6	每超差 0.01mm 扣 2 分			
一般项目	$\phi30H9$	7	超过 H9 扣 4 分，超过 H10 扣 7 分			
	$\phi18_{-0.013}^{\ 0}$	5	每超差 0.01mm 扣 2 分			
	↗ 0.018 A–B	6	每超差 0.01mm 扣 3 分			
	A2.5/5.3 处 $R_a1.6\mu m$	4	达不到要求扣 4 分			
	60^{0} 处 $R_a1.6\mu m$	4	达不到要求扣 4 分			
	$30_{\ 0}^{+0.05}$ mm	4	每超差 0.04mm 扣 1 分			
	(24±0.007)mm	3	超差扣 3 分			
	$10_{\ 0}^{+0.1}$ mm	4	每超差 0.05mm 扣 2 分			
	$R_a1.6\ \mu m$（5 处）	15	一处达不到要求总分扣 3 分			
其他项目	未注公差尺寸		一处超过 IT14 总分扣 1 分			
	倒角、倒钝锐边		一处不符合要求总分扣 0.5 分			
	$R_a3.2\ \mu m$		一处达不到要求总分扣 1 分			
安全生产	按国家规定法规或学校自定有关规定		每违反一项规定总分扣 2 分，发生事故为 0 分			
测量等级得分	优等品 80～100 分		合格品 60～80 分		废品 0～60 分	
日期：	学生姓名：	学号：	教师签字：	总分：		

复合作业(四)　双偏心轴套

一、操作技术要求

(1)掌握在四爪卡盘上车削偏心工件及检验偏心距的方法。
(2)掌握偏心工件划线方法。

二、刀具、量具和辅助工具

千分尺 25～50 mm、75～100 mm,钟面式百分表 10 mm,量块 38 块,塞规ϕ22,圆锥塞规 1∶10,麻花钻ϕ20,内孔车刀,车槽刀,磁性表座。

三、生产实习图

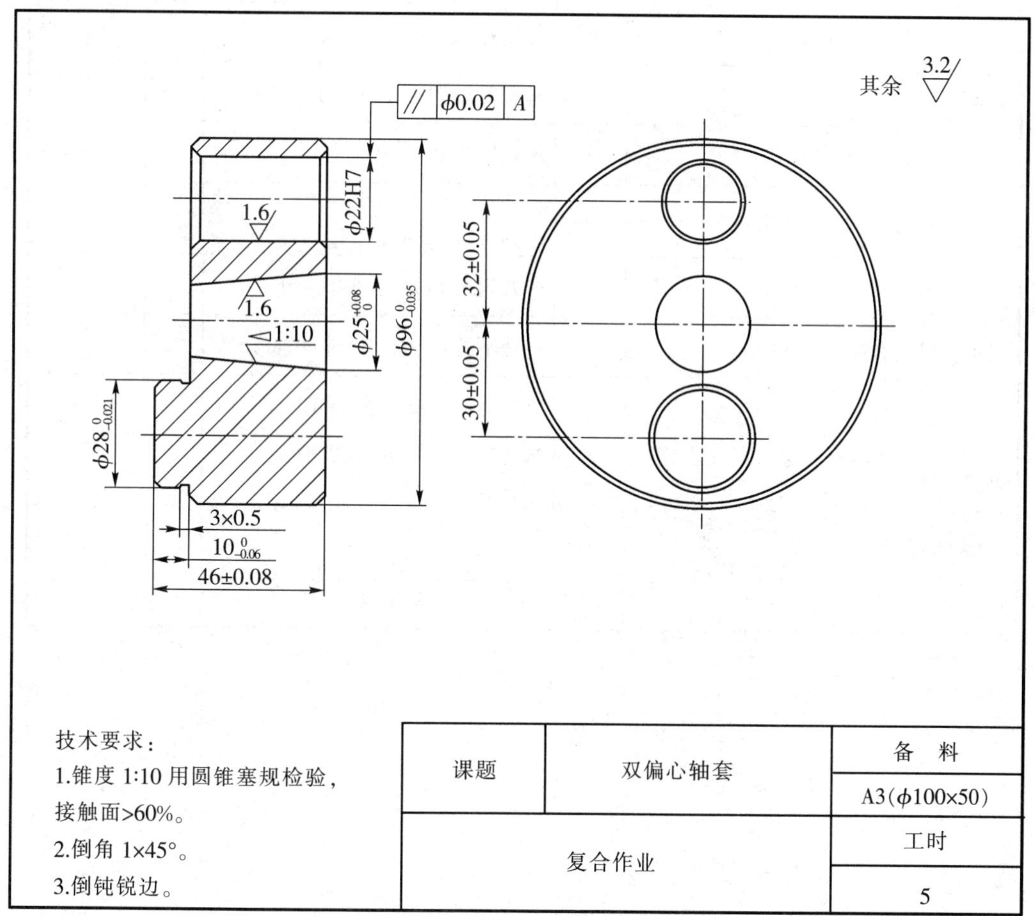

课题	双偏心轴套	备　料
		A3(ϕ100×50)
复合作业		工时
		5

四、加工工艺步骤(学生制订,教师审阅)

五、质量检查内容及评分标准

序号	质量检查内容及要求	配分	评分标准	自检	复检	得分
主要项目	$\phi 96_{-0.055}^{0}$	8	每超差 0.01mm 扣 2 分			
	$\phi 28_{-0.021}^{0}$	8	每超差 0.01mm 扣 4 分			
	ϕ22H7	10	超过 H7 扣 5 分,超过 H8 扣 10 分			
	锥度 1∶10	14	接触面小于 60% 扣 7 分,小于 50% 扣 14 分			
	(30±0.05)mm	12	每超差 0.01mm 扣 2 分			
	(32±0.05)mm	12	每超差 0.01mm 扣 2 分			
一般项目	$\phi 25_{0}^{+0.02}$	5	每超差 0.01mm 扣 1 分			
	// ϕ 0.02 A	6	每超差 0.01mm 扣 3 分			
	$10_{-0.04}^{0}$ mm	5	每超差 0.01mm 扣 1 分			
	(46±0.08)mm	4	超差扣 2 分			
	R_a1.6 μm(4 处)	16	一处达不到 R_a1.6μm 扣 3 分,达不到 R_a3.2μm 扣 4 分			
其他项目	未注公差尺寸		一处超过 IT14 总分扣 1 分			
	倒角、倒钝锐边		一处不符合要求总分扣 0.5 分			
	R_a3.2 μm		一处达不到要求总分扣 1 分			
安全生产	按国家规定法规或学校自定有关规定		每违反一项规定总分扣 2 分,发生事故为 0 分			
测量等级得分	优等品 80～100 分		合格品 60～80 分		废品 0～60 分	
日期:	学生姓名:	学号:	教师签字:	总分:		

复合作业(五)　五件锥度组合件

一、操作技术要求

(1)按图要求加工零件。

(2)按照图样要求进行装配,并保证配合面精度。

二、刀具、量具和辅助工具

万能角度尺 0°～320°,千分尺 25～50 mm,杠杆式百分表 0.8 mm、0.02～1 mm,塞尺 ϕ26,塞规ϕ18、ϕ28,磁性表座,攻螺纹工具 M12,套螺纹工具 M12,中心钻A1.6,麻花钻 ϕ10.2、ϕ16、ϕ26,丝锥 M12,扳牙 M12,网纹滚花刀 m0.4,内孔车刀,切断刀。

三、生产实习图

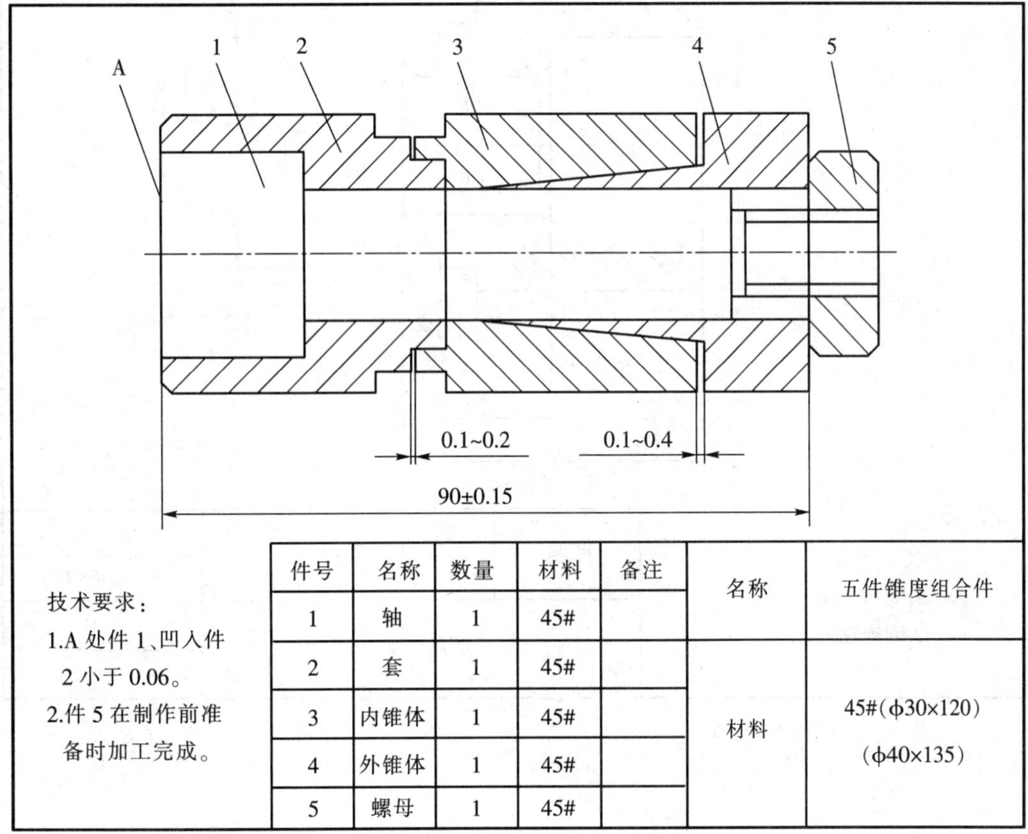

技术要求:

1.A 处件 1、凹入件 2 小于 0.06。

2.件 5 在制作前准备时加工完成。

件号	名称	数量	材料	备注	名称	五件锥度组合件
1	轴	1	45#			
2	套	1	45#		材料	45#(ϕ30×120) (ϕ40×135)
3	内锥体	1	45#			
4	外锥体	1	45#			
5	螺母	1	45#			

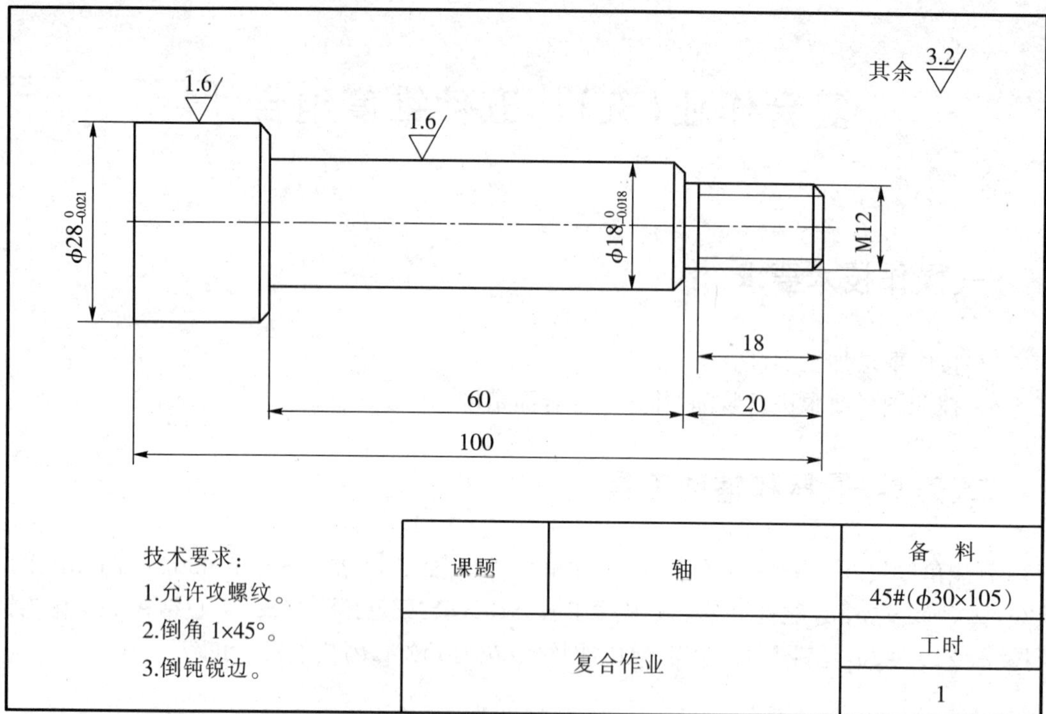
其余 3.2
1.6
1.6
ϕ28 0 -0.021
ϕ18 0 -0.018
M12
18
60
20
100
技术要求：
1.允许攻螺纹。
2.倒角 1×45°。
3.倒钝锐边。
课题
轴
备　料
45#(ϕ30×105)
复合作业
工时
1

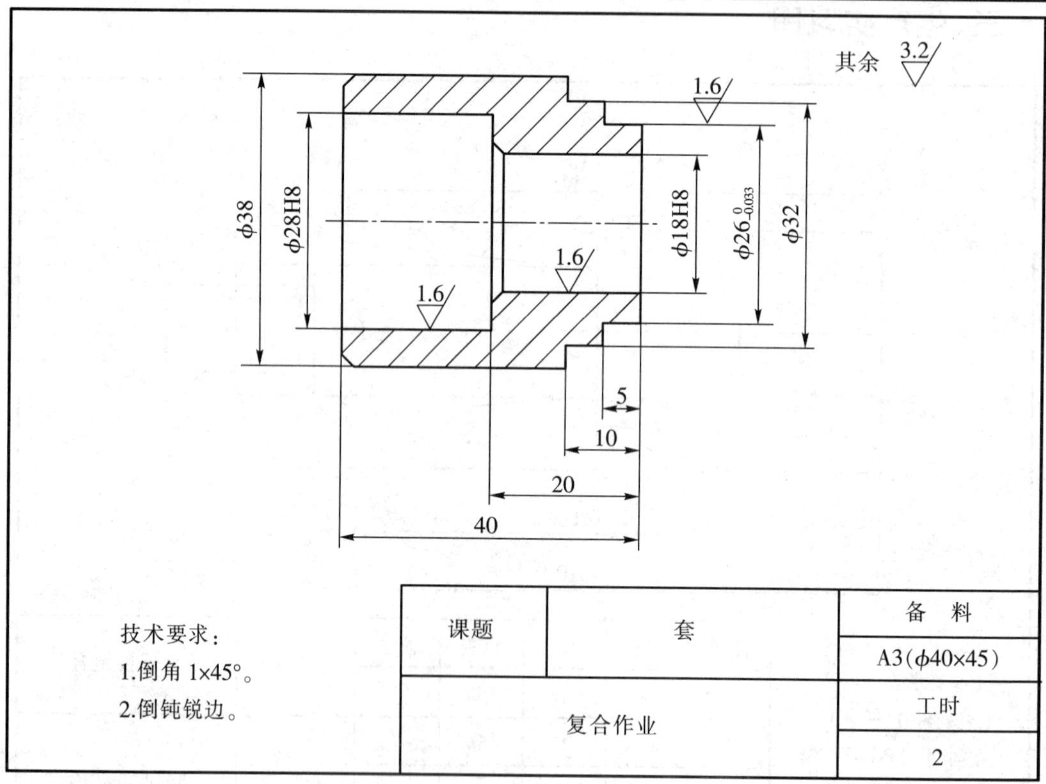
其余 3.2
1.6
ϕ38
ϕ28H8
ϕ18H8
ϕ26 0 -0.033
ϕ32
1.6
1.6
5
10
20
40
技术要求：
1.倒角 1×45°。
2.倒钝锐边。
课题
套
备　料
A3(ϕ40×45)
复合作业
工时
2

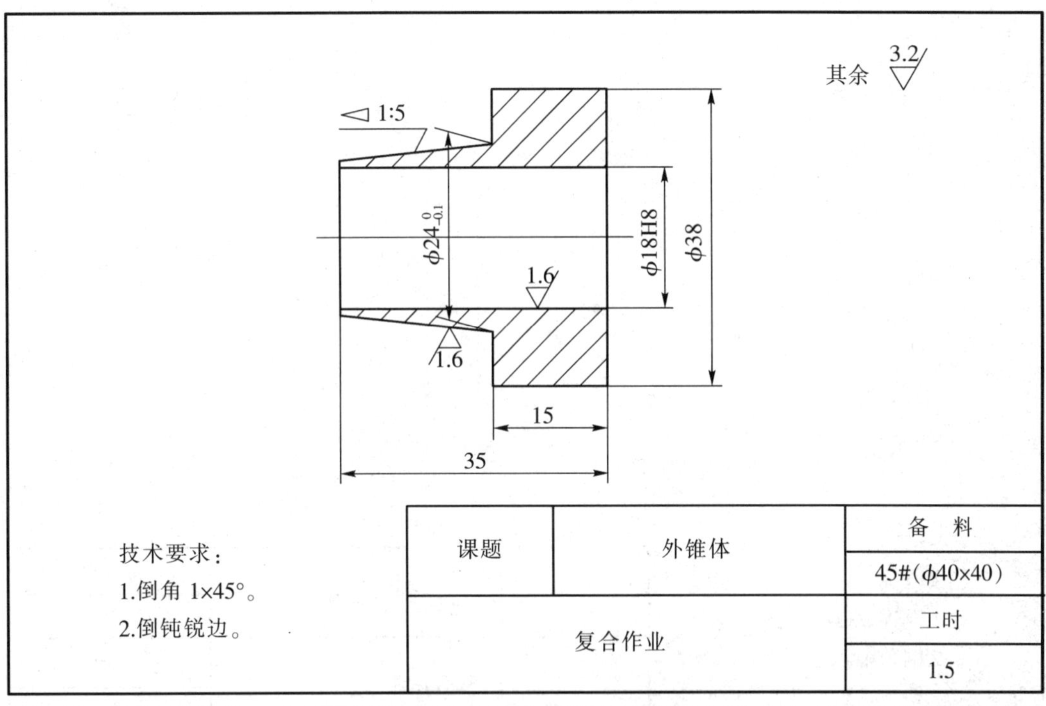

技术要求：
1.倒角 1×45°。
2.倒钝锐边。

课题	外锥体	备　料
		45#(ϕ40×40)
复合作业		工时
		1.5

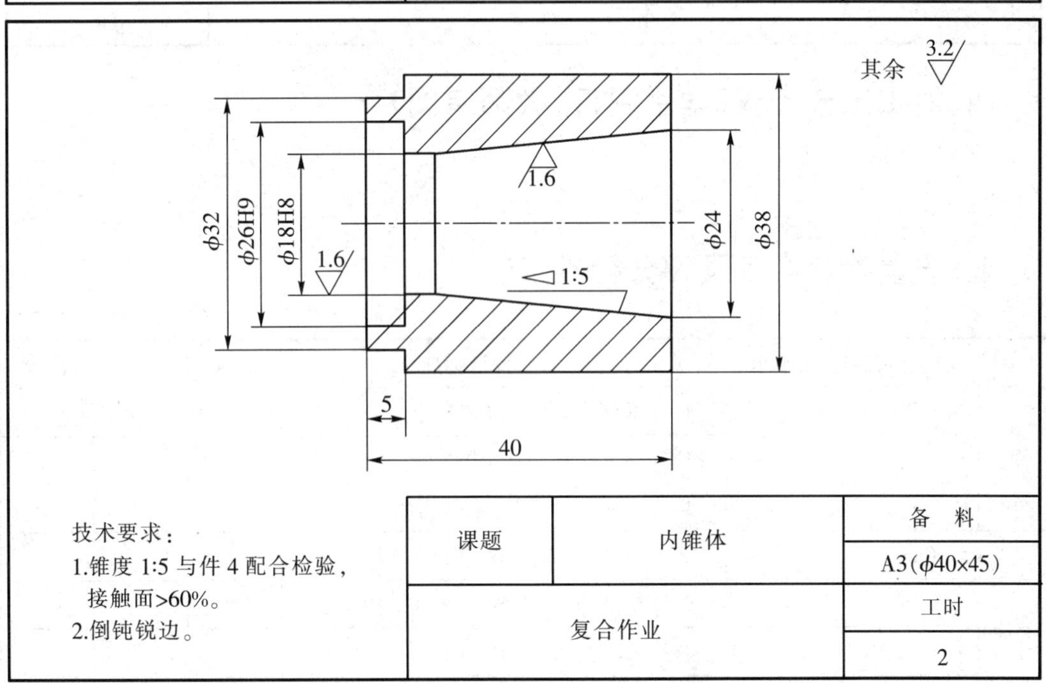

技术要求：
1.锥度 1:5 与件 4 配合检验，
接触面>60%。
2.倒钝锐边。

课题	内锥体	备　料
		A3(ϕ40×45)
复合作业		工时
		2

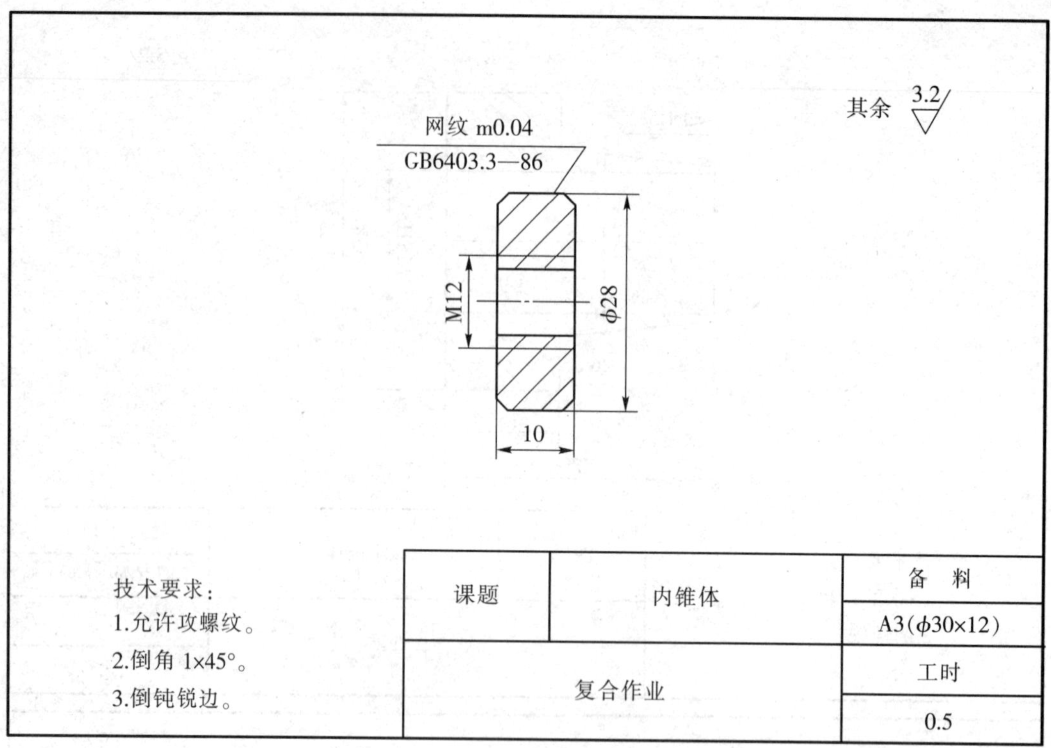

四、加工工艺步骤(学生制订,教师审阅)

五、质量检查内容及评分标准

序号	质量检查内容及要求	配分	评分标准	自检	复检	得分
件 1	$\phi 28_{-0.021}^{0}$	4	每超差 0.01mm 扣 2 分			
	$\phi 18_{-0.018}^{0}$	4	每超差 0.01mm 扣 2 分			
	$R_a 1.6\ \mu m$(2 处)	4	一处达不到要求扣 2 分			
件 2	φ28H8	12	超过 H8 扣 3 分,超过 H9 扣 5 分			
	φ18H8	8	超过 H8 扣 3 分,超过 H9 扣 5 分			
	$\phi 26_{-0.033}^{0}$	8	每超差 0.01mm 扣 1 分			
	$R_a 3.2\ \mu m$(2 处)	8	一处达不到要求扣 2 分			
件 3	φ26H9	3	超过 H9 扣 3 分,超过 H10 扣 3 分			
	φ18H8	5	超过 H8 扣 3 分,超过 H10 扣 5 分			
	锥度 1∶5	5	与件 4 配合,接触面小于 60%扣 3 分,接触面小于 50%扣 5 分			
	$R_a 1.6\mu m$(2 处)	4	一处达不到要求扣 2 分			

续表

序号	质量检查内容及要求	配分	评分标准	自检	复检	得分
件4	五件组合	5	超过H8扣3分，超过H10扣5分			
	锥度1∶5(圆锥角11°25′16.3″±4′)	5	每超差2′扣2分			
	$\phi 24_{-0.1}^{\ 0}$	3	超差扣3分			
	$R_a 1.6\mu m$(2处)	4	一处达不到要求扣2分			
组合	ϕ18H8		配合面精度降低二级或无法组合，扣组合分35分			
	间隙0.1～0.2mm	10	超差不大于0.1mm扣5分，超差大于0.1mm扣10分			
	间隙0.1～0.4mm	10	超差不大于0.1mm扣5分，超差大于0.1mm扣10分			
	件1、凹入件2小于0.06mm	5	超过0.06mm扣3分，超过0.12mm或件1凸出扣5分			
	(90±0.15)mm	10	超差不大于0.3mm扣8分，超差大于0.3mm扣15分			
其他项目	未注公差尺寸		一处超过IT14总分扣1分			
	倒角、倒钝锐边		一处不符合要求总分扣0.5分			
	$R_a 3.2\ \mu m$		一处达不到要求总分扣1分			
安全文明操作	按国家规定法规或学校自定有关规定		每违反一项规定总分扣2分，发生事故为0分			
测量等级得分	优等品 80～100分		合格品 60～80分		废品 0～60分	
日期：	学生姓名：	学号：	教师签字：	总分：		

复合作业(六)　带　轮　轴

一、操作技术要求

(1)根据图样要求合理选择刀具材料和几何角度及切削用量。
(2)掌握车削轮槽的进刀方法和测量方法。

二、刀具、量具和辅助工具

内卡钳，万能角度尺0°～320°，千分尺25～50 mm，杠杆百分表0.8 mm，螺纹塞规M20—6H，螺纹样板60°，V形槽样板34°，检验棒ϕ11.6，麻花钻ϕ16、ϕ23、ϕ27，内车槽刀，

内孔车刀，V 型车槽刀，内普通螺纹车刀，磁性表座。

三、生产实习图

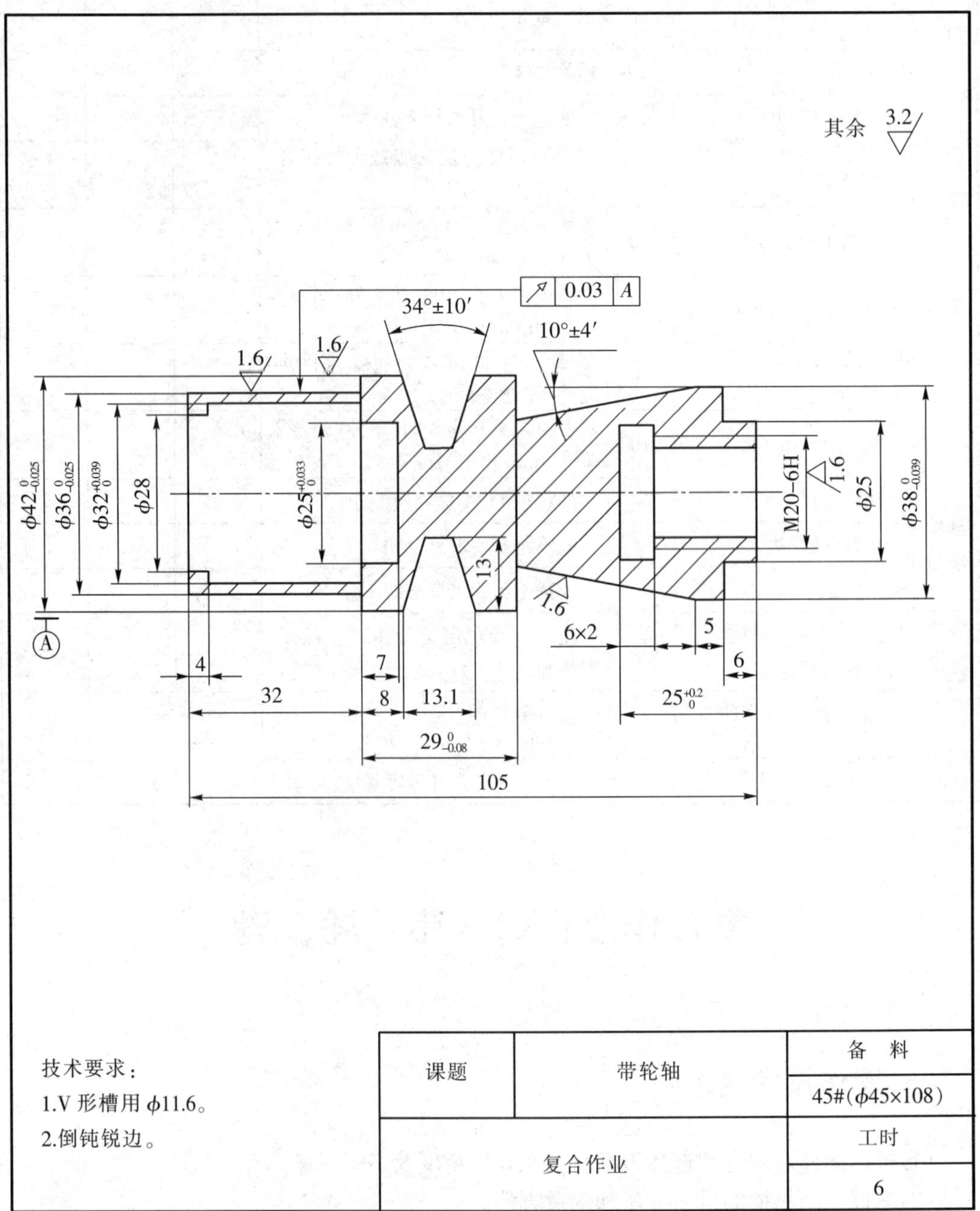

四、加工工艺步骤(学生制订,教师审阅)

五、质量检查内容及评分标准

序号	质量检查内容及要求	配分	评分标准	自检	复检	得分
主要项目	$\phi 42_{-0.023}^{0}$	8	每超差 0.01mm 扣 3 分			
	$\phi 36_{-0.023}^{0}$	8	每超差 0.01mm 扣 3 分			
	$\phi 32_{0}^{+0.035}$	13	每超差 0.01mm 扣 3 分			
	$\phi 25_{0}^{+0.025}$	8	每超差 0.01mm 扣 3 分			
	$10°\pm 4'$	6	每超差 $2'$扣 3 分			
	M20—6H	6	超过 6H 扣 3 分,超过 7H 扣 6 分			
	$R_a 1.6\ \mu m$(螺纹牙侧)	4	一处达不到 $R_a 1.6\ \mu m$ 扣 2 分			
一般项目	$\phi 38_{-0.039}^{0}$	4	每超差 0.01 mm 扣 2 分			
	↗ | 0.03 | A (2 处)	8	一处每超差 0.01 mm 扣 2 分			
	$34°\pm 10'$	6	每超差 $2'$扣 3 分			
	13.1 mm(用ϕ11.6 检验棒测量尺寸$\phi 50.43_{-0.23}^{0}$)	4	超差扣 4 分			
	$\phi 29_{-0.039}^{0}$	6	每超差 0.02mm 扣 1 分			
	$\phi 38_{0}^{+0.2}$	4	超差扣 4 分			
	$R_a 1.6\ \mu m$(3 处)	15	一处达不到 $R_a 1.6\mu m$ 扣 3 分,达不到 $R_a 3.2\mu m$ 扣 5 分			
其他项目	未注公差尺寸		一处超过 IT14 总分扣 1 分			
	倒角、倒钝锐边		一处不符合要求总分扣 0.5 分			
	$R_a 3.2\ \mu m$		一处达不到要求总分扣 1 分			
安全生产	按国家规定法规或学校自定有关规定		每违反一项规定总分扣 2 分,发生事故为 0 分			
测量等级得分	优等品 80~100 分		合格品 60~80 分		废品 0~60 分	
日期：	学生姓名：	学号：	教师签字：	总分：		

复合作业(七) 传 动 套

一、操作技术要求

(1)根据图样要求合理选择刀具材料和几何角度及切削用量。

(2)掌握车削套类零件的进刀方法和测量方法。

二、刀具、量具和辅助工具

万能角度尺0°～320°,千分尺25～50 mm,杠杆百分表0.8 mm,塞规ϕ20、ϕ28、ϕ30,螺纹卡环Tr44×14(P7)LH,螺纹样板30°,半径样板R34,麻花钻ϕ18、ϕ26、ϕ28,车槽刀,内孔车刀,特形面车槽刀,梯形螺纹车刀P7,磁性表座。

三、生产实习图

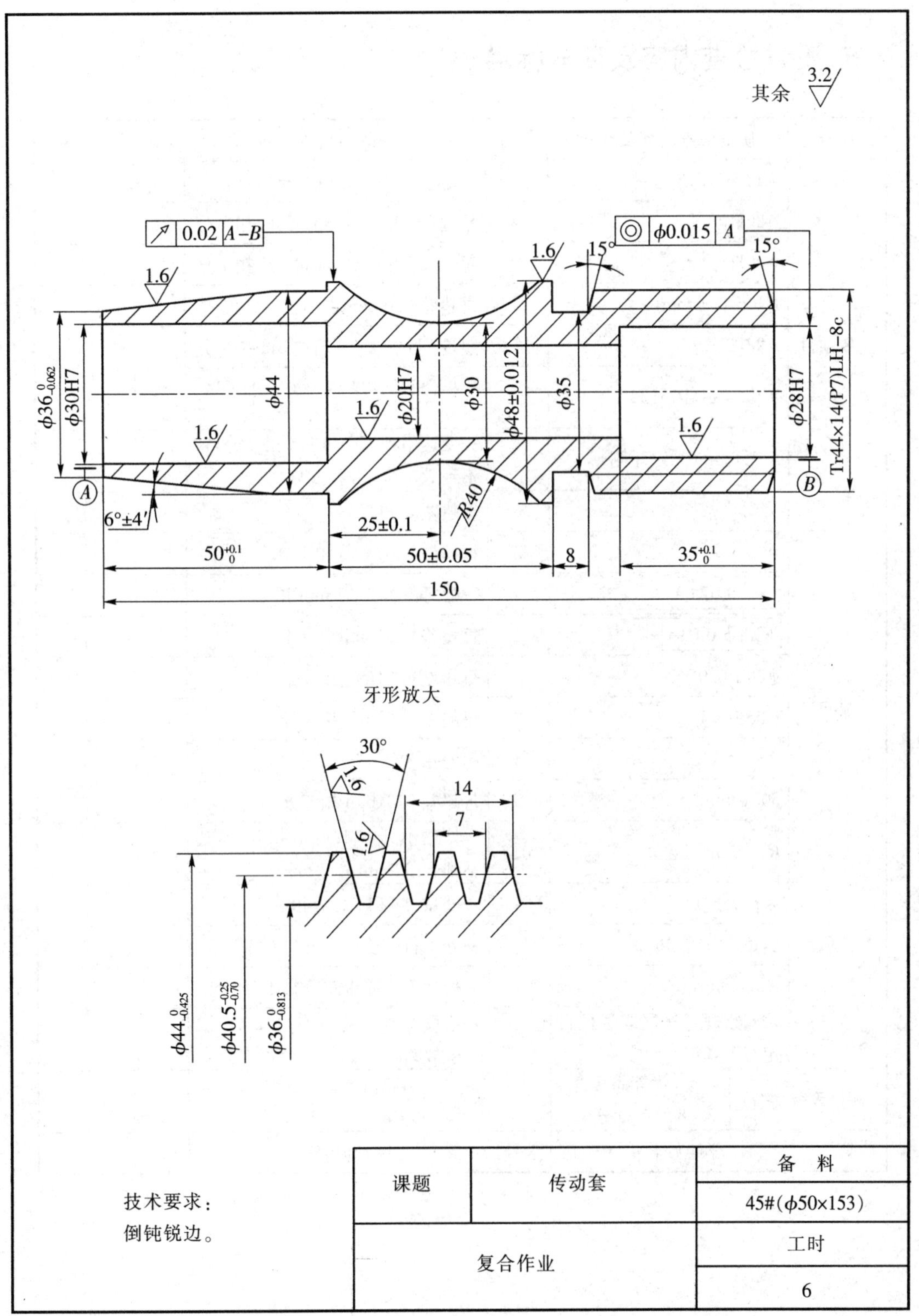

其余 3.2
0.02 A–B
ϕ0.015 A
1.6
15°
15°
ϕ36 0 -0.062
ϕ30H7
ϕ44
ϕ20H7
ϕ30
ϕ48±0.012
ϕ35
ϕ28H7
Tr44×14(P7)LH–8c
A
B
R40
6°±4′
25±0.1
50 +0.1 0
50±0.05
8
35 +0.1 0
150
牙形放大
30°
14
7
ϕ44 0 -0.425
ϕ40.5 -0.25 -0.70
ϕ36 0 -0.813
技术要求：
倒钝锐边。
课题
传动套
备 料
45#(ϕ50×153)
复合作业
工时
6

四、加工工艺步骤(学生制订,教师审阅)

五、质量检查内容及评分标准

序号	质量检查内容及要求	配分	评分标准	自检	复检	得分
主要项目	$\phi 48\pm 0.012$	5	每超差 0.01mm 扣 3 分			
	$\phi 20$H7	9	超过 7H 扣 5 分,超过 8H 扣 8 分			
	$\phi 30$H7	7	超过 7H 扣 4 分,超过 8H 扣 7 分			
	$R40\pm 0.1$ mm	7	每超差 0.05mm 扣 3 分			
	$\phi 28$H7	7	超过 7H 扣 4 分,超过 8H 扣 7 分			
	Tr44×14(P7)LH	12	超过 8cmm 扣 6 分,超过 9cmm 扣 12 分			
	$R_a 1.6\ \mu m$(螺纹牙侧)	6	一处达不到 $R_a 1.6\ \mu m$ 扣 2 分,达不到 $R_a 3.2\ \mu m$ 扣 3 分			
	$60\pm 4'$	6	每超差 $2'$ 扣 3 分			
一般项目	$\phi 39_{-0.039}^{0}$	3	每超差 0.02 mm 扣 1 分			
	↗ 0.02 $A-B$	4	一处每超差 0.01 mm 扣 1 分			
	◎ ϕ 0.015 A	4	每超差 0.01 mm 扣 1 分			
	$\phi 30\pm 0.05$	6	每超差 0.01mm 扣 2 分			
	$\phi 25\pm 0.1$	3	每超差 0.01mm 扣 3 分			
	$\phi 35_{0}^{+0.2}$	3	超差扣 3 分			
	$50_{0}^{+0.2}$ mm	3	每超差 0.01mm 扣 3 分			
	$R_a 1.6\ \mu m$(5 处)	15	一处达不到 $R_a 1.6\mu m$ 扣 2 分,达不到 $R_a 3.2\mu m$ 扣 3 分			
其他项目	未注公差尺寸		一处超过 IT14 总分扣 1 分			
	倒角、倒钝锐边		一处不符合要求总分扣 0.5 分			
	$R_a 3.2\ \mu m$		一处达不到要求总分扣 1 分			
安全生产	按国家规定法规或学校自定有关规定		每违反一项规定总分扣 2 分,发生事故为 0 分			
测量等级得分	优等品 80~100 分		合格品 60~80 分		废品 0~60 分	
日期:	学生姓名:	学号:	教师签字:	总分:		

复合作业(八)　三件锥度端面槽组合件

一、操作技术要求

(1)按图要求加工零件。

(2)按照图样要求进行装配,并保证配合面精度。

二、刀具、量具和辅助工具

万能角度尺 0°～320°,齿厚游标卡尺 1～13 mm,千分尺 0～25 mm、25～50 mm,杠杆百分表 0.8 mm,塞尺、塞规ϕ20、ϕ28、ϕ35、ϕ38,螺纹塞规 M20×2,螺纹环规 M20×2,螺纹样板 60°,蜗杆样板 40°,麻花钻ϕ17、ϕ33,中心钻 A3.15,车槽刀,内孔车刀,端面槽车槽刀,普通螺纹车刀,内普通螺纹车刀,蜗杆车刀 Mz4,切断刀,磁性表座。

三、生产实习图

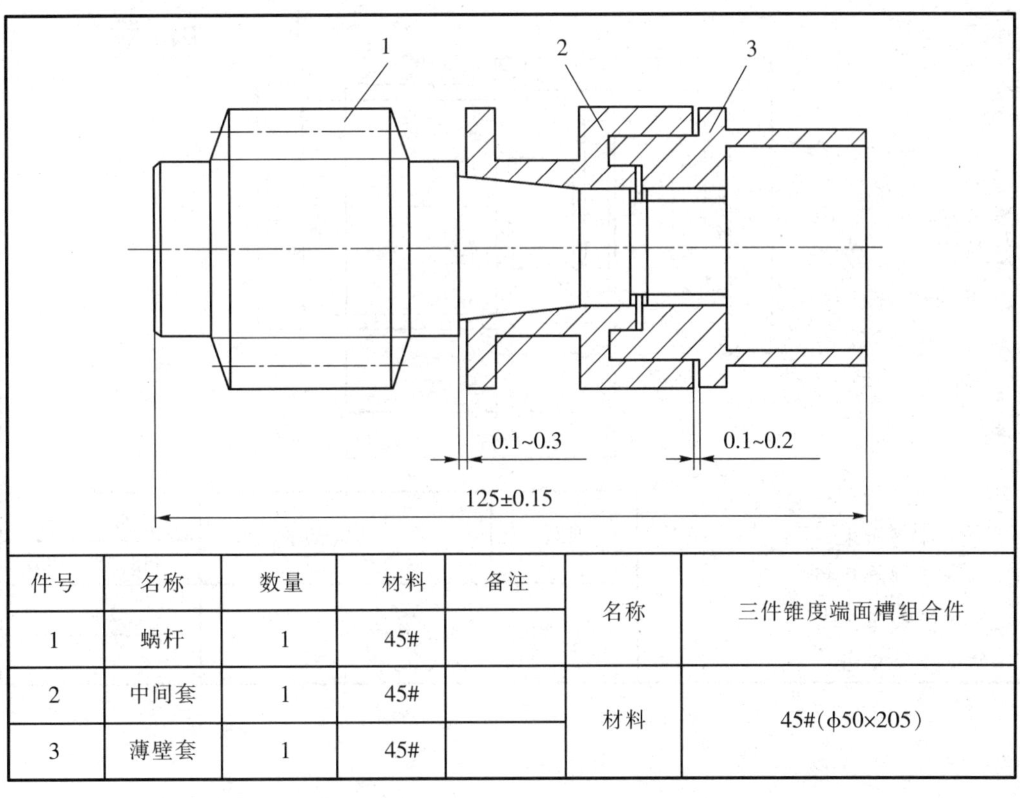

件号	名称	数量	材料	备注	名称	三件锥度端面槽组合件
1	蜗杆	1	45#			
2	中间套	1	45#		材料	45#(ϕ50×205)
3	薄壁套	1	45#			

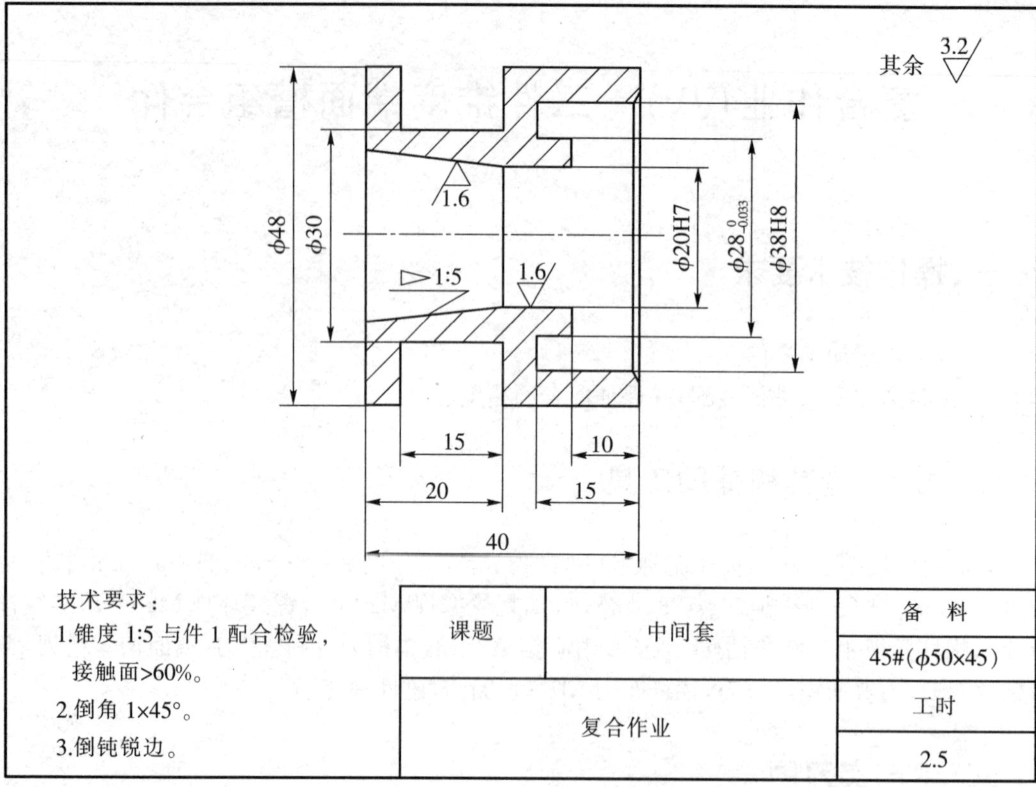

技术要求：

1.锥度 1:5 与件 1 配合检验，接触面>60%。

2.倒角 1×45°。

3.倒钝锐边。

课题	中间套	备 料
		45#(ϕ50×45)
复合作业		工时
		2.5

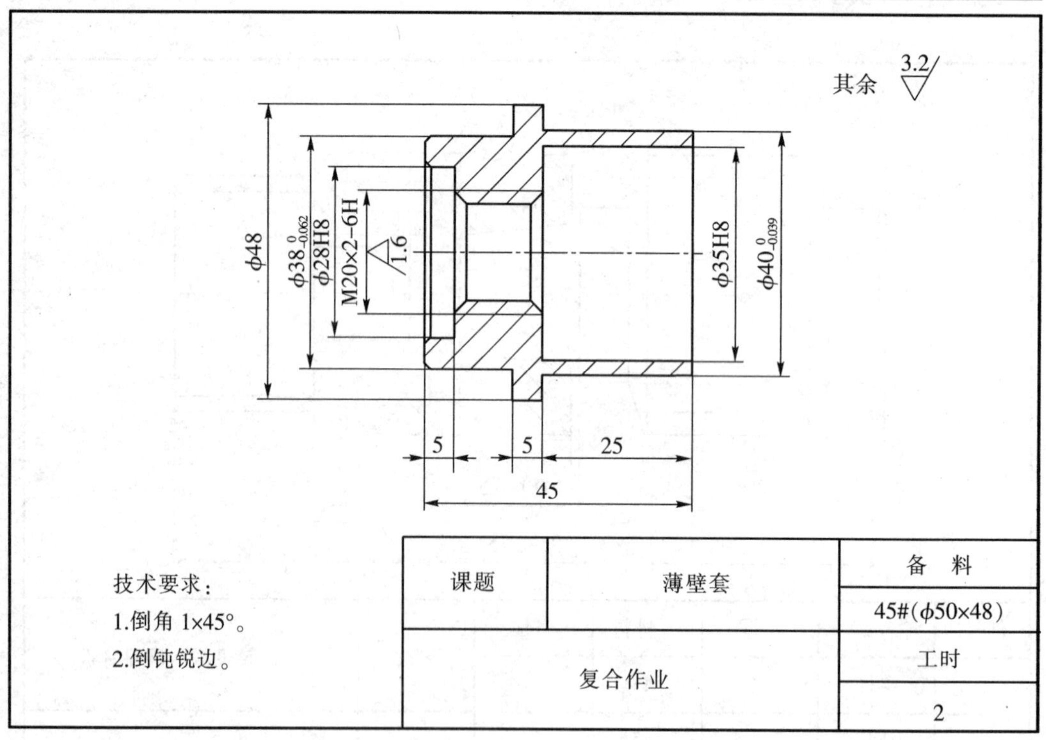

技术要求：

1.倒角 1×45°。

2.倒钝锐边。

课题	薄壁套	备 料
		45#(ϕ50×48)
复合作业		工时
		2

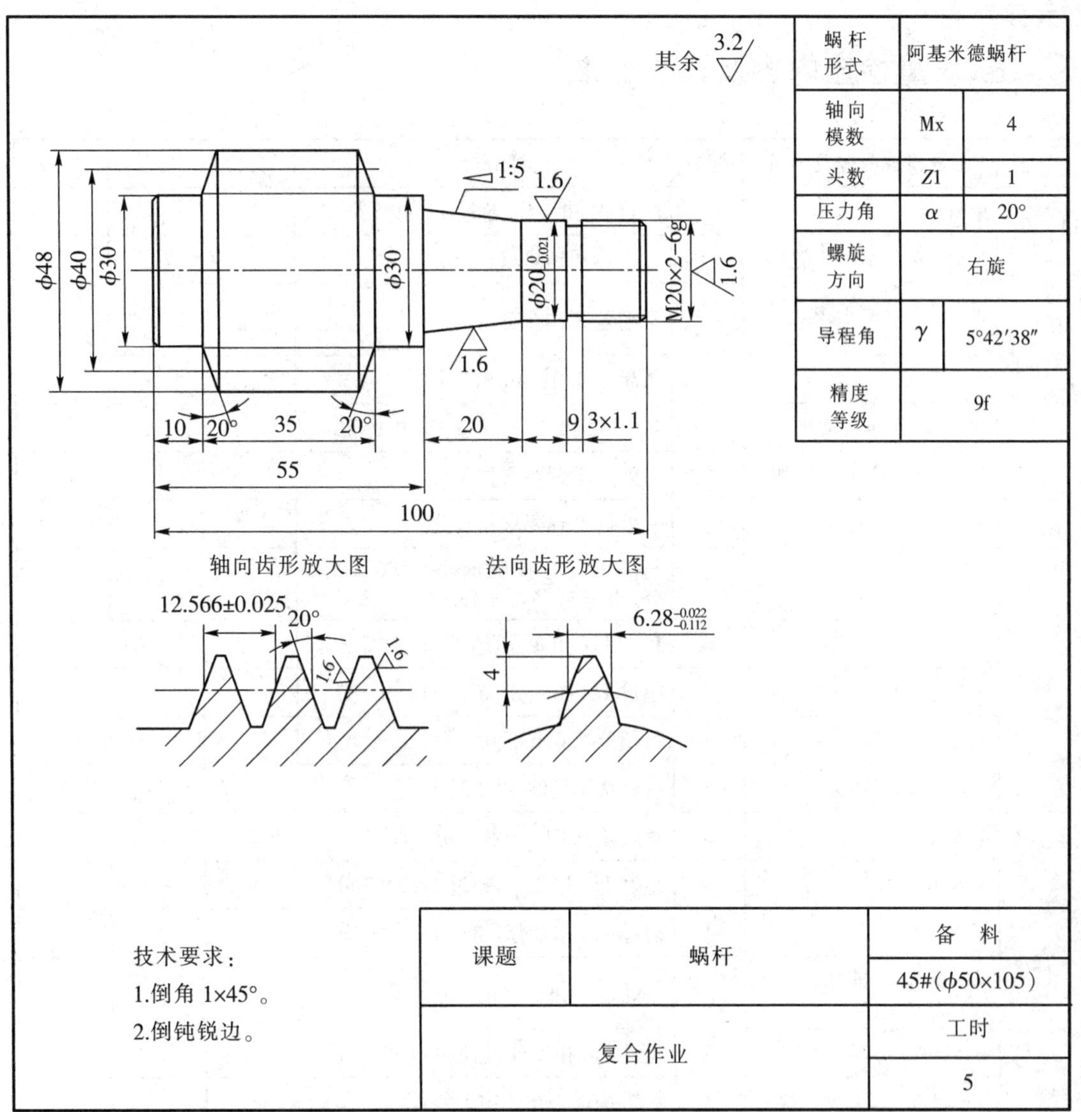

四、加工工艺步骤(学生制订,教师审阅)

五、质量检查内容及评分标准

序号	质量检查内容及要求	配分	评分标准	自检	复检	得分
件 1	蜗杆 9f	8	超过 9f 扣 4 分，超过 10f 扣 8 分			
	R_a1.6 μm(蜗杆牙侧)	2	一处达不到要求扣 1 分			
	锥度 1∶5(圆锥角 11°25′16.3″±4°)	4	每超差 2′扣 2 分			
	$\phi 20_{-0.021}^{\ 0}$	4	每超差 0.01mm 扣 2 分			
	M20×2－6g	4	超过 6g 扣 3 分，超过 7g 扣 4 分			
	R_a1.6 μm(M20×2 牙侧)	2	一处达不到要求扣 1 分			
	R_a1.6 μm(2 处)	4	一处达不到要求扣 2 分			
件 2	锥度 1∶5	4	与件 1 配合接触面小于 60%扣 2 分，小于 50%扣 4 分			
	ϕ210H7	5	超过 H7 扣 3 分，超过 H8 扣 5 分			
	ϕ38H8	4	超过 H8 扣 2 分，超过 H9 扣 4 分			
	$\phi 28_{-0.033}^{\ 0}$	3	每超差 0.01mm 扣 1 分			
	R_a1.6 μm(2 处)	4	一处达不到要求扣 2 分			
件 3	$\phi 38_{-0.033}^{\ 0}$	3	每超差 0.01mm 扣 1 分			
	ϕ28H8	5	超过 H8 扣 3 分，超过 H9 扣 5 分			
	M20×2－6H	4	超过 H6 扣 2 分，超过 H7 扣 4 分			
	R_a1.6 μm(M20×2 牙侧)	2	一处达不到要求扣 1 分			
	ϕ35H8	5	超过 H8 扣 3 分，超过 H9 扣 5 分			
	$\phi 40_{-0.033}^{\ 0}$	3	每超差 0.01mm 扣 1 分			
组合	三件组合		配合面精度降低二级或无法组合，扣组合分 30 分			
	间隙 0.1～0.3mm	10	超差不大于 0.05mm 扣 5 分，超差大于 0.05mm 扣 10 分			
	(125±0.15)mm	10	超差不大于 0.1mm 扣 8 分，超差大于 0.1mm 扣 10 分			
	间隙 0.1～0.2mm	10	超差不大于 0.05mm 扣 5 分，超差大于 0.1mm 扣 10 分			
其他项目	未注公差尺寸		一处超过 IT14 总分扣 1 分			
	倒角、倒钝锐边		一处不符合要求总分扣 0.5 分			
	R_a3.2 μm		一处达不到要求总分扣 1 分			
安全文明操作	按国家规定法规或学校自定有关规定		每违反一项规定总分扣 2 分，发生事故为 0 分			
测量等级得分	优等品 80～100 分		合格品 60～80 分		废品 0～60 分	
日期：	学生姓名：		学号：	教师签字：		总分：

模块十四　技师复合作业

复合作业(一)　五件偏心组合件

一、操作技术要求

(1)按图要求加工零件。
(2)按照图样要求进行装配,并保证配合面精度。

二、刀具、量具和辅助工具

万能角度尺 0°～320°,千分尺 0～25 mm、25～50 mm、50～75 mm,钟面式百分表 10 mm,量块 38 块,塞尺 0.02～1 mm,塞规φ12H7、φ12H9、φ14H9、φ14H10、φ52H7、φ52H8,磁性表座,攻螺纹工具 M12,套螺纹工具 M12,麻花钻φ10.2、φ12、φ38、φ50,丝锥 M12,扳牙 M12。

三、生产实习图

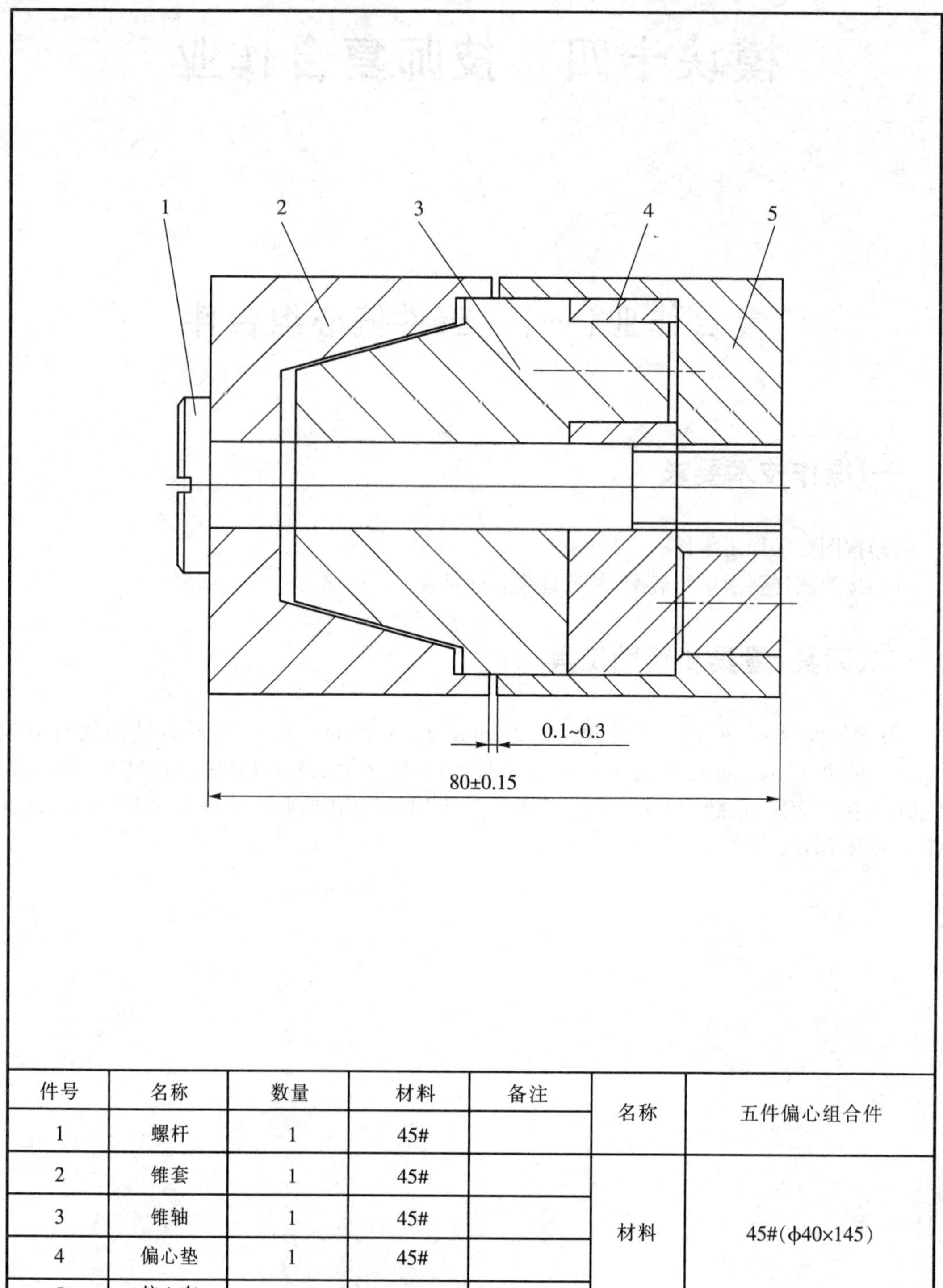

件号	名称	数量	材料	备注	名称	五件偏心组合件
1	螺杆	1	45#			
2	锥套	1	45#		材料	45#(ϕ40×145)
3	锥轴	1	45#			
4	偏心垫	1	45#			
5	偏心套					

其余 $\sqrt[3.2]{}$

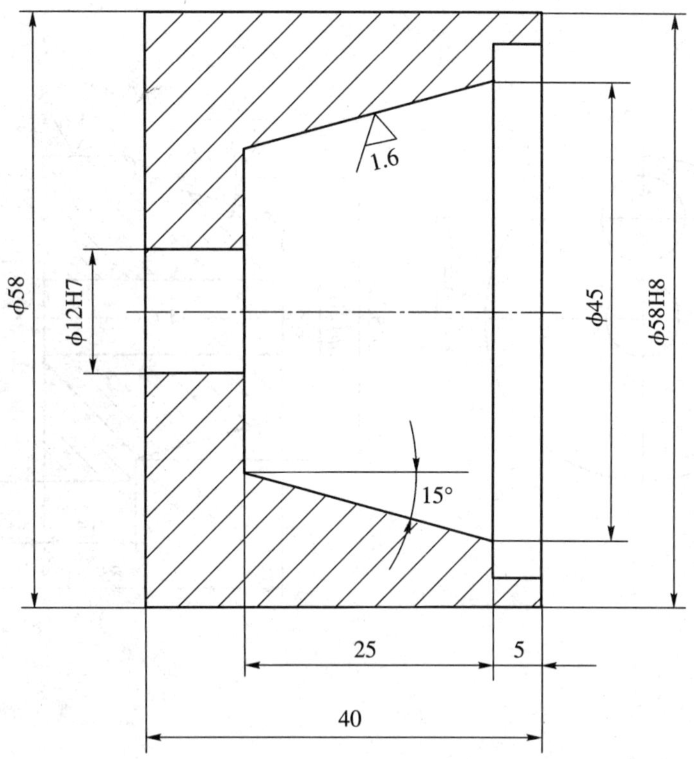

<table>
<tr><td rowspan="4">技术要求：
1.锥孔与件 3 配合检验，接触面>65%。
2.倒角 1×45°。
3.倒钝锐边。</td><td rowspan="2">课题</td><td rowspan="2">锥套</td><td>备　料</td></tr>
<tr><td>45#(φ60×45)</td></tr>
<tr><td colspan="2" rowspan="2">复合作业</td><td>工时</td></tr>
<tr><td>2</td></tr>
</table>

其余 3.2

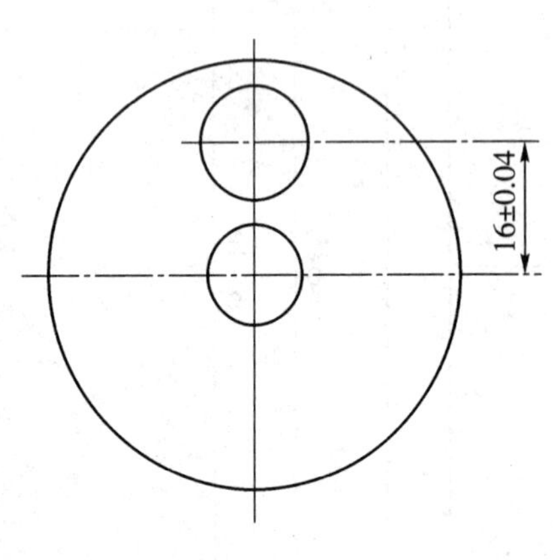

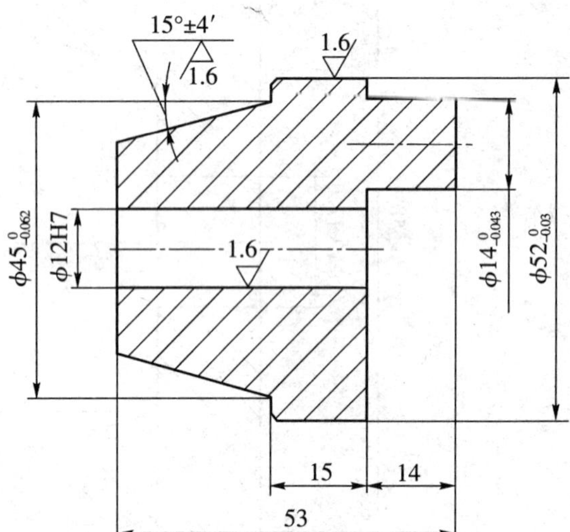

技术要求：

1.倒角 1×45°。

2.倒钝锐边。

课题	锥轴	备　料
		45#(ϕ55×56)
复合作业		工时
		3

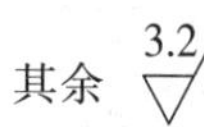

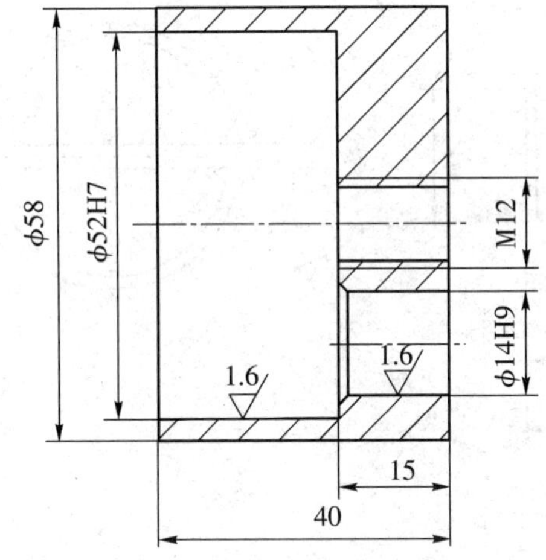

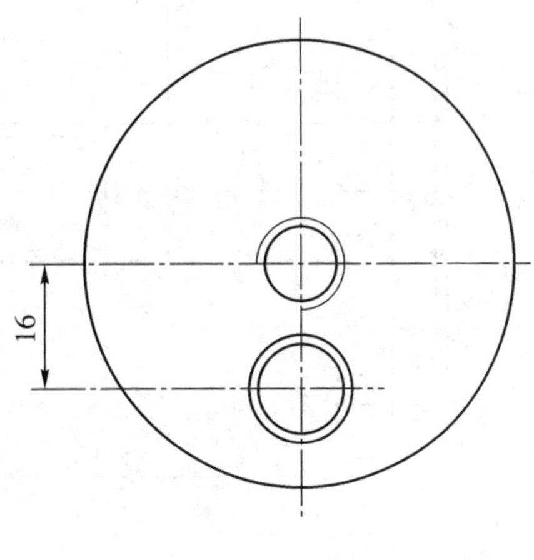

技术要求：

1.允许攻螺纹。

2.倒角 1×45°。

3.倒钝锐边。

<table>
<tr><td rowspan="2">课题</td><td rowspan="2">偏心套</td><td>备　料</td></tr>
<tr><td>45#(ϕ60×45)</td></tr>
<tr><td colspan="2" rowspan="2">复合作业</td><td>工时</td></tr>
<tr><td>2</td></tr>
</table>

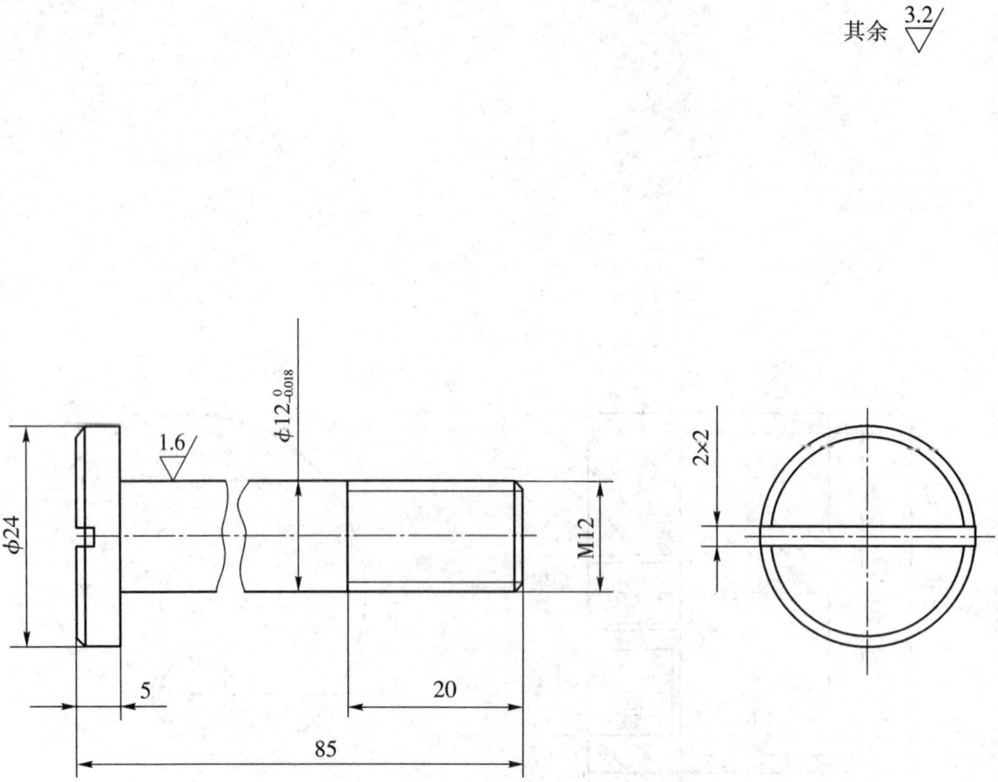

技术要求：
1.允许套螺纹。
2.倒角 1×45°。
3.倒钝锐边。

<table>
<tr><td rowspan="2">课题</td><td rowspan="2">螺杆</td><td>备　料</td></tr>
<tr><td>45#(ϕ25×90)</td></tr>
<tr><td colspan="2" rowspan="2">复合作业</td><td>工时</td></tr>
<tr><td>1</td></tr>
</table>

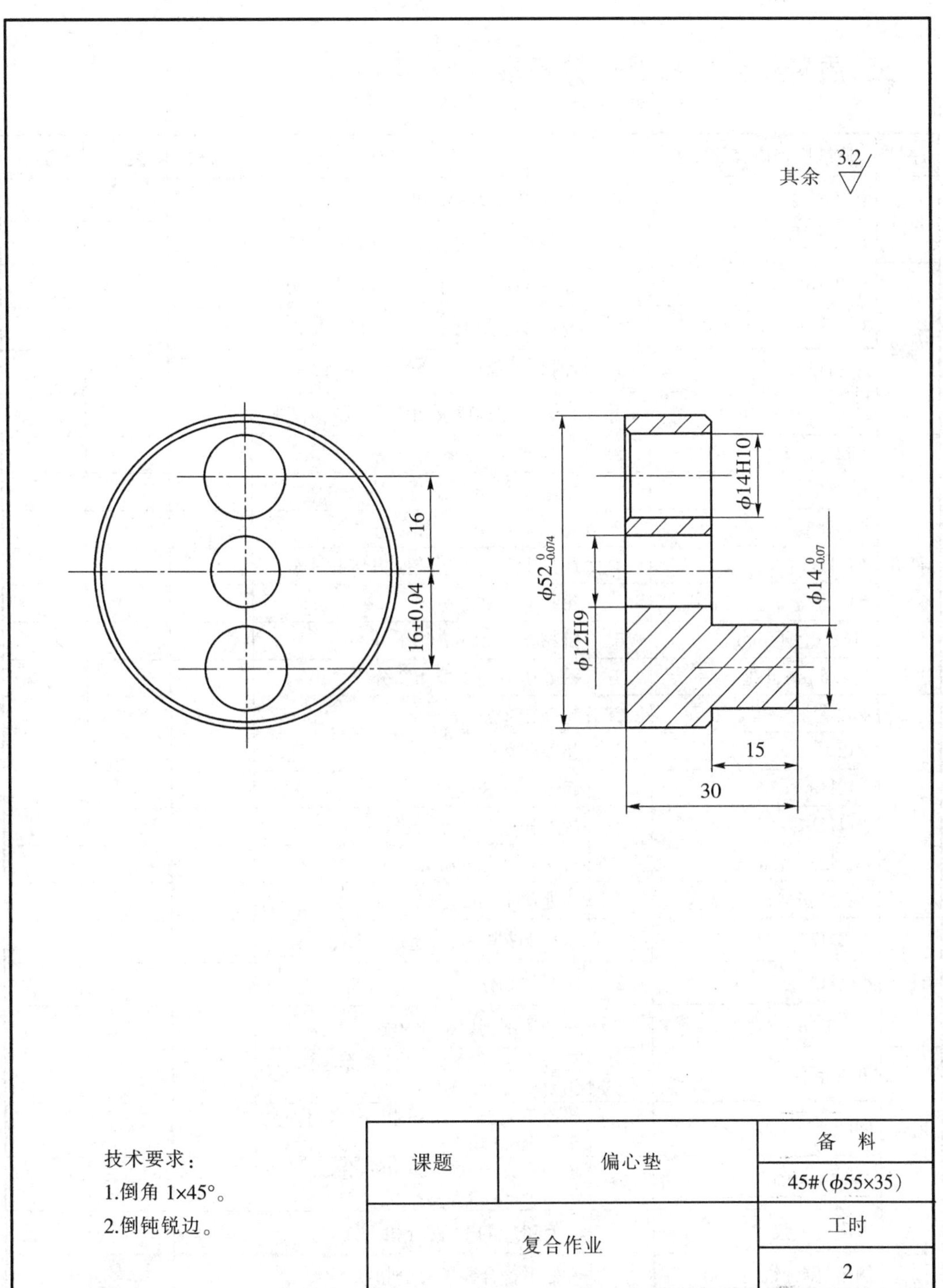

技术要求：
1.倒角 1×45°。
2.倒钝锐边。

课题	偏心垫	备 料
		45#(φ55×35)
复合作业		工时
		2

四、加工工艺步骤(学生制订，教师审阅)

五、质量检查内容及评分标准

序号	质量检查内容及要求	配分	评分标准	自检	复检	得分
件1	$\phi 12_{-0.018}^{\ 0}$	3	每超差0.01mm扣1分			
	$R_a 1.6\ \mu m$	2	一处达不到要求扣2分			
件2	ϕ12H7	4	超过H7扣2分，超过H8扣4分			
	15°	3	与件3配合，接触面小于65%扣3分			
	ϕ52H8	3	超过H8扣2分，超过H9扣3分			
	$R_a 1.6\ \mu m$(2处)	4	一处达不到要求扣2分			
件3	$\phi 52_{-0.03}^{\ 0}$	3	每超差0.01mm扣1分			
	15°±4′	4	每超差2′扣2分			
	$\phi 45_{-0.062}^{\ 0}$	2	每超差0.01mm扣2分			
	ϕ12H7	4	超过H7扣2分，超过H8扣4分			
	$\phi 14_{-0.045}^{\ 0}$	2	每超差2′扣2分			
	(16±0.04)mm	5	每超差0.01mm扣1分			
	$R_a 1.6\ \mu m$(4处)	8	一处达不到要求扣2分			
件4	$\phi 52_{-0.074}^{\ 0}$	2	超差扣2分			
	$\phi 12_{-0.03}^{\ 0}$	2	超差扣2分			
	ϕ12H9	2	超差扣2分			
	ϕ14H10	2	超差扣2分			
	(16±0.04)mm	5	每超差0.01mm扣1分			
	$R_a 1.6\ \mu m$(4处)	8	一处达不到要求扣2分			
件5	ϕ52H7	4	超过H7扣2分，超过H8扣4分			
	ϕ14H9	2	超差扣2分			
	$R_a 1.6\ \mu m$(2处)	4	一处达不到要求扣2分			
组合	五件组合		配合面精度降低二级或无法组合，扣组合分22分			
	间隙0.1～0.3mm	10	超差不大于0.1mm扣5分，超差大于0.1mm扣10分			
	(80±0.15)mm	12	超差不大于0.1mm扣6分，超差大于0.1mm扣12分			
其他项目	未注公差尺寸		一处超过IT14总分扣1分			
	倒角、倒钝锐边		一处不符合要求总分扣0.5分			
	$R_a 3.2\ \mu m$		一处达不到要求总分扣1分			
安全文明操作	按国家规定法规或学校自定有关规定		每违反一项规定总分扣2分，发生事故为0分			
测量等级得分	优等品 80～100分		合格品 60～80分		废品 0～60分	
日期：	学生姓名：		学号：	教师签字：		总分：

复合作业(二) 对配螺纹

一、操作技术要求

(1)掌握用双手控制法和成形刀进行切削。

(2)按图要求加工零件。

(3)按照图样要求进行装配,并保证配合面精度。

二、刀具、量具和辅助工具

万能角度尺 0°~320°,千分尺 25~50 mm,钟面式百分表 10 mm,量块 38 块,塞规ϕ20,螺纹样板 30°,半径样板 R12,量针ϕ1.732,圆柱销 A4×20 两个,中心钻 A2,麻花钻ϕ18,内车槽刀,内孔车刀,车槽刀,特形面车刀 R12,梯形螺纹车刀 P3,内梯形螺纹车刀 P3,磁性表座。

三、生产实习图

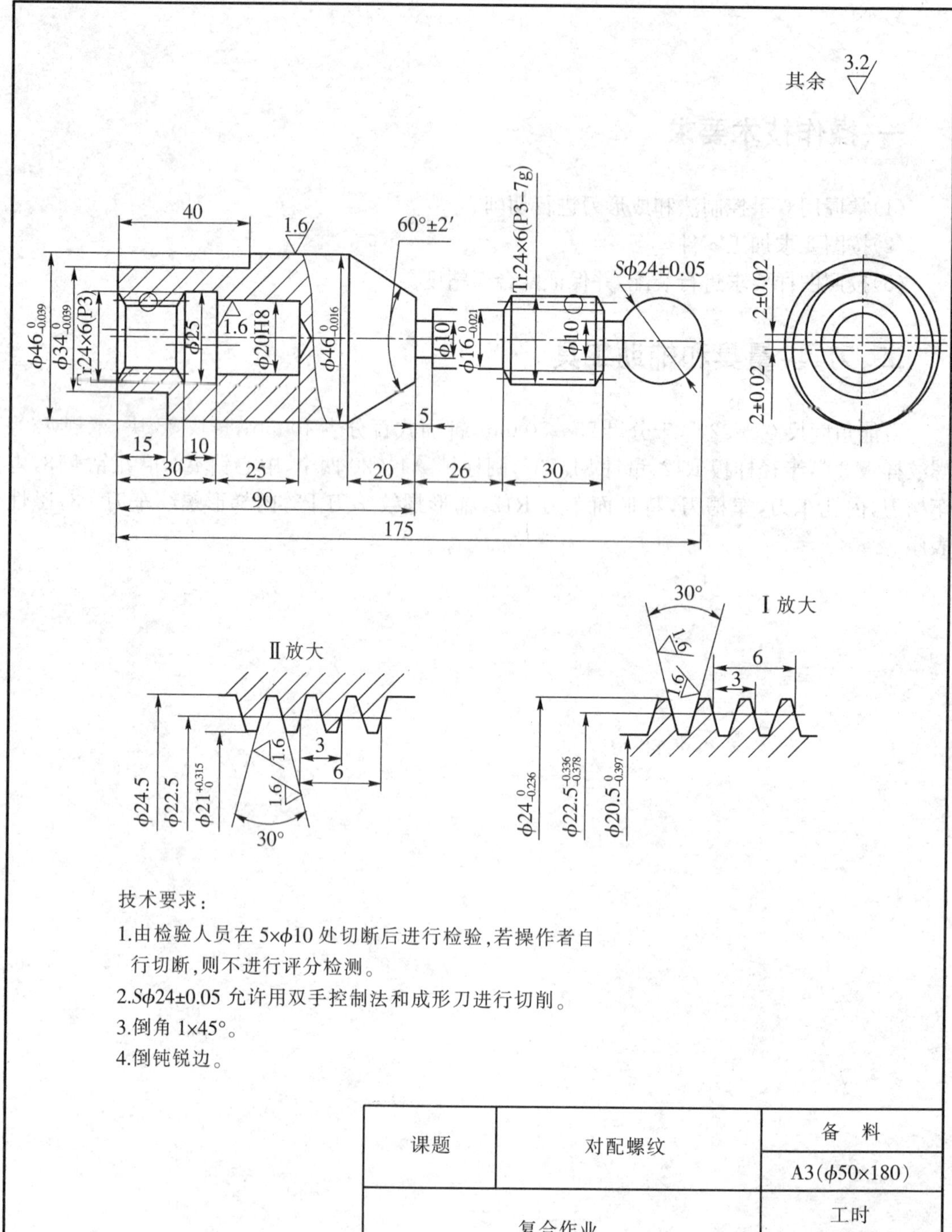
其余 3.2
40
1.6
60°±2′
Tr24×6(P3−7g)
Sϕ24±0.05
2±0.02
2±0.02
ϕ46 0 −0.039
ϕ34 0 −0.039
Tr24×6(P3)
ϕ25
1.6
ϕ20H8
ϕ46 0 −0.016
ϕ10
ϕ16 0 −0.021
ϕ10
5
15
10
30
25
20
26
30
90
175
Ⅱ放大
3
6
1.6
1.6
30°
ϕ24.5
ϕ22.5
ϕ21 +0.315 0
30°
Ⅰ放大
1.6
1.6
6
3
ϕ24 0 −0.236
ϕ22.5 −0.336 −0.378
ϕ20.5 0 −0.397
技术要求：
1.由检验人员在5×ϕ10处切断后进行检验，若操作者自行切断，则不进行评分检测。
2.Sϕ24±0.05允许用双手控制法和成形刀进行切削。
3.倒角1×45°。
4.倒钝锐边。
课题
对配螺纹
备　料
A3（ϕ50×180）
复合作业
工时
5

四、加工工艺步骤(学生制订,教师审阅)

五、质量检查内容及评分标准

序号	质量检查内容及要求	配分	评分标准	自检	复检	得分
主要项目	$\phi 20_{-0.021}^{0}$	6	每超差 0.01mm 扣 2 分			
	Tr24×6(P3)−7e	11	超过 7e 扣 6 分,超过 8e 扣 11 分			
	60°±2′	6	每超差 1′扣 2 分			
	$\phi 46_{-0.036}^{0}$	9	每超差 0.01mm 扣 3 分			
	(2±0.02)mm	12	一处每超差 0.01mm 扣 2 分			
	Tr24×6(p3)	12	螺纹旋不进或旋进后轴向窜动大于 0.3mm,扣 12 分			
	ϕ20H8	6	超过 8H 扣 3 分,超过 9H 扣 6 分			
一般项目	// ϕ 0.03 A	4	每超差 0.01 mm 扣 2 分			
	R_a1.6 μm(8 处)	24	一处达不到 R_a1.6 μm 扣 2 分,达不到 R_a3.2 μm 扣 3 分			
	$\phi 42_{-0.039}^{0}$	4	每超差 0.01 mm 扣 2 分			
	$\phi 34_{-0.039}^{0}$	4	每超差 0.01 mm 扣 2 分			
	$S\phi 24 \pm 0.05$	2	超差扣 2 分			
其他项目	未注公差尺寸		一处超过 IT14 总分扣 1 分			
	倒角、倒钝锐边		一处不符合要求总分扣 0.5 分			
	R_a3.2 μm		一处达不到要求总分扣 1 分			
安全生产	按国家规定法规或学校自定有关规定		每违反一项规定总分扣 2 分,发生事故为 0 分			
测量等级得分	优等品 80～100 分		合格品 60～80 分		废品 0～60 分	
日期:	学生姓名:	学号:	教师签字:	总分:		

复合作业(三) 双线螺纹轴

一、操作技术要求

(1)了解双头螺纹的分头方法,掌握移动小滑板配合使用百分表进行分头。

(2)掌握双头螺纹的车削方法和控制节距误差方法。

(3)掌握双头螺纹的检查方法。

二、刀具、量具和辅助工具

内卡钳 150 mm,万能角度尺 0°～320°,千分尺 25～50 mm,钟面式百分表 10 mm,螺纹样板 33°,螺纹环规,圆柱销,中心钻 A2.5,麻花钻 ϕ24,内车槽刀,内孔车刀,车槽刀,梯形螺纹车刀 P7,磁性表座。

三、生产实习图

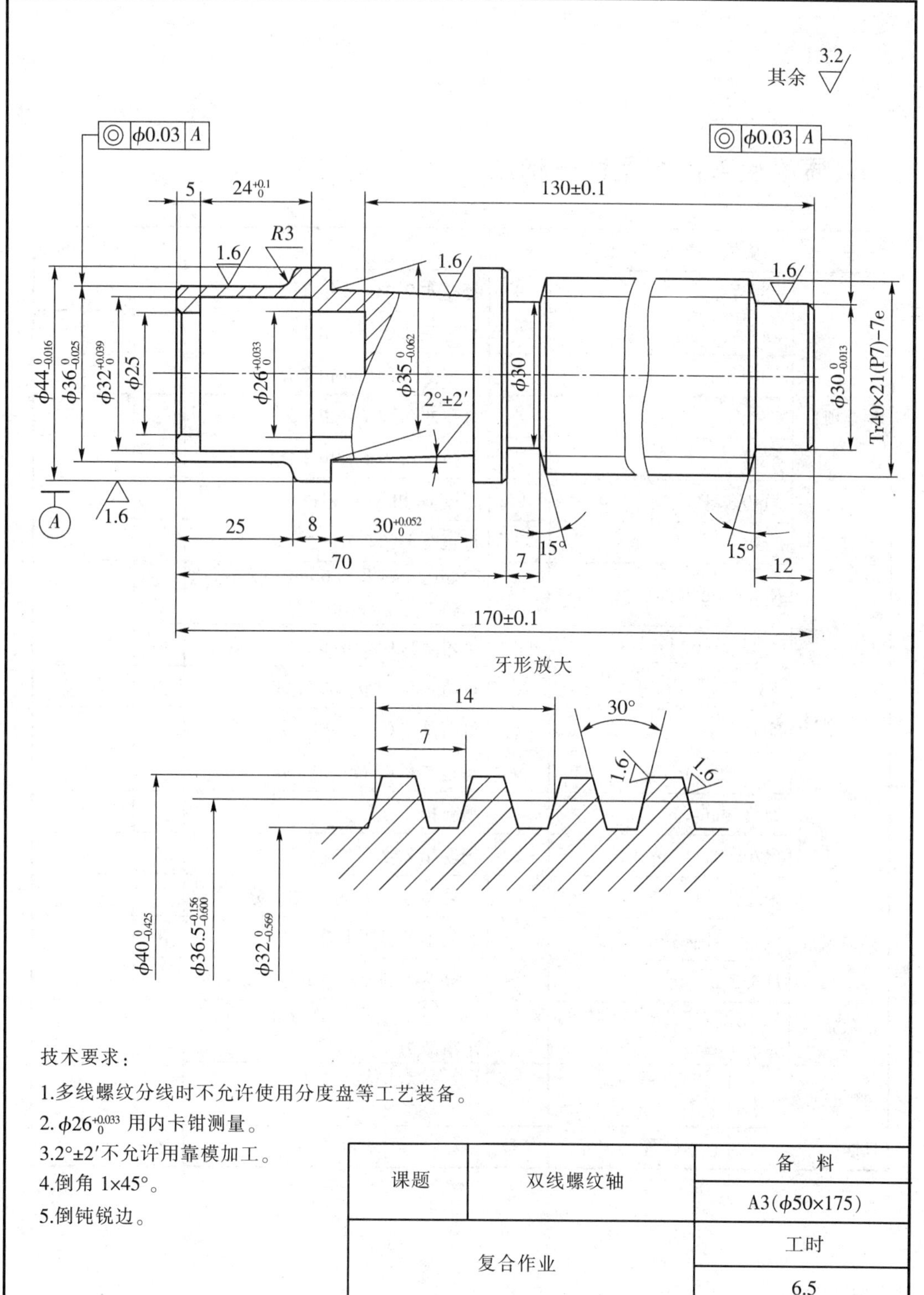

技术要求：

1.多线螺纹分线时不允许使用分度盘等工艺装备。

2. ϕ26$^{+0.033}_{0}$ 用内卡钳测量。

3.2°±2′不允许用靠模加工。

4.倒角 1×45°。

5.倒钝锐边。

课题	双线螺纹轴	备　料
		A3(ϕ50×175)
复合作业		工时
		6.5

四、加工工艺步骤（学生制订，教师审阅）

五、质量检查内容及评分标准

序号	质量检查内容及要求	配分	评分标准	自检	复检	得分
主要项目	$\phi30_{-0.021}^{0}$	9	每超差 0.01mm 扣 3 分			
	$\phi44_{-0.016}^{0}$	9	每超差 0.01mm 扣 3 分			
	$\phi36_{-0.021}^{0}$	6	每超差 0.01mm 扣 2 分			
	$\phi32_{0}^{+0.038}$	6	每超差 0.01mm 扣 2 分			
	$\phi26_{0}^{+0.033}$	6	每超差 0.01mm 扣 2 分			
	Tr40×21(P7)－7e	15	超过 7e 扣 8 分，超过 8e 扣 15 分			
	$2°\pm2'$	6	每超差 1′扣 2 分			
一般项目	$R_a1.6\ \mu m$(6 处)	18	一处达不到 $R_a1.6\ \mu m$ 扣 2 分，达不到 $R_a3.2\ \mu m$ 扣 3 分			
	◎ | ϕ 0.03 | A	8	每超差 0.01mm 扣 2 分			
	$\phi30_{-0.042}^{0}$	4	每超差 0.01 mm 扣 2 分			
	$30_{0}^{+0.032}$mm	4	每超差 0.01 mm 扣 2 分			
	(130±0.1)mm	5	每超差 0.05 mm 扣 2 分			
	$24_{0}^{+0.1}$mm	2	超差扣 2 分			
	(170±0.1)mm	2	超差扣 2 分			
其他项目	未注公差尺寸		一处超过 IT14 总分扣 1 分			
	倒角、倒钝锐边		一处不符合要求总分扣 0.5 分			
	$R_a3.2\ \mu m$		一处达不到要求总分扣 1 分			
安全生产	按国家规定法规或学校自定有关规定		每违反一项规定总分扣 2 分，发生事故为 0 分			
测量等级得分	优等品 80～100 分		合格品 60～80 分		废品 0～60 分	
日期：	学生姓名：	学号：	教师签字：		总分：	

复合作业(四)　带轮曲轴

一、操作技术要求

(1)了解曲轴的特点,掌握偏心工件的加工方法。

(2)掌握夹具定位原理,合理确定加工步骤。

(3)了解曲轴工件车削的安全技术。

二、刀具、量具和辅助工具

万能角度尺 0°～320°,千分尺 0～25 mm、25～50 mm,钟面式百分表 10 mm,量块 38 块,圆锥塞规锥度 1∶5,螺纹环规矩形 36×8(P4),V 形槽样板 34°,检验棒 ϕ11.6,中心钻 A3.15,麻花钻 ϕ28,V 形槽车刀,内孔车刀,车槽刀,矩形螺纹车刀,磁性表座。

三、生产实习图

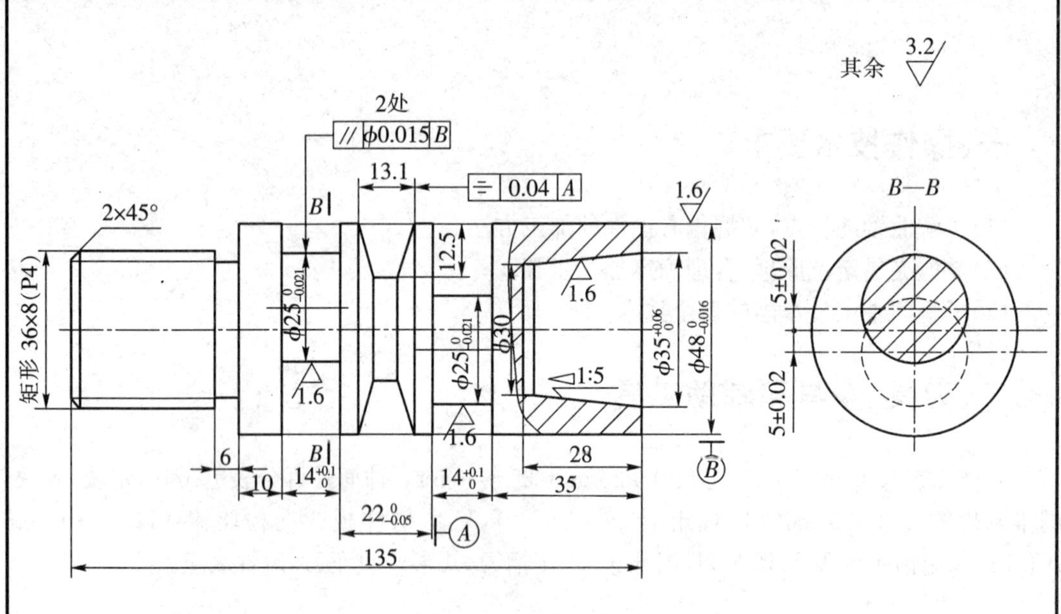

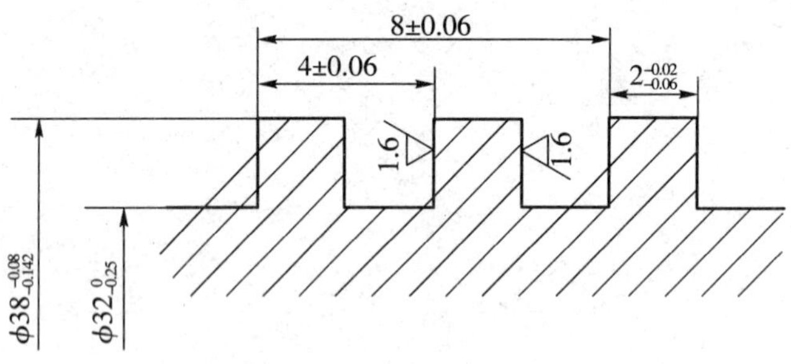

技术要求：

1.多线螺纹分线时不允许使用分度盘等工艺装备。

2.锥度 1:5 不允许用靠模加工。

3.锥度 1:5 用圆锥塞规检验，接触面>65%。

4.尺寸 13.1 用 ϕ11.6 检验棒检验。

5.倒钝锐边。

课题	带轮曲轴	备　料
		A3(ϕ50×140)
复合作业		工时
		7

四、加工工艺步骤(学生制订,教师审阅)

五、质量检查内容及评分标准

序号	质量检查内容及要求	配分	评分标准	自检	复检	得分
主要项目	$\phi 48_{-0.016}^{0}$	9	每超差 0.01mm 扣 3 分			
	$\phi 25_{-0.021}^{0}$(2 处)	12	一处每超差 0.01mm 扣 2 分			
	(5±0.02)mm(2 处)	12	一处每超差 0.01mm 扣 2 分			
	矩形 36×8(P4 处)	12	每超差 0.01mm 扣 2 分			
	锥度 1∶5	6	接触面小于 65%扣 3 分,小于 55%扣 6 分			
一般项目	R_a1.6μm(7 处)	21	一处达不到 R_a1.6μm 扣 2 分,达不到 R_a3.2μm 扣 3 分			
	// | ϕ 0.015 | A	8	一处每超差 0.01 mm 扣 2 分			
	⌯ | 0.04 | A	4	每超差 0.01 mm 扣 2 分			
	$\phi 35_{0}^{+0.16}$	4	每超差 0.01 mm 扣 2 分			
	34°±6′	2	超差扣 2 分			
	13.1 mm(用ϕ11.6 检验棒测量值为 $56.43_{-0.05}^{0}$mm)	2	超差扣 2 分			
	$\phi 14_{0}^{+0.1}$(2 处)	4	一处超差扣 2 分			
	$22_{-0.05}^{0}$mm	4	每超差 0.01 mm 扣 2 分			
其他项目	未注公差尺寸		一处超过 IT14 总分扣 1 分			
	倒角、倒钝锐边		一处不符合要求总分扣 0.5 分			
	R_a3.2 μm		一处达不到要求总分扣 1 分			
安全生产	按国家规定法规或学校自定有关规定		每违反一项规定总分扣 2 分,发生事故为 0 分			
测量等级得分	优等品 80~100 分		合格品 60~80 分		废品 0~60 分	
日期:	学生姓名:	学号:	教师签字:	总分:		

复合作业(五)　双锥度偏心组合件

一、操作技术要求

(1)按图要求加工零件。
(2)按照图样要求进行装配,并保证配合面精度。

二、刀具、量具和辅助工具

万能角度尺 0°～320°,千分尺 25～50 mm,钟面式百分表 10 mm,量块 38 块,塞尺 0.02～1 mm,塞规φ15H7、φ20H8、φ40H8,螺纹环规 Tr36×12(P6)7e、M12－6G,样板 30°、60°,圆柱销 A4×20,麻花钻φ10.2、φ13、φ28、φ88,丝锥 M12,网纹滚花刀 m0.4,内孔车刀,车槽刀,普通螺纹车刀,梯形螺纹车刀 P6,切断刀,磁性表座。

三、生产实习图

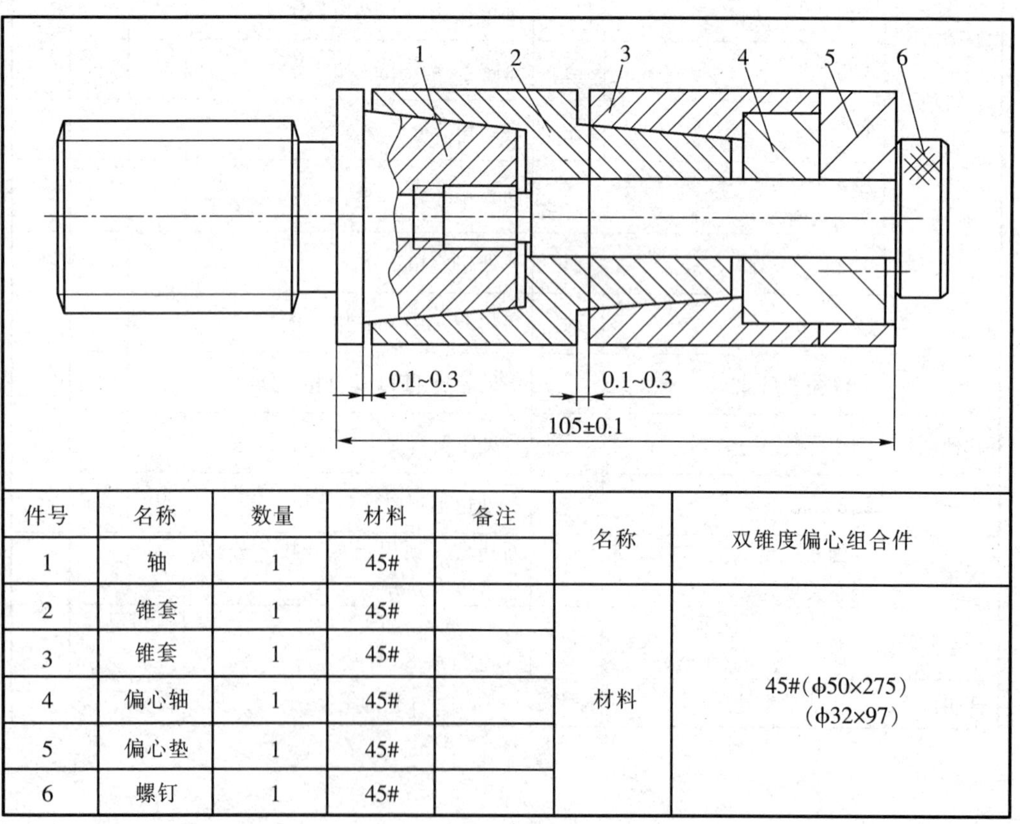

件号	名称	数量	材料	备注	名称	双锥度偏心组合件
1	轴	1	45#			
2	锥套	1	45#		材料	45#(φ50×275) (φ32×97)
3	锥套	1	45#			
4	偏心轴	1	45#			
5	偏心垫	1	45#			
6	螺钉	1	45#			

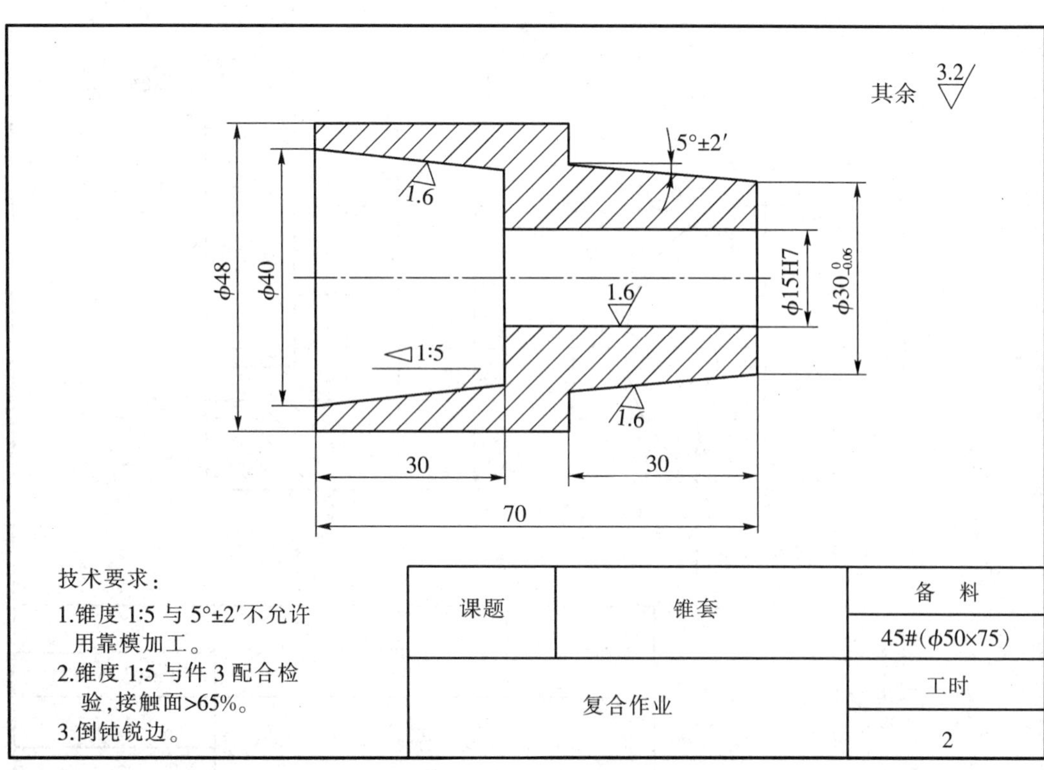
其余 3.2
5°±2′
1.6
1.6
1.6
◁1:5
ϕ48
ϕ40
ϕ15H7
$\phi30_{-0.06}^{0}$
30
30
70
技术要求：
1.锥度 1:5 与 5°±2′不允许用靠模加工。
2.锥度 1:5 与件 3 配合检验，接触面>65%。
3.倒钝锐边。
课题
锥套
备 料
45#(ϕ50×75)
复合作业
工时
2

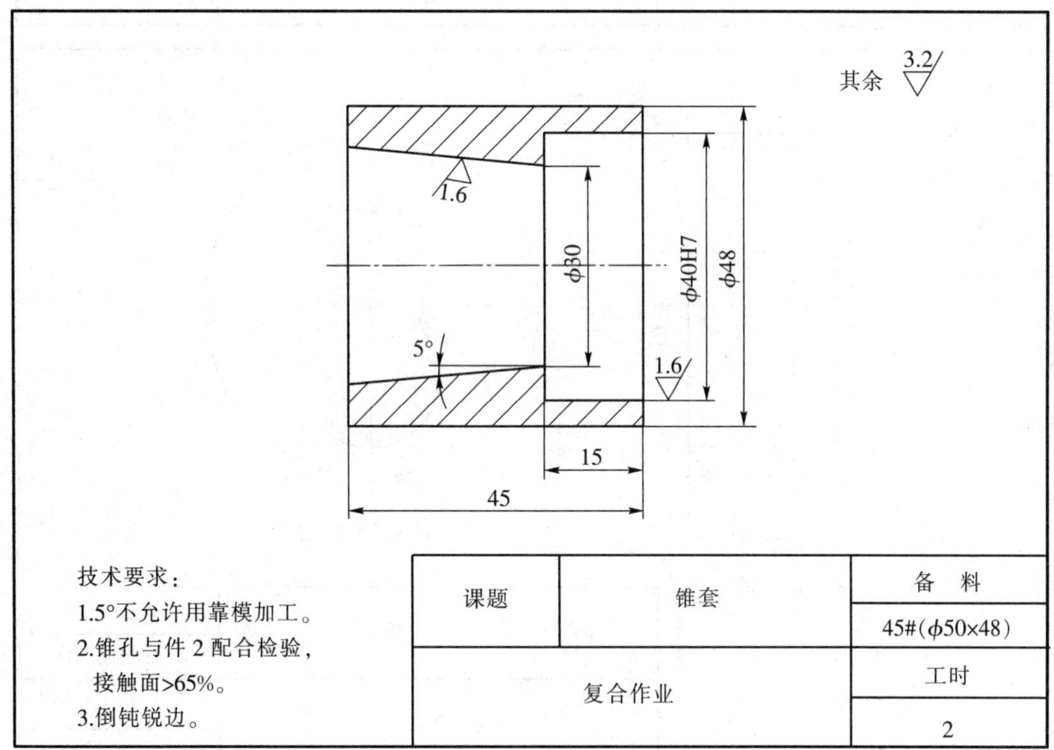
其余 3.2
1.6
ϕ30
ϕ40H7
ϕ48
5°
1.6
15
45
技术要求：
1.5°不允许用靠模加工。
2.锥孔与件 2 配合检验，接触面>65%。
3.倒钝锐边。
课题
锥套
备 料
45#(ϕ50×48)
复合作业
工时
2

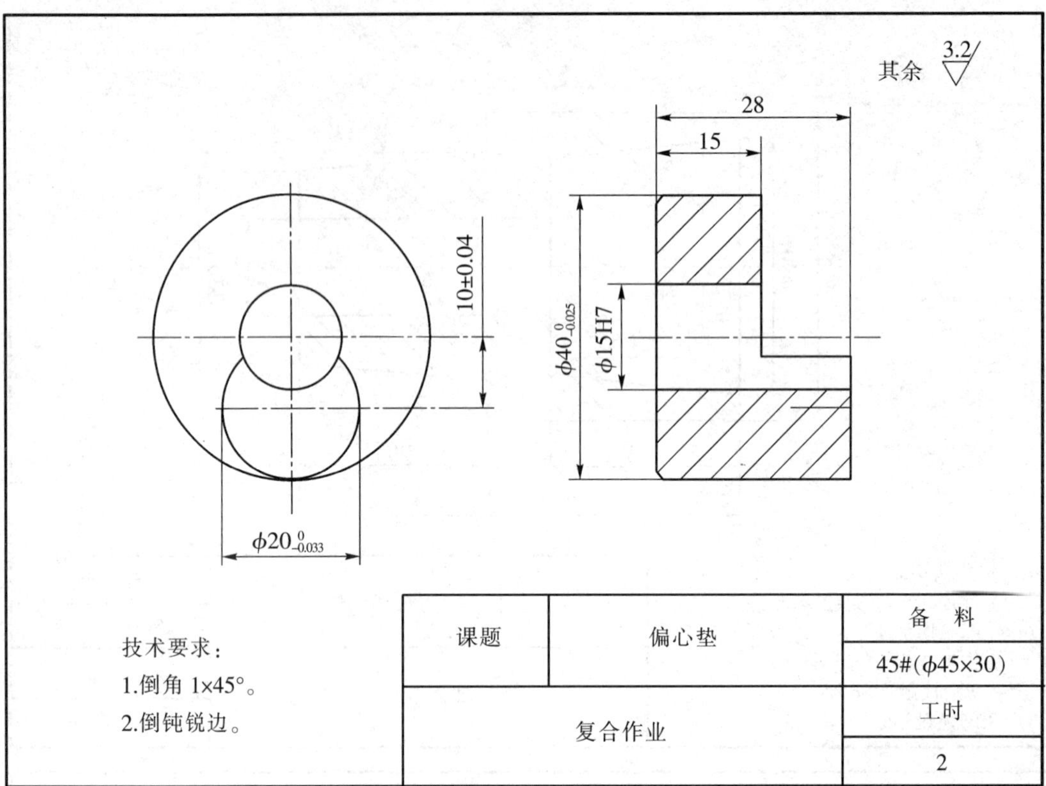

技术要求：
1.倒角 1×45°。
2.倒钝锐边。

课题	偏心垫	备　料
		45#(ϕ45×30)
复合作业		工时
		2

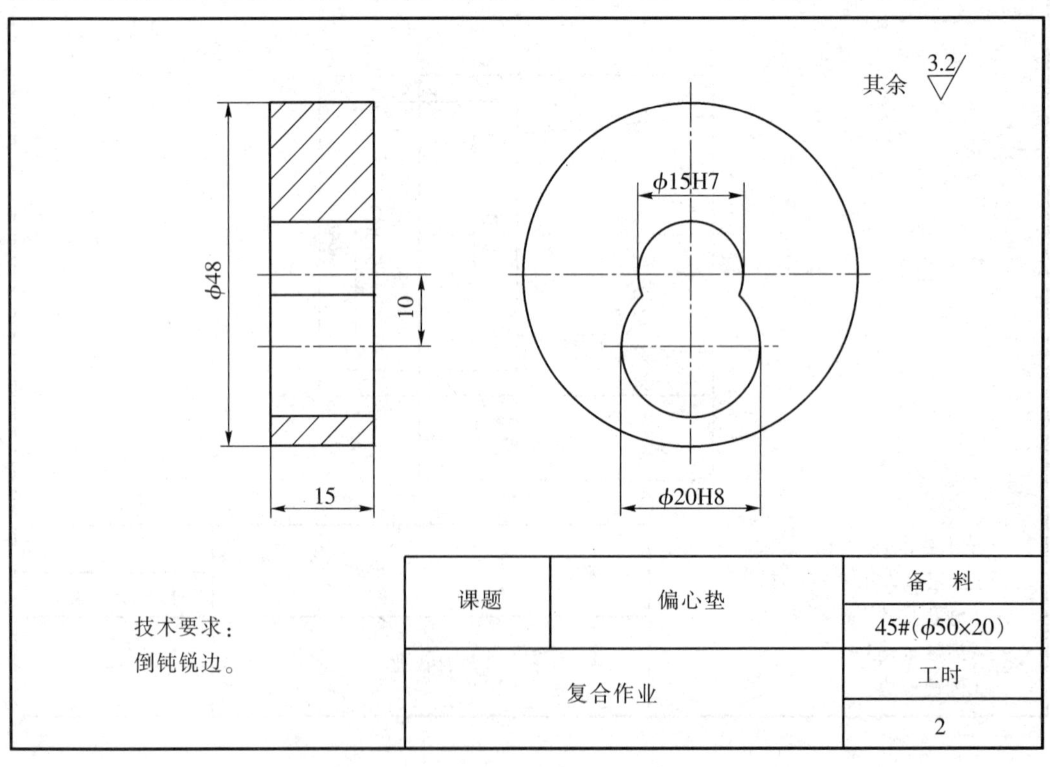

技术要求：
倒钝锐边。

课题	偏心垫	备　料
		45#(ϕ50×20)
复合作业		工时
		2

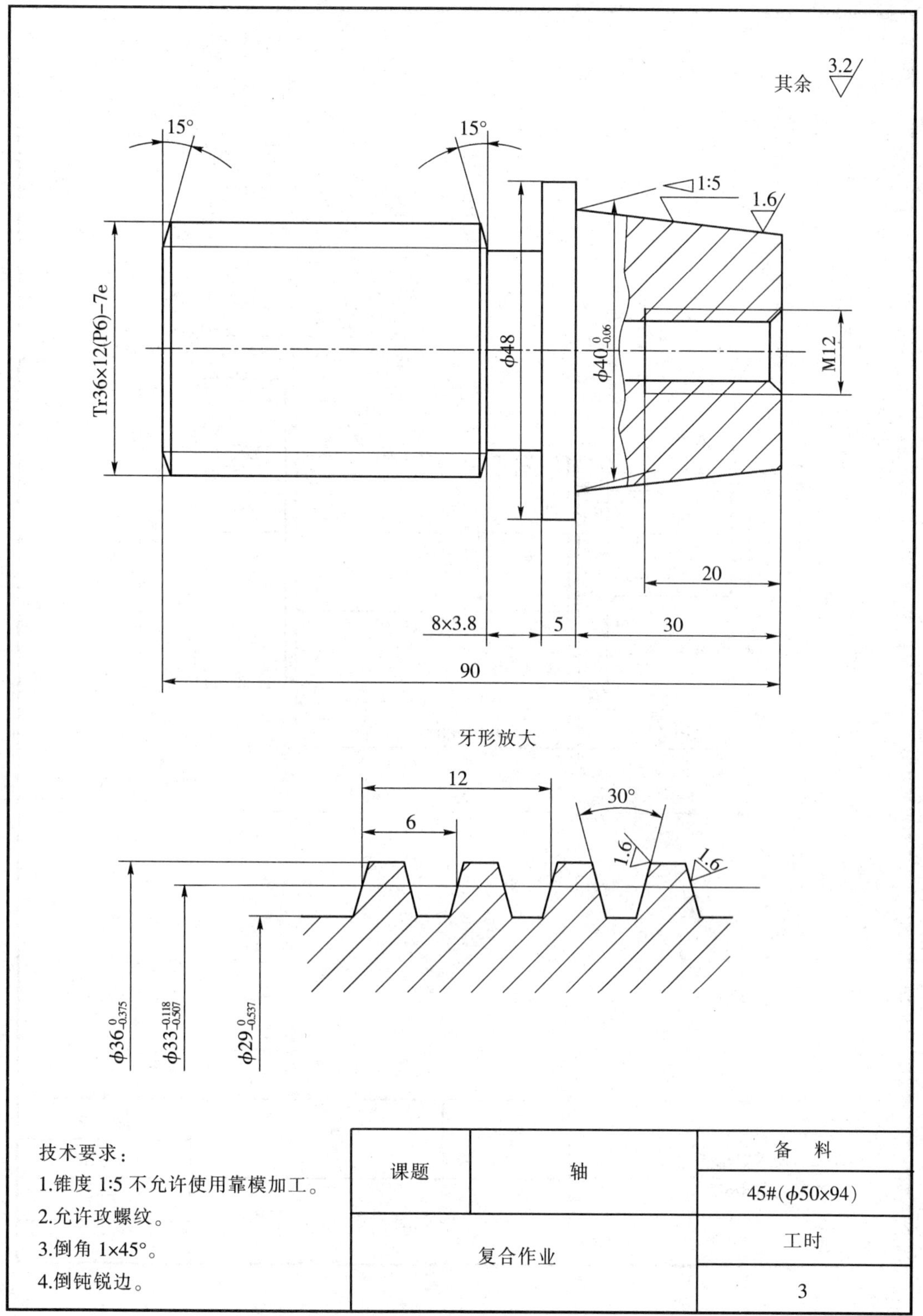
其余 3.2
15°
15°
1:5
1.6
Tr36×12(P6)−7e
ϕ48
ϕ40 0 −0.06
M12
20
8×3.8
5
30
90
牙形放大
12
6
30°
1.6
1.6
ϕ36 0 −0.375
ϕ33 −0.118 −0.507
ϕ29 0 −0.537
技术要求：
1.锥度 1:5 不允许使用靠模加工。
2.允许攻螺纹。
3.倒角 1×45°。
4.倒钝锐边。
课题
轴
备　料
45#(ϕ50×94)
复合作业
工时
3

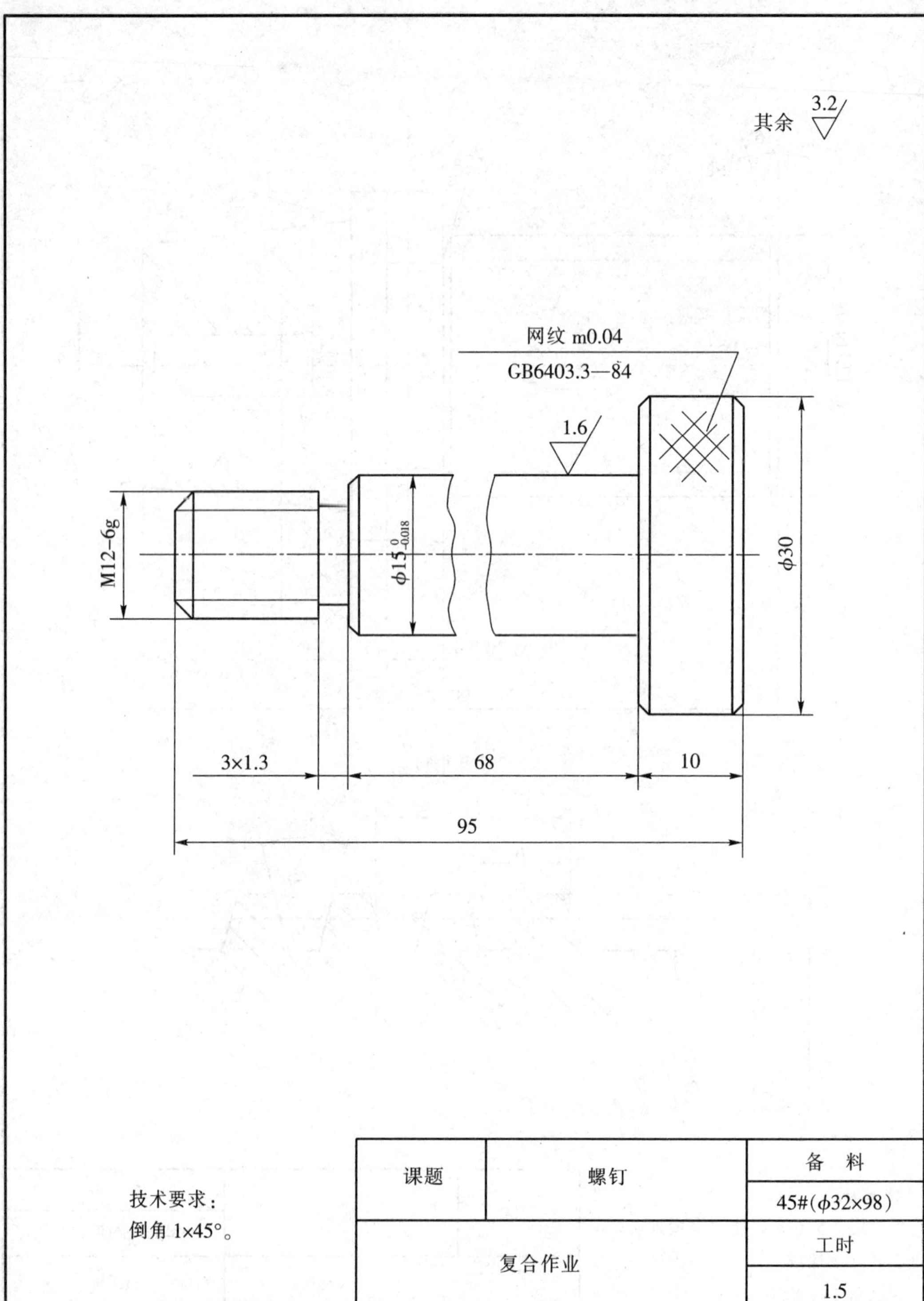
其余 3.2
网纹 m0.04
GB6403.3—84
1.6
M12−6g
$\phi15^{\ 0}_{-0.018}$
$\phi30$
3×1.3
68
10
95
技术要求：
倒角 1×45°。
课题
螺钉
备 料
45#(ϕ32×98)
复合作业
工时
1.5

四、加工工艺步骤(学生制订,教师审阅)

五、质量检查内容及评分标准

序号	质量检查内容及要求	配分	评分标准	自检	复检	得分
件 1	Tr36×12(P6)−7e	7	超过 7e 扣 4 分,超过 8e 扣 7 分			
	锥度 1∶5(圆锥角 11°25′16.3″±4′)	4	每超差 1′扣 1 分			
	$\phi 40_{-0.05}^{0}$	2	超差扣 2 分			
	$R_a 1.6\ \mu m$(3 处)	3	一处达不到要求扣 1 分			
件 2	锥度 1∶5	4	与件 1 配合,接触面小于 65%扣 2 分,接触面小于 60%扣 4 分			
	5°±2′	4	每超差 0.01 mm 扣 1 分			
	ϕ15H7	4	超过 H7 扣 2 分,超过 H8 扣 4 分			
	$\phi 30_{-0.03}^{0}$	2	超差扣 2 分			
	$R_a 1.6\ \mu m$(3 处)	3	一处达不到要求扣 1 分			
件 3	ϕ40H7	4	超过 H7 扣 2 分,超过 H8 扣 4 分			
	5°	4	与件 2 配合,接触面小于 65%扣 2 分,接触面小于 60%扣 4 分			
	$R_a 1.6\mu m$(2 处)	2	一处达不到要求扣 1 分			
件 4	$\phi 40_{-0.03}^{0}$	4	每超差 0.01mm 扣 2 分			
	ϕ15H7	4	超过 H7 扣 2 分,超过 H8 扣 4 分			
	$\phi 24_{-0.033}^{0}$	2	超差扣 2 分			
	$\phi 10\pm0.04$	4	每超差 0.01mm 扣 1 分			
件 5	ϕ15H7	4	超过 H7 扣 2 分,超过 H8 扣 4 分			
	ϕ20H8	2	超过 H8 扣 2 分			
件 6	$\phi 15_{-0.018}^{0}$	4	每超差 0.01mm 扣 2 分			
	M12−6G	2	超过 6G 扣 2 分			
	$R_a 1.6\mu m$	1	达不到要求扣 1 分			

续表

序号	质量检查内容及要求	配分	评分标准	自检	复检	得分
组合	六件组合		组合面精度降低二级或无法组合，扣组合分 30 分			
	间隙 0.1～0.3mm（2处）	20	一处超差不大于 0.1mm 扣 5 分，超差大于 0.1mm 扣 10 分			
	(105±0.1)mm	10	超差不大于 0.1mm 扣 5 分，超差大于 0.1mm 扣 10 分			
其他项目	未注公差尺寸		一处超过 IT14 总分扣 1 分			
	倒角、倒钝锐边		一处不符合要求总分扣 0.5 分			
	R_a3.2 μm		一处达不到要求总分扣 1 分			
安全文明操作	按国家规定法规或学校自定有关规定		每违反一项规定总分扣 2 分，发生事故为 0 分			
测量等级得分	优等品 80～100 分		合格品 60～80 分		废品 0～60 分	
日期：	学生姓名：		学号：	教师签字：		总分：

复合作业(六)　梯形螺纹偏心组合件

一、操作技术要求

(1)掌握梯形螺纹偏心车削方法。

(2)按图要求加工零件。

(3)按照图样要求进行装配，并保证配合面精度。

二、刀具、量具和辅助工具

万能角度尺 0°～320°，千分尺 25～50 mm，钟面式百分表 10 mm，量块 38 块，内卡钳 150 mm，塞尺 0.02～1 mm，塞规 ϕ18H8、ϕ25H8、ϕ34H7，螺纹环规 Tr48×6(P3)7e、M48×2－6h，样板 30°、60°，麻花钻 ϕ16、ϕ23、ϕ32、ϕ40，内孔车刀，车槽刀，普通螺纹车刀，端面槽车刀，梯形螺纹车刀 P3，切断刀，磁性表座。

三、生产实习图

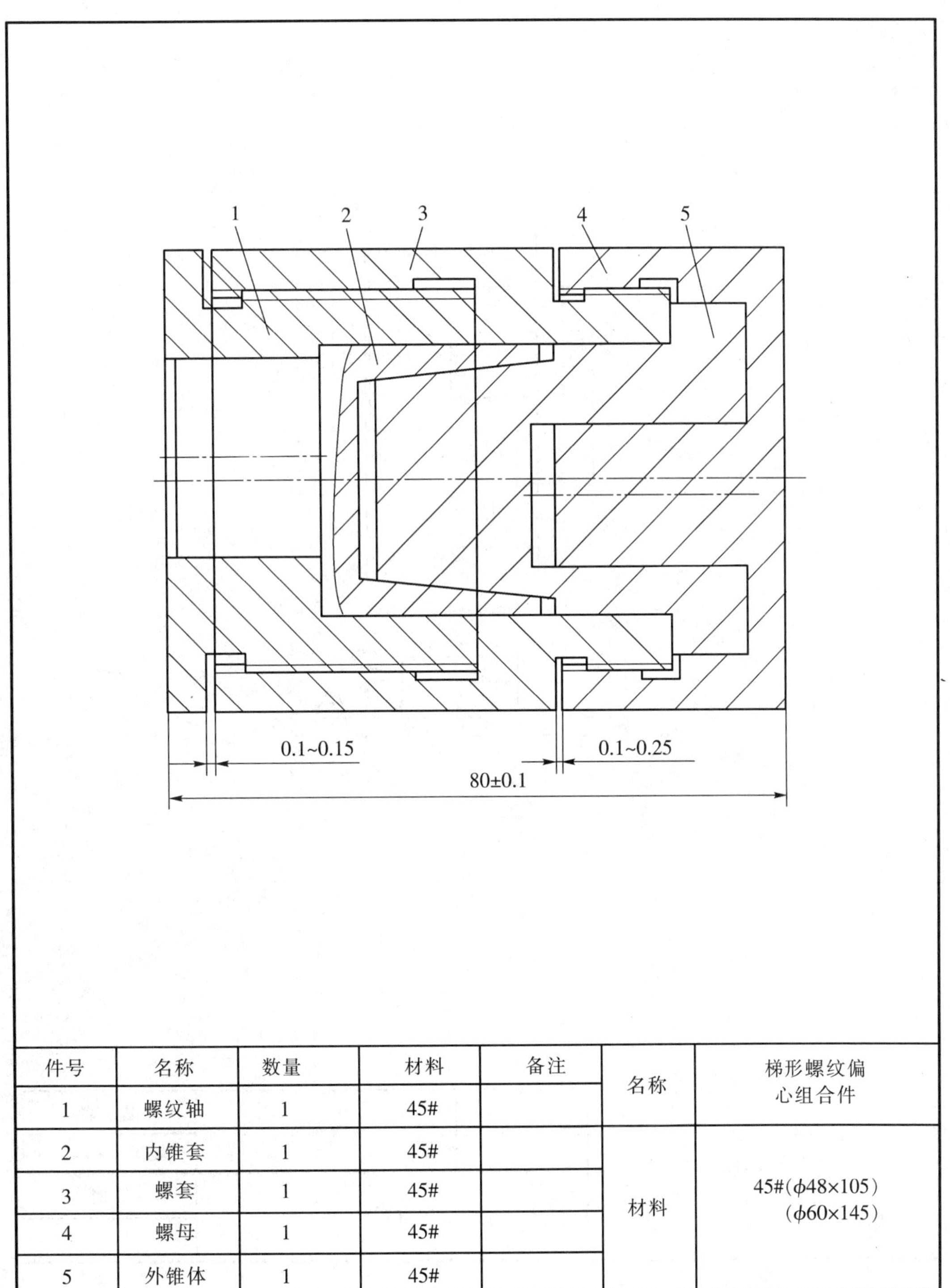

件号	名称	数量	材料	备注	名称	梯形螺纹偏心组合件
1	螺纹轴	1	45#			
2	内锥套	1	45#		材料	45#（ϕ48×105）（ϕ60×145）
3	螺套	1	45#			
4	螺母	1	45#			
5	外锥体	1	45#			

其余 3.2

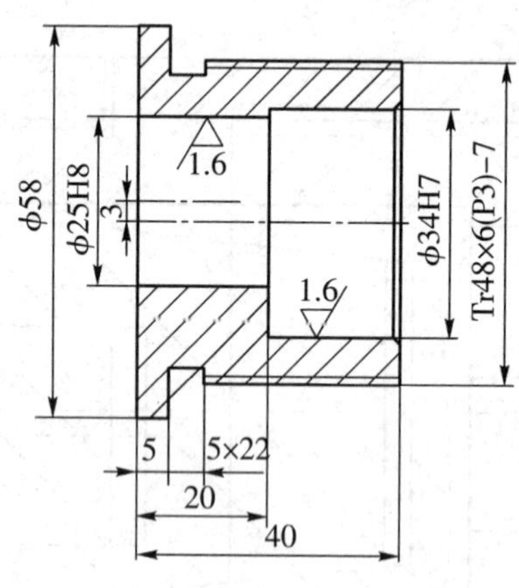

牙形放大

6
3
30°
1.6
1.6
$\phi48^{\ 0}_{-0.236}$
$\phi46.5^{-0.092}_{-0.392}$
$\phi44.5^{\ 0}_{-0.116}$

技术要求：
1.倒角 1×45°。
2.倒钝锐边。

课题	螺纹轴	备　料
		45#(φ60×45)
复合作业		工时
		2

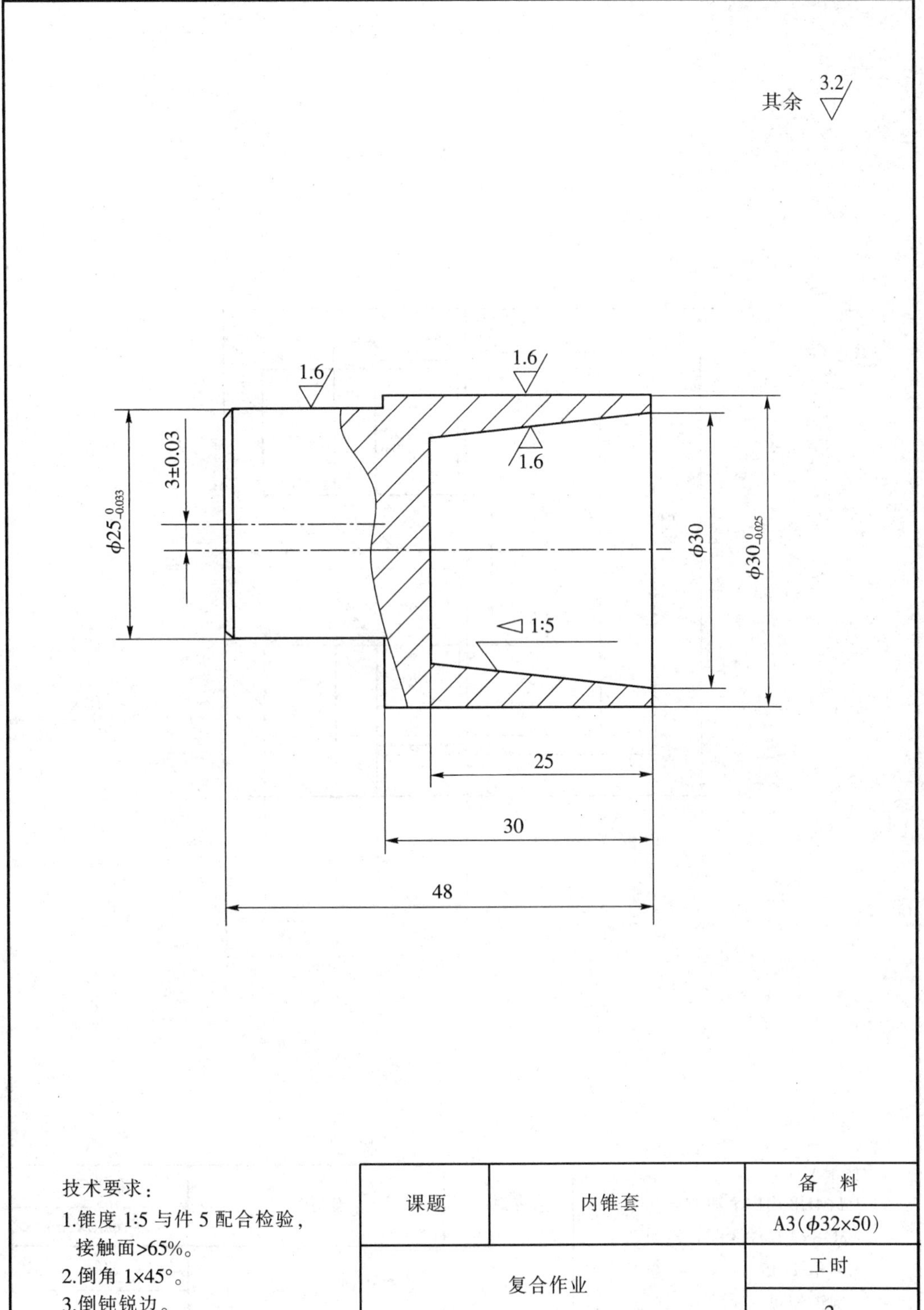

技术要求：
1.锥度 1:5 与件 5 配合检验，接触面>65%。
2.倒角 1×45°。
3.倒钝锐边。

课题	内锥套	备　料
		A3（ϕ32×50）
复合作业		工时
		2

其余 3.2

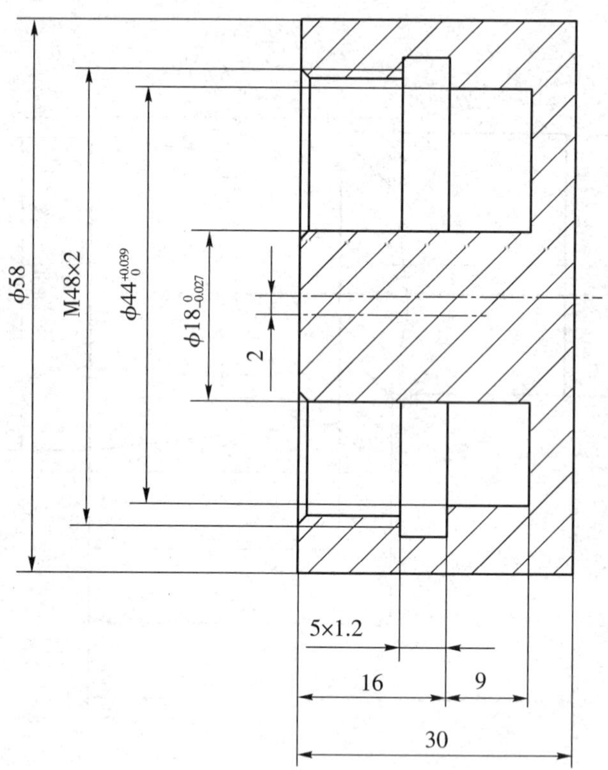

技术要求：
1.ϕ44H8 用内卡钳测量。
2.M48×2 与件 3 配合检测。
3.倒角 1×45°。
4.倒钝锐边。

课题	螺母	备 料
		45#(ϕ60×35)
复合作业		工时
		2

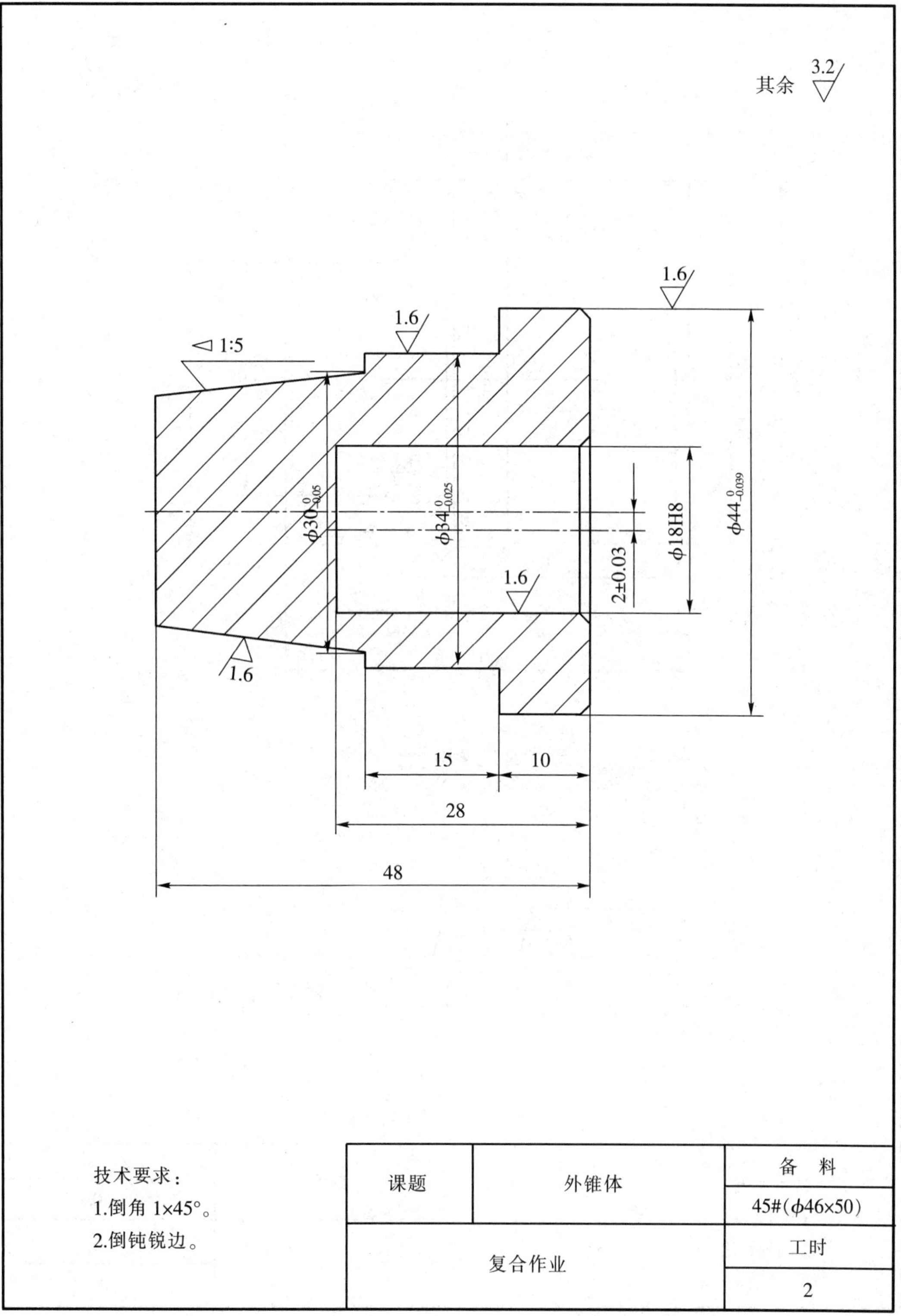

技术要求：

1.倒角 1×45°。

2.倒钝锐边。

课题	外锥体	备 料
		45#(φ46×50)
复合作业		工时
		2

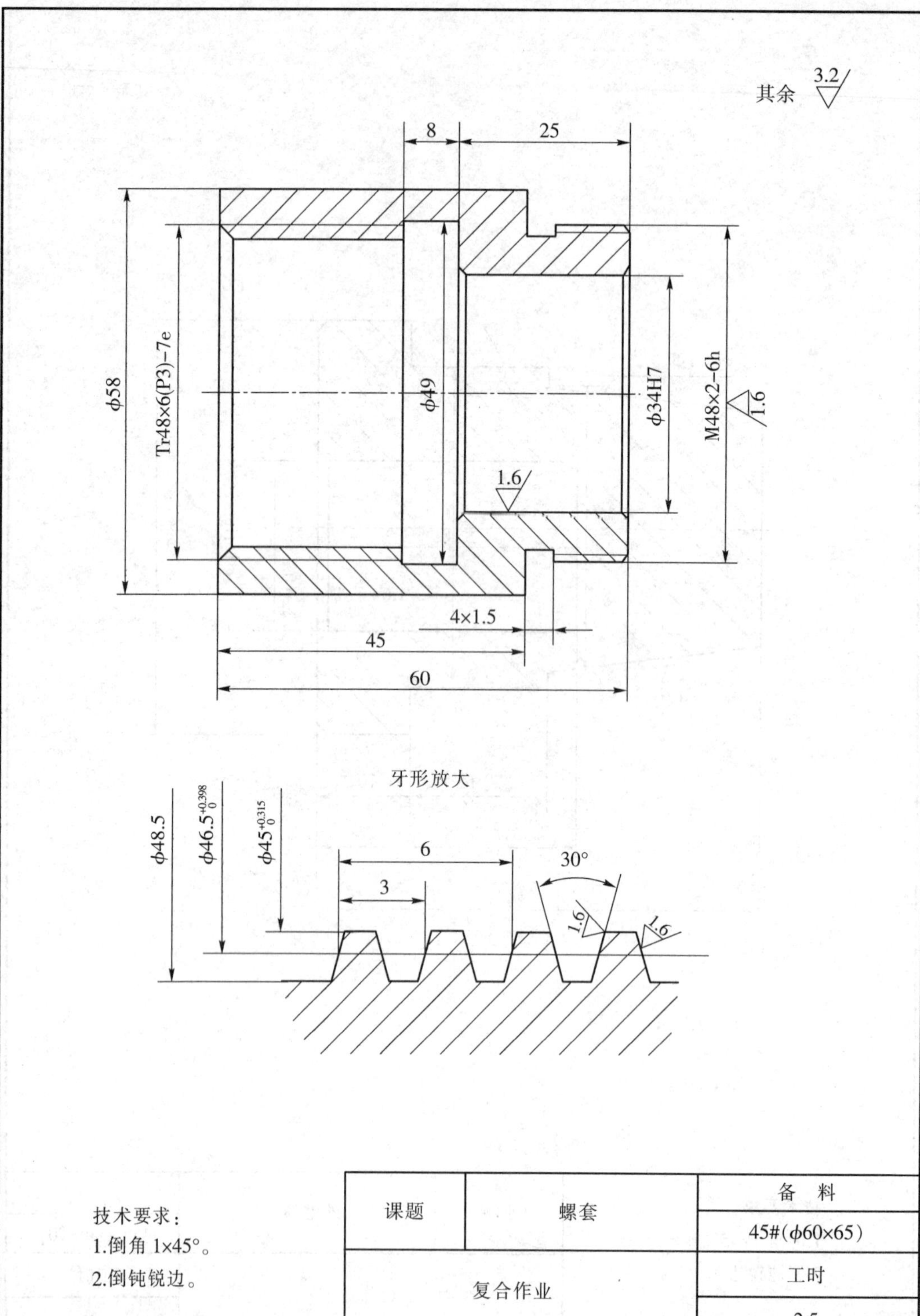

技术要求：
1.倒角 1×45°。
2.倒钝锐边。

课题	螺套	备 料
		45#(φ60×65)
复合作业		工时
		2.5

四、加工工艺步骤(学生制订,教师审阅)

五、质量检查内容及评分标准

序号	质量检查内容及要求	配分	评分标准	自检	复检	得分
件 1	Tr48×6(P3)−7e	6	超过 7e 扣 3 分,超过 8e 扣 6 分			
	ϕ34H7	3	超过 H7 扣 2 分,超过 H8 扣 3 分			
	ϕ25H8	2	超差 H8 扣 2 分			
	R_a1.6 μm(4 处)	4	一处达不到要求扣 1 分			
件 2	$\phi 34_{-0.025}^{0}$	3	每超差 0.01mm 扣 1 分			
	$\phi 25_{-0.035}^{0}$	2	每超差 0.01 mm 扣 1 分			
	ϕ15H7	3	每超差 0.01mm 扣 1 分			
	锥度 1∶5	3	与件 5 配合,接触面小于 65%扣 2 分,接触面小于 60%扣 3 分			
	R_a1.6 μm(3 处)	3	一处达不到要求扣 1 分			
件 3	Tr48×6(P3)−7H	6	超过 H7 扣 3 分,超过 H8 扣 6 分			
	ϕ34H7	3	超过 H7 扣 2 分,超过 H8 扣 3 分			
	M48×2−6h	2	超差 6h 扣 2 分			
	R_a1.6μm(4 处)	4	一处达不到要求扣 1 分			
件 4	M48×2	3	与件 3 配合,旋不进或轴间隙窜动大于 0.3mm 扣 3 分			
	$\phi 18_{-0.023}^{0}$	2	超差扣 2 分			
	$\phi 44_{0}^{+0.034}$	2	超差扣 2 分			
件 5	$\phi 34_{-0.025}^{0}$	3	每超差 0.01mm 扣 1 分			
	$\phi 44_{-0.039}^{0}$	2	超差扣 2 分			
	ϕ18H8	2	超过 H8 扣 2 分			
	$\phi 30_{-0.05}^{0}$	2	超差扣 2 分			
	锥度 1∶5(圆锥角 11°25′16.3″±4′)	3	超差 1′扣 2 分			
	(2±0.03)mm	3	每超差 0.01mm 扣 1 分			
	R_a1.6μm(4 处)	4	一处达不到要求扣 1 分			

续表

序号	质量检查内容及要求	配分	评分标准	自检	复检	得分
组合	五件组合	30	配合面精度降低二级或无法组合，扣组合分 30 分			
	间隙 0.1～0.15mm	10	超差不大于 0.05mm 扣 5 分，超差大于 0.05mm 扣 10 分			
	间隙 0.1～0.25mm	10	超差不大于 0.1mm 扣 5 分，超差大于 0.1mm 扣 10 分			
	(80±0.1)mm	10	超差不大于 0.1mm 扣 5 分，超差大于 0.1mm 扣 10 分			
其他项目	未注公差尺寸		一处超过 IT14 总分扣 1 分			
	倒角、倒钝锐边		一处不符合要求总分扣 0.5 分			
	R_a3.2 μm		一处达不到要求总分扣 1 分			
安全文明操作	按国家规定法规或学校自定有关规定		每违反一项规定总分扣 2 分，发生事故为 0 分			
测量等级得分	优等品 80～100 分		合格品 60～80 分		废品 0～60 分	
日期：	学生姓名：		学号：	教师签字：	总分：	

复合作业(七)　蜗杆曲轴

一、操作技术要求

(1)掌握蜗杆曲轴的车削方法。
(2)掌握夹具定位原理，合理确定加工工艺。
(3)了解蜗杆曲轴车削的安全技术。

二、刀具、量具和辅助工具

齿厚游标卡尺 1～13 mm，千分尺 0～25 mm、25～50 mm、50～75 mm，钟面式百分表 10 mm，量块 38 块，塞规ϕ20，蜗杆样板 40°，自制塞规ϕ28，中心钻 A2.5，端面槽车刀，蜗杆车刀 Mz3.15，车槽刀，磁性表座。

三、生产实习图

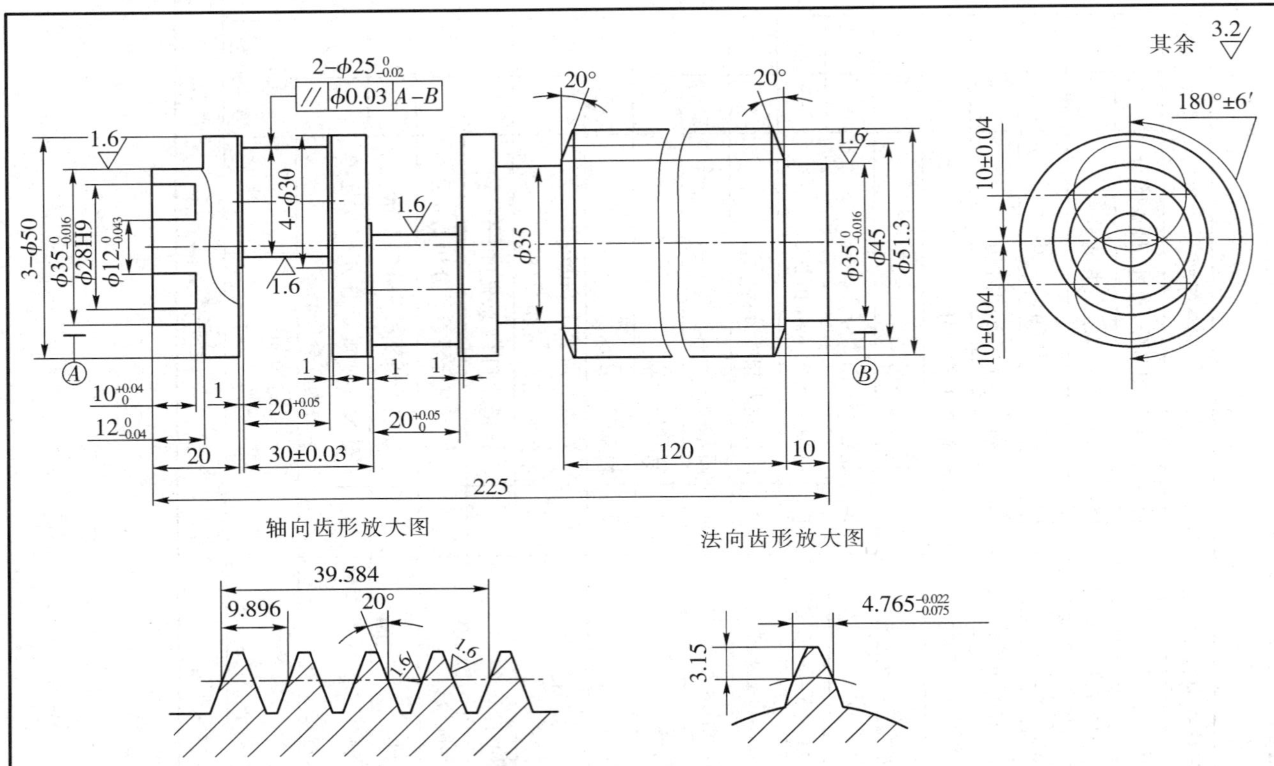

其余 3.2

蜗杆形式	阿基米德蜗杆	
轴向模数	Mx	3.15
头数	Z1	4
压力角	α	20°
螺旋方向	右旋	
导程角	γ	15°38′32″
精度等级	8f	

2−ϕ25$^{0}_{-0.02}$ // ϕ0.03 A−B

3−ϕ50　ϕ35$^{0}_{-0.016}$　ϕ28H9　ϕ12$^{0}_{-0.043}$　4−ϕ30　ϕ35　ϕ35$^{0}_{-0.016}$　ϕ45　ϕ51.3

$10^{+0.04}_{0}$　$12^{0}_{-0.04}$　20　1　$20^{+0.05}_{0}$　30±0.03　$20^{+0.05}_{0}$　120　10　225　20°　1.6

180°±6′　10±0.04　10±0.04

轴向齿形放大图

39.584　9.896　20°

法向齿形放大图

$4.765^{-0.022}_{-0.075}$　3.15

技术要求：

1.热处理 T215。

2.蜗杆分头时，不允许使用分度盘等工艺装备。

3.倒钝锐边。

名称	蜗杆曲轴	备　料
		45#(ϕ53×228)
复合作业		工时
		7

四、加工工艺步骤（学生制订，教师审阅）

五、质量检查内容及评分标准

序号	质量检查内容及要求	配分	评分标准	自检	复检	得分
主要项目	蜗杆 8f	16	超过 8f 扣 8 分，超过 9f 扣 16 分			
	$\phi 35_{-0.016}^{\ 0}$（2 处）	16	一处超差 0.01mm 扣 4 分			
	$\phi 25_{-0.021}^{\ 0}$（2 处）	10	每超差 0.01mm 扣 3 分			
	(10±0.04)mm（2 处）	6	每超差 0.01mm 扣 1 分			
	180°±6′	4	每超差 1′扣 1 分			
一般项目	$\phi 12_{-0.013}^{\ 0}$	3	超差扣 3 分			
	ϕ28H9	3	超过 H9 扣 3 分			
	∥ ϕ 0.03 A–B（2 处）	6	每超差 0.01 mm 扣 2 分			
	$20_{\ 0}^{+0.05}$mm（2 处）	8	一处超差扣 4 分			
	(30±0.03)mm	4	超差扣 4 分			
	$10_{\ 0}^{+0.01}$mm	3	超差扣 3 分			
	$12_{\ 0}^{+0.01}$mm	3	超差扣 3 分			
	R_a1.6 μm（6 处）	18	一处达不到 R_a1.6μm 扣 2 分，达不到 R_a3.2μm 扣 3 分			
其他项目	未注公差尺寸		一处超过 IT14 总分扣 1 分			
	倒角、倒钝锐边		一处不符合要求总分扣 0.5 分			
	R_a3.2 μm		一处达不到要求总分扣 1 分			
安全生产	按国家规定法规或学校自定有关规定		每违反一项规定总分扣 2 分，发生事故为 0 分			
测量等级得分	优等品 80～100 分		合格品 60～80 分		废品 0～60 分	
日期：	学生姓名：	学号：	教师签字：		总分：	